国家重点研发计划项目(2016YFC0801406,2016YFC0801403)资助
国家自然科学基金项目(51204165,51674253)资助
江苏省基础研究计划(自然科学基金)面上项目(BK20171191)资助
江苏高校优势学科建设工程项目资助
“十二五”国家科技支撑计划项目(2012BAK04B06)资助

采动煤岩冲击破裂孕育机制与震动效应

曹安业　窦林名　著

中国矿业大学出版社

内容提要

本书系统阐述了采动煤岩冲击破裂震源孕育机理与震动效应的理论基础与技术体系，内容包括：矿震位移波场和能量辐射特征研究、矿震震源孕育机理的矩张量反演原理、煤岩(微)破裂微震/声发射特征与震源孕育过程的实验研究、采动影响下冲击震动波传播的微震效应试验、矿震动载的冲击破坏效应及其影响因素分析及工程应用实践等。

本书可供从事煤岩动力灾害、采矿地球物理、矿山震动、冲击矿压等研究领域的科技工作者、研究生、本科生、工程技术人员参考使用。

图书在版编目(CIP)数据

采动煤岩冲击破裂孕育机制与震动效应 / 曹安业，窦林名著. 徐州：中国矿业大学出版社，2016.10

ISBN 978-7-5646-3333-2

Ⅰ.①采… Ⅱ.①曹… ②窦… Ⅲ.①采动—煤岩—岩石破裂—振动—研究 Ⅳ.①P618.11

中国版本图书馆 CIP 数据核字(2016)第 263050 号

书　　名 采动煤岩冲击破裂孕育机制与震动效应
著　　者 曹安业　窦林名
责任编辑 李　敬　郭　玉
出版发行 中国矿业大学出版社有限责任公司
(江苏省徐州市解放南路　邮编 221008)
营销热线 (0516)83885307　83884995
出版服务 (0516)83883937　83884920
网　　址 http://www.cumtp.com　**E-mail**:cumtpvip@cumtp.com
印　　刷 徐州中矿大印发科技有限公司
开　　本 787×1092　1/16　**印张** 18.5　**字数** 352 千字
版次印次 2016 年 10 月第 1 版　2016 年 10 月第 1 次印刷
定　　价 36.00 元

前　　言

目前，我国主要产煤区的浅部煤炭资源已逐渐枯竭，平均开采深度已超过600 m，并且以每年8～12 m的速度向下延伸，深部煤炭资源的开采已成为满足我国能源需求的重要途径与必然趋势。随着煤矿开采深度的加大和资源条件的恶化，冲击矿压（也称“冲击地压”）已成为我国深部煤矿采掘所面临的重大安全问题，且其发生的频度和危害程度呈逐年上升趋势。冲击矿压是一种聚集在矿井巷道或工作面周围煤岩体中的能量突然释放的动力现象，严重时可造成设备损坏、支护系统失效与人员伤亡等。据不完全统计，截至2015年年底，全国范围内冲击矿压矿井数量已增加至170余座，每年发生的破坏性冲击矿压次数由过去的十余次发展到现在的几百次；有冲击矿压危险矿井或矿区由过去的北京、枣庄、阜新、开滦、大同、抚顺、新汶等地区，进一步扩大到徐州、义马、兖州、华亭、咸阳等地区。冲击矿压灾害防治目前仍是亟待解决的世界性采矿难题，冲击矿压触发机理、震动效应或临冲预测等问题还有待深入研究。因此，本书针对进入深部开采后冲击矿压日趋严重的现实，系统开展采动煤岩体冲击破裂的震动波场特征、震源孕育过程与冲击破坏效应研究，力求为有效指导冲击震动条件下巷道支护及冲击矿压微震预测与防治工作提供理论支撑，为煤矿安全开采提供基本理论与技术保障，为探索冲击矿压理论研究提供新思路、新途径。这一研究具有重要的学术价值与广泛的工程应用需求。本书围绕煤矿采动煤岩体冲击破裂的孕育过程、机制与震动效应问题，采用理论分析、室内试验、数值模拟、现场试验等研究方法，研究煤矿采动煤岩破裂的位移波场和能量辐射特征，根据震动波场特征进行典型煤岩震动分类；引入矩张量反演方法用于采动煤岩（微）破裂震源孕育规律、类型与机制的量化研究，并对其可靠性和适用性进行对比分析。现场试验研究了采场采动影响下冲击震动波传播的微震效应；以震源破裂机理为基础，研究煤岩动载的能量传播模式、衰减特征；基于能量和刚度理论，提出矿震动载的诱冲机理；分析矿震动载对巷道冲击效应的影响规律，提出相应预测及防治对策。

本书内容共分为8章：第1章介绍了冲击矿压、矿震机理与监测预警技术研究现状，总结了前人的研究成果与存在的不足；第2章理论分析采动煤岩诱发矿震的震动位移波场特征，主要包括岩石破裂模式和破裂尺度、煤岩破裂震源作用力与震动位移波场关系、典型采动煤岩冲击破裂震动位移波场特征分析等；第3章引入矩张量反演方法研究采动煤岩震源孕育机理，主要包括采动煤岩震源孕育过程的矩张量反演原理、采动煤岩破裂的震源矩张量分解、震源机制的“沙滩球”绘制、煤岩破裂理论模型的矩张量正反演模拟对比、采动煤岩破裂震源矩张量反演的实证分析等；第4章进行典型煤岩(微)破裂微震/声发射特征的试验研究，包括顶板岩层断裂、煤岩样冲击破裂、采动诱发断层活动模拟试验及单轴受载下岩体微裂隙场震源孕育特性试验；第5章进行了冲击震动波在采动煤岩体中传播的微震效应研究，主要采用爆破震动波平均波速变化、震动振幅变化、震动波频率变化等研究震动波随覆岩破裂范围变化的微震效应规律；第6章进行了矿震动载的冲击破坏效应及其影响因素分析，主要包括矿震震动波能量传播模式及衰减特性、矿震动力扰动下煤岩冲击破坏机理、矿震动载对煤体冲击影响的数值模拟研究等；第7章选取鲍店煤矿$103_{上}$02工作面、华亭煤矿250102工作面、砚北煤矿250204工作面等作为矿山震动震源孕育机理与诱冲效应研究的工程实践基地，进行了工业性试验；第8章为主要研究结论介绍。

本书是以第一作者博士学位论文为基础，并整理总结参与和承担的国家重点研发计划项目“基于数据融合的煤矿典型动力灾害多元信息挖掘分析技术”(课题编号:2016YFC0801406)、国家重点研发计划项目“冲击地压风险智能判识与监测预警理论及技术体系”(课题编号:2016YFC0801403)、国家自然科学基金青年基金项目“深部动压扰动下煤体致裂诱冲机制的试验研究”(课题编号:51204165)、国家自然科学基金面上项目“煤巷开掘加卸载路径下的冲击孕育机理与危险性判识”(课题编号:51674253)、江苏省基础研究计划(自然科学基金)面上项目“真三轴动静加卸载路径下煤体破裂特性与冲击失稳判据”(课题编号:BK20171191)、江苏高校优势学科建设工程项目、“十二五”国家科技支撑计划项目“矿井冒顶与地压灾害防治技术及示范”(课题编号:2012BAK04B06)等的部分研究成果，在导师窦林名教授指导下进一步深化完成的。书稿编写过程中，得到了许多专家的指导与帮助。特别感谢在澳大利亚联邦科学院(CSIRO)求学期间，指导老师 Luo Xun 博士在地球物理理论及矿山微震监测应用等方面的谆谆教导与大力支持。感谢博士论文答辩专家张农教授、许家林教授、周华强教授、蒋金泉教授、康立勋教授给予的建议和帮助。感谢作者所在冲击矿压研究团队的刘海顺教授、牟宗龙教授、陆菜平教授、巩思园副研究员、贺虎副教授、陈同俊教授、王桂峰副研究员、何江博士、蔡武博士、李振雷博士、朱广安博士、井广成硕士、王常彬硕士等对本书编写给予的支持和帮助。同时感谢中国矿业大学矿业工程学院、煤炭资源与安全开采国家重点实验室以及华亭煤业集团、兖州煤业股份有限公司、徐州矿务集团、大同煤业集团、义马煤业集团等单位的大力支持，本书中的许多实验室试验、现场试验和测试内容都是在这些单位完成的。

煤岩冲击破裂孕育机理与震动效应这一课题的研究，对于深入研究冲击矿压灾变机理与风险判识预警具有指导意义。本书在研究的深度与广度上，还有待进一步加强。由于作者水平有限，加之时间仓促，不妥之处在所难免，敬请读者不吝指正。

作　者

2016 年 8 月

目　录

1 绪 论

1.1 研究意义

矿产资源是人类赖以生存、社会赖以发展的物质基础，其作用在国民经济与社会发展中具有不可替代性。在我国，煤炭一直是居支配地位的主要能源矿产。国家《能源中长期发展规划纲要（2004～2020年）》中明确提出“坚持以煤炭为主体、电力为中心、油气和新能源全面发展的能源战略”。2015年我国煤炭产量依然达到37.5亿t，占世界煤炭产量的47%，在我国一次能源消费中的比重由2009年的70%左右下降为约63%。尽管近两年来产业结构调整、雾霾治理、油气和新能源消费增加等带来煤炭消费缩减，但中国“富煤、贫油、少气”的能源赋存特点决定了未来相当一段时间内煤炭在我国能源结构中的主体地位仍将不可替代，其健康、稳定、持续地发展是关系到国家能源安全的重大问题。

目前，我国主要产煤区的浅部煤炭资源已逐渐枯竭，平均开采深度已达600 m左右，并且以每年8～12 m的速度向下延伸。例如：甘肃华亭矿开采深度600 m、义马千秋矿开采深度880 m、抚顺老虎台矿开采深度900 m、兖州赵楼煤矿开采深度960 m、北票冠山矿开采深度约1 060 m、徐州张双楼矿开采深度约1 200 m、新汶华丰矿开采深度为1 350 m。可以预计，按目前的煤炭生产量和延伸速度，在未来20年我国很多煤矿将进入1 000～1 500 m的深部开采。矿井开采深度的加大和资源条件的恶化，使深部开采的力学环境，煤岩体组织结构、基本力学行为和破坏特征及工程响应与浅部开采有明显不同，且深部大空间快速推采的开采模式、煤岩动载的动力扰动等导致采动应力场的时空关系和动力学特征更加复杂，以冲击矿压、矿震、突水、顶板大面积垮落、热害为代表的深部开采诱发的灾害事故更具突发性和破坏性。其中，冲击矿压作为采矿活动诱发的破坏性矿震，以其突然、急剧、猛烈的破坏特征严重威胁着矿山的安全生产，并给我国煤矿造成了巨大的经济损失和人员伤亡。更危险的是，冲击矿压的发生还可能诱发煤与瓦斯突出、瓦斯爆炸、顶板事故等其他重大井下恶性事故。较强烈的冲击矿压或矿震甚至还会引起地表强烈震感或地面建筑物的严重破坏。

据统计，我国20世纪80年代矿井的平均开采深度为330 m，冲击矿压煤矿为 32 座,90 年代为 50 余座。而 2008 年年底,全国煤矿开采的平均深度为 680 m,超过 100 座矿井有发生冲击矿压的报道,仅新发生冲击矿压的矿井就多达 60 个。截至 2015 年年底,全国范围内冲击矿压矿井数量增加至 170 余座(见图 1-1),每年发生的破坏性冲击矿压次数由过去的十余次发展到现在的几百次。目前,我国煤矿累计已发生 4 000 多次冲击矿压,破坏巷道达 30 多千米,造成数以百计的人员伤亡。冲击矿压危险矿井或矿区由过去的北京、枣庄、阜新、开滦、大同、抚顺、新汶等地区,进一步扩大到徐州、义马、兖州、华亭、咸阳等地区。冲击矿压已严重影响我国煤矿的安全生产和矿区人民的正常生活。

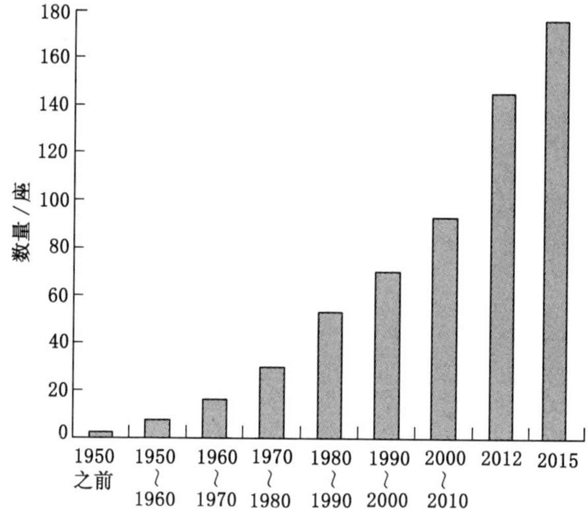

图 1-1　我国冲击矿压矿井数量变化趋势

新汶华丰煤矿是我国典型的冲击矿压矿井。根据地面矿震台网监测,自 1992 年 1 月首次发生冲击矿压以来,共发生里氏震级 $M_L>0.5$ 级矿震 28 000 余次,1.0 级以上矿震 2 900 余次,1.5 级以上矿震 490 余次,2.0 级以上矿震 7 次,最大震级 2.9 级;共发生破坏性冲击矿压 104 次,造成工作面停产 11 次,严重影响了矿井的安全生产。2001 年 7 月 5 日 4 时 5 分,该矿 3406(1)工作面在回柱过程中发生 M_L 为 1.7 级冲击矿压,冲击范围为工作面下端头 60 m 和下平巷 60 m,严重影响区为工作面下端头 40 m 和下平巷 40 m,工作面底鼓 1.0～1.5 m,支柱底端向采空区位移 0.3～0.7 m,支柱断弯多棵,支架结构严重变形;下平巷断面收缩率 50%～70%,巷道底鼓 1.0～1.5 m,造成 3 人重伤,9 人轻伤。

兖州鲍店煤矿自 1997 年开始出现矿震现象,地表经常可感觉到矿震诱发的晃动。2004年开始由山东省地震局架设流动矿震台网进行矿震监测，以2004年11月至2005年8月开采期间为例，共记录矿震1 410条，最高日频次40次，其中1.0～1.9级矿震219次，2.0～2.9级矿震28次，3级以上强矿震发生了13次，最大达到3.7级。尤其在2004年9月6号2310轨道巷发生了严重的密闭冲垮事件，造成人员伤亡。该事故是由于采空区上覆岩层剧烈的大面积破坏引起的强烈震动，将采空区空洞中的气体压缩形成高气压气流将密闭摧毁，高压高速气浪和冲击波冲向灾区，产生动力灾害。之后的2006年4月29日，在二采区又发生了4道矿震动力扰动诱发的密闭冲垮现象，所幸井下没有发生人员伤亡，但均造成地面建筑物的晃动。矿震灾害已对该矿的安全生产造成很大威胁。

徐州三河尖煤矿自1991年5月首次在7110工作面材料道发生冲击矿压以来，到2004年12月底，仅在矿井西翼坚硬顶板区域发生冲击矿压就达25次，给该矿的安全生产带来极大威胁。尤其是2000年4月17日发生的冲击矿压，7204工作面材料道和降低材料道超前90 m范围遭到破坏，破坏严重区域为两道超前15～65 m范围，巷道基本堵实，下帮大量煤岩窜入巷道。发生冲击时地面有明显震感，震级3.0级，破坏煤壁180 m，死亡4人。

华亭煤业集团下属的华亭和砚北煤矿是国内冲击矿压显现非常严重的两个矿井。两矿无论是深部和浅部的工作面都具有很高的冲击危险性，尤其进入深部大面积开采以来，冲击矿压显现更加频繁和剧烈。华亭煤矿自开掘250102工作面以来的不完全统计，2007年4月～2008年7月250102工作面平巷掘进和回采过程中，发生了几十次冲击矿压现象。2008年1月29日15时52分，250102工作面下出口向外110 m范围内的运输平巷出现冲击矿压，巷道出现顶板下沉、两帮移近、底板鼓起、转载机架空段移位、破碎机电机轴折断、胶带机机尾下陷、胶带机架腿错位、托辊脱落等现象，巷道净宽由原来的4.5 m变为2.0 m左右，顶底板出现了较大变形，最大变形量达到0.6 m。此次事故造成巷道内作业的14人受伤，其中1人经医治无效死亡。

砚北煤矿开采2502采区的首采工作面即发生冲击矿压。工作面自2006年3月开始回采至该年9月，累计发生冲击矿压显现达30余次。其中7月21日250205工作面运输平巷1 550～1 700 m段发生冲击矿压，造成巷道较大变形、设备轻微损坏、人员轻伤。8月3日夜班该工作面前刮板输送机机头至转载机机头30 m范围内又发生一起冲击矿压，造成顶梁端3 m处被压断，底鼓1 000 mm左右，顶板下沉严重，造成人员伤亡。

需特别提及的是，2003年淮北芦岭煤矿“5·13”顶板冲击震动引起采空区瓦斯喷出导致瓦斯爆炸，造成86名矿工死亡。最为惨痛的是2005年2月14日辽宁阜新孙家湾“2·14”冲击矿压(矿震)-瓦斯爆炸事故，矿难导致214名工人死亡。事故直接原因是 M_L 2.5 级的冲击矿压(矿震)造成 3316 工作面风道外段大量瓦斯异常涌出,3316 风道里段掘进工作面局部停风造成瓦斯积聚,致使回风流中瓦斯浓度达到爆炸界限;工人违章带电检修照明信号综合保护装置,产生电火花引起瓦斯爆炸。

图 1-2 为典型冲击矿压、矿震灾害的现场照片。

(a)

(b)

图 1-2　冲击矿压(矿震)灾害现场照片
(a) 巷道冲击破坏;(b) 矿震引起密闭冲垮

由此可见,冲击矿压或强矿震的发生轻则造成矿井巷道变形、支护失效、片帮冒顶、设备损坏等,重则造成重大人员伤亡和地面建筑物严重破坏等事故。特别是随着我国矿井开采深度的增加和开采范围的扩大,冲击矿压、强矿震等矿井动力灾害发生的频度和强度也随之增加,其监测和防治的难度也进一步加大。

目前,国外主要采矿国家(如波兰、南非、澳大利亚等)均已普遍建立国家矿山微震监测台网,国内近些年来也开始陆续通过引进、自主研发适合于不同研究目的和监测尺度的微震监测系统用于冲击矿压、矿震、煤与瓦斯突出等矿井动力灾害的监测和预警。作者所在课题组通过与波兰矿山研究总院进行国际合作,引进国际先进的矿井监测尺度的高精度 SOS 微震监测系统,应用于国内砚北、华亭、鲍店等近 40 座具有冲击矿压、强矿震危险矿井的冲击、矿震危险监测预报研究,改变了以往以钻屑、电磁辐射等局部监测手段为主的单一形式。

目前微震监测系统在煤矿安全生产中起到了较大的作用,但是所监测信息仍然没有得到完全的开发和应用,与国外相比该技术的应用及相关理论研究尚处于初步阶段,主要还是侧重于震源定位及时空演化、震动事件统计分析等方面的研究,对基于微震监测的采动煤岩震动的震源孕育机理及冲击破坏效应等研究则甚少,而该方面的研究则是进行冲击震动条件下巷道支护及冲击矿压、强矿震等动力灾害微震预测及防治的前提和基础。

为此,本书依托国家重点研发计划项目"基于数据融合的煤矿典型动力灾害多元信息挖掘分析技术”(课题编号:2016YFC0801406)、国家重点研发计划项目“冲击地压风险智能判识与监测预警理论及技术体系”(课题编号:2016YFC0801403)、国家自然科学基金青年基金项目“深部动压扰动下煤体致裂诱冲机制的试验研究”(课题编号:51204165)、国家自然科学基金面上项目“煤巷开掘加卸载路径下的冲击孕育机理与危险性判识”(课题编号:51674253)、江苏省基础研究计划(自然科学基金)面上项目“真三轴动静加卸载路径下煤体破裂特性与冲击失稳判据”(课题编号:BK20171191)、江苏高校优势学科建设工程项目、“十二五”国家科技支撑计划项目“矿井冒顶与地压灾害防治技术及示范”(课题编号:2012BAK04B06)等的部分研究成果,分别基于实验室 TDS-6 微震与 PCI-2 声发射、工作面(Siroseis)及矿井(SOS)多种不同监测尺度的弹性波监测研究,综合运用采动岩体力学、矿山地震学、震动波等理论,系统研究采动诱发不同煤岩冲击破裂模式和不同尺度下的震动波场特征,及冲击震动波的传播效应、能量耗散与衰减规律等,从而为矿井煤岩冲击破裂的孕育机理、震动效应及其规律研究做进一步积极的探索。本研究所触及的问题是煤矿微震监测和冲击矿压预警研究领域的前沿课题,对矿井安全生产具有重要的意义。

1.2 冲击矿压与矿震研究现状

1.2.1 冲击矿压与矿震综述

1.2.1.1 冲击矿压与矿震概述

在讨论岩体非稳定破坏或动力学性质的许多文献中,经常出现如冲击矿压、岩石突出、岩爆和矿震等不同概念。特别是布霍依诺将岩层的冲击式破坏分为重力型突发式破坏、真正的冲击矿压、矿震和瓦斯突出 4 种类型。在西方国家,研究者们则通常把矿山冲击以及土木工程隧道和硐室施工时出现的岩石弹射等现象统称为岩爆。最近十几年,世界各国的学者们都经常把冲击矿压、岩爆和岩体震动事件联系在一起研究。显然,这些概念在词义解释上容易引起分歧与混淆,不同行业对此也存在不同解释。事实上,冲击矿压(岩爆)、矿震可互为诱发因素,且都具备动力特征,其发生机理、破坏特征既具有密切相似性,又互存差异。

矿震(也称“矿山震动”,英文称为 mine seismicity, mining-induced tremor 等)是采矿活动引起的诱发地震,是煤岩介质在矿区构造应力场或采掘活动作用下,聚集的弹性应变能释放,造成采掘空间周围岩体破裂、滑移和突然卸压。较大矿震主要发生在地质构造比较复杂、构造应力较大、断裂活动较显著、岩层较坚硬的矿区。我国早期对矿震的研究也主要集中在抚顺、门头沟、北票等区域构造应力场较大的矿区,所以,长期以来文献中所涉及的矿震主要特指构造型矿震。事实上，从破坏强度上讲，矿震可以是小能量的岩体卸压，如“煤炮”、“板炮”或者更小的煤岩微破裂，也可以是强烈岩层震动或破坏性的冲击矿压事故，甚至可造成城市建筑群的严重破坏。总结而言，其主要特点有：

(1) 矿震位置与开采位置不完全对应。若矿震是因采场或巷道采掘活动直接引起的顶板断裂、冒落、煤层片帮、冲击矿压等，则应发生在工作面及其附近；若矿震主要因矿区范围内的断层、褶曲等构造活动诱发，矿震则可能距工作面有一定距离，此时，采矿活动仅仅起触发作用。

(2) 矿震大小与破坏程度不一一对应。矿震震源位置不一定是采掘坑道煤岩破坏位置，有的矿震震级很大，但矿井煤岩破坏却较小；有的矿震震级很小，但井下破坏却很严重。所以，当震源离地表较近时，矿震有时可造成地面建筑物的严重破坏，却不一定会造成矿井损坏。这也是矿震与冲击矿压的主要区别之一。

冲击矿压(也称“冲击地压”，非煤矿山或其他岩土工程称之为“岩爆”，英文称之为 rock burst、coal burst、coal bump 等)是煤矿开采中典型动力灾害之一，最早记录并报道其历史的可以追溯到 1738 年发生在英国南史塔福煤田的莱比锡煤矿。1965 年，Cook 依据南非多年的微震监测数据，首次对冲击矿压的本质作出了有重要意义的解释，认为矿体围岩系统破坏时所释放的能量大于所消耗的能量，就会发生冲击矿压。1967 年，Obert 和 Duvall 将冲击矿压定义为岩石在其围岩体中发生突然、剧烈的爆炸，其原因是应力超过岩石的强度。Bennett、Gibowicz 等也分别从不同角度对冲击矿压的内涵进行过阐述。目前，比较统一的认识为：冲击矿压是矿山井巷和采场周围煤、岩体由于弹性能释放而产生的以突然、急剧、猛烈的破坏为特征的动力现象，常伴随着巨大声响、煤岩体被抛向采掘空间和产生气浪等现象，往往造成采掘空间支护设备的破坏及巷道变形，严重时造成人员伤亡、井巷毁坏，甚至引起地表塌陷而造成局部地震。从本质上讲，冲击矿压属于灾害性矿震，其致灾强度主要取决于矿震的震级、震中距工作面的距离及其间煤岩介质的物理力学特性(如应力状态、抗压强度及松散系数)等。

1.2.1.2 冲击矿压与矿震的关系

显然，“矿震”一词的覆盖面要远大于“冲击矿压”；同时，冲击矿压往往是强烈煤岩体震动在工作面或巷道采掘空间的显现，在工程研究中更具有实际意义。

开采区域内产生的矿震都是由于矿井开采活动引起的，并不是每次矿震都会诱发冲击矿压，但没有一次冲击矿压不伴随着岩体震动的发生。研究表明，发生冲击矿压的可能性与矿震活动的能量有很大的关系，震动的能量越大，发生冲击矿压的可能性就越大。当震动能量为 4×10^{10} J 时，其概率几乎为 1。

窦林名等将矿震和冲击矿压的基本关系提炼为：

（1）冲击矿压是矿山震动的事件集合之一。

（2）冲击矿压是岩体震动集合中的子集。

（3）每一次冲击矿压的发生都与岩体震动有关，但并非每一次岩体震动都会引发冲击矿压。

可见，冲击矿压和矿山岩层震动总是相伴而生的。当矿震发生在井下采掘临空面时，往往本身就是冲击矿压；发生在岩体深处（远离自由面）的矿震有时会导致冲击矿压，但更多的不会导致冲击矿压的发生。矿震造成的冲击矿压又是一次新的矿震。所以矿震有时是冲击的因，有时却是冲击的果。

冲击矿压发生之前定会产生众多反映前兆信息的小震级矿震（对监测而言往往称为“微震”），故可根据微震监测记录震动所产生的震动波和各种震源参数来进行冲击矿压危险性评价。因此，从冲击矿压微震监测预报角度来讲，冲击矿压的震动效应和预测研究必然得从研究矿（微）震入手，即两者在观测上具有一致性，但应用到实际生产中必须区别对待。

1.2.1.3 冲击矿压与矿震分类

冲击矿压与矿震分类的目的是便于根据不同冲击、矿震的震源或破坏特征找出相应冲击矿压防治措施。国际上已建立多种冲击矿压与矿震分类方式，两者在分类方法上较为类似，同时也各有侧重。比如，冲击矿压分类往往更侧重于显现强度、发生位置等因素，而矿震分类主要从震源机理、波场特征等方面考虑。就普遍性而言，主要有以下几种。

（1）根据原岩（煤）体应力状态不同，冲击矿压或矿震可分为：

① 重力型：主要受岩层重力作用，没有或只有极小构造应力影响条件下引起的冲击矿压或矿震，通常与矿井的开采深度有关，且多发生在采掘面附近。

② 构造型：主要受构造应力的作用引起的冲击矿压或矿震。该类冲击矿压或矿震与开采深度关系不大，通常临界深度较浅，且震级一般较大。比如，南非Klerksdorp金矿被一条大的正断层错断，其滑动时曾发生过5.2级强烈矿震。

③ 中间型：受重力和构造应力共同作用引起的冲击矿压或矿震。

（2）根据震源破裂类型，矿震可分为：

① 岩体应变型：巷道掘进因高应力场存在造成巷壁处应力超过岩体强度发生猛烈破坏并释放应变能，以岩体局部膨胀或弹射为主，引起震动较小，一般不会产生冲击矿压。

② 煤（柱）体破坏型：主要由于高应力状态的煤体或煤柱在受压过程中所聚集的大量弹性能受到采掘活动扰动而突然释放，往往表现为煤体突出、片帮等。

③ 顶板断裂型：由顶板岩梁拉伸断裂失稳而产生，多发生于工作面顶板为

坚硬、致密、完整且厚的岩体中，及采空区的大面积空顶部位。

④ 剪切破坏型：主要因工作面开采过程中顶底板岩体的剪切破裂、层间剪切及铰接顶板岩块的滑移失稳造成，破坏范围较大。

⑤ 断层滑移型：主要发生在采掘活动接近断层时，受采矿活动影响而使断层突然滑移“活化”造成，其震动过程与岩体剪切破坏类似，震动释放能量往往更高。

上述矿震类型，因震源能量大小及破裂位置等差异，不一定都会产生冲击矿压。从冲击矿压研究角度，按诱发冲击的能量来源，类似于上述矿震分类，可分为：① 煤(柱)层型冲击；② 顶板型冲击(包括顶板拉伸、剪切破断等诱发)；③ 断层型冲击。

(3) 同时，按震级和抛出的煤量，冲击矿压亦可分为：

① 轻微冲击(Ⅰ级)：抛出煤量在 10 t 以下，震级在 1 级以下的冲击矿压。

② 中等冲击(Ⅱ级)：抛出煤量在 10～50 t，震级在 1～2 级的冲击矿压。

③ 强烈冲击(Ⅲ级)：抛出煤量在 50 t 以上，震级在 2 级以上的冲击矿压。

1.2.2 冲击矿压机理研究

各国学者(主要为岩石力学和采矿学科)在实验室研究和现场调查的基础上，从不同的角度对冲击矿压的发生条件和发生过程进行描述和论证，并先后提出了一系列经典冲击矿压理论，如强度理论、刚度理论、能量理论、冲击倾向性理论、三准则和变形系统失稳理论等。强度理论的实质就是 Brauner 提出的煤岩体夹持理论，并有煤体极限压应力的计算公式。强度理论只能判断煤岩体是否破坏，不能回答煤岩体是静态破坏还是动态破坏的形式，只能作为冲击矿压发生的必要条件，而不是充分条件。刚度理论认为矿山结构的刚度大于围岩-支架刚度是产生冲击矿压的必要条件，用于判别煤柱稳定性具有简单、直观的特点，但这一理论没有正确反映煤体本身在煤体-围岩系统中不但能积蓄能量而且还可以释放能量这一基本事实。能量理论认为矿山开采中如果支架-围岩力学系统在其力学平衡状态破坏时的能量大于所消耗的能量时即发生冲击矿压，但没有说明矿体-围岩系统平衡状态的性质及其破坏条件，特别是围岩释放能量的条件，因此冲击矿压的能量理论判据尚缺乏必要条件。冲击倾向性理论认为煤岩体的冲击倾向性是煤岩介质的固有属性，是产生冲击矿压的内在因素。该理论的局限性在于冲击矿压的发生与采掘和地质环境有关，而且实际的煤岩物理力学性质随地质开采条件的不同而有很大的差异，实验室的测定结果往往不能代表各种环境下的煤岩性质。变形失稳理论认为介质的强度和稳定性是发生冲击矿压的重要条件之一；而当介质在失稳过程中系统所释放的能量可使煤岩体从静态变为动态过程则是发生冲击矿压的重要条件之二。该理论的实质是，只有变形系统具有软化特性时才能具有发生冲击矿压的条件。“三准则”理论认为强度准则是煤岩体的破坏准则，而能量准则和冲击倾向性准则是突然破坏准则，因而只有当这三个准则同时满足时，才能发生冲击矿压，该理论虽融合了三个理论，弥补了相互之间的不足，但是引入参数过多，实际应用的难度大。

此外，Vardoulakis、Dyskin、黄庆享、缪协兴、张晓春、冯涛等以断裂力学、损伤力学和稳定性理论为基础，对围岩近表面裂纹的扩展规律、能量耗散和局部围岩稳定性的研究已取得了一定的进展，建立了煤矿片帮型冲击矿压和岩爆的层裂板结构失稳破坏模型，认为采场或巷道壁面的局部失稳是由高应力集中区形成的层裂板结构区的稳定性控制的，当近自由表面的裂纹一旦开始扩展，将失去稳定，导致表面局部屈曲，临界屈曲应力随自由表面与裂纹间距的减小而急剧减小，最终分离层屈曲破坏形成冲击矿压。齐庆新等建立了冲击矿压的摩擦滑动失稳模型，用摩擦滑动的黏滑现象解释了冲击矿压的发生机理，提出了煤矿冲击矿压的黏滑失稳机制。

窦林名研究了顶板作用下煤体冲击机制，利用煤层和顶底板的刚度作为指标，揭示了冲击矿压应该满足的强度、刚度与能量条件。建立了煤岩冲击破坏的弹塑脆性模型，解释了冲击矿压的发生、载荷的突变对煤岩体的破坏和煤岩体流变-突变的特征与能量释放大小，同时揭示了煤岩动力破坏过程中的声电效应。基于能量耗散与释放原理，提出了冲击矿压的强度弱化减冲理论，为冲击矿压防治提供了理论依据。同时窦林名课题组对顶板型冲击矿压的冲能原理、冲击矿压巷道的“强弱强”理论、断层型冲击矿压机理、最大水平应力对冲击矿压的作用机制、矿震层析成像原理与冲击矿压预测、底板型冲击矿压机理与控制等做了卓有成效的研究。

虽然众多学者对于冲击矿压机理的研究付出了大量努力，也得出了很多有益的成果，但由于不能保证选取研究角度的全面性，还无法用单一理论解释所有的冲击矿压现象。由于冲击矿压问题的复杂性，影响因素众多，机理也极其复杂，所以它至今仍然是岩石力学和采矿工程中最困难的研究课题之一，要完全研究清楚冲击矿压机理还需做大量工作。

1.2.3　矿震发生机理研究

虽然矿震和冲击矿压都是开采扰动下的煤岩体动态失稳，两者在本质上具有一定相似性，但多年来矿震和冲击矿压的发生机理研究却是分别从两条不同的主线进行的。矿震机理的研究，最早始于对天然地震机理的研究，一些对天然地震研究的成果被直接应用到了矿震，尤其是构造型矿震的机理研究之中，并相继提出多种矿震发生机理模型。

Salamon 最早将剪切滑移模型用于解释矿震机理的研究。该理论认为，煤岩体被开挖后，当潜在破坏平面上的任一点处的静态过剪切应力 $E_{ss} \geqslant 0$ 时，就会产生剪切破坏或沿不连续面滑移；在滑移开始之后，静态过剪切应力转化为动态过剪切应力，且同样当动态过剪切应力 $E_{ss} \geqslant 0$，就会使岩石发生进一步破坏或沿不连续面滑移。同时，南非的实测研究证实，只有当 E_{ss} 达到一定量值，才有可能发生岩爆或矿震。

矿震发生的"包体"理论，将震源视为一无限弹性地质体中镶嵌的一个椭球形地质体，包体的性质与周边地质体存在明显差别，且包体的失稳条件就是矿震产生的条件。矿震发生的"凹凸体"与"障碍体"模型认为，对于破裂面性质，一般可分为"凹凸体"与"障碍体"。这两种模型最初是从煤柱开采面与采空区的应力转移和能量释放中演绎出来的。凹凸体指破裂面有强黏滞力的小区域，此处剪切滑动遇到阻力，因而是震源应力集中点，克服阻力后，将继续破裂过程。障碍体是一部分破裂后的剩余未破裂小区域，由于障碍体的存在，致使破裂以分段形式进行，一旦障碍体被冲破，破裂将贯穿整个断层面。

Nur、Whitcomb 等根据岩体高应力受压破裂变形产生的体积膨胀，提出了矿震产生的扩容理论。该理论认为当岩石进入非线性变形快速发展阶段时，便由压缩变形的体积缩小阶段进入快速扩容阶段，从而产生非连续的微裂隙和震动，且震动释放能量与岩体体积扩容过程有密切联系。

国内研究方面，宋建潮等认为开采活动的扰动作用是产生断层型矿震最主要的诱导因素，正是因为开采活动的存在，才使静止的断层得以动态"活化"，产生强烈矿震。刘大勇等提出了矿震发生的双岩模式，并指出矿震的产生需具备三个基本条件：① 存在脆性岩石；② 巷道壁面有足够大的变形；③ 一定的开采深度范围内。梁冰等认为矿震是由于扰动，不连续面间的黏滑摩擦转变为滑动摩擦所产生的动力失稳现象，从而提出了矿震发生的黏滑失稳机理及其稳定性判据。肖和平认为煤矿构造矿震机理是由于煤系地层对外力敏感响应力和抵抗脆弱的特性，加之于煤矿区采掘"卸载"使地壳内竖直应力降低，四周水平应力加强，驱使深部构造不连续面积累应力释放，引起构造矿震效应。潘一山等则认为矿震是区域地壳运动变形的反映，矿震是否发生可看作在区域地壳运动变形中，地表附近煤岩体是否达到矿震所需的应力阈值条件，并指出随着地壳的不断运动变形，先后达到应力阈值条件而失稳的分别为煤体压缩、顶板断裂和断层错动型。

矿震机理的研究因地震学科介入得较多，容易忽略地震和矿井煤岩震动的孕育和发生过程的差异，而对与矿井开采更为密切相关的采矿型矿震，尤其是存在厚层坚硬顶板条件下矿震的发生机理及诱冲机理等则关注较少；而传统的冲击矿压机理研究因以岩石力学和采矿学科投入为主，更关注和采矿活动密切相关的矿压动力显现。显然,两者的研究不能完全孤立开,冲击矿压或矿震机理及防治研究的长足发展需要紧密融合采矿、地球物理等多个相关领域的研究思路及监测手段优势。

1.2.4 冲击矿压与矿震的监测预报

目前常用的冲击矿压监测方法主要有:以钻屑法为主的岩石力学方法;以声发射、电磁辐射、微震监测为主的采矿地球物理方法;以综合指数法为主的经验类比分析方法等。

钻屑法是通过在煤体中钻小直径钻孔,根据排出的煤粉量及其变化规律以及钻孔过程中出现的动力现象鉴别冲击危险的一种方法。钻屑法设备简单,检测结果直观,便于现场操作和判别,但施工消耗人力多,施工时间长,且易受施工环境和条件制约,监测范围小。

电磁辐射信息综合反映了冲击矿压等煤岩灾害动力现象的主要因素,可反映煤岩体破坏的程度和快慢,主要记录电磁辐射信号强度幅值和脉冲次数,故可用电磁辐射法进行冲击矿压预测预报。该技术采用非接触监测方式,使用简单方便,但其监测范围有限,且如何去除现场干扰因素和环境影响条件是急需解决的关键问题。

岩石应力作用下发生破坏,并产生微震和声发射。声发射法是以脉冲形式记录弱的、低能量的地音现象。地音变化与煤体应力变化过程相似,地音活动集中在采区某一部位,且地音事件的强度逐渐增加时,预示着冲击矿压危险。主要记录声发射频度、一定时间内脉冲能量的总和、采矿地质条件及采矿活动等,该技术同样易受施工环境和条件的制约影响。

微震监测系统的主要功能是能对全矿范围进行矿震和冲击危险监测,是一种区域性监测方法;可自动记录矿震活动,实时进行震源定位和矿震能量计算,为评价全矿范围内的冲击矿压和强矿震危险提供依据。矿山微震监测始于 20 世纪初的地震台网监测,但早期监测系统因信号采集、震源定位、数据分析等软、硬件方面的问题严重阻碍了其发展;直至近 30 年来,计算机技术的迅速发展和地球物理学理论的不断成熟,特别是数字化地震监测技术的应用,极大促进了微震监测技术在冲击矿压和矿震监测预报中的应用,目前国际上的高冲击及强矿震危险矿区几乎都建立了各种不同监测尺度的微震监测系统。

综合指数法是在进行采掘工作前,在分析影响冲击发生的主要地质和开采技术因素的基础上,确定各因素对冲击矿压的影响程度及其冲击危险指数,然后综合评定冲击危险状态的一种早期区域预测方法。

数值模拟法可以模拟工作面应力分布状态,也可评价开采空间、开采参数、开采历史等对冲击矿压、矿震危险性的影响,可作为一种近似方法划分冲击矿压、矿震危险区域，但不能进行即时预测。

此外，蔡美峰等、蒋金泉等分别将神经网络、混沌预测等引入矿震和冲击矿压的预测研究中。鉴于冲击矿压发生的时间、地点、震源等的随机性、复杂性和突发性，窦林名等建立了冲击矿压的分级预测准则，通过冲击矿压连续监测预警技术，形成了冲击矿压分级预测技术体系。

1.3 煤岩冲击破裂的震动效应研究现状

采动诱发煤岩冲击破裂的孕育机理与震动效应研究是进行矿井冲击等煤岩动力灾害预测和防治的前提和基础。目前，尚缺乏该方面的系统研究，这也是制约冲击矿压即时预测有效性的主要因素之一。冲击破裂的震动效应研究，主要涉及煤岩震动时空序列演化、震源破裂（孕育）机理、微震波谱特征、矿震动载的冲击破坏效应等研究现状。

1.3.1 煤岩破裂分布及时空演化研究现状

根据微震震源时间分布及其演化趋势分析，可描述覆岩结构运动和应力场的迁移演化，确定震动集中的区域，评价冲击矿震危险，监控断层活化，揭露潜伏构造等，国内外在该方面做了较多积极探索。窦林名、李志华等通过对山东古城矿 1315 面过断层期间的微震实时监测，动态推演构造应力活动的剧烈程度和空间破裂范围及其演化规律，为掌握断层冲击矿压防治的最佳时机提供了有力依据。类似根据煤岩破裂活动揭露采动影响下断层“活化”规律的报道可见 Luo Xun 等在澳大利亚 North Goonyella 矿以及姜福兴、成云海等在新汶华丰矿等的相关研究结果。姜福兴等基于微震监测总结了不同开采地质条件下的煤岩破裂分布特征，提出 C、O、S、Θ 型等 4 种采场围岩空间破裂形态和应力场分布。根据煤岩破裂形态及分布特征，在矿井顶板岩层突水预测、瓦斯突出通道判断等其他煤岩动力灾害监测及顶板岩层“两带”高度确定等领域也有较多研究报道。

1.3.2 煤岩震动震源破裂模式研究现状

Gibowicz、McGarr 等早期的研究结果认为，矿山煤岩震动和天然地震的震源破裂机理具有相似性，强矿震事件主要由岩体内断层面的剪切破裂引起，并认为有关地震震源孕育机理的绝大多数理论可用于矿山震动。随着对工作面开采诱发震动研究的深入，人们发现有许多跟采动活动密切相关的煤岩震动并不具备剪切破裂的震源破裂特征。

Westbrook、Kusznir 等通过对英国 Staffordshire 煤矿煤岩震动特征研究发现，该矿出现的煤岩震动主要分为两类：与煤柱破裂有关的大能量剪切冲击震动和与废井塌陷有关的小能量震动。Potgieter、Joughin 等在南非 Klerksdorp 金矿震源机理研究中发现，小能量震动源于采空区顶板冒落，而大能量矿震则与断层带剪切滑移密切相关。Fujii 和 Sato 在研究日本 Sunagawa 煤矿的瓦斯突出诱发震动时发现，大部分震动具有双力偶震源的剪切破裂性质，而在 Horonai 煤矿却发现 2 个瓦斯突出诱发震动具有非剪切破裂性质。Prugger 和 Gendzwill 在波兰 Sakatchewan 钾矿研究发现顶板离层诱发矿震具有拉伸破裂性质。McGarr 在观测南非 Witwatersrand 金矿的矿震事件时同时发现了拉伸和剪切岩体破裂震动，且在后来的进一步研究中认为，拉伸等非剪切破裂方式与工作面开采更为密切相关。Xun Luo、Kelly 等根据澳大利亚多个矿井微震监测结果认为，工作面煤壁前方围岩主要受剪切力的作用，易产生剪切断裂为主的强矿震事件；而在工作面采空区后方的顶板冒落和底板底鼓等震动过程以张性断裂为主，且震动能量往往较小。

国内有关冲击、矿震震源破裂特征已发表的研究甚少，且主要以地震台网的监测数据为研究对象。李铁等依据区域地震台网，研究发现老虎台矿煤柱失稳和顶板较大规模下沉诱发震动具有明显非双力偶型破裂特征，与该区域天然地震的震源机理差异明显。张凤鸣等基于鹤岗地震台网监测数据，认为鹤岗煤矿 $M_L > 2.5$ 级强矿震的发生主要受当地区域构造应力场影响，具有明显双力偶破裂特征。董积平等对门头沟矿较大矿震进行破裂机理研究，发现大多数矿震以剪切破裂为主。姜福兴等将采动诱发岩石震动类型分为高垂直应力、低侧压的压剪破坏，高水平应力、低垂直应力的压剪破坏，单层或组合岩层的层内和层间剪切破坏，及拉剪耦合作用下的拉张和剪切破坏等四种，并认为其震动震级依次降低。窦林名、曹安业等分析了坚硬顶板断裂和煤柱破裂的震动位移波场特征，认为采空区顶板断裂主要以拉伸破裂为主，而煤柱破裂具有内爆式破裂特征。

1.3.3 煤岩破裂的波谱特征研究现状

根据文献检索，针对采动诱发不同煤岩破裂微震信号波谱特征的研究报道相对较少。张萍、蒋秀琴等从拐角频率角度对辽宁多个矿区附近地震台网监测的爆破、矿震和地震信号的波形进行了对比分析，发现爆破、矿震与地震的纵横波拐角频率及最大谱值等存在明显差异。成云海等根据华丰矿的微震监测，发现岩层破裂的微震波形具有波形长、强度高、多峰值的特点；而煤层破裂波形则较为“柔和”，尖跳现象比高强度岩体破裂波形要弱。Xun Luo、王作棠等以频率、持时等参数为指标对重庆中梁山矿煤层气化过程中的破裂信号进行识别研究，认为其中的高频、短持时微震事件为煤岩热破裂所诱发，而持时较长的低频波包形微震事件与顶板冒落密切相关。Peter Hatherly、Xun Luo 等对澳大利亚 Appin 等矿区的岩层运动、底板瓦斯突出等微震信号的频谱特征进行过对比分析。此外，Peter B.Bolt 通过对英国高瓦斯矿井 Cynheidre 煤矿微震监测分析，根据频谱特征将煤岩震动事件分为 7 类，并认为该矿地质条件下主频在 250 Hz 作用的 2 类震动事件与瓦斯突出密切相关。

冲击危险矿井煤岩震动频谱特征研究方面，作者及所在课题组就徐州三河尖矿 9202 工作面回采过程中出现的冲击矿压、顶板断裂、煤体爆破、强制放顶等微震信号进行过波形及频谱特征的详细分析，定性分析了不同微震信号波形在振幅、频谱、持续时间、初动方向等方面的重要特征，为冲击危险信号的有效快速识别进行了积极探索。

1.3.4 动载扰动下煤岩冲击破坏研究现状

据统计，我国煤矿发生冲击矿压的采深大部分在 400 m 以上。近年来，西部一些采深小于 400 m 的矿井也开始发生严重冲击矿压。例如，神华新疆能源有限责任公司大洪沟煤矿采掘深度在 280～340 m，2009 年 9 月开始出现冲击矿压显现，至今已发生冲击显现近 10 次，造成巷道急剧变形，设备被掀翻，人员被掀倒；铁厂沟煤矿 43 号煤层综放工作面采深 155 m，2011 年 3 月 24 日夹矸松动爆破诱发工作面冲击矿压事故，造成 1 人死亡；2010 年 10 月 8 日，宽沟煤矿发生冲击矿压事故，采深为 317 m，造成 4 人死亡，1 人重伤。可见，单纯考虑静载荷作用的冲击矿压理论已无法再满足工程的需要，冲击矿压的发生还应存在静载作用之外的动载扰动诱发机制，因此必须从动力学角度去研究冲击矿压机理。

当煤岩震动发生在岩体深处时，巷道围岩往往会受到岩体破裂辐射震动波的动态扰动影响而诱发冲击矿压，因此，扰动震动（应力）波是诱发冲击的重要因素。动载扰动诱发冲击破坏机理的研究是从爆破震动开始的，20 世纪 50 年代，就有关于地下工程爆破、震动（波）及冲击矿压（岩爆）之间关系的一些初步试验成果。文献报道了美国 Kirovskiy 矿采矿爆破与冲击矿压及片帮的关系。黄润秋等给出了爆破扰动下已开挖洞段围岩的数学模型及解析解，并对爆破诱发冲击矿压进行了数值分析。李夕兵等对深部矿柱在承受高静载应力时的动力扰动力学模型进行应力波传播力学响应分析，并采用 $FLAC^{3D}$ 有限差分程序对深部开采圆形矿柱进行高应力下动力扰动数值计算。姜耀东等研究了一维情况下爆破震动波对巷道煤岩冲击破坏的机理，指出当震动波在煤岩体内传播、反射所引起的局部应力差高于煤体抗拉强度时，煤体内就会发生断裂，该过程不断发生，形成一系列大致平行的裂纹，直到震动波能量小于某一界限为止。

马晓青认为，材料的动态破坏是由于材料在应力脉冲作用下外表面发生层裂而逐渐破坏的，考虑到弹塑性波在传播、反射过程中的波形变化，用应力时程曲线 $\sigma(t)$ 表示脉冲应力，得到层裂条件为：

$$\int_0^t [\sigma(t) - \sigma_0]^\alpha \mathrm{d}t = k \quad (1\text{-}1)$$

式中 σ_0——屈服极限；

t——层裂时间；

α, k——材料常数。

卢爱红在巷道冲击破裂的层裂屈曲模型基础上，从煤(岩)体动力学特征出发，研究了高应力状态下应力波动态诱发冲击矿压的动力学原理。

费鸿禄、徐曾和等采用突变理论模型定性解释了矿震发生的机理。许强、尹光志等同样利用突变理论，通过引入 Dirac 函数表示的外界动载，探讨了动载扰动诱发冲击矿压等地质灾害机理，并将动载扰动作用分为临界微扰效应和超前强扰效应。

易小平等认为震动波对岩体的作用包括两个方面：一是由于震动压缩波在自由面反射形成拉伸波的作用而使岩体产生破坏；二是具有冲击倾向性的岩石处于临界平衡状态时，震动波造成动应力叠加而发生破坏。朱万成等认为处于深部的岩体内部积累了大量弹性应变能，在外部动力扰动下这些能量以非常猛烈的方式释放，从而导致冲击矿压(岩爆)的发生；并采用 RFPA 模拟不同侧压力系数条件下动态扰动触发深部巷道失稳破裂的整个过程，探讨了动态扰动触发巷道冲击(岩爆)的力学机制。

郭然等认为，在矿井中发生强矿震和冲击矿压引起煤层巷道破坏，其主要原因是震动波传播过程中动载荷脉冲的冲击，使煤层垮落，动力抛出煤岩体。采矿巷道和支架是一个支护系统，用来支撑一定的静载和动载，即抵抗由震动速度、加速度及主频率引起的地震力。若震源处于巷道附近，即在近距离波场，对巷道的影响是非常大的，其特点是震动主频为几十到 100 Hz；震动速度幅值为几十到几百毫米每秒。

实验室研究方面，李夕兵研究团队对动静组合载荷作用下岩石破裂特征进行了一系列试验与理论研究，如李夕兵等建立了基于 SHPB 装置的中高应变率段岩石动静组合加载试验系统；左宇军等建立了一维动静组合加载岩石系统的非线性动力学模型，得出静载荷越大，岩样失稳所需的动载荷幅值和应变能越小，并进行了二维动静组合加载下红砂岩破坏的试验，研究了动载固定不变时试样在不同静载变化下破坏的规律和特征；叶洲元等对砂岩等试样进行了不同水平轴向静载荷加、卸载和围压组合作用下的动态冲击试验，分析了不同试验条件下岩石的强度与变形破坏特征。刘小明在伺服机上研究了叠加正弦波对岩石破坏的影响，得到了应力波扰动可使岩石强度降低。卢爱红则通过物理相似模拟，分析了巷道在不同爆破应力波强度、作用方法及不同岩性特征下巷道围岩的破坏特征。

1.4 微震监测系统应用研究现状概述

1.4.1 微震监测系统的发展

人们很早就注意到采矿与地震的关系，但早期的认识相当模糊。1872 年，捷克斯洛伐克的克拉德诺（Kladno）煤矿提供了有关这种关系的第一篇文字记载。1908 年，德国在鲁尔煤田的波鸿（Bochum）地区建立了第一个用于矿山观测的台站，该台站配有一架著名的维谢尔特水平地震仪，直至第二次世界大战中被摧毁，从未中断过工作。第一个监测煤矿矿震活动的台网于 20 世纪 20 年代末期建在波兰上西里西亚（Upper Silesia），台网由四个子台组成，其中一个设在煤矿深部，并配有 Mainka 水平向地震仪。

Gane、Hales 等在南非 Witwatersrand 金矿区的地面上布设地震台，以可靠的记录资料发表了开采对矿震（岩爆）诱发作用的第一份研究报告。到了 20 世纪 60 年代，南非出现了由地面和地下地震台共同组成的现代矿震监测台网。第一个采用高频检波器并可对－4 级微弱震动进行定位且精度达 20～40 m 的微震台网，也出现在 Witwatersrand 金矿区。南非 ISSI 公司研制的 ISS 集成化微震监测系统在南非、印度等深埋金属矿山的岩爆监测中得到较广泛应用。

美国矿务局在 20 世纪 40 年代就开始提出应用微震法来监测矿井冲击矿压，但由于所需仪器价格昂贵且精度不高、监测结果不明显而未能引起人们的足够重视和推广。直至 60 年代中期，美国煤炭工业局开始了一项主要研究项目，通过这些研究项目，形成了微震技术工业性应用的基础。1997 年，在美国得克萨斯州东部的棉花谷（Cotton Valley）进行了一次全面而深入的水压致裂微震层析成像现场实验，以验证地震成像技术的实用价值。该实验获得了巨大成功，极大地推动了微震技术的发展。

加拿大过去采用的监测系统是 MP250，此系统不能识别到达波的类型，后来开发了新的、更完善的系统 ADASLS，它能够识别波的类型，即 P、S 波和噪声，并且可以确定出微震位置及其可信度。现在加拿大 ESG 的 Paladin、Hiperion 等微震监测系统在该国矿山得到较为广泛应用。

澳大利亚联邦科学与工业研究组织（CSIRO）研制了 Siroseis 微震监测系统，用于矿井煤岩微破裂的监测和定位，并从 1992 年开始对澳大利亚 Southern、Appin、Gordenstone 等矿区的采矿诱发微震事件进行研究，取得了比较满意的结果。CSIRO 已完成澳大利亚 15 个矿区的微震监测试验，积累了大量现场经验。

波兰矿山研究总院从 20 世纪 50 年代开始，就在上西里西亚煤田开展了矿震的微震监测和冲击矿压的预测研究，70 年代开始又在下西里西亚（Lower Silesia）的 Lubin 等矿区建立了多套微震监测台网。该院 20 世纪 80 年代开发了第一代数字微震监测系统 LKZ(SYLOK)，90 年代开发了新一代的 ASI 数字化微震监测系统，现已经更新为 WINDOWS-XP 下的 ASI-SEISGRAM（SOS）微震监测系统。同时，波兰自动化研究所也研制有最新的 ARAMIS/MA 微震监测系统。

我国虽是世界产煤大国，冲击矿压的危害更是与日俱增，但微震监测技术研究与应用起步较晚。我国在“八五”期间曾由中国地震局地震所在波兰 SYLOK 微震系统的基础上进行了开发，北京矿冶研究总院和长沙矿山研究院分别尝试自行研制矿山微震（声发射）定位系统，但仅在极少矿山试用，没有得到推广应用。1998～2002 年，国家地震局分别在新汶华丰、徐州三河尖和抚顺老虎台等煤矿建立了冲击矿压大尺度的矿震监测台网，这几套矿震监测台网因布置台站较少，监测范围较大，定位误差较大，难以满足工作面范围内冲击矿压和矿震监测预报的要求。2003 年开始，姜福兴等对 CSIRO 的 Siroseis 系统软硬件进行了改造，并进一步开发有自主知识产权的微震监测仪，在华丰煤矿得到了较好应用。潘一山等研制了一套矿区千米尺度破坏性矿震监测定位系统，在北京木城涧煤矿的冲击矿压预测预报中得到了应用。近年来，窦林名引进了波兰先进的 SOS 微震监测系统，在甘肃华砚矿区、山东东山古城煤矿、兖州鲍店煤矿、大同忻州窑煤矿等 40 余座煤矿的冲击矿压和强矿震监测预报中得到成功推广和应用。

综上论述，根据不同监测尺度要求和研究目的，国内外目前用于矿山动力灾害监测的微（矿）震监测系统主要发展为三类：

(1) 大尺度矿震监测台网。主要监测频率范围约 1～20 Hz，台网半径达数千米以上，台站位置相对长期固定，定位精度在数百米级。可实现一个或多个矿区范围内 $M_L \geqslant 0$ 级矿震实时监控，及大范围内尤其是区域构造应力场影响下的强冲击、矿震的中长期危险趋势评价。因定位精度较低，该类台网的发展趋势是配合高精度高频微震监测系统联合使用。

(2) 矿井尺度微震监测系统。主要监测频率范围约 1～200 Hz，台网半径为数百米至千米之间，台站位置相对固定，可实现矿区或采区范围内的 100 J 以上（M_L 约 -1.0 级）煤岩震动事件的实时监测和快速高精度震源定位，定位精度约 30 m 左右。从监测尺度、频率范围、定位精度综合考虑，该类系统最适合于矿井冲击矿压、强矿震动力灾害监测预报，如波兰 SOS、ARAMIS/MA 等系统。

(3) 工作面尺度微震监测系统。主要监测频率范围约 1～2 000 Hz，台网半径为百米级，台站位置随采区和工作面推进而调整，主要关注 $-4.0 \leqslant M_L \leqslant 1.5$ 级的小震级煤岩震动，定位精度约数十米，可实现采区、工作面范围内煤岩微破裂事件的实时监测和快速高精度定位。该类系统在煤矿小尺度范围内冲击或矿震、煤与瓦斯突出、顶板突水及非煤矿山岩爆等动力灾害的监测研究中应用较广,如加拿大 Paladin、澳大利亚 Siroseis、南非 ISS 等系统。

1.4.2 煤岩动力灾害微震监测预报研究进展

根据震动频次和释放能量等微震活动变化进行冲击危险性评价,是目前冲击矿压微震预测的主要方法之一。国内门头沟矿通过对矿震监测系统记录的几千次震动事件的总结分析,归纳出该矿存在冲击危险的微震活动趋势为:① 微震活动的频度和能量出现急剧增加,持续 2～3 d 后,会出现大的震动;② 微震活动保持一定水平($<10^4$ J),突然出现平衡期,持续 2～3 d 后,会出现大的矿震和冲击。Dessokey、Idziak 等分别运用不同极值分布模型(冈贝尔Ⅰ、Ⅱ、Ⅲ型)对波兰 Wujek、Upper Silesia 等矿区的强矿震安全性及分布规律进行中长期评估分析,但预测成功率欠佳。Scholz 研究发现,矿震震级-频次关系中 b 值的变化与应力条件直接相关,并随着应力的增加而下降。因此,许多文献中将 b 值特征变化作为预测强矿震和冲击矿压发生前的重要前兆参数。Gibowicz 和 Brink 等分别在对波兰 Szombierki 煤矿和南非金矿的矿震活动性研究中发现,强矿震和冲击矿压(岩爆)发生前,b 值常有先增后降的异常活动变化。李铁、齐庆新等在老虎台、房山、华丰等矿区的研究也发现,冲击矿压主要发生在低 b 值或 b 值由高向低的转折处。但仅根据 b 值特征难以对冲击、强矿震发生时间或地点进行即时预测预报。

波兰学者提出了冲击危险的趋势微震预测法和精确微震预测法。趋势微震预测法即根据震动能量水平,对冲击危险进行预测预报;而精确微震预测法主要以震动震级大小、岩体中应力变化或非稳定状态的变化及震动载荷对井巷的动力作用为基础参数进行冲击危险评价,该预测方法在波兰 Katowice 等多个矿区取得了较好的应用效果。冲击矿压曾经是日本煤矿的最严重动力灾害之一,Fujii 等基于矿山微震监测,提出了根据最大剪切地震矩 M_s 的释放率评价煤矿冲击矿压危险程度,该方法在 Horonai(日本最深煤矿)、Miike(海底煤矿)等多个深部矿区取得较好的应用效果。将震动层析成像技术(tomography)和微震实时监测相结合,是冲击矿震危险评价和预测的最新发展方向。Kray 等采用主动层析成像技术(active tomography),对美国西部某矿区工作面开采过程中 P 波速度分布进行反演,发现高应力区与高波速区吻合较好。A.Lurka 利用被动层析成像技术(passive tomography)对波兰 Zabrze Bielszowice 等煤矿冲击危险进行评价,发现冲击或强矿震往往出现在高波速区和高波速变化梯度区。

1.5 目前需要解决的问题

国内外学者从煤岩破裂分布及演化规律、震源破裂特征、波谱特征、动载作用下的煤岩损伤等不同侧面对煤岩冲击破裂的震动效应进行了大量研究，取得了许多研究成果。同时，因研究侧重点的不同及监测方法的不足，在冲击孕育机理与震动效应的一些方面还没进行研究或研究得不够清楚，主要包括：

（1）煤岩震动震源破裂机理方面，国内外（主要是国外）已有研究大多是针对某特定开采地质条件下的煤岩破裂特征孤立进行的。目前尚缺乏围绕矿井动态开采，不同采动煤岩冲击破裂类型的破坏强度、震动位移波场及能量辐射特征的系统理论对比分析。

（2）现有煤岩冲击破裂的实验室物理模拟研究，主要侧重于不同加载条件下煤岩样破坏的发生机理和物理过程的试验及相似模拟研究，而基于不同煤岩冲击破坏的实验室微震（声发射）测试及震动信号微震波谱特征方面的系统研究则甚少，更缺乏实验室尺度下震动位移波场对煤岩体冲击破裂位移和能量辐射特征影响大小的分析研究。

（3）不同煤岩冲击破裂在空间辐射范围内具有不同的位移波场和能量辐射特征，反言之，震动位移场是进行矿井采动煤岩冲击震动震源破裂机理量化研究的基础。目前尚缺乏针对同一煤岩冲击破裂事件，不同震动位移场组合对其震源破裂机理反演的可靠性和适用性的系统对比分析。

（4）所见文献中，部分学者从损伤断裂力学、突变理论等方面对动载作用下煤岩介质损伤及破坏特征进行分析，部分学者采用数值模拟研究冲击动载对巷道变形破坏的影响，但这些研究均未考虑采动煤岩震源破裂机理对巷道围岩冲击破坏效应的影响。事实上，冲击矿压或矿震的震源破裂机理和其破坏效应之间的关系，就是冲击矿压的因与果的关系。无论采用理论、试验、数值分析等何种手段研究动载扰动下的煤岩冲击破坏机理，首先得考虑外界扰动震源的破裂方式及其能量辐射特征对巷道围岩的冲击破坏影响。

（5）除震源破裂机理影响之外，矿震辐射震动波能量在岩体介质中传播及衰减程度同样影响矿震动载对煤层巷道的冲击破坏效应。现有的相关研究主要是基于理论、实验室及地面浅埋场地等进行的，而理论模型、实验室条件等与矿井实际煤岩地质条件和开采环境难免有较大差异。目前，针对矿井实际开采影响下覆岩结构运动及特征改变对冲击震动波的微震参量变化和能量耗散规律的试验研究尚未见文献报道。

1.6 研究内容

矿山微震监测技术的发展,尤其是地球物理学在采矿学科的日益广泛的应用,使煤岩震动震源孕育机理及其冲击破坏效应的深入研究成为可能;而该方面的研究是进行矿山冲击震动条件下巷道支护及冲击矿压、强矿震等动力灾害预测及防治的前提和基础。目前,国内外尚没有关于采动煤岩冲击破裂的震源孕育机理与震动效应的系统研究。鉴于此研究现状,特拟定本书的研究主线主要从煤岩震动的震源孕育机理及其冲击破坏效应依次展开,研究内容包括采动煤岩冲击破裂等效震源模型的建立和震动位移波场辐射特征的理论分析,煤岩样冲击破裂过程中的微震波谱及位移波场辐射特征的实验室研究,煤岩震源孕育机理的矩张量反演方法的可靠性评价及实证分析,采场采动影响下冲击震动波传播的微震效应试验研究,矿震动载对巷道或采场煤岩的诱冲机理及其冲击破坏效应分析,及煤岩冲击的预测及防治对策等。而震动效应中有关煤岩震动时空序列演化部分因研究较多,不作为本书的研究重点。具体研究内容为:

(1) 煤岩破裂模式及其震动位移波场特征的理论分析。通过对岩石破裂模式与破裂尺度关系的研究,揭示剪切、拉伸等不同破裂模式下其破裂尺度和应变能释放大小的差异。构建煤岩冲击破裂震源等效力与震动远场位移的关系矩阵,综合采动岩体力学和矿山地震学理论,对矿井采动过程中出现的主要煤岩冲击破裂类型,分别建立等效震源模型,通过对其震动远场位移和能量辐射特征的理论分析,揭示煤岩震动间的震源孕育机理差异,并根据震动波场特征进行煤岩震动的分类。

(2) 煤岩(微)破裂微震/声发射特征的试验研究。通过实验室分别进行的大尺度岩板弯拉断裂、标准煤岩样单轴压缩及采动影响下断层区域顶板和断层活动等煤岩破坏的 TDS-6 微震监测,模拟并比较分析不同煤岩震动类型在其冲击破裂过程中的微震效应,探讨煤岩样主震动破裂前后频率、振幅、持时等震动参数的变化规律,分析实验室条件下,震动位移场对煤岩冲击破裂位移和能量辐射特征的影响。同时,通过开展不同动、静及动静组合加载作用下的岩体特性试验与 PCI-2 声发射同步监测,研究不同载荷作用下岩体微裂隙的裂纹性质与起源、扩展模式,微观角度辨识岩体微破裂失稳类型与震源力学特性。试验验证并完善煤岩冲击破裂震动位移场特征与震源孕育过程的理论研究。

(3) 煤岩震动震源孕育机理的矩张量反演方法及其适用性评价。引入矩张量反演方法用于煤岩震动震源孕育机理的量化研究,针对实际微震波形的噪声干扰问题,提出矩张量反演的最小二乘方法,通过理论煤岩破断模型的不同震动波组合和噪声干扰下最小二乘正反演对比分析，探讨并验证矩张量反演在采动煤岩震源孕育机理研究中的可靠性和适用性，最后进行了实例分析。结合震动位移波场的理论分析和试验研究，由正演模拟至反演分析，从实验室近场至矿井远场微震监测，建立本书采动煤岩冲击破裂震源孕育机理的研究体系。

(4) 采场采动影响下冲击震动波传播的微震试验研究。通过澳大利亚 Southern 矿 LW704 工作面进行的爆破震动试验及现场微震实测，研究随采空区垮落、破裂范围扩大及采场覆岩性质的强度弱化，爆破震动传播速度、峰值振幅、P 波初至频率等主要微震参数的变化特征，揭示矿井实际复杂地质条件及开采影响下，岩体介质特性改变对冲击震动波传播、能量耗散及其冲击破坏效应的影响规律。

(5) 矿震动载的诱冲机理及其破坏效应的影响因素分析。综合矿震震源破裂特征、震动波几何扩散及传播介质响应等方面对震动波能量传播模式和衰减特征进行分析；基于能量和刚度理论，结合巷道围岩处矿震扰动引起的应力场和能量场叠加，理论分析动静载组合作用下煤体冲击破坏机理；以鲍店矿 $103_{上}$ 02 工作面为背景，结合 FLAC^{2D}5.0 中 Dynamic 模块和顶板不同破断模式的震源时间函数模拟，数值分析并验证矿震震源破裂模式、震动能量、传播介质属性和震源位置等对矿震动载的冲击破坏效应的影响规律；基于上述矿震动载的震动效应及影响规律分析，提出煤岩冲击的预测及防治对策。

(6) 采动诱发冲击和强矿震现象及其震动效应的实证研究。结合作者近年来负责参加的横向课题研究，以分别具有强矿震危险的鲍店 $103_{上}$ 02 工作面和高冲击危险的华亭 250102 工作面、砚北 250204 工作面等为现场实践点，基于 SOS 微震监测，对比分析各自开采地质条件下，采动诱发不同能量级别矿震的震源孕育机理及强矿震动载对巷道围岩的不同冲击破坏效应。

2 采动煤岩诱发矿震的震动位移波场特征分析

2.1 引言

矿震是矿山开采中发生的煤岩动力现象。采掘活动引起的高应力集中，造成采掘空间周围的煤岩体破裂和突然卸压，煤岩体中聚集的弹性能以震动、地震波的形式释放出来，并向外传播。在矿震较强烈的情况下，可诱发井下冲击矿压（岩爆）事故的发生，造成巷道、工作面的严重破坏及人员的伤亡，也可引起地表震感或地面建筑物的破坏。不同矿震的震动效应研究在理论上是一个难点，也是一个热点，而其中矿震震源孕育机理的研究则是进行矿山冲击矿压（岩爆）微震预测预报、冲击震动条件下巷道支护及冲击矿压（岩爆）动力灾害防治的前提和基础。

在矿震震源孕育机理研究初期，人们主要引用天然地震发生机理来解释大部分矿震震源孕育机理。事实上，天然地震是地壳运动、地球自转和天体运动共同作用的结果，属于自然灾害的范畴，不受人类活动干扰；而矿山震动则是采矿活动直接诱发的一种人为煤岩动力灾害。两者外在诱因上存在明显差别。而且，受矿井特殊地质构造、开采环境、覆岩结构、应力场变化等多种因素综合影响，矿山震动震源机理具有复杂性和特殊性，不能简单地用天然地震的双力偶源或剪切源来解释。除剪切破裂外，矿震还可能有其他的煤岩破裂形式，比如拉张、内爆、混合型破裂等。同时，不同矿震因诱发成因和震源孕育机理的不同，导致其能量释放大小及震动位移波场辐射方式也各不相同。本章在分析岩石不同破裂模式的应力降、震动能量、破裂尺寸差异的基础上，通过建立不同煤岩震动的简易等效震源模型，对矿井采动过程中可能出现的主要煤岩诱发矿震（顶板、煤柱、构造型等）的震动位移波场及能量辐射特征进行系统理论分析。

2.2 岩石破裂模式和破裂尺度分析

2.2.1 岩石破裂模式与应力降变化

岩石在不同破裂模式下破坏所需克服的应力及其释放能量是不同的。因此,在同一破裂表面上发生的不同能量级别的微震事件往往对应着不同的岩石破裂类型。目前,岩石力学界根据岩石的不同破坏机理,已建立了多种静载作用下岩石破坏准则,主要包括 Mohr-Coulomb、Griffith、Drucker-Drager、Hock-Brown 经验强度准则等。无论破坏准则如何,岩石的基本破坏形式为拉伸和剪切破裂是不争的共识。本节首先根据 Mohr-Coulomb 理论阐释在不同应力状态下岩石破裂其应力降及能量释放大小的差别。

岩石在极限应力状态(破坏条件)下的应力状态和岩石强度参数之间的关系,可表示为极限应力状态下的主应力间的关系 $\sigma_1 = f(\sigma_2, \sigma_3)$,或极限平衡状态截面上剪应力(剪切强度)$\tau$ 和正应力 σ 的关系 $\tau = f(\sigma)$。Mohr-Coulomb 强度准则实质上是一种剪应力强度理论,即认为岩石的抗摩擦强度等于岩石本身抗剪切摩擦的黏聚力和剪切面上法向力产生的摩擦力,亦即,平面中的剪切强度准则直线表达为:

$$\tau = \sigma \tan \phi + C$$

式中:C 为岩石的黏聚力;ϕ 为岩石的内摩擦角,$\phi = 2\theta - \pi/2$,θ 为岩石破裂角。

应力强度可用莫尔极限应力圆直观表示(图 2-1),当应力圆上的点落在强度曲线之下,表明该点应力尚未达到岩石的强度值;若应力圆上的点落在强度曲线之上,表明该点应力超过岩石强度并发生破坏,岩石产生的剪切破坏将可能在该点所对应的剪切面上发生。当岩石发生破裂后,其本身固有的黏聚力 C 便消失,其残余强度曲线可由图 2-1 中虚线表示。

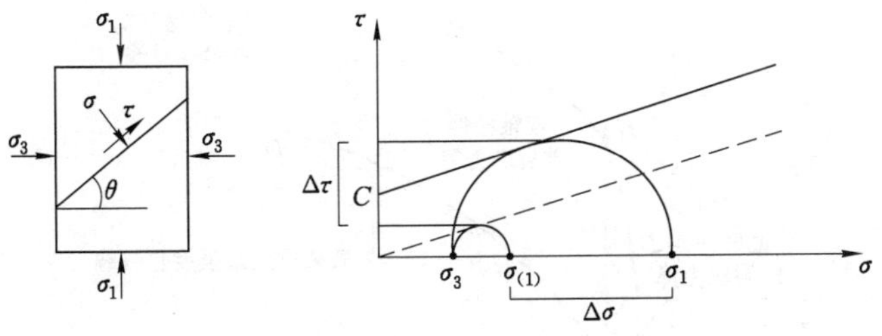

图 2-1 σ-τ 坐标下 Mohr-Coulomb 准则

为便于讨论岩石在 Mohr-Coulomb 强度准则下，不同破裂模式的应力降大小，可将 σ-τ 坐标下强度准则表达式转换成由主应力、岩石破断角和抗压强度给出的 σ_1-σ_3 坐标系下的表达式。蔡美峰等基于 Coulomb 准则和试验研究，给出了 σ_1-σ_3 坐标系统中岩石破裂的简单而适用的破裂准则：

$$\left.\begin{aligned}&\sigma_1(\csc 2\theta+\cot 2\theta)-\sigma_3(\csc 2\theta-\cot 2\theta)=2C \quad \left(\sigma_1>\frac{1}{2}\sigma_c\right)\\&\sigma_3=-\sigma_t \quad \left(\sigma_1\leqslant\frac{1}{2}\sigma_c\right)\end{aligned}\right\} \tag{2-1}$$

其中：σ_1、σ_3 分别为最大和最小主应力，σ_c 为单轴抗压强度，σ_t 为单轴抗拉强度，且有 $\sigma_t<\sigma_c$。

由式(2-1)可知，当满足 $0<\sigma_1\leqslant 1/2\sigma_c(\sigma_3=-\sigma_t)$ 时，岩石在垂直 σ_3 平面内发生单轴拉伸破断；当 $1/2\sigma_c<\sigma_1<\sigma_c(-\sigma_t<\sigma_3<0)$ 时，岩石产生双轴拉伸破断；当 $\sigma_1=\sigma_c(\sigma_3=0)$ 时，岩石产生单轴压缩剪切破断；而当 $\sigma_1>\sigma_c(\sigma_3>0)$ 时，岩石发生三轴压缩下剪切破坏。

根据上式内涵，σ_1-σ_3 坐标系统中岩石分别在完整和残余强度状态下 Mohr-Coulomb 强度曲线可见图 2-2。图中曲线不仅简单直观地描绘了主应力强度曲线与岩石单轴抗压强度 σ_c、抗拉强度 σ_t 之间的关系，更清晰地描绘出了岩石在不同破裂模式下破裂时，由完整强度到残余强度状态下其主应力降的大小。由图可见，当岩石发生单轴拉伸破裂时，主应力由图中 A 点降至坐标轴原点，故其主应力降大小即为单向抗拉强度 σ_t；当岩石发生双轴拉伸破裂时，其主应力由图中 B 点降至坐标轴原点，主应力降可表示为 $\Delta\sigma'$；而岩石在三轴压缩下发生剪切破裂时，其主应力由图中 C 点降至 D 点，主应力降大小为 $\Delta\sigma$。由图清晰可见，岩石剪切破裂时，其主应力降 $\Delta\sigma$ 明显大于岩石拉伸破裂时应力降 $\Delta\sigma'$ 和 σ_t。

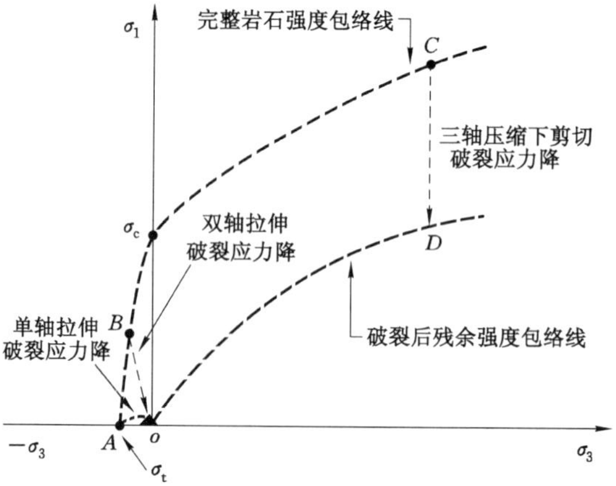

图 2-2　不同破裂模式下应力降大小

2.2.2 岩石破裂模式与破裂尺度、应变能释放关系

对于相同尺度岩样，岩石在三向压缩剪切破裂释放的应变能 W_1 和单轴拉伸破裂释放的应变能 W_2 可分别表示为：

$$W_1=\Delta\tau A_1 d_1, W_2=\Delta\sigma A_2 d_2 \tag{2-2}$$

其中：$\Delta\tau$ 为滑动面上的剪切应力降；$\Delta\sigma$ 为拉伸破裂导致的应力降，等于岩样的抗拉强度 σ_t；d_1 和 d_2 分别为剪切滑动面和拉伸破裂产生的平均位移；A_1 和 A_2 分别为岩样剪切和拉伸破裂面的面积。

为便于分析，设岩样在上述两种破裂模式下均为圆形破裂，即 $A_1=\pi r_1^2$，$A_2=\pi r_2^2$，r_1 和 r_2 分别对应于岩样剪切和拉伸破裂半径，则式(2-2)可表示为：

$$W_1=\pi\Delta\tau r_1^2 d_1, W_2=\pi\Delta\sigma r_2^2 d_2 \tag{2-3}$$

d_1 和 d_2 可分别表示为：

$$d_1=\frac{r_1\Delta\tau}{2G}, d_2=\frac{r_2\sigma_t}{E} \tag{2-4}$$

其中：G 为岩石剪切模量，E 为弹性模量。

由式(2-3)、式(2-4)可得：

$$r_1=\sqrt[3]{\frac{2W_1G}{\pi\Delta\tau^2}}, r_2=\sqrt[3]{\frac{W_2E}{\pi\sigma_t^2}} \tag{2-5}$$

根据图 2-1 中 Mohr-Coulomb 强度曲线，$\Delta\tau$ 近似等于$\frac{\sigma_c}{2}$，根据 Griffith 强度理论及经验实测结果，$\sigma_t=\eta\sigma_c\left(\eta\leqslant\frac{1}{8}\right)$，且有 $G=\frac{E}{2(1+\nu)}$（ν 为泊松比）。根据上述关系，若两种破裂模式所释放应变能 W 大小相同，则两种破裂半径 r_1 和 r_2 的关系可简化为：$\frac{r_1}{r_2}=\sqrt[3]{\frac{4\eta^2}{1+\nu}}$。设 $\nu=0.25$，$\sigma_t=0.1\sigma_c$，则$\frac{r_1}{r_2}=0.32$。若两种破裂模式的破裂半径 r 相同，则其应变能大小 W_1 和 W_2 的关系可简化为：$\frac{W_1}{W_2}=\frac{1+\nu}{4\eta^2}$，根据上述参数，则有$\frac{W_1}{W_2}=31.25$。

文光才等给出了弹性模量 E 与单轴抗压强度 σ_c 之间的经验公式：$E=128.8\sigma_c^{1.49}$，而微震监测的震动波能量 E_{seis} 与释放的总应变能 W 之间一般有 $E_{seis}=(0.001\sim0.01)W$，同样根据上述参数，并设 $E_{seis}=0.001W$，则式(2-5)中两种破裂模式下岩样破裂半径 r 与震动波能量 E_{seis} 之间的关系可见图 2-3。

通过上述对岩样模型剪切和拉伸破裂尺度与释放能量比较分析，可得出如下结论：

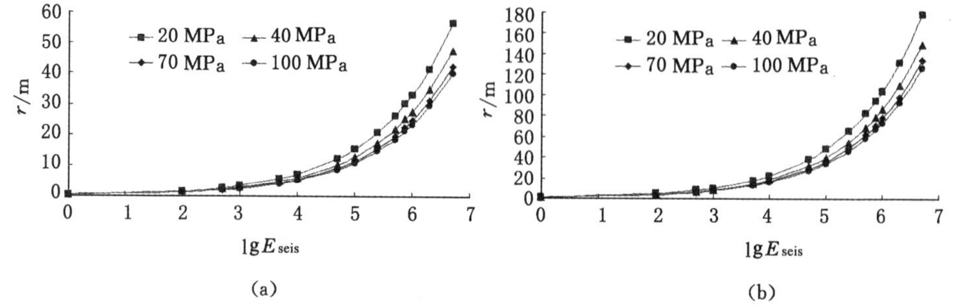

图 2-3　两种破裂模式下岩样破裂半径与震动波能量之间的关系

(a) 剪切破裂;(b) 拉伸破裂

(1) 对于物理力学性质相同的岩样,震动释放能量随岩样(震源)破裂尺度(半径)的增大而增大;且在相同破裂尺度下,单轴拉伸破裂所释放的能量大小远小于剪切破裂所释放的能量。

(2) 对于物理力学性质相同的岩样,岩样(震源)破裂尺度随岩样破裂释放能量的增大而增大;且若释放相同大小的应变能,拉伸破裂的破裂尺度要大于剪切破裂的破裂尺度。

(3) 在释放能量大小相同的情况下,震源破裂尺度随岩样单轴抗压强度的增大而减小,即在相同破裂尺度下,坚硬顶板相比于软弱岩层更容易聚集和释放弹性能,其诱发较大矿震或冲击矿压的可能性也更大。

(4) 上述模型所求的应力降 $\Delta\sigma$ 或 $\Delta\tau$ 主要根据 Mohr-Coulomb、Griffith 等强度准则所估算,矿井开采煤岩破裂实际应力降大小应根据具体开采条件及煤岩体实测物理力学参数进行解析计算或模拟分析;同时,式(2-5)破裂尺度的求解是基于岩样圆形破裂模型,实际采动诱发煤岩震动的破裂尺度及其与震动能量(或应变能)的关系,应基于具体开采条件和震源破裂形态具体分析。

2.3　煤岩破裂震源作用力与震动位移波场关系

在开采应力影响下,岩体的弹性特性决定着岩体的动态变化,且与岩体的震动参数相关。未受采矿活动扰动前,矿区内的煤岩体处于稳定的初始平衡状态。采矿活动的开展破坏了上述这种平衡状态,导致煤岩体内应力重新分布。而工作面和巷道围岩破裂出现的微震活动,属于矿体-围岩系统在其力学平衡状态被破坏并且释放出大于消耗能量的瞬间震动。每次震动能量的突然释放均伴随应力平衡状态的破坏，并从震源向外辐射震动波。无论是开采过程中随时出现的小能量震动，还是造成破坏性灾害的冲击矿压，都有其特定的外在诱因和破裂机理，比如剪切、拉张或它们叠加形成的混合模型。

不同采动煤岩诱发震动类型，不仅释放的震动波能量及产生的应力降大小不同，其产生的震动位移场及能量辐射方式也各不相同。图 2-4 分别对应于典型煤岩拉伸和剪切破裂的 P 波震动远场位移和能量辐射方式。采动煤岩诱发矿震的震源孕育机理研究，其核心就是试图找到破裂震源内部作用力或力矩的分布，而这些力或力矩对应于特定的非弹性形变，即震动位移场。本小节采用采矿地球物理的震动位移场理论，建立矿震震源等效作用力与震动远场位移的关系矩阵，为后续进行典型煤岩诱发矿震模型的震动位移场和能量辐射特征分析做理论铺垫。

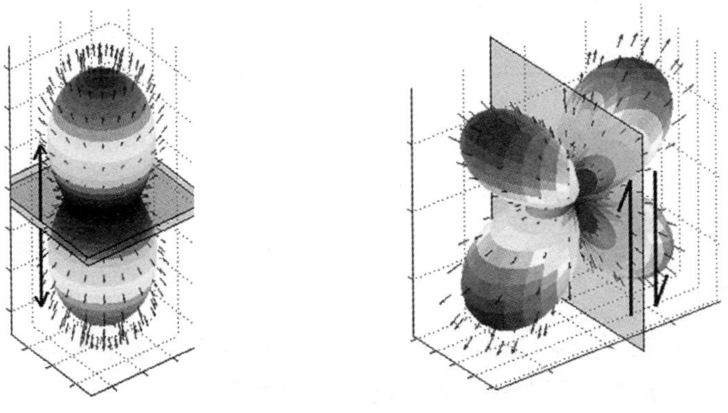

(a) (b)

图 2-4 两种典型煤岩破裂形态的 P 波辐射位移场

(a) 拉伸破裂；(b) 剪切破裂

2.3.1 震动波在岩石介质中传播的基本方程

根据弹性波理论，岩体的瞬间变形或破裂会激发弹性波。这些弹性波携带着破裂源的信息，依赖岩体弹性介质向四周传播。震源处应力的作用可以看成一个震动过程，具有线性的形式，且初始应力不影响波的传播。在岩体内产生变形，需要用运动方程来描述岩体内质点的运动。根据牛顿定律，面力和体力之和等于惯性力，则岩体微单元运动的微分方程可表示为：

$$\rho \ddot{u}_i = \sigma_{ij,j} + f_i \tag{2-6}$$

式中，$\ddot{u}_i$ 为位移对时间的两次微分；$\sigma_{ij,j}$ 表示应力对空间变量的偏导数，有 $\sigma_{ij,j} = \sum_{j=1}^{3} \frac{\partial \sigma_{ij}}{\partial x_j}$；$f_i$ 为体力，一般 $\boldsymbol{f}$ 是一个向量广义函数或分布。

线弹性各向同性介质的本构方程(Hooke 定律)是:

$$\sigma_{ij} = 2G\varepsilon_{ij} + \lambda\theta\delta_{ij} \tag{2-7}$$

式中,δ_{ij} 为 Kronecker 函数,并有 $\delta_{ij}=1(i=j)$,$\delta_{ij}=0(i\neq j)$。

而线应变定义为:

$$\varepsilon_{ij} = \frac{u_{j,i} + u_{i,j}}{2} \tag{2-8}$$

根据式(2-6)~式(2-8),有:

$$\rho\frac{\partial^2 u_i}{\partial t^2} = \lambda\frac{\partial\theta}{\partial x_i} + G\frac{\partial}{\partial x_j}\left(\frac{\partial u_i}{\partial x_j} + \frac{\partial u_j}{\partial x_i}\right) + \rho f_i \tag{2-9}$$

设体力为零,对式(2-9)的各个分量在各个轴上求导(散度运算),并对方程两边进行旋度运算,可得:

$$\left.\begin{aligned}\frac{\partial^2\Phi}{\partial t^2} &= \frac{\lambda + 2G}{\rho}\nabla^2\Phi\\ \frac{\partial^2\Psi_i}{\partial t^2} &= \frac{G}{\rho}\nabla^2\Psi_i\end{aligned}\right\} \tag{2-10}$$

式中:λ 为拉梅常数,有 $\lambda=\dfrac{E\nu}{(1+\nu)(1-2\nu)}$,$\nu$ 为泊松比;G 为剪切模量;∇^2 为拉普拉斯算子$\partial^2/\partial x_i^2$。

式(2-10)描述了岩体在力作用下分别产生的体积变形和形状变形,见图 2-5。两种变形分别以两种不同的震动波通过岩体介质传播。前者是纵波,又称压缩波或 P 波,波传播方向与质点振动方向平行;后者是横波,又称剪切波或 S 波,波传播方向与质点振动方向垂直。其波速 v_{P} 和 v_{S} 分别为:

$$v_{\mathrm{P}} = \sqrt{\frac{\lambda + 2G}{\rho}},\quad v_{\mathrm{S}} = \sqrt{\frac{G}{\rho}} \tag{2-11}$$

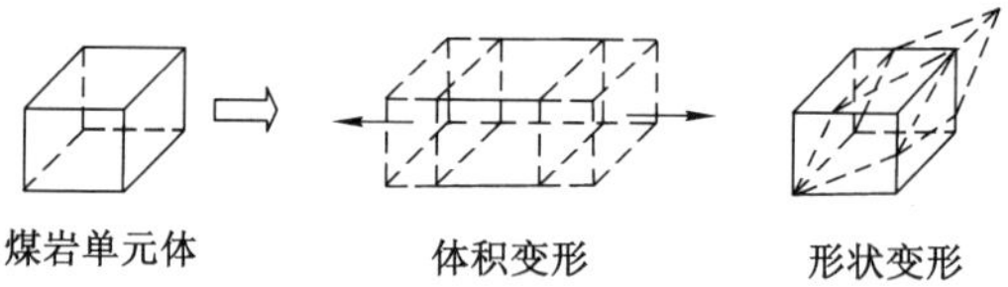

图 2-5 煤岩介质受力变形方式

显然,P 波波速快于 S 波波速,对于多数岩石,有泊松关系 $\lambda=G$,则有 $v_{\mathrm{P}}/v_{\mathrm{S}}=\sqrt{3}$。由于液体剪切模量 $G=0$,故 S 波不能在液体中传播。因 P 波、S 波是在震源周围的整个空间传播,故统称为体波。P 波、S 波未遇到界面时,可以看成是在无限介质中传播,当 P 波、S 波遇到界面时,还会激发界面产生沿着界面传播的面波(Rayleigh、Love 波等)。顾名思义,面波的能量主要是捕获在近地表处,这也是某些非深部矿井内发生的强矿震在地表引起的扰动或破坏反而远大于对井下采掘面扰动程度的主要原因之一。

实际煤岩体介质是非均匀性的各向异性介质，或多或少具有阻尼特性，研究震动波传播和衰减规律时往往需要考虑介质的塑弹、黏弹等特征，这时可根据研究需要改变式(2-7)岩体介质的本构模型(如选用 Kelvin-Voigt 等模型)，甚至还需考虑一定的初始条件和边界条件。本节主要描述震源处煤岩介质的震动过程，故不需考虑传播介质的非弹性特征。

2.3.2　震源作用力与震动位移波场关系

求解震动波波动方程时，忽略了震源处体力作用。虽然体力不影响震动波的产生，却影响震动位移场辐射特征及震动波传播方式。当体力 $f_i(x,t)$ 集中在 ξ 点，且作用在 x_i 方向上，作用时间函数为 $F(t)$ 时，则有：

$$f_i(x,t)=F(t)\delta(x-\xi)\delta_{ij} \tag{2-12}$$

其中：$\delta(x-\xi)$ 为三维 Kronecker 函数，如前所述。

在矿震震源体积 V 内，以等价体力密度 f_i 分布的震源，于时间 t 在点 x 所产生的位移 u_k 可表示为：

$$u_k(x,t)=\int_{-\infty}^{\infty}\int_V G_{ki}(x,t;r,t')f_i(r,t')\mathrm{d}V\mathrm{d}t' \tag{2-13}$$

其中：$u_k(x,t)$ 为震动在时间 t 在点 x 处产生的震动位移；$G_{ki}(x,t;r,t')$ 为震源 (r,t') 和震动传感器 (x,t) 之间的传播效应的格林函数，其物理意义是在震源 r 处、t' 时刻、j 方向的点力，在测点 x 处、t 时刻、i 方向上产生的位移。

在参考点 $r=\xi$ 附近，将格林函数进行泰勒展开，得：

$$G_{ki}(x,t;r,t')=\sum_{n=0}^{\infty}\frac{1}{n!}(r_{j_1}-\xi_{j_1})\cdots(r_{j_n}-\xi_{j_n})G_{ki,j_1,\cdots,j_n}(x,t;\xi,r,t') \tag{2-14}$$

其中：标记之间的逗号表示对逗号后面的坐标 $(j_1,\cdots,j_n)$ 的偏微分。

对于煤岩诱发矿震之类的小能量震动(相比天然地震而言)，参考点通常取为震源。以震源矩心为参考点，将体力密度用力矩形式进行表达，则与时间有关的矩张量 M_{ij} 被定义为：

$$M_{ij_1\cdots j_n}(\xi,t')=\int_V(r_{j_1}-\xi_{j_1})\cdots(r_{j_n}-\xi_{j_n})f_i(r,t')\mathrm{d}V \tag{2-15}$$

故，将式(2-13)中位移场多重展开，得：

$$u_k(x,t)=\sum_{n=0}^{\infty}\frac{1}{n!}G_{ki,j_1,\cdots,j_n}(x,t;\xi,r,t')*M_{ij_1\cdots j_n}(\xi,t') \tag{2-16}$$

因此，震动位移场可表示为矩张量与格林函数的时间褶积。在点源近似下，仅需考虑式(2-16)的第一项,即二阶矩张量。同时,假定震源为同步震源[震动矩张量所有分量,具有相同的时间依赖关系 $s(t)$],此时震源矩张量在时间 t 在点 x 处产生的位移为:

$$u_k(x,t)=M_{ij}[G_{ki,j}*s(t)]=M_{ij}*G_{ki,j} \tag{2-17}$$

矩张量就是地震学上通常所提的震源等效力,该等效力作用在给定点上所产生的位移与真实力作用于震源处所产生的位移一致。当震源与接收点的距离远大于震源破裂尺寸,及所观测的地震波波长相对较长时,那么该震源区可被考虑为一个点,在该点上存在力与力偶系统的平衡。它是由在 $x_i(i=1,2,3)$方向上的力与 $x_j(j=1,2,3)$方向上的力臂的力偶 M_{ij} 的组合来表达。因此,矩张量共有 9 个分量,其中 6 个独立分量(对于二阶矩张量,有 $M_{ij}=M_{ji}$)。正是由于作用于各震源的矩张量成分不同,导致采动诱发煤岩冲击矿震的破裂机理各不相同。图 2-6 为典型震动点源模型。

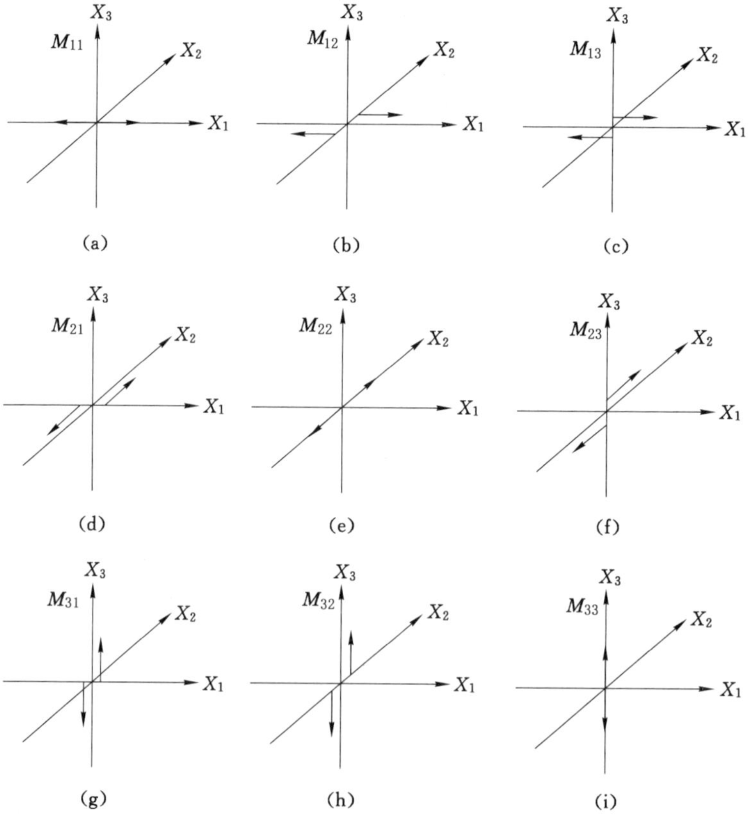

图 2-6　9 种典型震动点源模型(下标 i、j 分别为力的方向和力臂的方向)

震源作用力所产生的位移场则为矩张量各力偶所产生位移的总和，K.Aki等给出了各向同性均匀介质中式(2-17)完整表达式：

$$u_k=\left(\frac{15\gamma_k\gamma_i\gamma_j-3\gamma_k\delta_{kj}-3\gamma_i\delta_{kj}-3\gamma_j\delta_{ki}}{4\pi\rho}\right)\frac{1}{r^4}\int_{r/\alpha}^{r/\beta}\tau M_{ij}(t-\tau)\mathrm{d}\tau+$$

$$\left(\frac{6\gamma_k\gamma_i\gamma_j-\gamma_k\partial_{ij}-\gamma_i\partial_{kj}-\gamma_j\partial_{ki}}{4\pi\rho v_{\mathrm{P}}^2}\right)\frac{1}{r^2}M_{ij}\left(t-\frac{r}{v_{\mathrm{P}}}\right)-$$

$$\left(\frac{6\gamma_k\gamma_i\gamma_j-\gamma_k\partial_{ij}-\gamma_i\partial_{kj}-2\gamma_j\partial_{ki}}{4\pi\rho v_{\mathrm{S}}^2}\right)\frac{1}{r^2}M_{ij}\left(t-\frac{r}{v_{\mathrm{S}}}\right)+$$

$$\frac{\gamma_k\gamma_i\gamma_j}{4\pi\rho v_{\mathrm{P}}^2 r}M_{ij}\left(t-\frac{r}{v_{\mathrm{P}}}\right)-\left(\frac{\gamma_k\gamma_i-\partial_{ki}}{4\pi\rho v_{\mathrm{S}}^2 r}\right)\gamma_j M_{ij}\left(t-\frac{r}{v_{\mathrm{S}}}\right)$$

(2-18)

式中：v_{P} 和 v_{S} 分别为P波和S波的传播速度；r 为震源到监测台站的距离；ρ 为岩石密度；k 为台站传感器的第 $k(k=1,2,3)$ 分量[三分量传感器有N-S(南-北)、E-W(东-西)和Z(垂直)三个分量，单分量传感器主要为垂直分量]；δ_{ki} 为Kronecker函数；γ_i 为震源至监测台站的震动波射线对应于各坐标轴的分量，即 $\gamma_i=(x_i-x_{0i})/r$（x_i 为台站各坐标分量，x_{0i} 为震源各坐标分量，$i=1,2,3$）；M_{ij} 为作用于震源的矩张量。

式(2-18)中第一项对应于震动位移场的近场项(无法将P、S波近场位移场区分开)，中间两项分别对应于P、S波位移场的中场项，而最后两项分别对应于P、S波位移场的远场项。各位移场项受不同等价力源的作用，由震源向外辐射的震动波具有明显的方位性。同时，上述各位移场项在震动总位移场中所占比例是不一样的，主要表现在随震源-台站距离 r 的增大，其衰减快慢程度是不相同的。在不考虑矩张量前提下，当冲击矿震震源激发震动波场传播一定距离时，其位移场近、中、远场项位移比 $u_{\mathrm{n}}:u_{\mathrm{i}}:u_{\mathrm{f}}$ 近似有如下关系：

$$\begin{aligned}u_{\mathrm{n}}:u_{\mathrm{i}}:u_{\mathrm{f}}&=0.5r^{-2}(v_{\mathrm{S}}^{-2}-v_{\mathrm{P}}^{-2}):(v_{\mathrm{P}}r^{-2}):v_{\mathrm{P}}^{-3}r^{-1}\pi f_{\mathrm{c}}\\&\doteq 1:1:\pi r f_{\mathrm{c}}v_{\mathrm{P}}^{-1}\end{aligned} \tag{2-19}$$

其中：f_{c} 为拐角频率，且有 $f_{\mathrm{c}}=1/2\tau$，τ 为震动波具有最大振幅的单个脉冲宽度。

对于特定煤岩破裂震源，f_{c} 和 v_{P} 值一般是固定的，故震动位移场各场项的比例大小主要由震动波传播距离 r 决定。显然，当台站距离震源很近，尤其是震源附近时，因 r 值较小，近、中场位移大小不能忽略，且往往占主导作用；但随距离 r 的不断增大，近、中场位移迅速衰减(以 r^{-2} 的速度衰减，而远场项以 r^{-1} 的速度衰减)，其在总震动位移场中的贡献越来越小。同时，f_{c} 值往往随震源释放能量(或破裂尺度)的增大而减小，故小能量煤岩震动的近、中场位移场随距离 r

增大衰减更快。

举例说明，设 $f_c=50$ Hz，$v_P=3\,000$ m/s，则有 $u_n:u_i:u_f\doteq1:1:\pi rf_c v_P^{-1}\doteq1:1:0.05r$，当震源-台站距离 $r=10$ m 时，$u_n:u_i:u_f\doteq2:2:1$，近、中场位移占主导；当 $r=100$ m 时，$u_n:u_i:u_f\doteq1:1:5$，远场位移占主导；当 $r=200$ m 时，$u_n:u_i:u_f=1:1:10$，近、中场位移基本可忽略。

因此，在实验室监测尺度进行煤岩冲击破坏的震动波场特征分析时，必要时需要考虑震源激发位移场的近、中场部分；而对于矿井或采区监测范围内（r 值至少为数百米级），用于矿山实际煤岩诱发冲击矿震破裂机理研究的方法和技术主要依据震动位移场的远场项，近、中场位移基本可以忽略。

本章后续研究内容主要基于煤岩诱发矿震的矿井监测尺度而言，故后面所提震动位移波场特指为远场位移。P、S 波的远场位移分别表示为：

$$\left.\begin{aligned}u_{\mathrm{P},k}&=\frac{\gamma_k\gamma_i\gamma_j}{4\pi\rho v_{\mathrm{P}}^2 r}M_{ij}\left(t-\frac{r}{v_{\mathrm{P}}}\right)\\u_{\mathrm{S},k}&=-\left(\frac{\gamma_k\gamma_i-\partial_{ki}}{4\pi\rho v_{\mathrm{S}}^2 r}\right)\gamma_j M_{ij}\left(t-\frac{r}{v_{\mathrm{S}}}\right)\end{aligned}\right\}\tag{2-20}$$

上式可用矩阵 $\boldsymbol{u}=\boldsymbol{GM}$ 进行表达。其中：$\boldsymbol{u}$ 为台站观测的震动位移序列；$\boldsymbol{G}$ 为 $n\times6$ 矩阵，它包含了用适当算法和矿井煤岩地质模型所计算的格林函数；$\boldsymbol{M}$ 为矩张量矩阵。考虑矩张量所有分量具有相同时间依赖关系，对于单个三分量台站，式(2-20)三分向的 P、S 波的位移场矩阵由矩张量分别表示为：

$$\begin{bmatrix}u_{\mathrm{P},1}\\u_{\mathrm{P},2}\\u_{\mathrm{P},3}\end{bmatrix}=\frac{1}{4\pi\rho\, r v_{\mathrm{P}}^3}\begin{bmatrix}\gamma_1\gamma_1\gamma_1 & 2\gamma_1\gamma_1\gamma_2 & 2\gamma_1\gamma_1\gamma_3 & \gamma_1\gamma_2\gamma_2 & 2\gamma_1\gamma_2\gamma_3 & \gamma_1\gamma_3\gamma_3\\\gamma_2\gamma_1\gamma_1 & 2\gamma_2\gamma_1\gamma_2 & 2\gamma_2\gamma_1\gamma_3 & \gamma_2\gamma_2\gamma_2 & 2\gamma_2\gamma_2\gamma_3 & \gamma_2\gamma_3\gamma_3\\\gamma_3\gamma_1\gamma_1 & 2\gamma_3\gamma_1\gamma_2 & 2\gamma_3\gamma_1\gamma_3 & \gamma_3\gamma_2\gamma_2 & 2\gamma_3\gamma_2\gamma_3 & \gamma_3\gamma_3\gamma_3\end{bmatrix}\begin{bmatrix}M_{11}\\M_{12}\\M_{13}\\M_{22}\\M_{23}\\M_{33}\end{bmatrix}\tag{2-21}$$

$$\begin{bmatrix}u_{\mathrm{S},1}\\u_{\mathrm{S},2}\\u_{\mathrm{S},3}\end{bmatrix}=\frac{1}{-4\pi\rho\, r v_{\mathrm{S}}^3}\begin{bmatrix}(\gamma_1\gamma_1-1)\gamma_1 & 2\gamma_1\gamma_1\gamma_2-\gamma_2 & 2\gamma_1\gamma_1\gamma_3-\gamma_3 & \gamma_1\gamma_2\gamma_2 & 2\gamma_1\gamma_2\gamma_3 & \gamma_1\gamma_3\gamma_3\\\gamma_2\gamma_1\gamma_1 & 2\gamma_2\gamma_1\gamma_2-\gamma_1 & 2\gamma_2\gamma_1\gamma_3 & (\gamma_2\gamma_2-1)\gamma_2 & 2\gamma_2\gamma_2\gamma_3-\gamma_3 & \gamma_2\gamma_3\gamma_3\\\gamma_3\gamma_1\gamma_1 & 2\gamma_3\gamma_1\gamma_2 & 2\gamma_3\gamma_1\gamma_3-\gamma_1 & \gamma_3\gamma_2\gamma_2 & 2\gamma_3\gamma_2\gamma_3-\gamma_2 & (\gamma_3\gamma_3-1)\gamma_3\end{bmatrix}\begin{bmatrix}M_{11}\\M_{12}\\M_{13}\\M_{22}\\M_{23}\\M_{33}\end{bmatrix}\tag{2-22}$$

对于 n 通道的微震监测台网，P、S 波震动位移场矩阵可由矩张量矩阵分别表示为：

$$\begin{bmatrix} u_{\mathrm{P},1}^{1} \\ u_{\mathrm{P},2}^{1} \\ u_{\mathrm{P},3}^{1} \\ \vdots \\ u_{\mathrm{P},1}^{n} \\ u_{\mathrm{P},2}^{n} \\ u_{\mathrm{P},3}^{n} \end{bmatrix} = \begin{bmatrix} k_{\mathrm{P}}^{1}\gamma_1^1\gamma_1^1\gamma_1^1 & 2k_{\mathrm{P}}^{1}\gamma_1^1\gamma_1^1\gamma_2^1 & 2k_{\mathrm{P}}^{1}\gamma_1^1\gamma_1^1\gamma_3^1 & k_{\mathrm{P}}^{1}\gamma_1^1\gamma_2^1\gamma_2^1 & 2k_{\mathrm{P}}^{1}\gamma_1^1\gamma_2^1\gamma_3^1 & k_{\mathrm{P}}^{1}\gamma_1^1\gamma_3^1\gamma_3^1 \\ k_{\mathrm{P}}^{1}\gamma_2^1\gamma_1^1\gamma_1^1 & 2k_{\mathrm{P}}^{1}\gamma_2^1\gamma_1^1\gamma_2^1 & 2k_{\mathrm{P}}^{1}\gamma_2^1\gamma_1^1\gamma_3^1 & k_{\mathrm{P}}^{1}\gamma_2^1\gamma_2^1\gamma_2^1 & 2k_{\mathrm{P}}^{1}\gamma_2^1\gamma_2^1\gamma_3^1 & k_{\mathrm{P}}^{1}\gamma_2^1\gamma_3^1\gamma_3^1 \\ k_{\mathrm{P}}^{1}\gamma_3^1\gamma_1^1\gamma_1^1 & 2k_{\mathrm{P}}^{1}\gamma_3^1\gamma_1^1\gamma_2^1 & 2k_{\mathrm{P}}^{1}\gamma_3^1\gamma_1^1\gamma_3^1 & k_{\mathrm{P}}^{1}\gamma_3^1\gamma_2^1\gamma_2^1 & 2k_{\mathrm{P}}^{1}\gamma_3^1\gamma_2^1\gamma_3^1 & k_{\mathrm{P}}^{1}\gamma_3^1\gamma_3^1\gamma_3^1 \\ \vdots & \vdots & \vdots & \vdots & \vdots & \vdots \\ k_{\mathrm{P}}^{n}\gamma_1^n\gamma_1^n\gamma_1^n & 2k_{\mathrm{P}}^{n}\gamma_1^n\gamma_1^n\gamma_2^n & 2k_{\mathrm{P}}^{n}\gamma_1^n\gamma_1^n\gamma_3^n & k_{\mathrm{P}}^{n}\gamma_1^n\gamma_2^n\gamma_2^n & 2k_{\mathrm{P}}^{n}\gamma_1^n\gamma_2^n\gamma_3^n & k_{\mathrm{P}}^{n}\gamma_1^n\gamma_3^n\gamma_3^n \\ k_{\mathrm{P}}^{n}\gamma_2^n\gamma_2^n\gamma_1^n\gamma_1^n & 2k_{\mathrm{P}}^{n}\gamma_2^n\gamma_1^n\gamma_2^n & 2k_{\mathrm{P}}^{n}\gamma_2^n\gamma_1^n\gamma_3^n & k_{\mathrm{P}}^{n}\gamma_2^n\gamma_2^n\gamma_2^n & 2k_{\mathrm{P}}^{n}\gamma_2^n\gamma_2^n\gamma_3^n & k_{\mathrm{P}}^{n}\gamma_2^n\gamma_3^n\gamma_3^n \\ k_{\mathrm{P}}^{n}\gamma_3^n\gamma_1^n\gamma_1^n & 2k_{\mathrm{P}}^{n}\gamma_3^n\gamma_1^n\gamma_2^n & 2k_{\mathrm{P}}^{n}\gamma_3^n\gamma_1^n\gamma_3^n & k_{\mathrm{P}}^{n}\gamma_3^n\gamma_2^n\gamma_2^n & 2k_{\mathrm{P}}^{n}\gamma_3^n\gamma_2^n\gamma_3^n & k_{\mathrm{P}}^{n}\gamma_3^n\gamma_3^n\gamma_3^n \end{bmatrix} \begin{bmatrix} M_{11} \\ M_{12} \\ M_{13} \\ M_{22} \\ M_{23} \\ M_{33} \end{bmatrix} \tag{2-23}$$

其中：

$$k_{\mathrm{P}}^{i} = \frac{1}{4\pi\rho r_i v_{\mathrm{P}}^{3}} \quad i = 1, \cdots, n \tag{2-24}$$

$$\begin{bmatrix} u_{\mathrm{S},1}^{1} \\ u_{\mathrm{S},2}^{1} \\ u_{\mathrm{S},3}^{1} \\ \vdots \\ u_{\mathrm{S},1}^{n} \\ u_{\mathrm{S},2}^{n} \\ u_{\mathrm{S},3}^{n} \end{bmatrix} = \begin{bmatrix} k_{\mathrm{S}}^{1}(\gamma_1^1\gamma_1^1-1)\gamma_1^1 & k_{\mathrm{S}}^{1}(2\gamma_1^1\gamma_1^1\gamma_2^1-\gamma_2^1) & k_{\mathrm{S}}^{1}(2\gamma_1^1\gamma_1^1\gamma_3^1-\gamma_3^1) & k_{\mathrm{S}}^{1}\gamma_1^1\gamma_2^1\gamma_2^1 & 2k_{\mathrm{S}}^{1}\gamma_1^1\gamma_2^1\gamma_3^1 & k_{\mathrm{S}}^{1}\gamma_1^1\gamma_3^1\gamma_3^1 \\ k_{\mathrm{S}}^{1}\gamma_2^1\gamma_1^1\gamma_1^1 & k_{\mathrm{S}}^{1}(2\gamma_2^1\gamma_1^1\gamma_2^1-\gamma_1^1) & 2k_{\mathrm{S}}^{1}\gamma_2^1\gamma_1^1\gamma_3^1 & k_{\mathrm{S}}^{1}(\gamma_2^1\gamma_2^1-1)\gamma_2^1 & k_{\mathrm{S}}^{1}(2\gamma_2^1\gamma_2^1\gamma_3^1-\gamma_3^1) & k_{\mathrm{S}}^{1}\gamma_2^1\gamma_3^1\gamma_3^1 \\ k_{\mathrm{S}}^{1}\gamma_3^1\gamma_1^1\gamma_1^1 & 2k_{\mathrm{S}}^{1}\gamma_3^1\gamma_1^1\gamma_2^1 & k_{\mathrm{S}}^{1}(2\gamma_3^1\gamma_1^1\gamma_3^1-\gamma_1^1) & k_{\mathrm{S}}^{1}\gamma_3^1\gamma_2^1\gamma_2^1 & k_{\mathrm{S}}^{1}(2\gamma_3^1\gamma_2^1\gamma_3^1-\gamma_2^1) & k_{\mathrm{S}}^{1}(\gamma_3^1\gamma_3^1-1)\gamma_3^1 \\ \vdots & \vdots & \vdots & \vdots & \vdots & \vdots \\ k_{\mathrm{S}}^{n}(\gamma_1^n\gamma_1^n-1)\gamma_1^n & k_{\mathrm{S}}^{n}(2\gamma_1^n\gamma_1^n\gamma_2^n-\gamma_2^n) & k_{\mathrm{S}}^{n}(2\gamma_1^n\gamma_1^n\gamma_3^n-\gamma_3^n) & k_{\mathrm{S}}^{n}\gamma_1^n\gamma_2^n\gamma_2^n & 2k_{\mathrm{S}}^{n}\gamma_1^n\gamma_2^n\gamma_3^n & k_{\mathrm{S}}^{n}\gamma_1^n\gamma_3^n\gamma_3^n \\ k_{\mathrm{S}}^{n}\gamma_2^n\gamma_1^n\gamma_1^n & k_{\mathrm{S}}^{n}(2\gamma_2^n\gamma_1^n\gamma_2^n-\gamma_1^n) & 2k_{\mathrm{S}}^{n}\gamma_2^n\gamma_1^n\gamma_3^n & k_{\mathrm{S}}^{n}(\gamma_2^n\gamma_2^n-1)\gamma_2^n & k_{\mathrm{S}}^{n}(2\gamma_2^n\gamma_2^n\gamma_3^n-\gamma_3^n) & k_{\mathrm{S}}^{n}\gamma_2^n\gamma_3^n\gamma_3^n \\ k_{\mathrm{S}}^{n}\gamma_3^n\gamma_1^n\gamma_1^n & 2k_{\mathrm{S}}^{n}\gamma_3^n\gamma_1^n\gamma_2^n & k_{\mathrm{S}}^{n}(2\gamma_3^n\gamma_1^n\gamma_3^n-\gamma_1^n) & k_{\mathrm{S}}^{n}\gamma_3^n\gamma_2^n\gamma_2^n & k_{\mathrm{S}}^{n}(2\gamma_3^n\gamma_2^n\gamma_3^n-\gamma_2^n) & k_{\mathrm{S}}^{n}(\gamma_3^n\gamma_3^n-1)\gamma_3^n \end{bmatrix} \begin{bmatrix} M_{11} \\ M_{12} \\ M_{13} \\ M_{22} \\ M_{23} \\ M_{33} \end{bmatrix} \tag{2-25}$$

其中：

$$k_{\mathrm{S}}^{i} = -\frac{1}{4\pi\rho r_i v_{\mathrm{S}}^{3}} \quad i = 1, \cdots, n \tag{2-26}$$

同理，P、S 波组合矩阵也可由矩张量矩阵进行类似表达。

有时为更清晰识别 P、S 波到时，往往需要进行偏振分析，即将单个台站的三分向震动图的 N、E、Z，转换成局部射线坐标系，即在 P 波方向上具有一个径向矢量，在 SV（垂直偏振剪切波）、SH（水平偏振剪切波）方向上具有两个切向矢量。这样，亦可将单个台站震动脉冲和震动谱数量从 6 个（三分向上的每一个 P 波和 S 波）降低为 3 个。P、SV、SH 波传播与质点运动方向示意见图 2-7。对于单分量台站，则无须进行偏振分析。

在球形坐标系统中引入矢量 $\boldsymbol{R}$，$\boldsymbol{\Theta}$，$\boldsymbol{\Phi}$，分别与震源-台站径、切向方向一致，式(2-20)可用球坐标表示为：

(a)

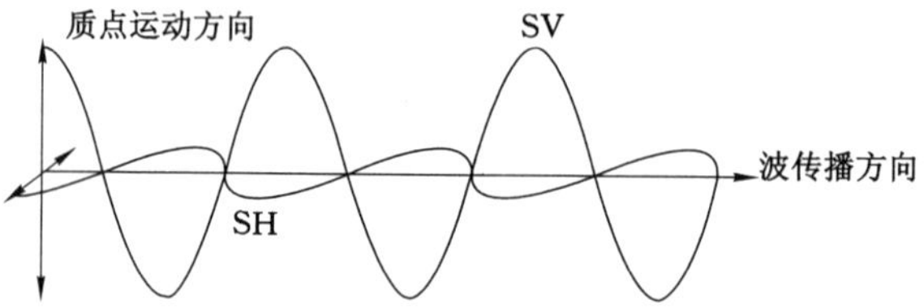

(b)

图 2-7 P、SV、SH 波传播示意图

(a) P 波；(b) S 波

$$\left.\begin{aligned} u^{\mathrm{P}} &= \frac{1}{4\pi\rho v_{\mathrm{P}}^{3} r} R^{\mathrm{P}}(M_{ij}) \\ u^{\mathrm{SV}} &= \frac{1}{4\pi\rho v_{\mathrm{S}}^{3} r} R^{\mathrm{SV}}(M_{ij}) \\ u^{\mathrm{SH}} &= \frac{1}{4\pi\rho v_{\mathrm{S}}^{3} r} R^{\mathrm{SH}}(M_{ij}) \end{aligned}\right\} \tag{2-27}$$

$$\begin{bmatrix} R^{\mathrm{P}} \\ R^{\mathrm{SV}} \\ R^{\mathrm{SH}} \end{bmatrix} = \begin{bmatrix} \gamma_1\gamma_1 & 2\gamma_1\gamma_2 & 2\gamma_1\gamma_3 & \gamma_1\gamma_2 & 2\gamma_2\gamma_3 & \gamma_3\gamma_3 \\ \theta_1\gamma_1 & \theta_1\gamma_2+\theta_2\gamma_1 & \theta_1\gamma_3+\theta_3\gamma_1 & \theta_2\gamma_2 & \theta_2\gamma_3+\theta_3\gamma_2 & \theta_3\gamma_3 \\ \varphi_1\gamma_1 & \varphi_1\gamma_2+\varphi_2\gamma_1 & \varphi_1\gamma_3+\varphi_3\gamma_1 & \varphi_2\gamma_2 & \varphi_2\gamma_3+\varphi_3\gamma_2 & \varphi_3\gamma_3 \end{bmatrix} \tag{2-28}$$

其中，γ_i，θ_i，φ_i（$i=1,2,3$）分别对应于矢量 $\boldsymbol{R}$，$\boldsymbol{\Theta}$，$\boldsymbol{\Phi}$ 各分量，并有：

$$\begin{aligned} \boldsymbol{R} &= [\sin\theta\cos\varphi \quad \sin\theta\sin\varphi \quad \cos\theta] \\ \boldsymbol{\Theta} &= [\cos\theta\cos\varphi \quad \cos\theta\sin\varphi \quad -\sin\theta] \\ \boldsymbol{\Phi} &= [-\sin\varphi \quad \cos\varphi \quad 0] \end{aligned} \tag{2-29}$$

故，对于单个三分量台站，偏振后震动波位移场矩阵可表示为：

$$\begin{bmatrix} u^{\mathrm{P}} \\ u^{\mathrm{SV}} \\ u^{\mathrm{SH}} \end{bmatrix} = \frac{1}{4\pi\rho r} \begin{bmatrix} \gamma_1\gamma_1/v_{\mathrm{P}}^3 & 2\gamma_1\gamma_2/v_{\mathrm{P}}^3 & 2\gamma_1\gamma_3/v_{\mathrm{P}}^3 & \gamma_1\gamma_2/v_{\mathrm{P}}^3 & 2\gamma_2\gamma_3/v_{\mathrm{P}}^3 & \gamma_3\gamma_3/v_{\mathrm{P}}^3 \\ \theta_1\gamma_1/v_{\mathrm{S}}^3 & (\theta_1\gamma_2+\theta_2\gamma_1)/v_{\mathrm{S}}^3 & (\theta_1\gamma_3+\theta_3\gamma_1)/v_{\mathrm{S}}^3 & \theta_2\gamma_2/v_{\mathrm{S}}^3 & (\theta_2\gamma_3+\theta_3\gamma_2)/v_{\mathrm{S}}^3 & \theta_3\gamma_3/v_{\mathrm{S}}^3 \\ \varphi_1\gamma_1/v_{\mathrm{S}}^3 & (\varphi_1\gamma_2+\varphi_2\gamma_1)/v_{\mathrm{S}}^3 & (\varphi_1\gamma_3+\varphi_3\gamma_1)/v_{\mathrm{S}}^3 & \varphi_2\gamma_2/v_{\mathrm{S}}^3 & (\varphi_2\gamma_3+\varphi_3\gamma_2)/v_{\mathrm{S}}^3 & \varphi_3\gamma_3/v_{\mathrm{S}}^3 \end{bmatrix} \begin{bmatrix} M_{11} \\ M_{12} \\ M_{13} \\ M_{22} \\ M_{23} \\ M_{33} \end{bmatrix} \tag{2-30}$$

对于 n 通道的微震监测台网，P、SV、SH 震动位移场矩阵可由震源作用力表示为：

$$\begin{bmatrix} u_1^{\mathrm{P}} \\ u_1^{\mathrm{SV}} \\ u_1^{\mathrm{SH}} \\ \vdots \\ u_n^{\mathrm{P}} \\ u_n^{\mathrm{SV}} \\ u_n^{\mathrm{SH}} \end{bmatrix} = \begin{bmatrix} k_{\mathrm{P}}^1\gamma_1^1\gamma_1^1 & 2k_{\mathrm{P}}^1\gamma_1^1\gamma_2^1 & 2k_{\mathrm{P}}^1\gamma_1^1\gamma_3^1 & k_{\mathrm{P}}^1\gamma_1^1\gamma_2^1 & 2k_{\mathrm{P}}^1\gamma_2^1\gamma_3^1 & k_{\mathrm{P}}^1\gamma_3^1\gamma_3^1 \\ k_{\mathrm{S}}^1\theta_1^1\gamma_1^1 & k_{\mathrm{S}}^1(\theta_1^1\gamma_2^1+\theta_2^1\gamma_1^1) & k_{\mathrm{S}}^1(\theta_1^1\gamma_3^1+\theta_3^1\gamma_1^1) & k_{\mathrm{S}}^1\theta_2^1\gamma_2^1 & k_{\mathrm{S}}^1(\theta_2^1\gamma_3^1+\theta_3^1\gamma_2^1) & k_{\mathrm{S}}^1\theta_3^1\gamma_3^1 \\ k_{\mathrm{S}}^1\varphi_1^1\gamma_1^1 & k_{\mathrm{S}}^1(\varphi_1^1\gamma_2^1+\varphi_2^1\gamma_1^1) & k_{\mathrm{S}}^1(\varphi_1^1\gamma_3^1+\varphi_3^1\gamma_1^1) & k_{\mathrm{S}}^1\varphi_2^1\gamma_2^1 & k_{\mathrm{S}}^1(\varphi_2^1\gamma_3^1+\varphi_3^1\gamma_2^1) & k_{\mathrm{S}}^1\varphi_3^1\gamma_3^1 \\ \vdots & & & & & \\ k_{\mathrm{P}}^n\gamma_1^n\gamma_1^n & 2k_{\mathrm{P}}^n\gamma_1^n\gamma_2^n & 2k_{\mathrm{P}}^n\gamma_1^n\gamma_3^n & k_{\mathrm{P}}^n\gamma_1^n\gamma_2^n & 2k_{\mathrm{P}}^n\gamma_2^n\gamma_3^n & k_{\mathrm{P}}^n\gamma_3^n\gamma_3^n \\ k_{\mathrm{S}}^n\theta_1^n\gamma_1^n & k_{\mathrm{S}}^n(\theta_1^n\gamma_2^n+\theta_2^n\gamma_1^n) & k_{\mathrm{S}}^n(\theta_1^n\gamma_3^n+\theta_3^n\gamma_1^n) & k_{\mathrm{S}}^n\theta_2^n\gamma_2^n & k_{\mathrm{S}}^n(\theta_2^n\gamma_3^n+\theta_3^n\gamma_2^n) & k_{\mathrm{S}}^n\theta_3^n\gamma_3^n \\ k_{\mathrm{S}}^n\varphi_1^n\gamma_1^n & k_{\mathrm{S}}^n(\varphi_1^n\gamma_2^n+\varphi_2^n\gamma_1^n) & k_{\mathrm{S}}^n(\varphi_1^n\gamma_3^n+\varphi_3^n\gamma_1^n) & k_{\mathrm{S}}^n\varphi_2^n\gamma_2^n & k_{\mathrm{S}}^n(\varphi_2^n\gamma_3^n+\varphi_3^n\gamma_2^n) & k_{\mathrm{S}}^n\varphi_3^n\gamma_3^n \end{bmatrix} \cdot \begin{bmatrix} M_{11} \\ M_{12} \\ M_{13} \\ M_{22} \\ M_{23} \\ M_{33} \end{bmatrix} \tag{2-31}$$

其中：

$$k_{\mathrm{P}}^i = \frac{1}{4\pi\rho r_i v_{\mathrm{P}}^3}, k_{\mathrm{S}}^i = \frac{1}{4\pi\rho r_i v_{\mathrm{S}}^3} \quad i=1,\cdots,n \tag{2-32}$$

震动位移序列一般采用时间域的 P 波或 S 波初动振幅，同时，需要注意的是，在井下开采中机械、电气、爆破等噪声较多时，会对 P、S 波初动振幅影响较大，此时的初动振幅值不一定可靠。

这时，可采用傅立叶时频变换将时间位移振幅转换为频率位移振幅。考虑到一定的振幅衰减(不同频率会有不同衰减)，频率位移衰减振幅可表示为：

$$A^{\mathrm{new}}(f) = A(f)\exp\left(\frac{\pi f r}{vQ}\right) \tag{2-33}$$

其中，$A(f)$为频率域振幅；f 为相应频率；v 为 P 波或 S 波速度；r 为震源与台站距离；Q 为衰减因子。

Andrews 给出了低频位移振幅的计算公式：

$$u = \sqrt{\frac{4S_{D2}^{3/2}}{S_{V2}^{1/2}}} \tag{2-34}$$

式中：

$$S_{V2} = 2\int_0^{\infty} V_0^2(f)\mathrm{d}f \tag{2-35}$$

$$S_{D2} = 2\int_0^{\infty} D_0^2(f)\mathrm{d}f \tag{2-36}$$

$$D_0^2(f) = \frac{V_0^2(f)}{(2\pi f)^2} \tag{2-37}$$

其中，$V_0^2(f)$为考虑自由面影响乘以 1/4 的修正速度功率谱；$D_0^2(f)$为对应的位移功率谱；u 为微震监测波形的低频位移，可近似表示为该波形对应的 P/S 波远场位移。

若采集的 P/S 波初振幅值大于 0，且微震传感器在震源 Z 轴上方，则低频位移取正值；若采集的 P/S 波初振幅值大于 0，且微震传感器在震源 Z 轴下方，则低频位移取负值；若采集的 P/S 波初振幅值小于 0，且微震传感器在震源 Z 轴上方，则低频位移取负值；若采集的 P/S 波初振幅值小于 0，且微震传感器在震源 Z 轴下方，则低频位移取正值。

2.4 采动煤岩冲击破裂震动位移波场特征分析

不同于天然地震，矿井采动煤岩诱发矿震或冲击矿压的孕育和发生受矿井特殊地层结构、地质构造、开采深度、采空区、卸载、矿区应力场变化等多种因素的制约，决定了其震动过程的复杂性和特殊性。采动煤岩可以是由于巷道的开挖或工作面回采使得空间临空面煤岩体应力急剧升高，煤岩体平衡状态被打破而使这部分岩体在瞬间发生破坏；也可以是煤岩体内本身就积聚了相当大的应变能，而在其附近的采矿活动产生新的震动扰动波，传到处于高应力状态的煤岩体中，由于应力或能量叠加值超过煤岩体强度，导致大面积煤岩体在瞬间突然破坏或滑移运动。

地震学在矿山煤岩冲击破裂研究领域日益广泛的应用极大地推动了冲击矿震震源孕育机理的研究。通过布设在震源三维空间周围的微震监测台网记录开采产生的煤岩体震动，在震动波形图上可辨认 P 波初动方向，该方向与震源作用力方向直接相关。南非学者 Ortlepp 和 Stacey 根据南非金矿和北美部分煤矿矿震和冲击矿压（岩爆）的特点和震源机理的研究成果，将矿震分为应变型、弯曲破坏型、煤（矿）柱型、剪切破坏型和断层滑移型。加拿大的 Horner、Hasegawa 等根据冲击矿震震源作用力方式和煤岩体破坏处与采矿工作面的相对位置关系，将矿震分为如图 2-8 所示的六种震动类型。显然，模型中前三种对应于非双力偶的震源孕育机理，主要以拉张、内爆破裂为主，后三种是典型的双力偶剪切破裂模型。大量非双力偶震动的存在，表明矿山煤岩诱发震动的破裂机理与天然地震在外在诱因上有明显差异。

本节在现有矿震类型分类的基础上，通过建立不同煤岩震动的点源等价力模型，进一步就不同采动煤岩冲击破裂模式的震动位移场和能量辐射特征展开系统分析。由于震动能量正比于位移场的平方，故震动位移波场特征即代表了

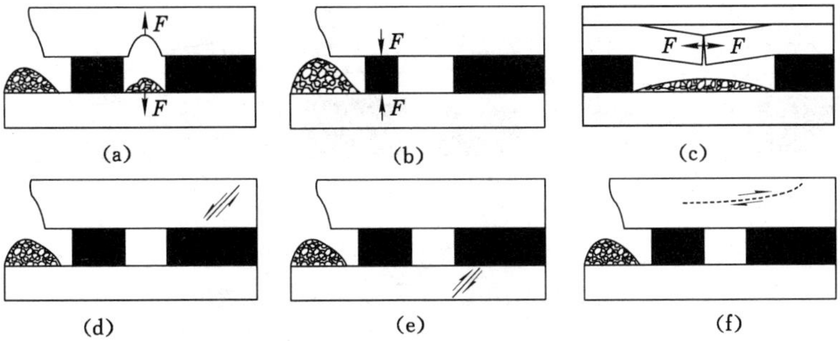

图 2-8 采动诱发的典型震动模型

(a) 巷道顶板冒落;(b) 煤(矿)柱冲击;(c) 顶板张性断裂;

(d) 顶板正断层滑移;(e) 底板逆断层滑移;(f) 顶板近水平俯冲断层滑移

震动能量在空间方位上的辐射方式。

2.4.1 顶板断裂、滑移震动波场分析

采矿活动改变了地下应力场的原始状态,形成了采掘空间,在岩体自重应力或构造应力作用下,必然导致上覆岩层的运动和力学状态的改变,进而发生断裂破坏或滑移运动,岩层的运动反过来又会引起煤岩应力场的二次改变。而顶底板岩层的不同断裂和滑移模式均会产生能量大小不一的震动,产生的震动波波场和能量辐射方式也会因破断方式的不同而各有差异。

2.4.1.1 顶板水平拉张断裂

随着工作面的回采,顶板岩层在采空区后方悬露一定程度后,会在重力作用下通过岩梁自身的弯曲张裂来释放积累的能量,并产生震动。图 2-9 为采场基本顶初次来压和周期来压期间顶板拉张断裂的示意图。阿维尔申分别给出了顶板岩梁初次及周期来压时所释放的弯曲应变能 W,即:

$$W_{初} = \frac{q^2 L^5}{576EJ}, W_{周} = \frac{q^2 L^5}{8EJ} \tag{2-38}$$

其中:q 为顶板及上覆岩层施加的单位长度载荷;J 为顶板岩层惯性矩;L 为悬顶长度。

厚度越大的坚硬岩层越不易垮落,L 值也就越大。显然,顶板拉张断裂释放的能量大小主要由其悬顶长度决定,并受顶板厚度、岩性特征、工作面采深等综合影响。根据南非统计经验,该类震动释放的震动波能量一般可达里氏震级 0～1.5 级。

同时,由图 2-9 可见,顶板拉张断裂过程可等效于一对瞬态作用在介质的相邻两部分上方向相反的水平拉力,而它们的合力为零,即矩张量 M_{11}(见图 2-6)。

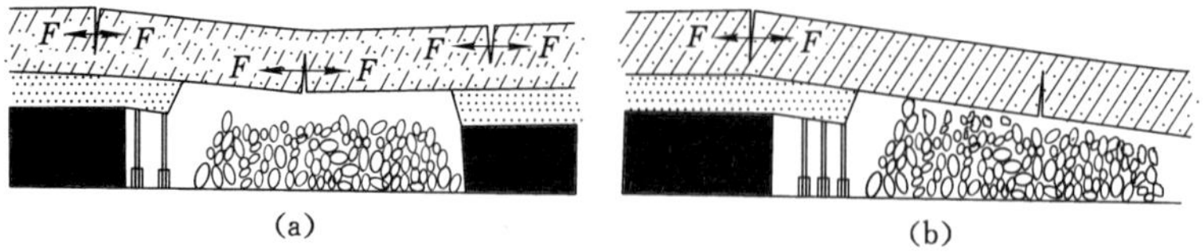

图 2-9 顶板初次和周期来压拉张断裂示意图

(a) 初次来压拉张破坏;(b) 周期来压拉张破坏

震动波场的分析则变为取决于一无矩力偶激发的介质的弹性波动方程的求解。根据式(2-27)～式(2-29),可求得顶板水平拉张断裂的震动位移场方程,见式(2-39)。设位移场矩阵中各常数项为单位长度,P 波、S 波(SH 和 SV 的总位移场)的震动位移和能量辐射花样如图 2-10 所示。

$$\left.\begin{aligned} u^{\mathrm{P}} &= \frac{1}{4\pi\rho v_{\mathrm{P}}^{3} r}\sin^{2}\theta\cos^{2}\varphi M_{11} \\ u^{\mathrm{SV}} &= \frac{1}{8\pi\rho v_{\mathrm{S}}^{3} r}\sin 2\theta\cos^{2}\varphi M_{11} \\ u^{\mathrm{SH}} &= -\frac{1}{8\pi\rho v_{\mathrm{S}}^{3} r}\sin\theta\sin 2\varphi M_{11} \end{aligned}\right\} \tag{2-39}$$

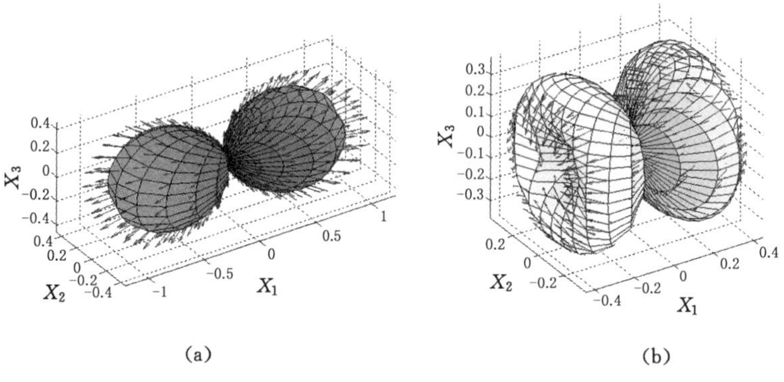

图 2-10 顶板张性断裂震动位移场辐射花样

(a) P 波辐射花样;(b) S 波辐射花样

由图 2-10 可见,P、S 波的位移场是随方位不同而变化,而并不是理想中的以标准球形波方式由震源向外均匀扩散。P、S 波位移场均以震源为原点在作用力方向上(图中 X_1 方向,$\theta=90°$)呈左右对称。P 波在 X_1 方向上达到最大位移幅值,并随着 θ 值的减小而减小,在垂直于震源作用力方向上($\theta=0°$)

振幅为零；S 波在与 X_1 轴成 $\pm 45°$ 方向上达到最大剪切幅值，初动方向始终指向作用力轴（如图中箭头所示），S 波在震源作用力方向及其垂直方向上振幅均为零。若不考虑 P、S 波波速差异，震源力的拉伸作用使震源处激发的最大压缩位移是最大方向上剪切位移的 2 倍。同时，由于震动产生由震源向外传播的压缩 P 波，因此在矿井空间位置上布设的所有微震台站接收到的 P 波初动均为"＋"。

注：本书中，P 波初动方向"＋"表示震源产生向外传播的压缩 P 波，并不是微震波形初动方向简单的向上或向下，而是应结合震源与台站的空间位置具体而定。对于垂直分量，其具体表现为：位于震源之上的台站，初动方向"＋"意味着该台站记录的震动波 P 波垂直初动向上；而位于震源之下的台站，初动方向"＋"代表该台站记录的 P 波垂直初动向下。P 波初动方向"－"的内涵亦然。

2.4.1.2　巷道或采场顶板冒落

采场顶板，尤其是直接顶岩层张性断裂后，往往会进一步伴随着顶板岩块的冒落。同时，巷道顶板由于原生节理裂隙存在或高应力集中区影响瞬间产生的裂隙切割也可使自由面岩体整体或局部崩落。伴随这个过程，对顶板的上部施加一个后坐力，紧跟其后，冒落岩体又对底板施加一个冲撞力。这两个力方向相反，其大小可视为相等，因而等效于在垂直方向上的一对对称张力，可等价于 M_{33}（图 2-6）。震动位移场表达见式（2-40），其震动位移辐射花样如图 2-11 所示。

$$\left.\begin{aligned} u^{\mathrm{P}} &= \frac{1}{4\pi\rho v_{\mathrm{P}}^{3} r}\cos^2\theta M_{33} \\ u^{\mathrm{SV}} &= -\frac{1}{4\pi\rho v_{\mathrm{S}}^{3} r}\sin\theta\cos\theta M_{33} \\ u^{\mathrm{SH}} &= 0 \end{aligned}\right\} \tag{2-40}$$

由图 2-11 可见，P 波在垂直方向上达到最大位移幅值，并产生由震源向外传播的压缩波，P 波初动为"＋"，而在垂直于震源作用力方向上振幅为零；S 波在与 X_3 轴成 $\pm 45°$ 方向上达到最大剪切幅值，初动方向亦指向作用力轴，而在震源作用力方向及其垂直方向上振幅均为零。相比于其他煤岩诱发震动，该类震动造成的破坏性范围较小，破坏程度较低，震源释放能量也较少。

此外，组合岩层之间因为采动、岩性及弯曲变形差异容易产生离层，离层过程的出现往往也会产生小能量的震动，其震源过程也可等效于在垂直方向上的一对对称张力，震动位移波场特征与顶板冒落过程类似。

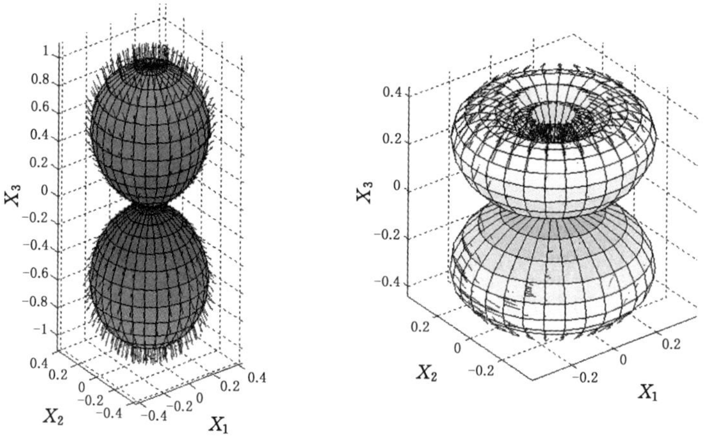

(a)　　　　(b)

图 2-11　顶板冒落震动位移场

(a) P 波辐射花样;(b) S 波辐射花样

2.4.1.3　*岩层剪切破裂或滑移失稳*

巷道掘进或工作面回采都要破坏原岩应力,导致巷道或工作面附近的应力集中。郭然等指出,工作面前方容易形成高压应力区,而在高压应力区的上下方各有一个高剪应力区。随着采矿工作面的推进,高剪应力区在完整岩体内向前移动。当应力满足完整岩体剪切破坏条件时,或高剪应力区遇到前方岩体内某一方向的软弱区或结构弱面时,就会导致岩体沿最大优势剪切破坏方向上的突然破裂。同时,顶板岩层间也会出现单层或组合岩层下沉过程中因弯矩变化和摩擦力减小产生的层内和层间剪切破坏。

此外,根据钱鸣高院士的"砌体梁"理论,顶板岩梁在破断之后,只要岩块间水平力满足一定条件,仍可形成外形如梁、实质是拱的"砌体梁"平衡结构。受工作面开采扰动影响,当岩块间摩擦力不足以支撑岩块时,平衡结构被打破,岩块会发生动态滑移失稳。顶板岩层越厚,结构抗滑移失稳能力越弱。

岩层剪切破坏或滑移失稳时,剪切错动易产生大能量强矿震事件。兖州鲍店矿微震监测结果显示,厚层坚硬顶板剪切破坏释放的震动波能量往往在 10^6 J 以上。这类震动若震源离工作面或巷道自由面较近时,易造成空间自由面大量煤岩体突出或破坏,冲击危险性较大。

描述剪切破裂最常用的震源模型为一对双力偶模型。双力偶震源的物理意义是:矿井断层或岩层剪切错动是震动的原因,可以是岩体沿原有断层面重新滑动，也可以是应力集中产生的剪切破裂带、破裂面两侧岩体分别向两个相反方向错动。一个双力偶是由两个共平面的大小相等但方向相反的单力偶所组成，其力矩与力的方向相互正交。

以顶板滑移失稳为例，为便于分析，设顶板岩块破裂面与水平面的夹角（破裂角）δ 为 45°，岩块间沿破裂面滑移失稳（即滑移角与破裂角相等），示意图见图 2-12。

上述震源破裂模型的震动过程可等价于 M_{33} 和 M_{22} 组成的双力偶力源（图 2-13），并有 $M_{33}=-M_{22}$，震动位移场表达见式(2-41)，P、S 波的位移辐射花样可见图 2-14。

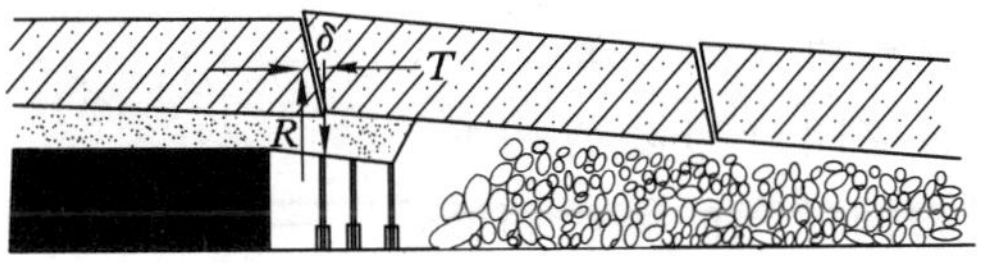

图 2-12 岩块滑移失稳示意图

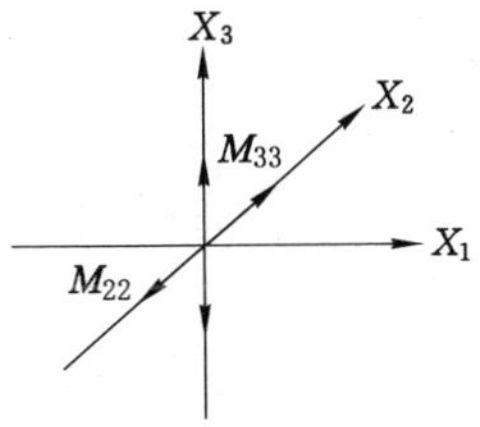

图 2-13 岩块滑移失稳的点源模型

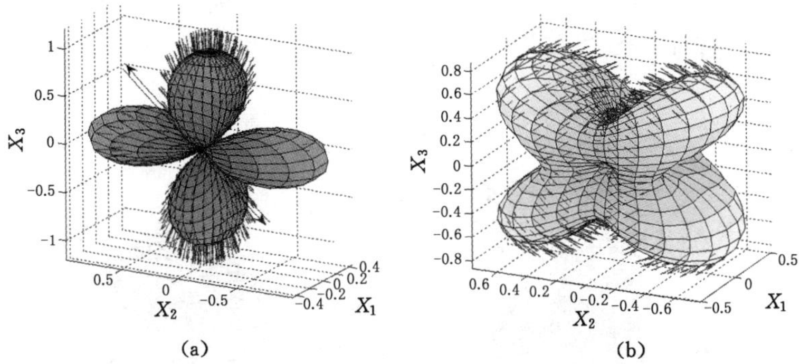

图 2-14 顶板滑移失稳震动位移场辐射花样

(a) P 波辐射花样；(b) S 波辐射花样

$$
\left.\begin{aligned}
u^{\mathrm{P}} &= \frac{1}{4\pi\rho v_{\mathrm{P}}^{3} r}\left(\cos^{2}\theta-\frac{1}{2}\sin^{2}\theta\sin 2\varphi\right)M_{33} \\
u^{\mathrm{SV}} &= -\frac{1}{8\pi\rho v_{\mathrm{S}}^{3} r}\sin 2\theta(1+\sin^{2}\varphi)M_{33} \\
u^{\mathrm{SH}} &= -\frac{1}{8\pi\rho v_{\mathrm{S}}^{3} r}\sin\theta\sin 2\varphi M_{33}
\end{aligned}\right\} \tag{2-41}
$$

由图 2-14 可见，在岩块滑移面上，P 波位移振幅为零，其最大位移振幅在与滑移面成±45°平面上，若以逆时针方向为正，在与滑移面成+45°平面上产生由震源向外传播的压缩波，P 波初动为“+”，而在−45°平面上产生由震源向外传播的膨胀波，P 波初动为“−”；S 波最大振幅恰恰旋转了 45°，在滑移面及其法向面上达到最大值，而在与滑移面成±45°平面上振幅为零，S 波初动方向如图中箭头所示。对于 $v_P/v_S=\sqrt{3}$ 的岩石介质来说，震源处激发的最大剪切位移等于最大方向上压缩(膨胀)位移的 $3\sqrt{3}$ 倍。

再以近水平顶板岩层层间剪切破裂为例，可由 M_{13} 和 M_{31} 组成的双力偶模型表达岩层间的水平错动(图 2-15)，P、S 波震动位移场辐射花样可见图 2-16。与图 2-14对比，显然，P、S 波位移场的空间分布因剪切面的方位不同而产生明显差异，对于相同位置的震源和微震监测台网，剪切震源破裂方位的不同可导致台站接收的 P、S 波位移场大小和辐射方向的不同；但若以各自剪切面为中心，其位移场辐射形态却是基本一致的。因此，对于采动煤岩体的纯剪切破裂，虽然各自的外在诱因和发生条件不尽相同，但存在类似的震源破裂过程和能量辐射特征。

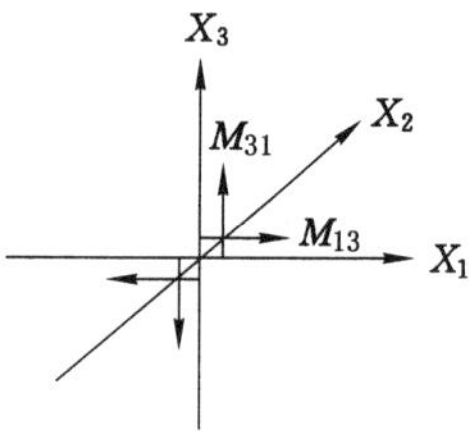

图 2-15　岩层层间剪切的点源模型

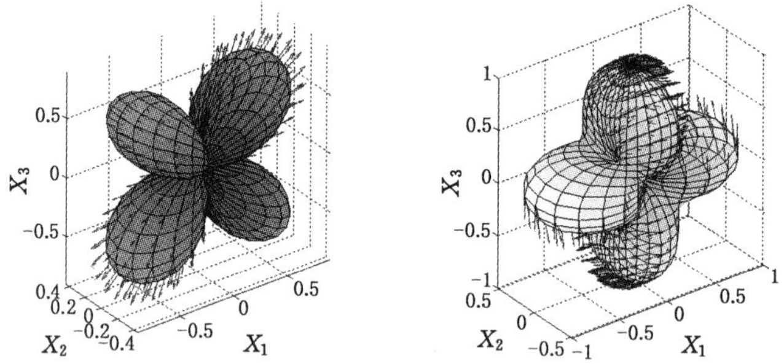

(a)　　(b)

图 2-16　岩层层间剪切的震动位移场辐射花样

(a) P 波辐射花样；(b) S 波辐射花样

2.4.1.4　顶板岩块回转失稳

工作面上覆岩层周期性破断形成的岩块相互铰接形成“砌体梁”结构后，工作面的进一步回采可使岩块产生回转，岩块回转过程中，由于挤压处局部应力集中，致使该处进入塑性状态，当岩块接触面上的平均挤压应力超过岩块端角的抗压强度时，可导致结构产生回转变形失稳（图 2-17）。该失稳过程中同样会伴随着震动的出现和能量的释放。

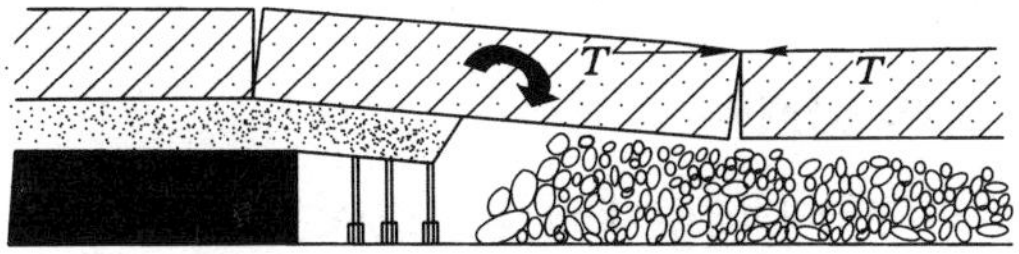

图 2-17　岩块回转失稳示意图

显然，回转失稳过程可近似等效于一对瞬态作用在介质的相邻两部分上的方向相反的水平挤压力，而它们的合力为零，即矩张量 $-M_{11}$。其震动位移场方程见式（2-42），P、S 波的位移辐射花样可见图 2-18。

$$\left.\begin{aligned} u^{\mathrm{P}} &= -\frac{1}{4\pi\rho v_{\mathrm{P}}^{3} r}\sin^{2}\theta\cos^{2}\varphi M_{11} \\ u^{\mathrm{SV}} &= -\frac{1}{8\pi\rho v_{\mathrm{S}}^{3} r}\sin 2\theta\cos^{2}\varphi M_{11} \\ u^{\mathrm{SH}} &= \frac{1}{8\pi\rho v_{\mathrm{S}}^{3} r}\sin\theta\sin 2\varphi M_{11} \end{aligned}\right\} \tag{2-42}$$

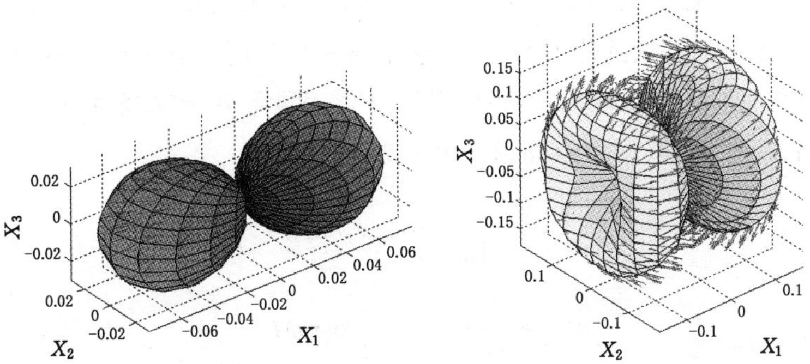

(a)　　(b)

图 2-18　顶板回转失稳震动位移场辐射花样

(a) P 波辐射花样；(b) S 波辐射花样

由图 2-18 可见，顶板回转失稳的 P、S 波的位移场辐射特征与顶板水平拉张断裂类似，这里不再详细描述，但这两种破裂方式的位移场辐射方向却刚好相反。回转失稳产生由震源向外传播的膨胀 P 波，因此在空间上布置的所有微震台站接收到的 P 波初动均为"－"。因此，顶板回转失稳是一种内爆型破裂方式。在煤矿现场微震监测过程中，这种出现在顶板岩层中的内爆式破裂并不多见。

2.4.2 煤柱破裂震动波场分析

煤矿中由于开采、维护采场或巷道空间或保护地面建筑物会形成或留设各种煤柱，如采区隔离煤柱、护巷煤柱、采空区遗留煤柱等。而煤柱又是产生应力集中的地点，孤岛型和半孤岛型煤柱甚至受几个方向集中应力的叠加作用，因而在煤柱附近容易发生冲击矿压。且煤柱上的集中应力不仅对本煤层开采有影响，还会向下传递，对下部煤层形成冲击条件。

当顶板在重力或应力下不能以冒落或拉张断裂形式释放所积蓄的能量，而其附近又有处于顶板和底板之间的煤柱时，则煤柱很自然地成为能量快速转移和积累的场所。煤柱、顶板、底板构成一个平衡系统，其中顶、底板强度均比煤层的大，且煤体是开采的对象，故在压力作用下，煤体容易遭受破坏。如果是稳定破坏，则表现为煤柱的变形、巷道的压缩等，伴随着小能量震动出现；如果是非稳定、突然破坏，则往往表现为强烈冲击矿压事故。

2.4.2.1 煤柱受压内爆式破裂

煤柱受压内爆式破坏的力学过程，实质上就是煤柱在上下顶底板的压力夹持下，煤体逐渐丧失抵抗外力的能力，这是煤体自身所固有的破坏特性的表现，且煤体往往具有弱冲击倾向性特征，其破坏过程可等效于在竖直方向上的一对对称压缩力 $-M_{33}$，其震动位移场方程见式(2-43)：

$$\left.\begin{aligned} u^{\mathrm{P}} &= -\frac{1}{4\pi\rho v_{\mathrm{P}}^{3} r}\cos^{2}\theta M_{33} \\ u^{\mathrm{SV}} &= \frac{1}{4\pi\rho v_{\mathrm{S}}^{3} r}\sin\theta\cos\theta M_{33} \\ u^{\mathrm{SH}} &= 0 \end{aligned}\right\} \tag{2-43}$$

由上式可见，煤柱受压破裂的震动位移场辐射方式应与图 2-11 描述的顶板冒落、顶板离层的震动位移场特征类似，但 P、S 波初动方向与顶板冒落、离层则刚好相反，震源产生由波前向外传播的膨胀 P 波，P 波初动方向均为"－"。显然，煤柱受压破裂属于典型的内爆式破坏。矿井在煤柱区开采过程中出现在煤体中的小能量震动大多属于这种内爆型煤柱(体)破坏。

2.4.2.2　煤柱动态冲击破坏

煤柱冲击失稳破坏的力学过程，实质上就是煤柱在上下顶底板的压力夹持下，煤体内产生高应力集中和高储蓄弹性能，因受载荷增加或开采扰动，系统应力平衡瞬间打破而发生煤体突然冲击破坏的过程。煤柱的这种动态冲击破坏往往出现在强冲击倾向煤层中，震动强度和破坏范围也较大，并容易发生连锁式反应，甚至造成采场大范围顶板瞬间垮落。

由于煤柱的破裂牵动着顶底板的活动，因此，除受上下顶底板的压力作用之外，煤柱还具有向侧向扩展的倾向，因此在煤柱端部与顶底板接触处会产生阻碍水平变形的摩擦力，从而形成水平方向的拉应力。煤柱上下顶底板的压力和水平方向的张力构成了一组正交力系。因此，煤柱动态冲击破坏过程是一个单次或多重剪切破坏过程。对于最简单的单次剪切破裂而言，震源的等效点源模型亦可近似为一个双力偶模型。图 2-19 为最常见的、由 M_{11} 和 $-M_{33}$ 表达的煤柱冲击破裂剪切模型，若有 $M_{33}=-M_{11}$，则该模型力源作用下煤柱剪切破裂角度为 45°，其震动位移场辐射花样与顶板滑移失稳类似，只是剪切破裂面方位不一样，故图略。

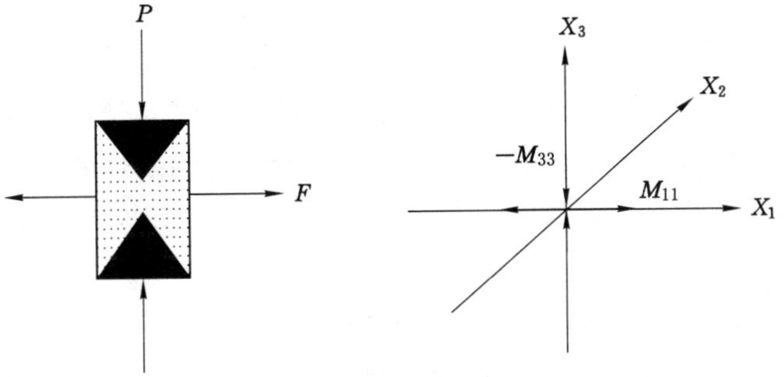

图 2-19　煤柱冲击破裂的点源模型

不难发现，煤柱型震动的破坏方式类似于实验室在单轴压缩载荷作用下煤岩体的破裂形态。因此，可在实验室近场条件下通过选择不同冲击倾向性的标准煤岩样，及改变煤岩试样两端面与试验机承压板之间摩擦力大小来近似模拟采动诱发的煤(矿)柱内爆或动态冲击破坏形态及震动过程。

2.4.3　断层滑移震动波场分析

矿井断层构造附近常具有高冲击危险性。断层冲击矿压是由于采矿活动引起断层突然相对错动而猛烈释放能量的矿震现象。研究表明，在煤层未开采前，断层带介质和上下盘岩体处于静平衡状态；煤层开采后形成附加剪应力，并使断层带岩石发生变形。当工作面距断层较远时,附加剪应力较小,断层带岩石应力大小仍在峰值以下,处于稳定状态。随着工作面距断层距离的减小,尤其是工作面由断层下盘向断层上盘逐步推进时,采矿活动解除了长期施加在断层面法线方向上的夹持力(正应力),造成断面剪应力迅速上升,原本较稳定的断层(或其他弱面)受采动影响易于“活化”,断层面滑移错动发生剪切破坏,诱发断层滑移震动,甚至动态冲击破坏。

在上述各采动煤岩诱发矿震中,断层动态滑移震动发生的频率较低,但因其震源处达到极限状态岩体的体积更大(潜在震源半径较大),所以释放出来的震动能量较多,破坏性也就更大。矿井断层滑移与天然地震在外在诱因上虽然截然不同,但两者在震源破坏过程及震动位移场辐射方面却较为接近,该类震动也是早期进行矿山震动震源机理研究最多的。因此,断层滑移型震动的震源过程可用一对双力偶剪切模型进行解释,且根据断层方位的不同选择不同的力偶组合。其震源破裂过程和 P、S 波震动位移场辐射方式的描述类似于图 2-14 和图 2-16,故不重复举例说明。

2.4.4 煤岩体爆破震动波场分析

矿井开采过程中,除开采诱发的煤岩震动之外,爆破震动也是较常见的震动信号。尤其对于冲击危险性矿井,顶板与煤体的卸压爆破是治理冲击矿压的有效手段之一,其机理是通过爆炸冲击波气体使得炸药的爆炸能激发煤岩介质中存储的弹性能释放,以达到降低应力集中的目的。同时,巷道掘进时也时常需要进行爆破作业。

一般认为爆破是在一个理想的球形腔内形成汽化区、液化区和塑性区。在这个过程中,岩石直接受到的力是正压力,没有剪切力,所以爆破直接产生的震动波只有对源外介质的压缩 P 波,而没有 S 波。爆破 P 波震动位移场的辐射花样可见图 2-20,可见爆破震动位移场在球形空间均匀分布,P 波初动在各个方位均为“+”,震动能量以球形波方式等方向性向外几何扩散。爆轰气体的直接作用引起煤岩体产生强烈震动,其波形振幅以及衰减速率主要取决于装药量大小。当爆破 P 波接触到煤岩体后,由于煤岩体的不均

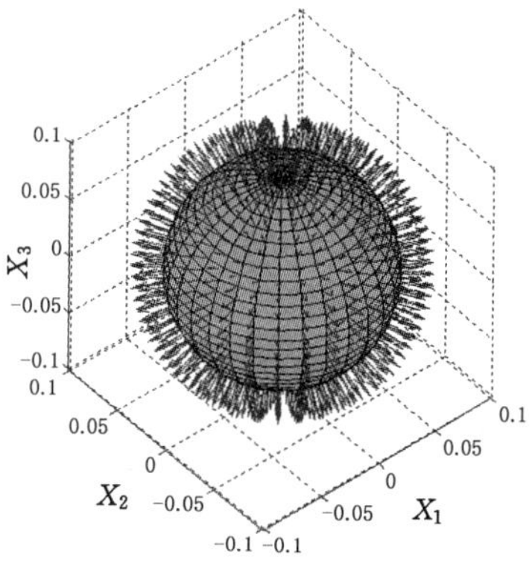

图 2-20 爆破震动 P 波位移辐射花样

匀性,使得破裂过程不能沿初始力的方向破裂,从而发生切变派生出S波,即爆破产生的S波,不是原生波,而是次生波。因此,爆破震动信号可分成两部分,分别是炸药爆炸的震动波信号和煤岩体破坏产生的震动信号。图2-21为三河尖矿微震系统采集的典型顶板卸压爆破信号,明显可见该震动波由前、后两部分信号组成。

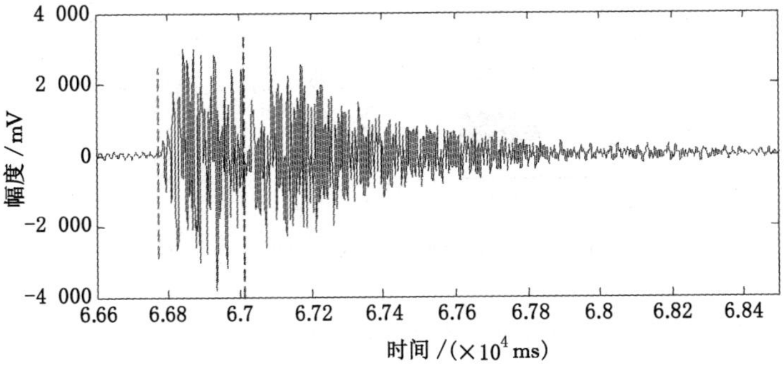

图2-21　典型顶板卸压爆破信号

2.4.5　基于震动波场特征的煤岩震动分类

通过上述各采动煤岩诱发矿震震源等效模型的建立和震动位移波场的分析,可知顶板断裂滑移、煤柱破裂等煤岩震动的位移场辐射形态因震源受力方式的不同而不同。因此,可通过布设在震源三维空间周围的微震台网的记录结果,在震动波形图上辨认P波初动方向,对采动诱发不同煤岩震动进行分类。根据分析结果,顶板水平拉伸破裂、顶板离层和顶板冒落等破裂方式产生的是离开震源、波前向外压的压缩P波,所有微震台站接收到的P波初动应均为"+",该类震动为典型的拉伸型矿震;顶板回转失稳、煤柱压缩破裂等震动方式产生的是指向震源、波前向外拉的膨胀P波,所有微震台站接收到的P波初动应均为"－",该类煤岩诱发震动为典型的内爆型矿震;顶板剪切破裂、"砌体梁"结构滑移失稳、煤柱动态冲击、采动诱发断层"活化"等煤岩震动,震源产生的P波初动在空间上呈四象限分布,符合典型双力偶源的震源孕育机理,可称为剪切型矿震,该类矿震破坏过程一般较为强烈,释放震动能量较多,冲击危险性也最高。图2-22例举了三种矿震模型的典型煤岩震动、相应的P波辐射方式及位于震源之上台站所监测的震动波垂直初动示意图。

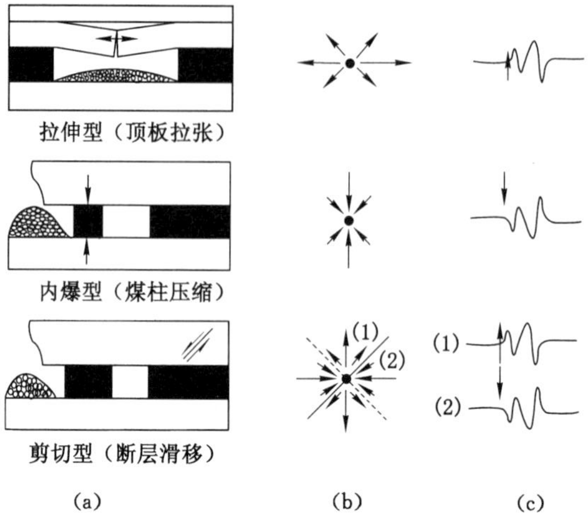

图 2-22　典型煤岩震动类型及震动波初动示意图

(a) 震动类型；(b) P 波辐射花样；(c) P 波初动方向

2.5　本章小结

本章首先对实验室尺度下岩样分别在不同破裂模式下的应力降、释放能量、破裂半径大小进行对比分析，然后建立矿井采动煤岩诱发矿震震源等效作用力与震动远场位移的关系矩阵，并以此为基础，对采动过程中可能出现的煤岩冲击矿震类型，分别进行等效震源模型的建立及其震动位移波场及能量辐射特征的理论分析，得出如下主要结论：

(1) 岩石在不同破裂模式所需克服的应力及其释放能量大小是不同的。对于物理力学性质相同的岩样，震动释放能量随岩样破裂尺度(半径)的增大而增大。同时，在相同破裂尺度下，岩样剪切破裂所释放的能量和产生的应力降明显大于在单轴拉伸破裂下的能量释放和应力降大小；反之，若释放相同大小的应变能，拉伸破裂的破裂尺度要明显大于剪切破裂的破裂尺度。

(2) 在释放能量大小相同的情况下，震源破裂尺度随岩样单轴抗压强度的增大而减小，即在相同破裂尺度下，坚硬顶板相比于软弱岩层更容易聚集和释放弹性能，其破裂过程诱发强矿震或冲击矿压的可能性也更大。

(3) 采动煤岩诱发矿震与煤岩体的剪切、拉伸等破裂方式密切相关。而且，不同煤岩震动类型不仅释放的震动波能量及产生的应力降大小不同，震源激发的震动位移场及能量辐射方式也各不相同。通过震动位移场理论，在煤岩震动点源近似条件下，其震动位移场可表示为震源等价力（即矩张量）与相应格林函数的时间褶积。因此，不同采动诱发矿震因震源矩张量成分的差异，产生的震动位移场辐射特征也不尽相同。

(4) 顶板岩层在采场或巷道采掘过程中可出现多种不同的破断方式。顶板水平拉张断裂等价于在水平方向上的对称张力，震动产生由震源向外传播的压缩 P 波，并在水平方向上达到最大压缩幅值，S 波在与应力轴成±45°方向上达到最大剪切幅值，在作用力方向上没有剪切位移；顶板冒落、离层震动过程近似等价于竖直方向上的对称张力，震动同样产生由震源向外的压缩 P 波，P、S 波位移场辐射方式刚好与顶板水平拉张断裂旋转了 90°方向；顶板回转失稳过程近似等价于在水平方向上的对称压力，震动产生由震源向外的膨胀 P 波，震动位移场辐射方式与水平拉张断裂类似，位移场方向则刚好相反；顶板剪切破裂、滑移失稳可等价于双力偶震源，在与剪切（滑移）面成±45°平面上分别产生由震源向外传播的最大压缩和膨胀 P 波，S 波最大位移振幅则恰恰旋转了 45°，在剪切（滑移）面及其法向面上达到最大值，而在与剪切（滑移）面成±45°平面上位移为零。

(5) 煤柱破裂有受压内爆破裂和动态冲击破裂之分。前者是煤体自身所固有的破坏特性的表现，可近似等价于竖直方向上的对称压力，震动产生由震源向外传播的膨胀 P 波，震动位移场辐射方式与顶板冒落、离层类似，位移场方向则刚好相反；后者因顶底板岩层的摩擦力作用，震源力可近似等价于煤柱上下顶底板的压力和水平方向的张力构成的正交力系，其动态冲击过程为典型剪切破坏过程，震动波场位移特征类似于顶板剪切破裂。

(6) 断层滑移震动是由于采矿活动引起断层面上正应力减小、剪应力增加，进而产生突然相对错动而猛烈释放能量的矿震现象。该类震动因震源半径较大，释放震动能量较多，易诱发强矿震或冲击矿压灾害。其震源过程可用一对双力偶剪切模型进行解释，且根据断层方位的不同选择不同的力偶组合，震动位移波场的空间分布随断层面方位的改变而改变。

(7) 爆破震动也是矿井中较常见的震动信号。爆破本身只产生对源外介质的压缩 P 波，对应于震源的体积膨胀；爆破 P 波接触煤岩体后，因煤岩体切向变形、破裂派生出新的 S 波。故完整爆破震动信号可分为炸药爆炸和煤岩体破坏两部分震动信号。

(8) 根据震动波场特征分析，顶板拉张、冒落、离层等破裂方式的 P 波初动在空间各个方位均为“+”，为典型的拉伸型矿震；顶板回转失稳、煤柱压缩破裂等震动方式的P波初动在各个方位均为“−”，为典型的内爆型矿震；顶板剪切破裂、滑移失稳、煤柱动态冲击、断层滑移等煤岩震动，震源产生的P波初动在空间上呈四象限分布，为典型的剪切型矿震。

3　采动煤岩震源孕育机理的矩张量反演分析

3.1　引言

本书第2章中典型采动煤岩震源等效模型的建立，是基于采场或巷道周围构造和开采环境造成的主要应力分布状态加以区分的，实际冲击矿压或矿震发生时其震源过程往往会复杂很多。比如，顶板冒落和顶板拉张断裂一般会同时存在，而煤柱冲击或断层活动往往伴随着发生顶板冒落和顶板断裂。因此，就会出现更为复杂的诸如剪切-拉伸或剪切-内爆破坏的混合型煤岩冲击破裂，位移场辐射特征或震动波形也相应要复杂得多。Teisseyre首次提出剪切-拉伸和剪切-内爆的混合型破裂模型，通过对诸多矿山煤岩震动位移辐射花样的计算，发现煤岩震动同时具有剪切与拉伸(内爆)破裂特征是可行的。Nemat-Nasser等通过作用于一个应力集中、具有预开张裂隙、在单轴压缩下发生剪切滑移的简单实验室试验，很好地模拟了这种剪切-拉伸破裂机制。Seleny对剪切-内爆震动模型也进行过实验室模拟，且为了模拟冲击矿压，在压缩区中用一些规则网状的空隙进行弱化以反映采空区的煤岩特性，并将该震动模型成功应用于捷克Karvina煤矿的矿震震源机理研究中。

对于单个采动煤岩震动事件，震源破裂类型的不同决定其剪切、拉伸或内爆等所占比例不同，若该事件以剪切破裂成分占主导，可近似认为其为剪切破裂，如断层“活化”、顶板滑移失稳等；若该事件拉伸破裂成分占主导，可认为其为拉伸破裂方式，如顶板拉张断裂、冒落等。事实上，通过矿山微震监测，各煤岩震动的位移振幅(即震动位移场)、P波初动等是已知量，而基于震动波形对震源矩张量及破裂成分进行定量反演分析，确定复杂煤岩冲击破裂时哪种破裂方式占主导，尤其是对特定开采地质条件下冲击、强矿震等危险信号的震源过程实现快速有效识别，无疑是采动煤岩震源孕育机理研究的最核心所在。

自1970年Gilbert等首次引入矩张量概念以来，他们的结果开辟了用矩张量表示震源的研究。对点震源的震源孕育机理来讲，矩张量反演方法对区分双力偶和非双力偶破裂方式十分有意义。近年来国外陆续有学者将震源矩张量反演方法应用于采矿诱发煤岩震动震源机理研究中，而国内在该方面已发表的研究工作却近于空白，仅有的零星报道还是基于改造自区域地震台网的低精度矿震监测系统所监测的数据，其震源定位精度显然不能满足矿山开采研究的需要，且研究视角往往基于天然地震学的各种双力偶模型解释煤岩冲击震动现象，所得结论往往与受采动影响的煤岩冲击破裂震源过程不尽相符。

本章针对实际煤岩震动微震波形的噪声干扰问题，提出矩张量反演的最小二乘反演方法。通过建立两种理论煤岩破裂模型，比较不同震动波组合下的线性和最小二乘正反演结果，探讨矩张量反演在采动煤岩震源孕育机理分析中的可靠性和适用性，并选用典型的煤岩破裂事件进行矩张量反演的实例分析。

3.2 采动煤岩震源孕育机理研究的矩张量反演方法

微震波谱特征的识别分析，为特定开采环境下，尤其是实验室试验条件下煤岩体(样)冲击破裂的震源特性快速定性分析提供了一种有效途径。同时，由于矿井微震监测台网布局和实际震源破裂过程的复杂性，尤其是绝大部分煤岩破裂震动过程及破裂形态是肉眼无法观测的，微震波谱特征的定性分析仍很难切入采动煤岩震源破坏机理的实质，比如震源作用力大小和方向、各破裂成分的比例以及断裂方位、甚至震源所在区域主应力场大小和方向。本章节将在微震波谱特征识别分析基础之上，仍基于微震监测震动位移场，引入定量地震学的矩张量反演理论，对矿井采动煤岩的震源机理和破裂过程作进一步探讨分析。

根据前面章节分析，震动位移场与矩张量和格林函数关系可用矩阵表示为：$\boldsymbol{u}=\boldsymbol{GM}$。当已知矩张量 M_{ij} 元素分析煤岩震动位移场特征时，我们称之为矩张量正演分析；至于如何从微震位移场观测资料来求解矩张量 6 个独立元素，则是矩张量反演的问题。作为同步震源，若已知震源时间函数，可使用式(2-17)进行时间域中的线性反演。在时间域内，矢量 $\boldsymbol{u}$ 是在各种到时、各个台站、各种方位观测到的震动位移的 n 个样本值；格林函数 $\boldsymbol{G}$ 是一个 $n\times 6$ 矩阵；$\boldsymbol{M}$ 是未知量，含有要确定的 6 个独立的矩张量元素。若震源时间函数未知，或不作同步源的假设，可选择在频率域中以 $u_k(x,f)=M_{ij}(f)G_{ki,j}(f)$进行反演。频率域中 $\boldsymbol{u}$ 由位移谱的实部和虚部组成，即若震动波形图有 n 幅，那么位移矩阵 $\boldsymbol{u}$ 就有 $2n$ 个元素；$\boldsymbol{M}$ 同样是由实部和虚部构成的 12 个元素的矢量；相应的，$\boldsymbol{G}$ 是一个 $2n\times 12$ 的矩阵。

由于采动煤岩冲击破裂震动强度相对较小，在工作面或矿井微震监测尺度下将采动震源视为点源一般是可行的。震源矩张量是一个一般性的概念，用矩张量表示震源，无须事先对震源机理作什么假定，且远场位移用矩张量表达是线性关系。正是由于不依赖双力偶震源的假设，矩张量反演方法比其他地球物理学科的震源机制分析手段（如断层平面解、振幅资料利用等）更适合于矿山采动煤岩震源孕育机理的研究。同时，虽然矩张量反演方法源于天然地震的震源机制研究，由于采矿诱发冲击矿震与天然地震在诱发机理上的本质区别，加之对震动波传播速度模型和介质模型尺度选取要求的不同，将该反演方法应用于采矿领域，其参数选取和反演过程应有其特殊要求。

3.2.1　格林函数求解

格林函数是震源到观测台站之间传播介质的脉冲响应，因此格林函数与震源定位、台站坐标以及介质模型密切相关。作为矩张量反演中不可缺少的一部分，格林函数计算结果的好坏在很大程度上影响着震源反演结果的可靠性。而且，对于不同的位移向量具有不同的格林函数，对于不同微震台站格林函数取不同的值。对于完全均匀弹性介质，在时间域内理论格林函数的表达即为式(2-20)、式(2-27)中震源辐射公式。例如，对于由 n 个三分量台站所记录的 P 波组成的格林函数矩阵可表示为：

$$
\boldsymbol{G}=\begin{bmatrix} G_{\mathrm{P},1}^{1} \\ G_{\mathrm{P},2}^{1} \\ G_{\mathrm{P},3}^{1} \\ \vdots \\ G_{\mathrm{P},1}^{n} \\ G_{\mathrm{P},2}^{n} \\ G_{\mathrm{P},3}^{n} \end{bmatrix}=\frac{1}{4\pi\rho\, r_i v_{\mathrm{P}}^{3}}\begin{bmatrix}
\gamma_1^1\gamma_1^1\gamma_1^1 & 2\gamma_1^1\gamma_1^1\gamma_2^1 & 2\gamma_1^1\gamma_1^1\gamma_3^1 & \gamma_1^1\gamma_2^1\gamma_2^1 & 2\gamma_1^1\gamma_2^1\gamma_3^1 & \gamma_1^1\gamma_3^1\gamma_3^1 \\
\gamma_2^1\gamma_1^1\gamma_1^1 & 2\gamma_2^1\gamma_1^1\gamma_2^1 & 2\gamma_2^1\gamma_1^1\gamma_3^1 & \gamma_2^1\gamma_2^1\gamma_2^1 & 2\gamma_2^1\gamma_2^1\gamma_3^1 & \gamma_2^1\gamma_3^1\gamma_3^1 \\
\gamma_3^1\gamma_1^1\gamma_1^1 & 2\gamma_3^1\gamma_1^1\gamma_2^1 & 2\gamma_3^1\gamma_1^1\gamma_3^1 & \gamma_3^1\gamma_2^1\gamma_2^1 & 2\gamma_3^1\gamma_2^1\gamma_3^1 & \gamma_3^1\gamma_3^1\gamma_3^1 \\
\vdots & \vdots & \vdots & \vdots & \vdots & \vdots \\
\gamma_1^n\gamma_1^n\gamma_1^n & 2\gamma_1^n\gamma_1^n\gamma_2^n & 2\gamma_1^n\gamma_1^n\gamma_3^n & \gamma_1^n\gamma_2^n\gamma_2^n & 2\gamma_1^n\gamma_2^n\gamma_3^n & \gamma_1^n\gamma_3^n\gamma_3^n \\
\gamma_2^n\gamma_1^n\gamma_1^n & 2\gamma_2^n\gamma_1^n\gamma_2^n & 2\gamma_2^n\gamma_1^n\gamma_3^n & \gamma_2^n\gamma_2^n\gamma_2^n & 2\gamma_2^n\gamma_2^n\gamma_3^n & \gamma_2^n\gamma_3^n\gamma_3^n \\
\gamma_3^n\gamma_1^n\gamma_1^n & 2\gamma_3^n\gamma_1^n\gamma_2^n & 2\gamma_3^n\gamma_1^n\gamma_3^n & \gamma_3^n\gamma_2^n\gamma_2^n & 2\gamma_3^n\gamma_2^n\gamma_3^n & \gamma_3^n\gamma_3^n\gamma_3^n
\end{bmatrix} \tag{3-1}
$$

对于实际地球模型，在天然地震矩张量反演中，往往需要根据所涉及的震源深度、选用的波形资料（体波、面波、自由振荡）、地震射线通过介质的复杂性来选择均匀半无限介质模型、分层均匀介质模型、横向不均匀介质模型等地球模型来计算格林函数。由于矿区或工作面尺度远小于地震监测尺度，震动波传播介质模型远没有地震研究模型那么复杂。因此，对于矿山煤岩震动的矩张量反演，煤岩介质中格林函数的求解相对要简单。

实际采动煤岩破裂的矩张量反演，格林函数的求解需考虑岩体介质的不均匀性和黏弹效应。煤岩破裂震源激发的震动波在真实岩体介质传播过程中，因介质阻尼影响，会存在固有及散射衰减，震动波位移振幅变化可表示为：

$$A_i = A_0 e^{-\frac{\pi f}{v Q} r_i} \quad i = 1, \cdots, n \tag{3-2}$$

其中：A_0 为震源振幅；r_i 为震源-测站之间的传播距离；f 为脉冲主频；v 为震动波传播速度（v_P 或 v_S）；Q 为耗散品质因子（P 波为 Q_P，S 波为 Q_S），Q 是岩石的物理力学性质之一，反映了震动波传播一定距离后能量衰减的程度。

故，可通过耗散品质因子 Q 的设定，来近似反映矿区实际岩体介质与弹性均匀介质的偏差。对于特定体积的滞弹性介质，受角频率 $\omega = 2\pi f$ 的周期应力作用，耗散品质因子 Q 的物理意义可表示为：

$$\frac{1}{Q(\omega)} = \frac{\Delta W}{2\pi W} \tag{3-3}$$

式中：W 为一定体积内的峰值应变能；ΔW 为每一作用周期内的能量损耗。

通过引入参量 Q，在式(2-20)、式(2-27)中弹性均匀介质格林函数表达式基础上，乘以式(3-2)震动波位移的指数衰减，进行实际煤岩介质中格林函数矩阵的求解。至此，对于用 Q 值近似描述的实际煤岩介质，前面章节式(2-24)、式(2-26)、式(2-32)中 k_P^i、k_S^i 可分别修订为：

$$k_P^i = \frac{e^{-\frac{\pi f}{v_P Q_P} r_i}}{4\pi\rho\, r_i v_P^3}; k_S^i = -\frac{e^{-\frac{\pi f}{v_S Q_S} r_i}}{4\pi\rho\, r_i v_S^3} \tag{3-4}$$

通常，P 波固有衰减比 S 波小，意味着在煤岩介质中体积损耗小于剪切损耗，即 Q_P 要大于 Q_S；同时，岩石介质的强度和硬度越高，其震动波指数衰减越小，即 Q 值随岩石介质强度的增大而增大。严格意义上，由于实际煤岩介质的不均匀性，能量耗散效应的存在使得参量 Q 在不同时间域和空间域上具有不同的数值，可通过式(3-2)的振幅指数衰减值的观测来进行测定；实际应用中，当各岩层岩性相差不大时，近似认为 Q 值在工作面特定开采环境下为一固定数值，可通过振幅衰减值的测定结果进行平均分析，或依据不同传播介质中 Q 值的经验数值（表 3-1）进行选取，并通过实际监测和人工反演波形的误差大小进行 Q 值的微调。

表 3-1　　不同岩体中的参量 Q 的经验数值

岩石类型	Q_P	Q_S
页　岩	30	10
砂　岩	58	31
花岗岩	250	70～150

3.2.2　震源矩张量的最小二乘反演

矿井采动煤岩震源孕育机理的矩张量反演分析，其震动位移场的选择和格林函数的求解同样主要是基于位移场的远场项进行的。在理想状态下,微震监测位移振幅无背景噪声干扰、震动波初至清晰,矩张量反演可通过 $\boldsymbol{M}=\boldsymbol{G}^{-1}\boldsymbol{u}$ 进行线性反演。事实上,各微震台站监测波形因背景噪声和后续衍生波叠加干扰,近、中场位移成分的影响,及传播介质的不均匀性和阻尼影响,所观测位移振幅与理论反演波形振幅间总是会存在一定误差;同时,震源矩张量求解通常是矛盾线性方程组的超定问题。因此,为确保反演效果的可信度,需采取一定措施并加以公式化处理。

根据震动位移场矩阵 $\boldsymbol{u}=\boldsymbol{GM}$,以 n 个三分量微震监测台站组成的震动位移场矩阵为例,位移场矩阵 $\boldsymbol{u}$ 可表示为:$\boldsymbol{u}=[u_{\mathrm{P},1}^{1},u_{\mathrm{P},2}^{1},u_{\mathrm{P},3}^{1},u_{\mathrm{S},1}^{1},u_{\mathrm{S},2}^{1},u_{\mathrm{S},3}^{1},\cdots,u_{\mathrm{P},1}^{n},u_{\mathrm{P},2}^{n},u_{\mathrm{P},3}^{n},u_{\mathrm{S},1}^{n},u_{\mathrm{S},2}^{n},u_{\mathrm{S},3}^{n}]^{\mathrm{T}}$,所求矩张量矩阵 $\boldsymbol{M}=[M_{11},M_{12},M_{13},M_{22},M_{23},M_{33}]^{\mathrm{T}}$。考虑各位移场分量的质量差异,设定对角方阵 $\boldsymbol{W}$ 反映各通道位移振幅的先验权重大小,矩阵对角部分组成的向量 $\boldsymbol{w}$ 可表示为:

$$\begin{aligned}\boldsymbol{w}&=[w_{\mathrm{P},1}^{1},w_{\mathrm{P},2}^{1},w_{\mathrm{P},3}^{1},w_{\mathrm{S},1}^{1},w_{\mathrm{S},2}^{1},w_{\mathrm{S},3}^{1},\cdots,w_{\mathrm{P},1}^{n},w_{\mathrm{P},2}^{n},w_{\mathrm{P},3}^{n},w_{\mathrm{S},1}^{n},w_{\mathrm{S},2}^{n},w_{\mathrm{S},3}^{n}]^{\mathrm{T}}\\&=\Bigg[\frac{1}{(\sigma_{\mathrm{P},1}^{1})^{2}},\frac{1}{(\sigma_{\mathrm{P},2}^{1})^{2}},\frac{1}{(\sigma_{\mathrm{P},3}^{1})^{2}},\frac{1}{(\sigma_{\mathrm{S},1}^{1})^{2}},\frac{1}{(\sigma_{\mathrm{S},2}^{1})^{2}},\frac{1}{(\sigma_{\mathrm{S},3}^{1})^{2}},\cdots,\\&\quad\frac{1}{(\sigma_{\mathrm{P},1}^{n})^{2}},\frac{1}{(\sigma_{\mathrm{P},2}^{n})^{2}},\frac{1}{(\sigma_{\mathrm{P},3}^{n})^{2}},\frac{1}{(\sigma_{\mathrm{S},1}^{n})^{2}},\frac{1}{(\sigma_{\mathrm{S},2}^{n})^{2}},\frac{1}{(\sigma_{\mathrm{S},3}^{n})^{2}}\Bigg]^{\mathrm{T}}\end{aligned}\tag{3-5}$$

其中:σ_{k}^{i} 为各通道因噪声干扰引起位移误差的标准差值。对于 n 个三分量台站,对角方阵 $\boldsymbol{W}$ 为 $6n\times6n$ 矩阵。同时,选择不同的位移场矩阵,$\boldsymbol{W}$ 的矩阵表达是不一样的。

为确保震源反演的可信度,矩张量反演结果应使观测位移场矩阵 $\boldsymbol{u}^{\mathrm{obs}}$ 和理论反演位移场矩阵 $\boldsymbol{u}^{\mathrm{syn}}$ 之间满足如下拟合关系:

L_1 标准:

$$S_{1}=\sum_{i=1}^{n}\sum_{k=1}^{3}\left[\frac{1}{\sigma_{\mathrm{P},k}^{i}}\left|u_{k}^{i}\big|_{\mathrm{P}}^{\mathrm{obs}}-u_{k}^{i}\big|_{\mathrm{P}}^{\mathrm{syn}}\right|+\frac{1}{\sigma_{\mathrm{S},k}^{i}}\left|u_{k}^{i}\big|_{\mathrm{S}}^{\mathrm{obs}}-u_{k}^{i}\big|_{\mathrm{S}}^{\mathrm{syn}}\right|\right]=\min\tag{3-6}$$

L_2 标准:

$$S_{2}=\sum_{i=1}^{n}\sum_{k=1}^{3}\left[\frac{1}{(\sigma_{\mathrm{P},k}^{i})^{2}}\left(u_{k}^{i}\big|_{\mathrm{P}}^{\mathrm{obs}}-u_{k}^{i}\big|_{\mathrm{P}}^{\mathrm{syn}}\right)^{2}+\frac{1}{(\sigma_{\mathrm{S},k}^{i})^{2}}\left(u_{k}^{i}\big|_{\mathrm{S}}^{\mathrm{obs}}-u_{k}^{i}\big|_{\mathrm{S}}^{\mathrm{syn}}\right)^{2}\right]=\min\tag{3-7}$$

一般情况下,L_1 标准要比 L_2 标准的灵敏度低,同时按矩阵和反演的观念系统阐述这一问题也较为困难。因此,这里主要基于 L_2 标准,即最小二乘方法进行震源矩张量的线性反演分析,使实测震动波形与理论反演波形之差的平方和最小。

在已知各通道观测位移振幅 $\boldsymbol{u}^{\text{obs}}$ 情况下，设定观测位移振幅误差满足正态分布，并引入协方差矩阵 $\boldsymbol{C}_{\text{D}}$，该矩阵为对角方阵，其对角元素为各通道振幅误差值的函数，这里可设为 $\boldsymbol{C}_{\text{D}}=\boldsymbol{W}^{-1}$。根据线性方程的最小二乘求解方法，则有：

$$\boldsymbol{M}=[\boldsymbol{G}^{\text{T}}\boldsymbol{C}_{\text{D}}^{-1}\boldsymbol{G}+\boldsymbol{C}_{\text{M}}^{-1}]^{-1}(\boldsymbol{G}^{\text{T}}\boldsymbol{C}_{\text{D}}^{-1}\boldsymbol{u}^{\text{obs}}+\boldsymbol{C}_{\text{M}}^{-1}\boldsymbol{M}_{\text{prior}}) \tag{3-8}$$

由于反演过程中并没有关于矩张量元素的任何先验值 $\boldsymbol{M}_{\text{prior}}$ 的假定，因此，有 $\boldsymbol{C}_{\text{M}}^{-1}\to 0$，则震源矩张量反演的最小二乘结果可表达为：

$$\boldsymbol{M}=[\boldsymbol{G}^{\text{T}}\boldsymbol{C}_{\text{D}}^{-1}\boldsymbol{G}]^{-1}\boldsymbol{G}^{\text{T}}\boldsymbol{C}_{\text{D}}^{-1}\boldsymbol{u}^{\text{obs}} \tag{3-9}$$

矩张量各元素的计算误差由式(3-10)确定，该式可用以评价反演结果的可靠性，即：

$$\boldsymbol{C}_{\text{M}}=[\boldsymbol{G}^{\text{T}}\boldsymbol{C}_{\text{D}}^{-1}\boldsymbol{G}]^{-1} \tag{3-10}$$

3.3 采动煤岩破裂的震源矩张量分解

采动煤岩破裂的矩张量反映了震源破裂过程中等价力作用方式和大小，也揭示了震源破裂震动位移场和能量的辐射和传播特征。在根据上述反演方法得到震源等价矩张量矩阵后，为进一步判别震源的各破裂成分比例和主要破裂特征，甚至是剪切(滑移)破裂面的破裂方位，还需在矿井特定开采环境下，对煤岩破裂的震源矩张量成分进行分解研究。

在主坐标轴($\boldsymbol{a}_1,\boldsymbol{a}_2,\boldsymbol{a}_3$)中，矩张量矩阵可对角化为：

$$\boldsymbol{M}=\begin{bmatrix} M_{11} & M_{12} & M_{13}\\ M_{21} & M_{22} & M_{23}\\ M_{31} & M_{32} & M_{33}\end{bmatrix}=\begin{bmatrix} M_1 & 0 & 0\\ 0 & M_2 & 0\\ 0 & 0 & M_3\end{bmatrix} \tag{3-11}$$

$\boldsymbol{a}_1,\boldsymbol{a}_2,\boldsymbol{a}_3$ 为 $\boldsymbol{M}$ 的本征矢量，M_1,M_2 和 M_3 为对应的特征值。式(3-11)本征值分解的效果是定义了一个由本征矢量给定的新的正交坐标系。在这个新坐标系中震源的激发完全由这些正交的偶极源的线性组合来描述。我们可以对上式进行分解：

$$\boldsymbol{M}=\begin{bmatrix} P & 0 & 0\\ 0 & P & 0\\ 0 & 0 & P\end{bmatrix}+\begin{bmatrix} M'_1 & 0 & 0\\ 0 & M'_2 & 0\\ 0 & 0 & M'_3\end{bmatrix}=P\boldsymbol{I}+\boldsymbol{M}' \tag{3-12}$$

这里，$P=(M_1+M_2+M_3)/3$，$\boldsymbol{I}$ 为单位矩阵，$P\boldsymbol{I}$ 表示矩张量的各向同性部分(Iso)，即膨胀(或压缩)中心，其本征值 P 即震源体积的改变量；而 $\boldsymbol{M}'$ 表示矩张量的偏张量部分，是由纯偏量的本征值组成，本征值为 $\boldsymbol{M}'_i=\boldsymbol{M}-\boldsymbol{P}$，$i=1,2,3$。可根据研究的需要对偏张量部分作进一步分解，且分解不是唯一的。注意，就其实质而言，矩张量分解不是一个数学问题，而是一个物理问题。因此，在进行分解时必须引入一些物理上合理的假定。

存在多种矩张量分解方法，以满足不同研究需要。而对于矿井采动诱发冲击矿震的震源孕育机理研究来讲，纯双力偶(DC)与补偿线性矢量偶极(CLVD)的分解方式是最为合理的。即：矩张量可分解为一个各向同性部分、一个补偿线性矢量偶极子及一个双力偶。假定 $|M'_3| \geqslant |M'_2| \geqslant |M'_1|$，可得下述分解结果：

$$\begin{aligned} \boldsymbol{M} &= P\boldsymbol{I} - M'_1 \begin{bmatrix} -1 & 0 & 0 \\ 0 & -1 & 0 \\ 0 & 0 & 2 \end{bmatrix} + (M'_3 + 2M'_1) \begin{bmatrix} 0 & 0 & 0 \\ 0 & -1 & 0 \\ 0 & 0 & 1 \end{bmatrix} \\ &= P\boldsymbol{I} - M'_1(2\boldsymbol{a}_3\boldsymbol{a}_3 - \boldsymbol{a}_2\boldsymbol{a}_2 - \boldsymbol{a}_1\boldsymbol{a}_1) + (M'_3 + 2M'_1)(\boldsymbol{a}_3\boldsymbol{a}_3 - \boldsymbol{a}_2\boldsymbol{a}_2) \\ &= P\boldsymbol{I} + M'_3F(2\boldsymbol{a}_3\boldsymbol{a}_3 - \boldsymbol{a}_2\boldsymbol{a}_2 - \boldsymbol{a}_1\boldsymbol{a}_1) + M'_3(1-2F)(\boldsymbol{a}_3\boldsymbol{a}_3 - \boldsymbol{a}_2\boldsymbol{a}_2) \end{aligned} \tag{3-13}$$

式中：$F = -M'_1/M'_3$，且 $0 \leqslant F \leqslant 1/2$。

上式中，$2\boldsymbol{a}_3\boldsymbol{a}_3 - \boldsymbol{a}_2\boldsymbol{a}_2 - \boldsymbol{a}_1\boldsymbol{a}_1$ 代表在本征矢量 $\boldsymbol{a}_3$ 方向，强度为 2 的一对压缩偶极，加上分布在本征矢量 $\boldsymbol{a}_1$ 和 $\boldsymbol{a}_2$ 负方向的单位强度的两对膨胀偶极，在力学上 CLVD 可近似为岩体的轴向拉伸。因子 F 表示了补偿线性矢量偶极(CLVD)与双力偶(DC)的比例关系。当 $F=0$ 时，纯偏量部分仅包括双力偶部分；当 $F=1/2$ 时，偏量部分仅包括补偿线性矢量偶极。

对某一震动类型来讲，一般以其中某一分量为主要成分，但也不排除包含其他成分。如天然地震以双力偶为主要成分，核爆炸以体积压缩为主要成分，炸药爆破以体积膨胀为主。对采动煤岩冲击破裂，根据式(3-13)我们可将其分为膨胀、剪切及非剪切部分(仅对偏量部分而言)。式(3-13)中第一部分对应于震源的体积变形，正值为体积膨胀，如爆炸式破裂方式，负值为体积压缩，比如内爆式破裂；第二部分对应于震源的轴向拉张破裂；而第三部分便为震源的剪切破裂成分。其力学描述可见图 3-1。

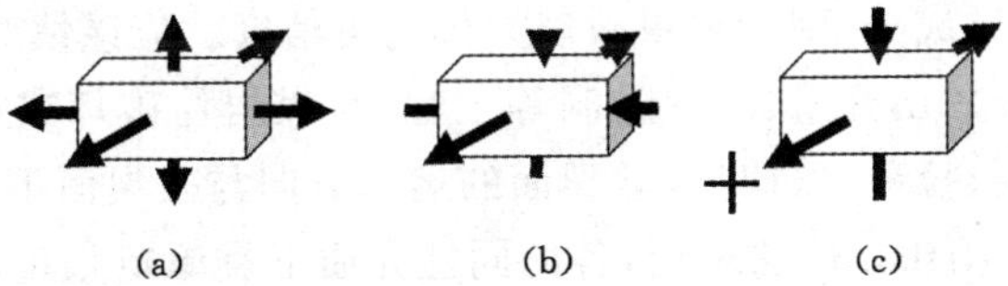

图 3-1　矩张量分解结果

(a) 体积变形(Iso)；(b) 轴向拉伸(CLVD)；(c) 剪切破裂(DC)

因此，通过对矩张量三种破裂成分大小的定量分析，便可确定煤岩震动的主要破裂类型，这也是采动煤岩震源孕育机理研究的核心所在。

可使用 $DC\% = M^{DC}/(|M^{DC}|+|M^{CLVD}|+|M^{Iso}|)$ 来计算矩张量中剪切破裂成分的比重，并根据剪切破裂部分所占比重来判别煤岩震动的震源破裂类型，如下：

$$\begin{cases} DC\% \geqslant 60\%\text{，剪切破裂} \\ DC\% \leqslant 40\%\text{，拉张破裂} \\ 40\% < DC\% < 60\%\text{，混合破裂} \end{cases} \tag{3-14}$$

3.4 基于矩张量反演的采动煤岩破裂面方位确定

对于以剪切破裂占主导的采动煤岩冲击破裂，矩张量的剪切破裂成分在地理坐标系中，可由破裂面方位角表示为：

$$\left.\begin{aligned} M_{11}^{DC} &= -M_0(\sin\delta\cos\lambda\sin 2\varphi_s + \sin 2\delta\sin\lambda\sin^2\varphi_s) \\ M_{12}^{DC} &= M_{21}^{DC} = M_0\left(\sin\delta\cos\lambda\cos 2\varphi_s + \frac{1}{2}\sin 2\delta\sin\lambda\sin 2\varphi_s\right) \\ M_{13}^{DC} &= M_{31}^{DC} = -M_0(\cos\delta\cos\lambda\cos\varphi_s + \cos 2\delta\sin\lambda\sin\varphi_s) \\ M_{22}^{DC} &= M_0(\sin\delta\cos\lambda\sin 2\varphi_s - \sin 2\delta\sin\lambda\cos^2\varphi_s) \\ M_{23}^{DC} &= M_{32}^{DC} = -M_0(\cos\delta\cos\lambda\sin\varphi_s - \cos 2\delta\sin\lambda\cos\varphi_s) \\ M_{33}^{DC} &= M_0\sin 2\delta\sin\lambda \end{aligned}\right\} \tag{3-15}$$

其中：φ_s 为剪切破裂面走向角，其确定是沿顺时针由北旋转至走向方向的角度，$0\leqslant\varphi_s\leqslant 2\pi$；$\delta$ 为剪切面的倾角，其确定为沿水平面向下的倾斜角度，$0\leqslant\delta\leqslant\pi/2$；$\lambda$ 为滑移角，是走向与滑动矢量间的夹角，$-\pi<\lambda\leqslant\pi$；M_0 为地震矩，是反映震动强度大小的有效度量参数。

显然，对于一特定采动煤岩冲击破裂，其中剪切破裂成分所占比例越高，式(3-15)求得的剪切破裂方位(由 φ_s、δ 和 λ 确定)越准确可靠；若剪切破裂在矩张量分解中不占主导成分，则所求得破裂方位的可信度就应谨慎对待。

事实上，对于矿山开采、深埋隧洞等工程中，煤岩体破坏或震动既有剪切破裂，也有拉张破裂、拉剪/压剪等，破裂面的运动方向与破裂面不共面。

根据 Aki 和 Richards 的理论，各向同性介质下震源矩张量可以由破裂面的位置与运动矢量表示为：

$$M_{ij} = uS[\lambda v_k n_k \delta_{ij} + \mu(v_i n_j + v_j n_i)] \tag{3-16}$$

式中：$i,j,k=1,2,3$ 或者 x,y,z，为空间坐标系中的 3 个方向；M_{ij} 为地震矩张量形式，根据 i,j 取值不同，分别代表矩张量不同分量；u 为破裂面运动方向的位移量；S 为破裂面表面积；λ 和 μ 为拉梅常数；v 为运动方向，根据 i,j,k 取值不同，v_i，v_j，v_k 表示破裂面运动矢量在各坐标系方向上的分量；n 为破裂面法向方向，其分量取值意义同 v。

将式(3-16)进行本征值化，可以得到：

$$\boldsymbol{M} = uS\begin{bmatrix} (\lambda+\mu)\boldsymbol{nv}+\mu & 0 & 0 \\ 0 & \lambda\boldsymbol{nv} & 0 \\ 0 & 0 & (\lambda+\mu)\boldsymbol{nv}-\mu \end{bmatrix} \tag{3-17}$$

则有：

$$\begin{cases} M_1 + M_3 - 2M_2 = 2\mu uS\boldsymbol{nv} \\ M_1 - M_3 = 2\mu uS \end{cases} \tag{3-18}$$

由于矩张量的对称性，矢量 $\boldsymbol{v}$ 和矢量 $\boldsymbol{n}$ 互易带来矩张量的结果是一致的，且根据矩张量特征值的大小关系，可以得到如下特征矢量与破裂面运动方向和法线方向的关系：

$$\boldsymbol{e}_1 = \frac{\boldsymbol{n}+\boldsymbol{v}}{|\boldsymbol{n}+\boldsymbol{v}|},\boldsymbol{e}_2 = \frac{\boldsymbol{n}\times\boldsymbol{v}}{|\boldsymbol{n}\times\boldsymbol{v}|},\boldsymbol{e}_3 = \frac{\boldsymbol{n}-\boldsymbol{v}}{|\boldsymbol{n}-\boldsymbol{v}|} \tag{3-19}$$

式中，$\boldsymbol{e}_1 \perp \boldsymbol{e}_2 \perp \boldsymbol{e}_3$，绝对值符号表示矢量大小；×表示矢量乘法；$\boldsymbol{e}_1$、$\boldsymbol{e}_2$、$\boldsymbol{e}_3$ 分别为矩张量的最大、中间和最小特征值的对应特征矢量。

假设矢量 $\boldsymbol{v}$ 和矢量 $\boldsymbol{n}$ 的夹角为 β，$\boldsymbol{v}$ 和 $\boldsymbol{e}_1$ 的夹角以及 $\boldsymbol{n}$ 和 $\boldsymbol{e}_1$ 的夹角均为 $\beta/2$，则有：

$$\boldsymbol{n}\cdot\boldsymbol{v} = \cos\beta = \frac{M_1 + M_3 - 2M_2}{M_1 - M_3} \tag{3-20}$$

$$\cos\frac{\beta}{2} = \sqrt{\frac{M_1 - M_2}{M_1 - M_3}} \tag{3-21}$$

$$\sin\frac{\beta}{2} = \sqrt{\frac{M_2 - M_3}{M_1 - M_3}} \tag{3-22}$$

据此，可得到破裂面运动方向、法向方向与矩张量最大、最小特征值对应特征矢量的关系：

$$\boldsymbol{n} = \cos\frac{\beta}{2}\boldsymbol{e}_1 + \sin\frac{\beta}{2}\boldsymbol{e}_3 = \sqrt{\frac{M_1 - M_2}{M_1 - M_3}}\boldsymbol{e}_1 + \sqrt{\frac{M_2 - M_3}{M_1 - M_3}}\boldsymbol{e}_3 \tag{3-23}$$

$$\boldsymbol{v} = \cos\frac{\beta}{2}\boldsymbol{e}_1 - \sin\frac{\beta}{2}\boldsymbol{e}_3 = \sqrt{\frac{M_1 - M_2}{M_1 - M_3}}\boldsymbol{e}_1 - \sqrt{\frac{M_2 - M_3}{M_1 - M_3}}\boldsymbol{e}_3 \tag{3-24}$$

因此，根据破裂面法向方向的空间矢量值就可得到破裂面的几何方程表达式，进而确定破裂面的方位角和倾角。根据 Douglas 等进行的矩张量结果的敏感性分析，在有限的定位误差下，破裂面的方位结果是相对可靠的。

3.5 采动煤岩破裂震源孕育特征的震源“沙滩球”求解

采用沙滩球(beach ball,即震源球)极大地简化了震源机制中有关方位的确定。对于矿山震动而言,微震传感器距离震源相对较近,监测精度较高,因此,综合 P 波初动方向与矿震波形低频段振幅求解矿山震源远场位移,进而求解震源矩张量,通过矩张量分析可以求解出煤岩破裂面方位(走向、倾角、倾伏)。

为了表达震源球,有必要将三维球投影到一个平面上来,并且将所观测的数据变为二维的图像,即赤平极射投影(见图 3-2,以上半球投影为例),其中最常用的方法有立体平面投影和等面积投影。等面积投影也叫作史密特网,它与立体平面投影很相像,由于震源球上的面积与投影图上的面积不变,因此在作震源破裂面解中常选用该投影方法。

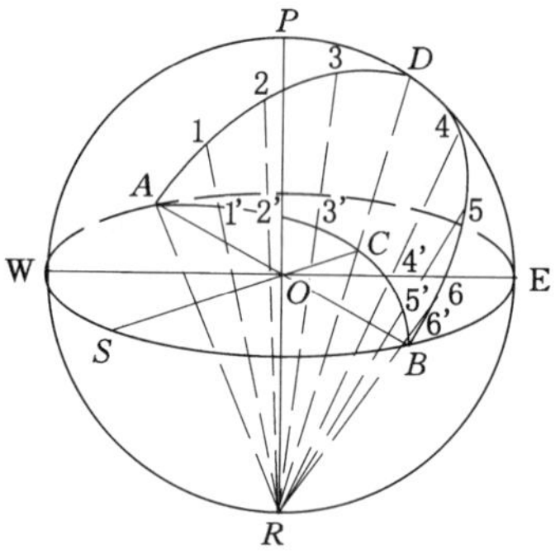

图 3-2 赤平极射投影示意

(P、R 点分别为球面北极和南极,通过 R 点的发射线与弧 ADB 相交,发射线与赤道平面的交点形成弧 ACB,即赤平投影,该方法将上半球面上的点和线投影到赤平面上,为上半球投影)

以矩张量纯剪切部分 M^{DC} 求解的破裂面为例,震源机制的剪切运动与震源球形式的对应关系如图 3-3 所示,一般用震源球中部是白色还是黑色来识别是正断层还是逆断层,如果中部是白色的,有黑色边缘,那么表示正断层和可能的拉张区;反之,中部是黑色的,有白色边缘,表示逆断层或逆冲断层和可能的压缩区。

矿山微震监测台网的建立和完善,为全面反映矿震或冲击震源的拉压、剪切与体积变化提供了可能,进而可以绘制整个矩张量表示的震源机制球。图 3-4 为 1991 年发生在波兰 Rudra 铜矿的 10 个典型矿震震源孕育特征的“沙滩球”求解。由图可见,上述矿震活动以剪切向量占优,拉张分量也占较大比重,各向同性分量次之,表现出具有明显拉伸分量的剪切破裂特征。

(a)
(b)
(c)
(d)

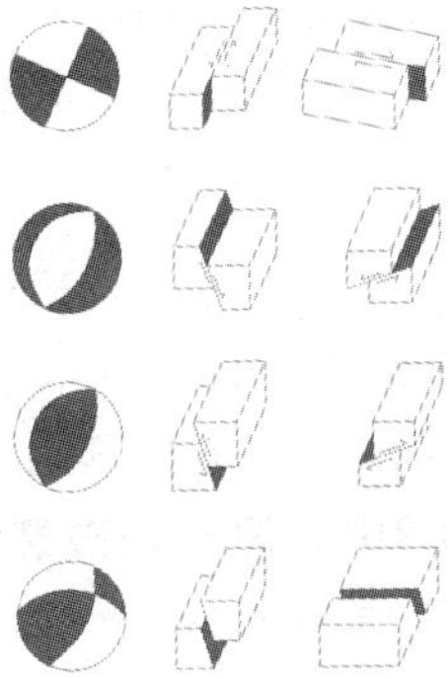

图 3-3 以矩张量纯剪切部分表示的震源球及其对应破裂面

半球投影;(a) 走滑断层;(b) 正断层;(c) 逆断层;(d) 斜滑断层

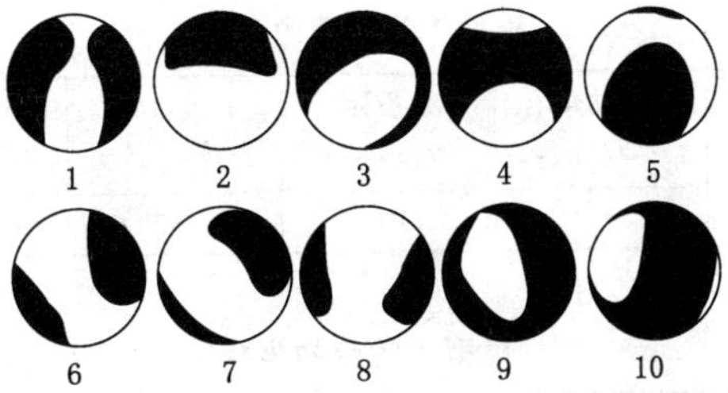

图 3-4 以完整矩张量(六个自由度分量)表示的震源“沙滩球”

3.6 采动煤岩破裂理论模型的矩张量正反演模拟分析

根据 $\boldsymbol{u}=\boldsymbol{GM}$,至少含有 6 个方程才能求解出矩张量 M_{ij} 中的 6 个独立分量。本章节通过人工合成 2 种采动煤岩破裂模型,并在震源周围空间布置 6 个三分量传感器,利用各台站监测的 P、S 波位移资料进行矩张量正反演分析,理论模拟并探讨矩张量反演在矿山采动煤岩震源孕育机理分析中的可靠性和适用性,并为基于矿井实际微震监测位移资料的冲击矿震震源矩张量反演提供理论支持。本节的研究主要试图解决两个问题:

(1) 已知不同的格林函数及矩张量矩阵,可求得所对应的位移场矩阵。反之,在位移场和格林函数矩阵已知情况下,选择不同的位移场矩阵,其震源矩张量反演结果是否一样?若存在差异,是否任意的位移场组合都能进行有效的矩张量反演分析?

(2) 震动位移波形存在噪声干扰时,背景噪声的存在对震源矩张量反演结果影响程度有多大？且在相同程度的噪声干扰下，怎样的位移场组合进行矩张量反演，其计算误差最小，结果最能反映震源的真实破裂状态？

3.6.1 正演模型的建立

(1) 模型1："走立走滑剪切"+"震源体积膨胀"。剪切部分可描述顶板岩块或断层间的水平剪切破裂(滑移)，同时伴有震源体积大小的改变，模型部分参数见表3-2。震源坐标为(0,0,0)，各微震台站坐标见表3-3，震动模型及监测示意图见图3-5。根据表3-2中震源剪切破裂方位，通过式(3-13)，可得该破裂模型的剪切破裂成分，并设震源各向同性部分 $\boldsymbol{PI}$(体积膨胀)中 $P=0.5$。两种破裂成分的叠加为模型1的震源矩张量矩阵，见表3-4。同时，为使该破裂可视为点震源，设地震矩 $M_0=1\ \mathrm{N\cdot m}$，使震源破裂尺度远小于台网监测尺度，以满足依据远场位移进行震源反演的要求。

表3-2　模型1部分震源参数

走向角/(°)	倾角/(°)	滑动角/(°)	地震矩/(N·m)	P波波速/(m/s)	S波波速/(m/s)	岩体密度/(kg/m³)
0	90	0	1.0	2 500	1 800	2 500

表3-3　模型1的台站坐标

微震台站	X_1(北方向)/m	X_2(东方向)/m	X_3(垂直方向)/m
1	60	60	−60
2	−30	60	60
3	−60	30	−25
4	−60	−60	30
5	30	−60	−40
6	60	−30	−30

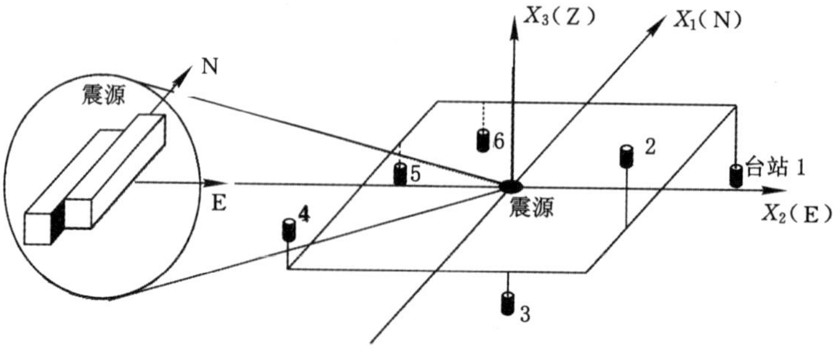

图3-5　震动模型1及微震台站布置

表 3-4　　**模型 1 的震源矩张量成分**

剪切(DC)		体积膨胀(Iso)		震源矩张量(M_{ij})
$\begin{pmatrix}0.0 & 1.0 & 0.0\\1.0 & 0.0 & 0.0\\0.0 & 0.0 & 0.0\end{pmatrix}$	+	$\begin{pmatrix}0.5 & 0.0 & 0.0\\0.0 & 0.5 & 0.0\\0.0 & 0.0 & 0.5\end{pmatrix}$	=	$\begin{pmatrix}0.5 & 1.0 & 0.0\\1.0 & 0.5 & 0.0\\0.0 & 0.0 & 0.5\end{pmatrix}$

(2) 模型 2:"逆向倾滑剪切"+"体积膨胀"+"轴向拉伸"。模型剪切部分可描述顶板岩块的滑移失稳或采动诱发的逆断层活化,同时,赋予震源一定比例的拉伸破裂成分,并伴有震源体积的改变,以增加煤岩破裂过程的复杂性。模型部分参数见表 3-5,震源坐标为(0,0,0),各台站坐标见表 3-6,震动模型及监测示意图见图 3-6。设震源有主轴在 X_3 轴(垂直方向)上单位为 1,在 X_1、X_2 轴上单位均为 −0.5 的轴向拉伸破裂,震源体积膨胀部分设 $P=0.4$。三种破裂成分的叠加即为模型 2 的震源矩张量矩阵,见表 3-7。该震动为典型的剪切-拉张混合破裂,震源剪切和拉张分量所占比例相当(各约 42%)。

表 3-5　　**模型 2 部分震源参数**

走向角 /(°)	倾角 /(°)	滑动角 /(°)	地震矩 /(N·m)	P 波波速 /(m/s)	S 波波速 /(m/s)	岩体密度 /(kg/m^3)
0	45	90	1.0	3 000	1 800	2 500

表 3-6　　**模型 2 的台站坐标**

微震台站	X_1(北方向)/m	X_2(东方向)/m	X_3(垂直方向)/m
1	60	60	60
2	−30	60	−60
3	−60	30	30
4	−60	−60	−35
5	30	−60	40
6	60	−30	30

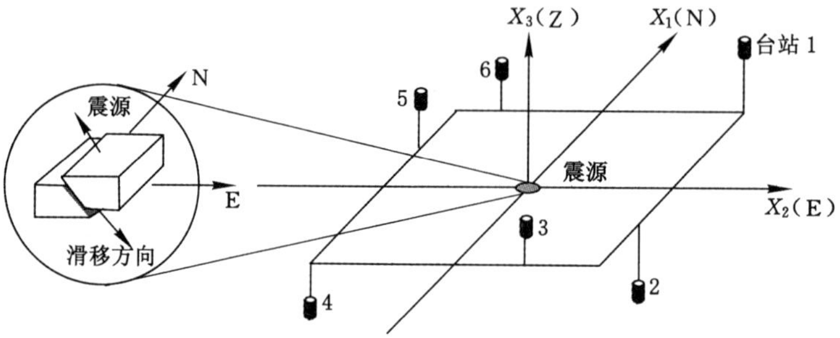

图 3-6　震动模型 2 及微震台站布置

表 3-7　　模型 2 的震源矩张量成分

剪切(DC)		体积膨胀(Iso)		轴向拉伸(CLVD)		矩张量(M_{ij})
$\begin{pmatrix} 0.0 & 0.0 & 0.0 \\ 0.0 & -1.0 & 0.0 \\ 0.0 & 0.0 & 1.0 \end{pmatrix}$	+	$\begin{pmatrix} 0.4 & 0.0 & 0.0 \\ 0.0 & 0.4 & 0.0 \\ 0.0 & 0.0 & 0.4 \end{pmatrix}$	+	$\begin{pmatrix} -0.5 & 0.0 & 0.0 \\ 0.0 & -0.5 & 0.0 \\ 0.0 & 0.0 & 1.0 \end{pmatrix}$	=	$\begin{pmatrix} -0.1 & 0.0 & 0.0 \\ 0.0 & -1.1 & 0.0 \\ 0.0 & 0.0 & 2.4 \end{pmatrix}$

同时，设震源及各台站所在岩体介质为各向同性均匀弹性介质，震源破裂激发的震动波传播不存在滞弹及散射衰减，即震动位移场的传播不考虑耗散品质因子 Q 的影响。

3.6.2　震动位移振幅及微震波形正演合成

反映震源到台站之间传播介质脉冲响应的格林矩阵的求解是基于均匀弹性介质进行的。依据第 2 章中式(2-23)、式(2-24)和式(2-25)、式(2-26)的位移场表达式对震源破裂激发的三分量 P 波、S 波峰值位移振幅进行正演计算；依据式(2-31)、式(2-32)的位移场矩阵对波形偏振后的纯 P 波、SV、SH 波峰值位移振幅进行正演计算。

表 3-8、表 3-9 分别对应于模型 1 的三分量 P、S 波峰值振幅和坐标旋转后的纯 P、SV、SH 波峰值振幅的正演合成结果。表 3-10、表 3-11 分别对应于模型 2 的三分量 P、S 波峰值振幅和坐标旋转后的纯 P、SV、SH 波峰值振幅的正演合成结果。

表 3-8　　正演合成的三分量 P、S 波峰值振幅(模型 1)

微震台站	$A(X_1)/(\times10^{-16}$ m)		$A(X_2)/(\times10^{-16}$ m)		$A(X_3)/(\times10^{-16}$ m)	
	P 波	S 波	P 波	S 波	P 波	S 波
1	0.132 0	0.101 1	0.132 0	0.101 1	−0.132 0	0.202 1
2	−0.004 2	0.314 5	0.008 4	−0.022 5	0.008 4	0.179 7
3	0.048 3	−0.129 4	−0.024 1	−0.414 6	0.020 1	−0.187 0
4	−0.209 6	−0.044 9	−0.209 6	−0.044 9	0.104 8	−0.179 7
5	−0.009 0	−0.378 4	0.018 1	−0.048 4	0.012 0	−0.211 2
6	−0.037 7	0.101 1	0.018 9	0.404 3	0.018 9	−0.202 1

表 3-9　　坐标旋转后纯 P、S 波分量峰值振幅(模型 1)

微震台站	$A(P)/(\times10^{-16}$ m)	$A(SV)/(\times10^{-16}$ m)	$A(SH)/(\times10^{-16}$ m)
1	0.228 7	−0.247 6	0.000 0
2	0.012 6	−0.241 1	−0.271 2
3	−0.057 6	0.199 6	0.428 6
4	0.314 4	0.190 6	−0.000 0
5	−0.023 5	0.245 9	−0.360 1
6	−0.046 2	0.221 4	0.406 8

表 3-10　　正演合成的三分量 P、S 波峰值振幅(模型 2)

微震台站	$A(X_1)/(\times10^{-16}$ m)		$A(X_2)/(\times10^{-16}$ m)		$A(X_3)/(\times10^{-16}$ m)	
	P 波	S 波	P 波	S 波	P 波	S 波
1	0.026 2	−0.151 6	0.026 2	−0.454 8	0.026 2	0.606 4
2	−0.024 7	0.134 8	0.049 5	−0.673 8	−0.049 5	−0.741 2
3	−0.019 6	0.151 6	0.009 8	−0.379 0	0.009 8	0.682 2
4	0.013 8	−0.024 8	0.013 8	0.363 9	0.008 0	−0.581 3
5	−0.002 0	−0.017 6	0.004 0	0.572 1	−0.002 7	0.871 3
6	0.019 6	−0.151 6	−0.009 8	0.379 0	0.009 8	0.682 2

表 3-11　　坐标旋转后纯 P、S 波分量峰值振幅(模型 2)

微震台站	A(P)/(×10^{-16} m)	A(SV)/(×10^{-16} m)	A(SH)/(×10^{-16} m)
1	0.045 4	−0.742 7	−0.214 4
2	0.074 2	0.994 4	0.180 8
3	0.024 1	−0.747 4	0.271 2
4	−0.021 0	0.628 8	−0.274 9
5	−0.005 2	−1.014 4	0.240 1
6	0.024 1	−0.747 4	0.271 2

可对上述 2 种煤岩破裂在各台站的脉冲响应进行简单模拟。Prugger 等认为，煤岩震动在集中力作用下的震源过程可用一平滑的余弦时间函数进行近似表达，即：

$$A(t)=\begin{cases}\dfrac{1}{2}A_0[1-\cos(2\pi t/\tau)] & t_0<t<\tau+t_0\\ 0 & t<t_0,t>\tau+t_0\end{cases} \tag{3-25}$$

其中：A_0 对应于脉冲最大应力(这里用地震矩表示)的峰值振幅；τ 为脉冲宽度，$\tau=1/f$，显然，τ 正比于煤岩震动的破裂尺度；t_0 为震源脉冲起始时间。

同时考虑震源时间函数和各台站对震源作用力的脉冲响应，并将两者在时间域进行褶积，可对各台站接收的微震波形进行简单正演合成。这里设 $t_0=200$ ms，$\tau=0.01$，震动时间窗口为 500 ms，采样频率为 1 000 Hz，其他参数见表 3-2和表 3-5，且不考虑振幅的阻尼衰减，则上述 2 种煤岩破裂模型在各台站脉冲响应的合成速度波形可见图 3-7 和图 3-8。

3.6.3　煤岩破裂模型的矩张量反演分析

至此，2 种破裂模型的各微震台站位移振幅及相应的格林函数矩阵均为已知量。下面根据不同位移分量组成不同的位移场矩阵，分别进行破裂模型震源矩张量的反演分析，并将反演结果与正演合成的矩张量矩阵进行对比，探讨震源矩张量反演的可靠性和适用性。

破裂模型 1 在无背景噪声干扰下，根据表 3-8、表 3-9 中不同震动位移场进行矩张量线性反演，见表 3-12。由于震源矩张量含有 6 个独立元素，所有的反演计算都选用了至少 6 个方程以上。对比不同的反演结果，主要有以下 3 点认识：

(1) 利用 P 波位移资料单独进行震源反演时，必须选用至少 6 个以上不同台站的 P 波记录进行反演计算。当台站数目低于 6 个时，虽然三分量台站因其 3 个振幅分量的存在可使方程数目远多于 6 个，但因同一台站内 3 个位移分量

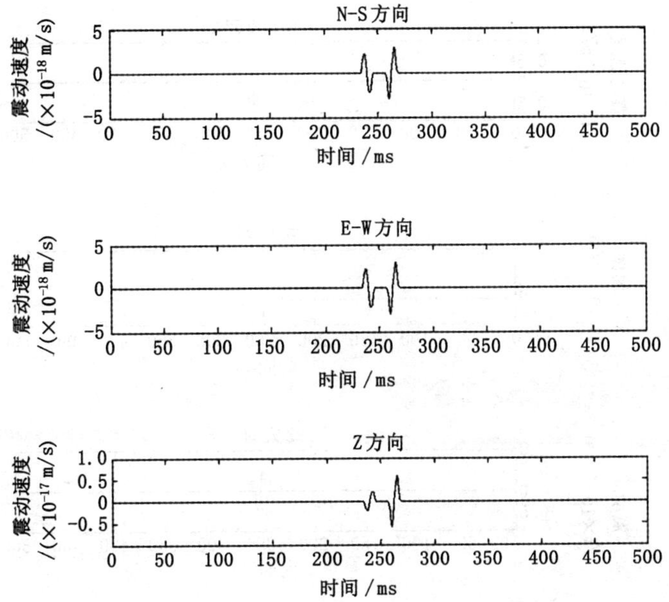

(a)

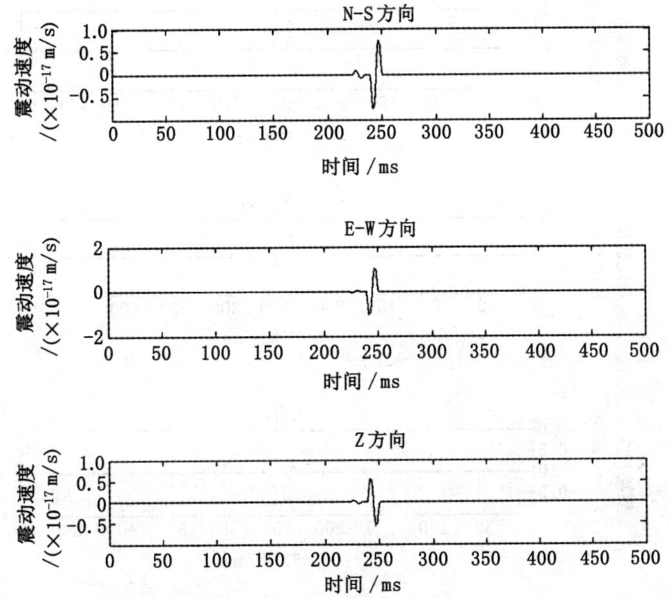

(b)

图 3-7 震动模型 1 的各台站微震波形合成图

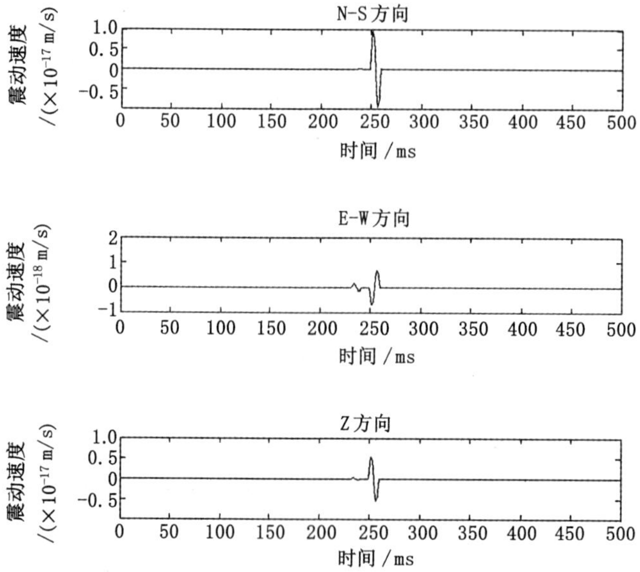

(c)

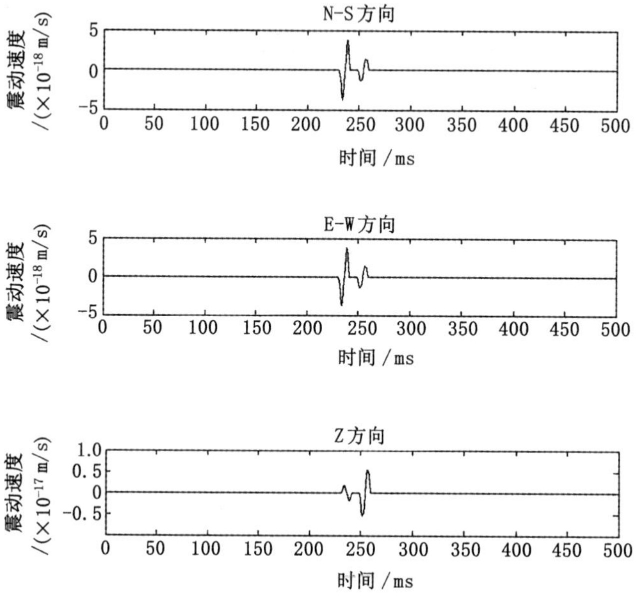

(d)

续图 3-7　震动模型 1 的各台站微震波形合成图

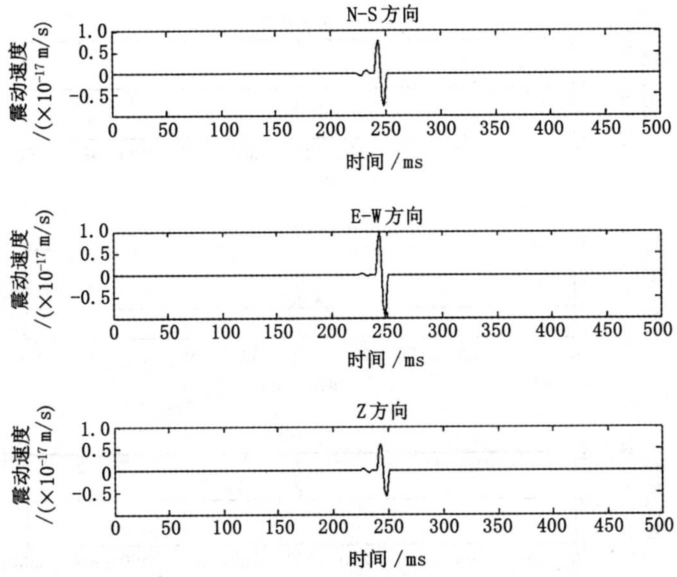

(e)

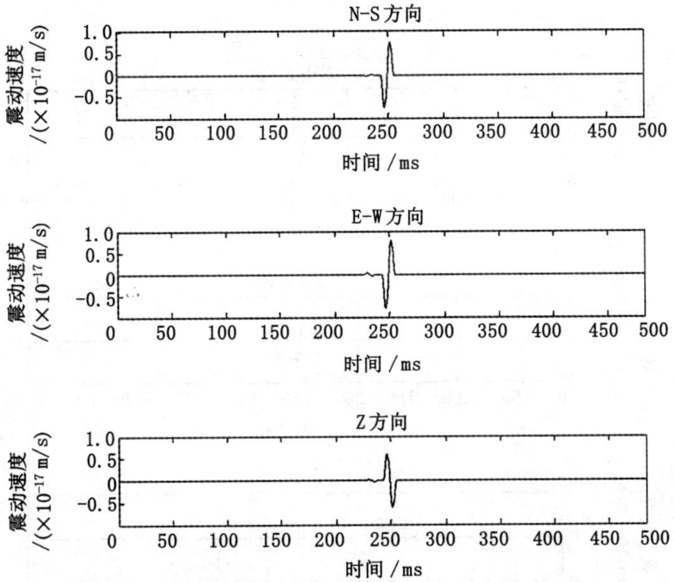

(f)

续图 3-7　震动模型 1 的各台站微震波形合成图

(a) 台站 1;(b) 台站 2;(c) 台站 3;(d) 台站 4;(e) 台站 5;(f) 台站 6

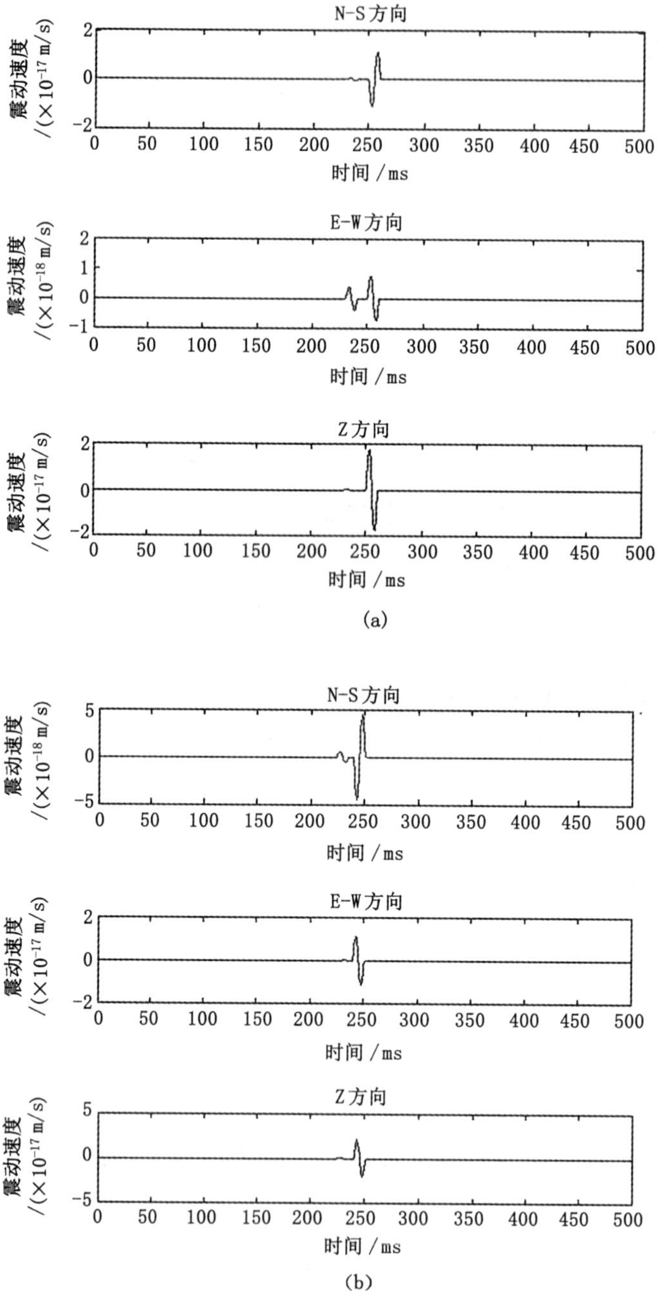

图 3-8 震动模型 2 的各台站微震波形合成图

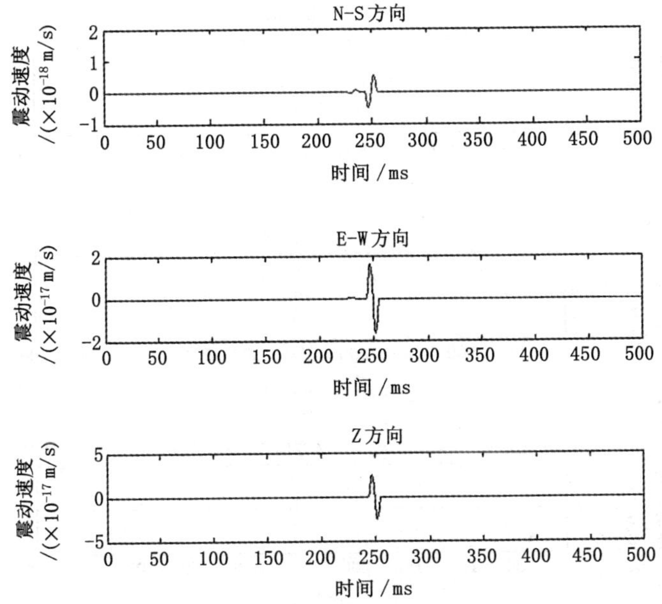

(c)

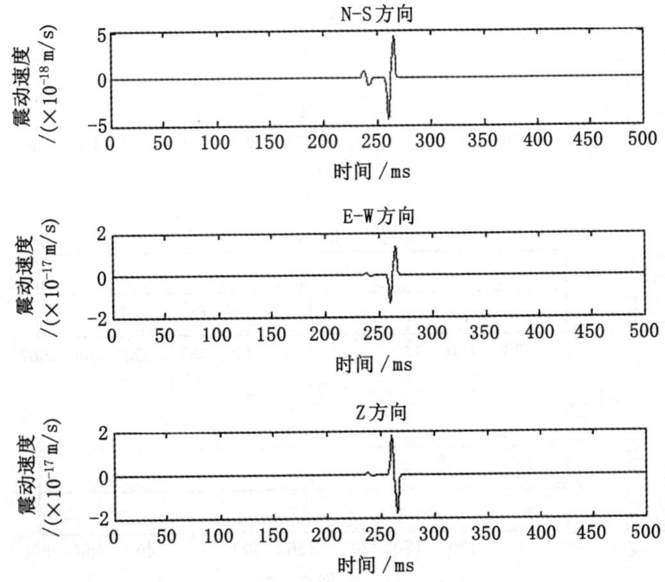

(d)

续图 3-8　震动模型 2 的各台站微震波形合成图

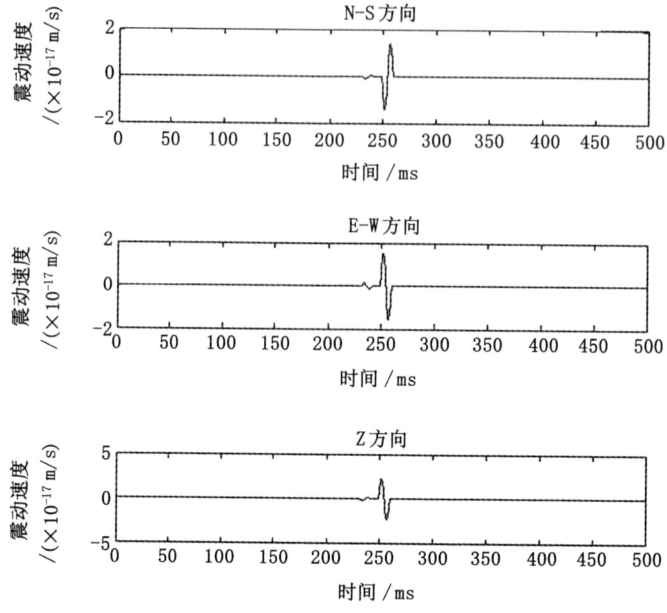

(e)

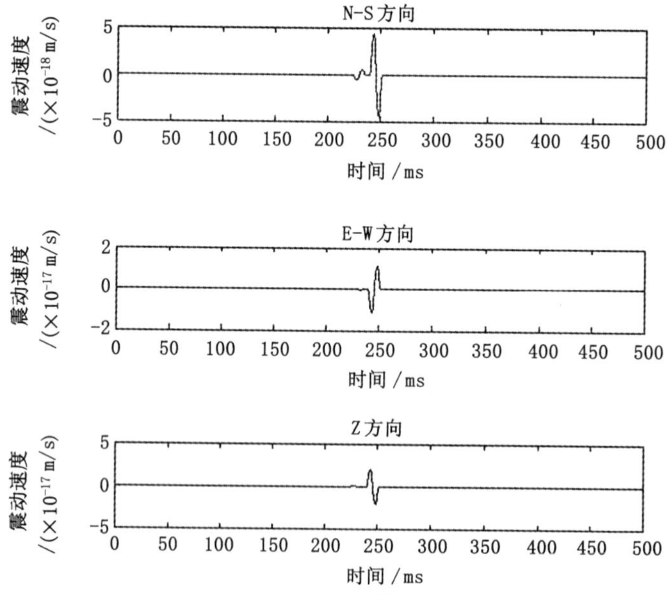

(f)

续图 3-8　震动模型 2 的各台站微震波形合成图

(a) 台站 1;(b) 台站 2;(c) 台站 3;(d) 台站 4;(e) 台站 5;(f) 台站 6

之间的相关性，P 波单独反演时，造成方程条件数下降，无法得到有效反演结果；当选用 6 个不同台站的不同 P 波资料进行反演计算时，可得到反演精度很高的矩张量分量，平均反演误差在 0.1%之内，且采用 6 个不同台站的 P 波垂直分量进行矩张量反演，其反演结果同样精度很高。

表 3-12　模型 1 基于不同位移场组合的震源矩张量反演计算(无噪声)

三分量 P 波反演结果(五台站) $\begin{pmatrix} 34.241\ 0 & -65.917\ 0 & -28.848\ 0 \\ -65.917\ 0 & -33.011\ 0 & 8.351\ 0 \\ -28.848\ 0 & 8.351\ 0 & -26.831\ 0 \end{pmatrix}$	P 波垂直分量反演结果(六台站) $\begin{pmatrix} 0.499\ 9 & 1.000\ 1 & 0.000\ 5 \\ 1.000\ 1 & 0.501\ 0 & 0.000\ 3 \\ 0.000\ 5 & 0.000\ 3 & 0.499\ 4 \end{pmatrix}$
三分量 P 波反演结果(六台站) $\begin{pmatrix} 0.500\ 5 & 1.000\ 4 & 0.000\ 4 \\ 1.000\ 4 & 0.499\ 9 & 0.000\ 6 \\ 0.000\ 4 & 0.000\ 6 & 0.499\ 7 \end{pmatrix}$	纯 P 波反演结果(六台站) $\begin{pmatrix} 0.500\ 2 & 1.000\ 2 & 0.000\ 1 \\ 1.000\ 2 & 0.500\ 0 & 0.000\ 2 \\ 0.000\ 1 & 0.000\ 2 & 0.500\ 0 \end{pmatrix}$
三分量 S 波反演结果(六台站) $\begin{pmatrix} 1.810\ 2 & 1.000\ 0 & 0.000\ 1 \\ 1.000\ 0 & 1.810\ 0 & 0.000\ 0 \\ 0.000\ 1 & 0.000\ 0 & 1.810\ 1 \end{pmatrix}$	SV 波反演结果(六台站) $\begin{pmatrix} -2.690\ 7 & 1.000\ 0 & 0.000\ 0 \\ 1.000\ 0 & -2.690\ 8 & -0.000\ 1 \\ 0.000\ 0 & -0.000\ 1 & -2.690\ 8 \end{pmatrix}$
SH 波反演结果(六台站) $\begin{pmatrix} 0.000\ 0 & 1.000\ 0 & 0.000\ 0 \\ 1.000\ 0 & 0.000\ 0 & 0.000\ 0 \\ 0.000\ 0 & 0.000\ 0 & 0.000\ 0 \end{pmatrix}$	P、S 波垂直分量联合反演结果(三台站) $\begin{pmatrix} 0.500\ 0 & 0.999\ 9 & 0.000\ 1 \\ 0.999\ 9 & 0.499\ 8 & 0.000\ 1 \\ 0.000\ 1 & 0.000\ 1 & 0.500\ 0 \end{pmatrix}$
P、SV 波联合反演结果(三台站) $\begin{pmatrix} 0.500\ 1 & 1.000\ 0 & 0.000\ 0 \\ 1.000\ 0 & 0.500\ 0 & 0.000\ 0 \\ 0.000\ 0 & 0.000\ 0 & 0.500\ 1 \end{pmatrix}$	P、SH 波联合反演结果(三台站) $\begin{pmatrix} 0.500\ 1 & 1.000\ 0 & 0.000\ 0 \\ 1.000\ 0 & 0.500\ 1 & 0.000\ 2 \\ 0.000\ 1 & 0.000\ 0 & 0.500\ 0 \end{pmatrix}$
P、SV、SH 波联合反演结果(二台站) $\begin{pmatrix} 12.310\ 0 & -1.951\ 0 & 8.858\ 0 \\ 0.999\ 9 & 1.238\ 0 & -2.214\ 0 \\ 8.858\ 0 & -2.214\ 0 & 7.143\ 0 \end{pmatrix}$	P、SV、SH 波联合反演结果(三台站) $\begin{pmatrix} 0.500\ 0 & 1.000\ 0 & 0.000\ 0 \\ 1.000\ 0 & 0.500\ 1 & 0.000\ 0 \\ 0.000\ 0 & 0.000\ 0 & 0.500\ 1 \end{pmatrix}$

（2）根据S波位移资料单独进行反演计算时，即使选用至少6个不同台站的振幅资料，其反演结果与原始正演模型相差都很大，反演结果只能得到三个有矩力偶M_{12}，M_{13}和M_{23}的有效结果，无法得到准确的三个无矩力偶M_{11}，M_{22}和M_{33}。这是由于S波资料组成的方程组之间具有较大相关性，造成方程条件数严重下降，反演结果严重失真。因此，不宜选用S波资料单独进行震源矩张量反演分析。

（3）当采用P、S波组合资料进行反演计算，选用至少3个不同台站时，无论采用P、S波三分量组合，P、SV波组合，P、SH波组合，还是P、SV和SH波组合资料进行联合反演时，其反演精度都很高，平均反演误差均控制在0.05%之内，准确反映了采动煤岩震源破裂特性。同样道理，采用P、SV、SH波资料联合反演时，虽然2个台站的资料能够组成6个方程，由于SV和SH波是S波的两个分量，反演时不能作为两个独立的量使用，两台站资料同样造成方程组条件数不够，无法进行有效反演。

根据模型1的模拟反演结果，只要具有足够多高质量的煤岩破裂震动位移场资料，利用P波资料或P、S波组合资料进行震源矩张量的线性反演，可对矿井采动煤岩震源机理和破裂特征进行准确描述和分析。

破裂模型2在无背景噪声干扰下，可得到与模型1类似的反演结论。通过上述无噪声干扰下震动位移场的矩张量反演计算，我们过滤出可进行有效矩张量反演分析的位移场组合，即：6个及以上不同微震台站组成的P波位移场矩阵，和3个及以上不同微震台站的各种P、S波分量组合的位移场矩阵。

矿井实际煤岩震动波形往往会受背景噪声的干扰，同时，由于岩石介质的不均匀性，P、S直达波形还会受反射、折射波的叠加干扰。下面以破裂模型2为例，通过在正演合成位移振幅中添加不同程度的随机干扰噪声，对矩张量元素进行最小二乘线性反演分析，进一步探讨震源矩张量反演方法在震动波噪声干扰下的有效性和适用性。

分别在各台站P、S波中添加10%和20%的随机噪声，利用P波和P、S波不同位移场组合进行震源矩张量的最小二乘反演，见表3-13、表3-14。由表可见，震源矩张量反演误差随着噪声干扰的增加而增加，且P、S波位移资料的联合矩张量反演结果要优于P波资料的单独反演结果。为进一步深入评价噪声干扰对反演结果的影响，将根据不同位移振幅资料及噪声含量干扰下的矩张量反演结果进行分解，且对其中剪切破裂成分进行破裂面角度的求解，并与破裂模型2的原始正演矩张量和震源参数进行对比，见表3-15、表3-16。通过比较分析，主要有以下几点结论：

表 3-13　　模型 2 基于不同位移场组合的震源矩张量反演计算（10%随机噪声）

垂直分量 P 波反演结果(六台站)	纯 P 波反演结果(六台站)
$\begin{pmatrix} -0.2639 & 0.1319 & -0.0850 \\ 0.1319 & -0.9811 & -0.1705 \\ -0.0850 & -0.1705 & 2.3193 \end{pmatrix}$	$\begin{pmatrix} -0.2657 & 0.1347 & -0.0864 \\ 0.1347 & -0.9754 & -0.1729 \\ -0.0864 & -0.1729 & 2.3129 \end{pmatrix}$
垂直分量 P、S 波反演结果(六台站)	P、SV 波联合反演结果(六台站)
$\begin{pmatrix} -0.2177 & 0.0835 & -0.0532 \\ 0.0835 & -1.0242 & -0.1099 \\ -0.0532 & -0.1099 & 2.3648 \end{pmatrix}$	$\begin{pmatrix} -0.2170 & 0.0832 & -0.0526 \\ 0.0832 & -1.0227 & -0.1085 \\ -0.0526 & -0.1085 & 2.3648 \end{pmatrix}$
P、SH 波联合反演结果(六台站)	P、SV、SH 波联合反演结果(六台站)
$\begin{pmatrix} -0.1151 & 0.0230 & -0.0165 \\ 0.0230 & -1.1299 & -0.0248 \\ -0.0165 & -0.0248 & 2.4896 \end{pmatrix}$	$\begin{pmatrix} -0.1112 & 0.0191 & -0.0138 \\ 0.0191 & -1.1127 & -0.0219 \\ -0.0138 & -0.0219 & 2.4443 \end{pmatrix}$

表 3-14　　模型 2 基于不同位移场组合的震源矩张量反演计算（20%随机噪声）

垂直分量 P 波反演结果(六台站)	纯 P 波反演结果(六台站)
$\begin{pmatrix} -0.4291 & -0.2653 & 0.1706 \\ -0.2653 & -0.8574 & 0.3419 \\ 0.1706 & 0.3419 & 2.2333 \end{pmatrix}$	$\begin{pmatrix} -0.4316 & -0.2687 & 0.1726 \\ -0.2687 & -0.8505 & 0.3452 \\ 0.1726 & 0.3452 & 2.2254 \end{pmatrix}$
垂直分量 P、S 波反演结果(六台站)	P、SV 波联合反演结果(六台站)
$\begin{pmatrix} -0.3362 & -0.1673 & 0.1063 \\ -0.1673 & -0.9463 & 0.2194 \\ 0.1063 & 0.2194 & 2.3298 \end{pmatrix}$	$\begin{pmatrix} -0.3356 & -0.1670 & 0.1058 \\ -0.1670 & -0.9445 & 0.2180 \\ 0.1058 & 0.2180 & 2.3295 \end{pmatrix}$
P、SH 波联合反演结果(六台站)	P、SV、SH 波联合反演结果(六台站)
$\begin{pmatrix} -0.1310 & -0.0460 & -0.0329 \\ -0.0460 & -1.1595 & -0.0495 \\ -0.0329 & -0.0495 & 2.5792 \end{pmatrix}$	$\begin{pmatrix} -0.1233 & 0.0382 & -0.0273 \\ 0.0382 & -1.1254 & -0.0436 \\ -0.0273 & -0.0436 & 2.4893 \end{pmatrix}$

表 3-15　模型 2 的震源矩张量成分变化的正反演对比分析

震源破裂成分 \ 正反演分类		理论模型		反演结果					
				无噪声		10%噪声干扰		20%噪声干扰	
		系数	比例	系数	比例	系数	比例	系数	比例
体积膨胀(Iso)	纯 P 波	0.400 0	16.67%	0.400 0	16.67%	0.357 3	15.45%	0.314 4	14.13%
	P、S 波垂直分量			0.399 9	16.66%	0.374 3	15.83%	0.349 1	14.98%
	P、SV 波			0.400 2	16.67%	0.375 0	15.86%	0.349 8	15.02%
	P、SH 波			0.400 0	16.67%	0.414 9	16.66%	0.429 6	16.66%
	P、SV、SH 波			0.400 1	16.67%	0.406 8	16.64%	0.412 2	16.56%
轴向拉伸(CLVD)	纯 P 波	1.000 0	41.67%	0.999 4	41.65%	1.199 4	51.85%	1.204 0	54.10%
	P、S 波垂直分量			0.999 8	41.66%	1.167 4	49.37%	1.276 1	54.77%
	P、SV 波			0.999 8	41.66%	1.167 5	49.40%	1.276 6	54.80%
	P、SH 波			0.998 9	41.64%	1.059 0	42.54%	1.117 2	43.31%
	P、SV、SH 波			1.000 0	41.67%	1.035 3	42.35%	1.076 3	43.24%
剪切(DC)	纯 P 波	1.000 0	41.67%	1.000 0	41.68%	0.756 3	32.70%	0.707 0	31.77%
	P、S 波垂直分量			1.000 1	41.67%	0.823 1	34.81%	0.704 6	30.24%
	P、SV 波			1.000 1	41.67%	0.822 3	34.77%	0.703 1	30.18%
	P、SH 波			1.000 1	41.69%	1.015 8	40.80%	1.032 4	40.03%
	P、SV、SH 波			1.000 0	41.67%	1.002 2	41.00%	1.000 8	40.21%

表 3-16　模型 2 的剪切破裂角度的正反演对比分析

剪切破裂方位 \ 正反演分类		理念模型角度	反演结果					
			无噪声		10%噪声干扰		20%噪声干扰	
			角度	误差	角度	误差	角度	误差
走向角/(°)	纯 P 波	0	0	0	−13	−13	26	26
	P、S 波垂直分量	0	0	0	−4	−4	16	16
	P、SV 波	0	0	0	−7	−7	14	14
	P、SH 波	0	0	0	−2	−2	2	2
	P、SV、SH 波	0	0	0	−1	−1	−2	−2

续表 3-16

剪切破裂方位 \ 正反演分类		理念模型角度	反演结果					
			无噪声		10%噪声干扰		20%噪声干扰	
			角度	误差	角度	误差	角度	误差
倾角/(°)	纯 P 波	45	45	0	48	3	52	7
	P、S 波垂直分量	45	45	0	43	−2	41	−4
	P、SV 波	45	45	0	47	2	49	4
	P、SH 波	45	45	0	45	0	46	1
	P、SV、SH 波	45	45	0	45	0	44	−1
滑动角/(°)	纯 P 波	90	90	0	50	40	47	43
	P、S 波垂直分量	90	90	0	56	34	46	44
	P、SV 波	90	90	0	56	34	46	44
	P、SH 波	90	90	0	90	0	90	0
	P、SV、SH 波	90	90	0	90	0	90	0

(1) 在噪声干扰下,矩张量的最小二乘反演误差主要来源于 M_{11},M_{22} 和 M_{33},选择不同的位移场矩阵进行反演,各破裂分量的变化幅度也各不相同。由表 3-13～表 3-15 可见,噪声干扰下,P、S 波振幅资料的联合反演误差要明显小于纯 P 波资料的反演误差。同时,在 P、S 波组合资料中,P、SV、SH 波和 P、SH 波资料的联合反演结果又明显优于 P、SV 和 P、S 波垂直分量的反演结果。比如,采用 P、SH 波资料的联合反演,在 10%和 20%的噪声干扰下,震源各向同性部分变化幅度均为−0.01%,剪切部分的变化幅度分别为−0.89%和−1.66%,轴向拉张部分的变化幅度分别为−0.90%和−1.67%,反演误差极小,可精确反映震源破裂特性;当采用 P 波单独反演时,上述震源各破裂成分在 10%和 20%的噪声干扰下的变化幅度分别达到−1.22%和−2.54%(Iso)、−8.98%和−9.91%(DC)及 10.2%和 12.45%(CLVD),误差明显高于 P、SH 波及其他 P、S 波联合反演结果。

(2) 剪切滑移面的倾角、走向角和滑移角的计算主要依赖于 M_{11},M_{22} 和 M_{33},因此,这三个矩张量元素受噪声影响的程度大小决定了破裂方位计算的准确性。由表 3-16 可见,不同位移矩阵反演计算的破裂角度误差均也随着噪声干扰的增加而有不同程度增加。其中,根据 P、SV、SH 波和 P、SH 波资料的反演计算的破裂角度在 10%甚至是 20%噪声干扰下误差增加均较小,结果与原始模型基本吻合,而其他根据 P、S 波组合和纯 P 波反演计算的角度在噪声干扰下误差则相对大得多。此外,破裂角度中倾角受噪声干扰的影响最小,而由 M_{33} 主导的滑移角所受影响最大,在较大噪声干扰下误差比较明显。

(3) 作为煤岩冲击破裂震源孕育机理研究的定量分析手段,在误差允许范围内,矩张量反演结果存在一定误差是可以接受的。由于该剪切-拉张混合模型的剪切、拉张破裂成分相当,在较大噪声干扰下,P 波或 P、SV 波的部分反演结果会存在较大误差。而对于大部分以剪切破裂为主或以拉伸破裂为主的实际煤岩冲击破裂,受较低噪声影响的 P 波位移资料的矩张量反演及分解误差往往要比本模型小得多。因此,根据实际微震资料进行采动煤岩震源孕育机理分析时,尽可能选择 P、SV、SH 波和 P、SH 波的位移资料组合进行震源矩张量反演。而很多情况下,震动波的 S 波初次到时,尤其是 SV 分量往往难以清晰识别和标定时,这时,选择尽可能多的高质量、无噪声(或干扰较小)微震波形的 P 波位移振幅进行矩张量反演分析,其反演结果亦能较好地反映煤岩破裂的震源机理和破裂特征。

(4) 无论采取何种位移场矩阵,其震源矩张量反演质量都会随着噪声干扰的进一步增加而下降。高信噪比的位移资料是矩张量反演方法进行采动煤岩震源孕育机理研究高可信度的保证。因此,在震源反演前对位移资料进行必要的滤波处理以提高微震波形的信噪比往往显得非常重要。

3.7 煤岩破裂震源矩张量反演的实证分析

作者在澳大利亚 CSIRO 联合培养期间,曾参与 CSIRO 研究课题"Southern Colliery LW704 Geotechnical Study"的部分后续数据处理及分析工作。下面通过例举 Southern 矿 LW704 工作面开采中出现的一特殊顶板震动,根据上述理论破裂模型的矩张量反演分析结论,结合震动波形的 P 波初动方向,对该顶板震动的震源孕育机理进行定性、定量分析。

注:本书中有关该研究课题的所有资料及数据均属于 CSIRO、Luo Xun 博士研究团队。

3.7.1 LW704 工作面微震系统布置

Southern 煤矿位于澳大利亚昆士兰州(Queensland)中部的 Bowen 煤田。主采煤层为 GC 煤层,开采深度在地表以下约 200 m。直接顶(C1 岩层)为中、粉砂岩为主,基本顶(T1 岩层)为中砂岩,基本顶的抗压强度为 70～80 MPa,砂岩顶板的整体运动造成工作面压力显现较为明显。为更好地掌握上覆岩层运动状态及实现工作面来压有效预测预报,Southern 矿围绕 LW704 工作面布置了由 CSIRO 研制的 Siroseis 多通道微震监测系统,该系统主要监测工作面范围内的围岩微破裂及震动事件。由于澳洲矿井大多属于浅部开采,在地表进行钻孔作业比较方便,因此,煤岩破裂微震系统监测的传感器布置主要都是采用这种钻孔布置方式。LW704 工作面微震监测系统采用 20 个三分量速度传感器,每 5 个传感器为一组分别布置在工作面四周的 4 个传感器钻孔(A,B,C,D)中,各钻孔中 5 个传感器之间平均垂直距离为 20 m，形成从地表到煤层底板，工作面空间网络状监测的传感器阵列布置。微震系统传感器布置图见图 3-9。

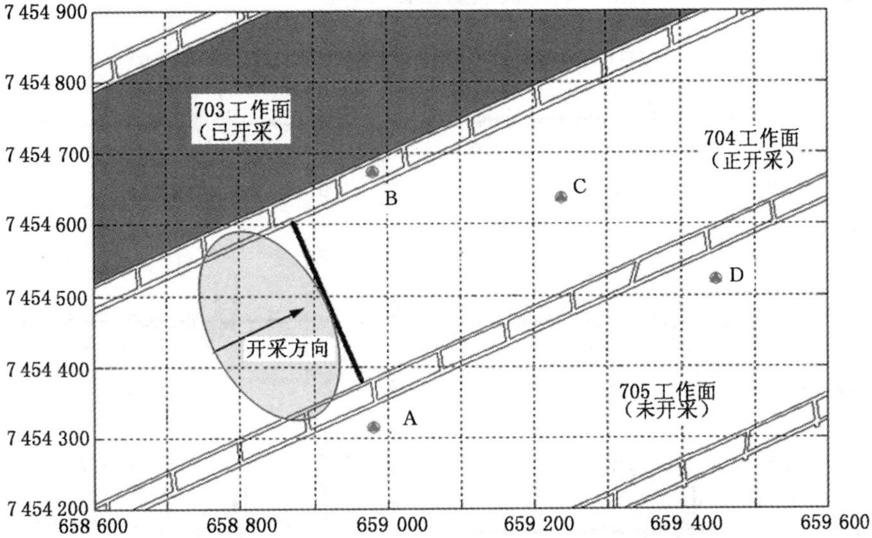

(a)

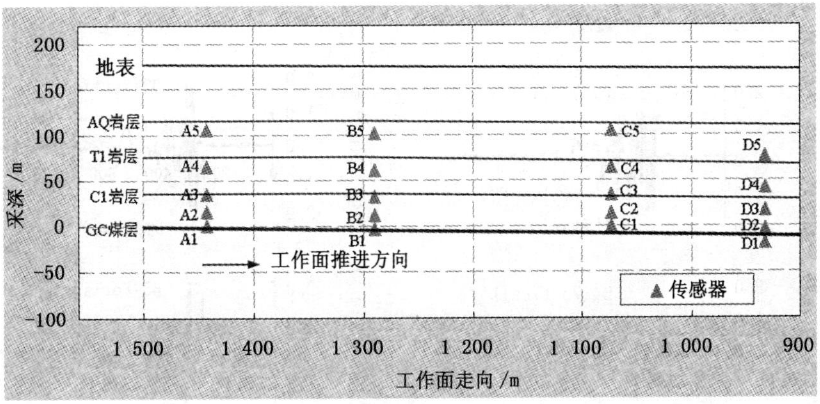

(b)

图 3-9 LW704 工作面微震监测系统传感器布置示意图

(a) 平面布置图；(b) 工作面走向布置图

3.7.2 典型顶板破裂的震源孕育机理分析

图 3-10 为出现在基本顶岩层中的一特殊震动事件的垂直分量波形图，20 个微震检波器共 60 通道均记录到该顶板震动（因篇幅有限，只例举垂直分量）。根据震源定位结果（图 3-11），该震动位于工作面前方顶板岩层中，且距离传感

器钻孔 D 较远。各通道微震波形中，除 D1～D5 传感器垂直分量的 P 波初至不够清晰之外，其他通道的 P 波初至均比较清晰，信号信噪比较好，易于定位，也为震源孕育机理研究提供了丰富的高质量位移资料。

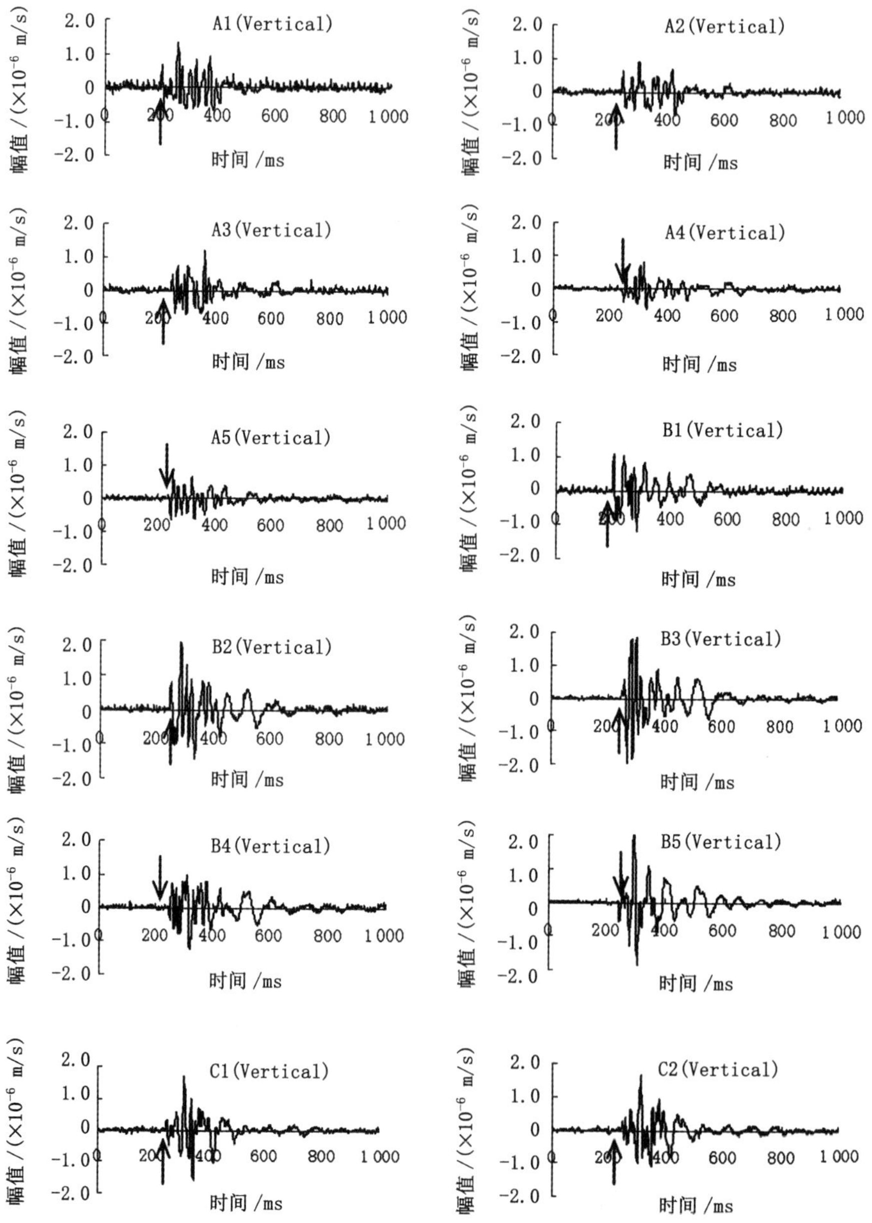

图 3-10　典型煤岩震动各台站垂直分量微震波形图

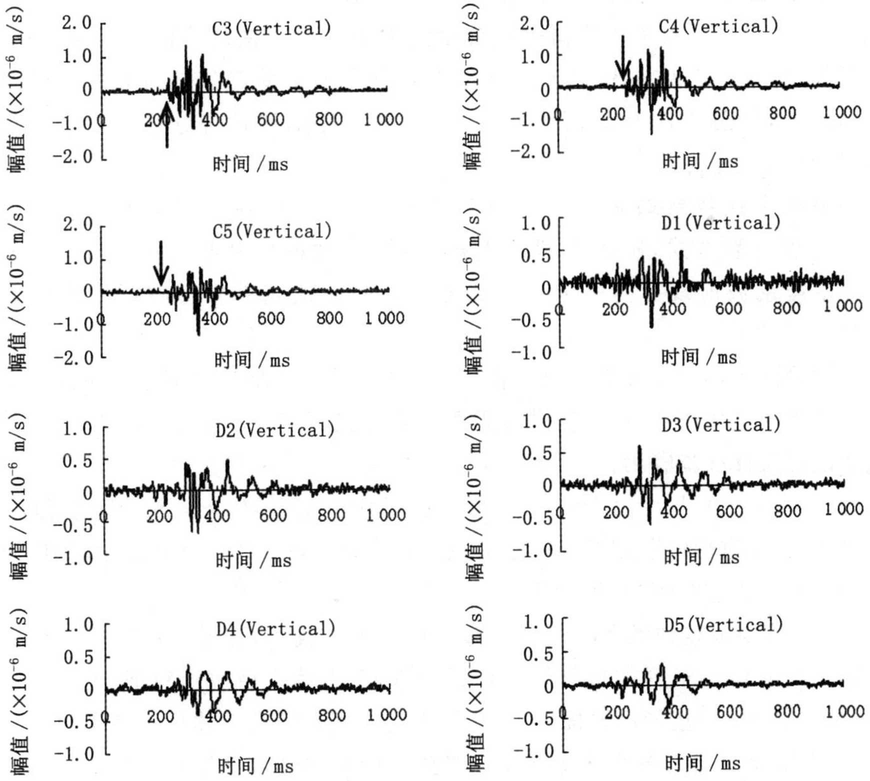

续图 3-10 典型煤岩震动各台站垂直分量微震波形图

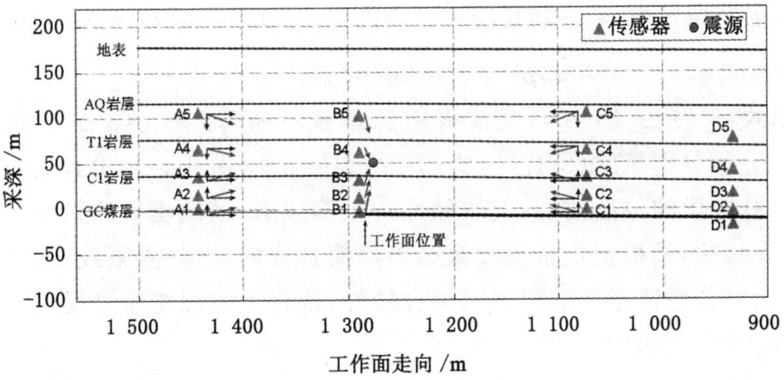

图 3-11 典型煤岩震动定位及 P 波初动方向

该顶板震动事件的特殊性在于：在垂直方向上，位于震源之上的A4、A5，B4、B5和C4、C5六个传感器垂直分量的P波初动方向均为向下，而位于震源之下的A1～A3、B1～B3和C1～C3共九个传感器垂直分量的P波初动方向均为向上，如图3-10中的箭头所示。D1～D5传感器垂直分量因初至不易识别，没有用于分析。

根据上述各台站垂直分量的P波初动方向，可判定该顶板震动事件应为内爆型破裂方式，震源破裂产生指向震源、波前向外拉的膨胀P波，如图3-11中震动波射线方向所示。该类震动类型在顶底板岩层破裂方式中较为罕见。

为验证上述P波垂直初动方向定性分析的结果，及对该顶板破裂的震源孕育机理深入量化研究，进一步进行震源矩张量的反演及分解分析。矩张量反演参数设置及反演步骤为：

(1) 将各台站原始记录的三分量震动速度波形偏振转化为P、SV、SH分量，并对震动速度波形进行积分，以获得各通道的震动位移场。图3-12为部分台站偏振后的P、SV、SH波震动速度和位移波形图。

(2) 该顶板震动触发的大多数通道噪声干扰较小，高质量的微震波形保证了震源反演位移资料的可靠性。根据图3-12中偏振后波形特征，部分台站S波，尤其是SV分量初动振幅较小，初至不易识别。结合上述理论破裂模型分析结果，本次反演选用多通道高质量P波初动位移联合部分通道SH波初动振幅进行组合位移场的最小二乘线性反演。反演所用位移场为P、SH波的初动位移振幅，选用脉冲宽度均为15 ms，见图3-12中阴影部分。

(3) 由于震动波是在实际岩体介质中传播，格林函数计算需考虑震动波的固有和散射衰减影响，经震动校准炮试验确定，有：$Q_P=60$，$Q_S=30$。同时测定：$v_P=3\ 900\ \text{m/s}$，$v_S=v_P/\sqrt{3}$，$\rho=2\ 500\ \text{kg/m}^3$。

根据式(3-9)、式(3-10)，反演得震源矩张量矩阵，见式(3-26)，其分解后的各破裂分量分别见式(3-27)～式(3-29)。图3-13分别显示出各通道用于矩张量反演脉冲段的原始波形（实线脉冲）、正演波形（消除噪声和衍生波的叠加干扰，虚线脉冲）及根据矩张量反演结果反演合成的波形（点划线脉冲）。由图可见，绝大部分通道正反演波形间拟合较好，确保了震源矩张量反演结果的有效 4 性。

$$M=1.0\times 10^9\times\begin{bmatrix}-3.507\ 3 & -0.883\ 1 & -1.002\ 6\\ -0.883\ 1 & -4.110\ 1 & 0.708\ 6\\ -1.002\ 6 & 0.708\ 6 & 0.222\ 2\end{bmatrix}\tag{3-26}$$

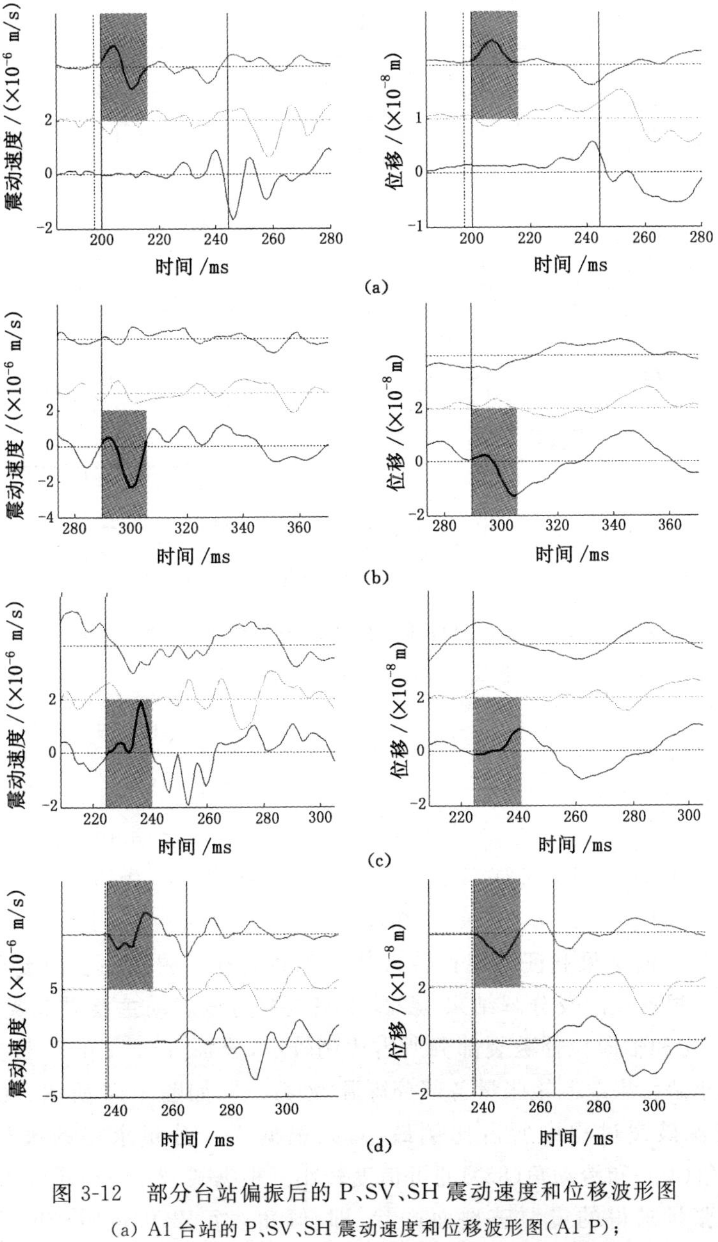

图 3-12 部分台站偏振后的 P、SV、SH 震动速度和位移波形图

(a) A1 台站的 P、SV、SH 震动速度和位移波形图(A1 P)；

(b) A3 台站的 P、SV、SH 震动速度和位移波形图(A3 SH)；

(c) B1 台站的 P、SV、SH 震动速度和位移波形图(B1 SH)；

(d) B5 台站的 P、SV、SH 震动速度和位移波形图(B5 P)

(图中阴影加粗部分表示用于矩张量反演的 P 或 SH 波脉冲段)

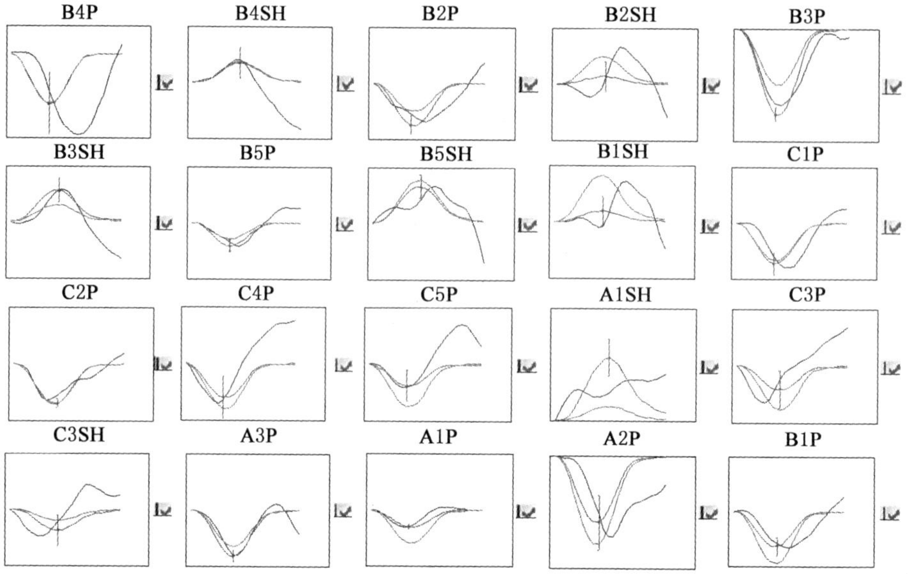

图 3-13 用于矩张量反演的各通道观测(实线)、正演(虚线)和反演(点划线)位移脉冲对比

$$M_{\mathrm{Iso}}=1.0\times10^{9}\times\begin{bmatrix}-2.4651 & 0 & 0\\ 0 & -2.4651 & 0\\ 0 & 0 & -2.4651\end{bmatrix} \tag{3-27}$$

$$M_{\mathrm{CLVD}}=1.0\times10^{9}\times[-0.1284 \quad -0.7470 \quad 0.4520] \tag{3-28}$$

$$M_{\mathrm{DC}}=1.0\times10^{9}\times[-0.7547 \quad -0.8980 \quad 0.2567] \tag{3-29}$$

矩张量反演结果验证了根据各台站 P 波垂直初动得出的震源破裂特征的定性假设。根据反演及分解结果，震源体积压缩为该震动主要破裂类型，约占52%，而剪切和轴向拉伸破裂部分所占比例较小，分别占22%和26%左右。根据矩张量求解结果绘制矩张量各部分震源“沙滩球”，如图 3-14 所示。由于剪切破裂在震源破裂过程中所占比例最小，则根据 M_{DC} 分量求得的破裂走向角(54°)、倾角(42°)和滑动角(85°)的可信度较小。根据式(3-16)～式(3-24)，可得由完整矩张量求得的震源破裂面产状，即：倾角(27.52°)、走向(291.85°)。图3-15描述了矩张量各元素数值大小及其存在的误差范围，由图可知，M_{33} 的误差范围要大于矩张量其他元素，这是因个别脉冲的反演和观测位移之差较大引起的。然而，根据反演结果，M_{33} 的不确定性显然不会改变体积压缩在震源破裂过程中的主导地位。

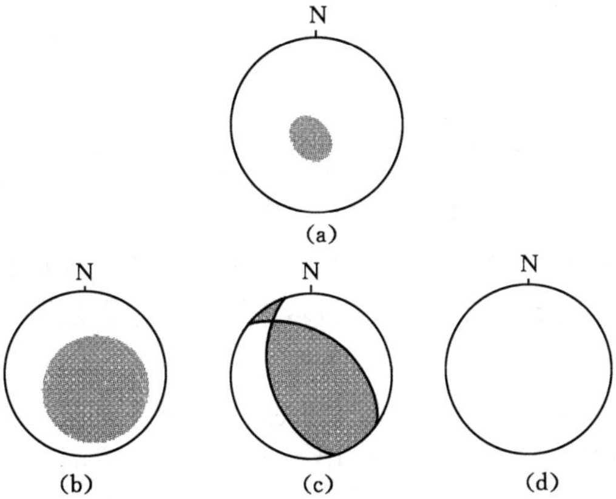

图 3-14 矩张量各部分对应“沙滩球”求解

(a) 完整矩张量;(b) M_{CLVD}部分;(c) M_{DC}部分;(d) M_{Iso}部分

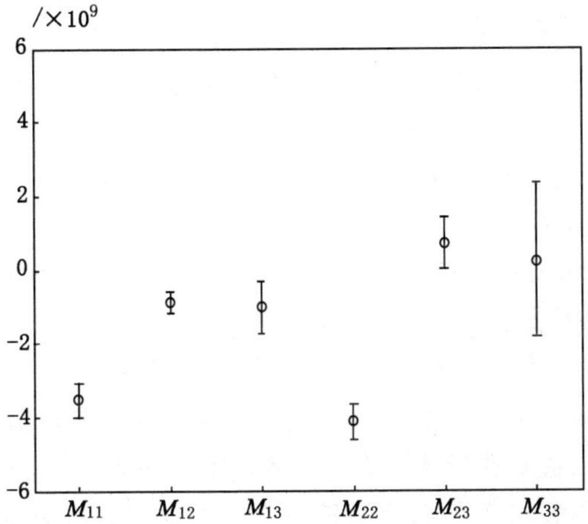

图 3-15 矩张量各元素数值大小及其误差范围

正是由于该顶板破裂过程中的较大震源体积压缩,导致各台站接收的 P 波初动方向均指向震源,体现在垂直分量上即为:位于震源之上的台站 P 波垂直初动向下,而位于震源之下的台站 P 波初动向上。因此,综合定性分析及定量反演,可确定该震动为一内爆型破裂占主导的顶板破裂方式。结合第 2 章节煤岩破裂震动位移场分析结果,该震动最有可能是由基本顶岩块间回转变形过程中的局部破裂失稳所诱发。

3.8 本章小结

本章引入采动煤岩震源孕育机理定量研究的矩张量反演方法，分别对采矿实际煤岩介质下格林函数计算、位移场选择、反演方法选择、矩张量分解等决定反演效果和震源破裂特性的诸多因素进行分析，并通过震源矩张量反演的实例分析，验证了矩张量反演方法在煤岩冲击震动震源孕育机理分析中的可靠性和重要性。研究主要结论如下：

(1) 格林函数的计算是进行采动煤岩矩张量反演的重要影响因素。煤岩破裂激发的震动波在煤岩体介质传播过程中，会因岩体介质的不均匀性和结构弱面的存在，使震动能量产生固有和散射衰减。因此，本章提出引入耗散品质因子 Q，近似表达煤岩介质的黏弹和散射效应，并以此进行实际煤岩介质中格林函数矩阵的求解。Q 值随岩石介质强度的增大而增大，且因震动波的体积阻尼损耗小于剪切损耗，有 Q_P 大于 Q_S。

(2) 实际监测的震动位移场因背景噪声和后续衍生波叠加干扰，观测位移振幅与理论反演波形振幅间总会存在一定误差，因此，有效的震源矩张量反演，应使实测震动波形与理论反演波形误差最小。本章基于 L_2 标准，提出矩张量线性反演的最小二乘方法，即 $\boldsymbol{M}=[\boldsymbol{G}^{T}\boldsymbol{C}_{D}^{-1}\boldsymbol{G}]^{-1}\boldsymbol{G}^{T}\boldsymbol{C}_{D}^{-1}\boldsymbol{u}^{obs}$，各矩张量元素的计算误差由 $\boldsymbol{C}_{M}=[\boldsymbol{G}^{T}\boldsymbol{C}_{D}^{-1}\boldsymbol{G}]^{-1}$ 确定。

(3) 根据矿山煤岩冲击破裂震源机理研究的需要，任何煤岩破裂矩张量矩阵均可分解为震源体积变形、轴向拉伸破裂及剪切破裂三部分；只是不同的煤岩破裂，其剪切、拉伸或体积变形所占的比例不同。若某一破裂事件是剪切成分占主导，可近似认为其为剪切破裂；若该事件是拉伸占主要成分，可认为其为拉伸破裂方式。因此，顶板拉张断裂、冒落等是以轴向拉伸为主的煤岩破裂方式；断层“活化”、顶板滑移失稳等是以剪切破裂为主的煤岩破裂方式；而卸压爆破或核爆炸等人工诱发震动则是以震源体积变形为主。

(4) 根据理论煤岩破裂模型的正反演分析，在位移场无噪声干扰下，得出可进行有效矩张量反演分析的位移场组合，即：6 个及以上不同微震台站组成的 P 波位移场矩阵，或 3 个及以上不同微震台站的各种 P、S 波分量组合的位移场矩阵。而 S 波资料因其之间的较大相关性，不能选用 S 波位移场矩阵单独进行震源矩张量反演分析。

(5) 在噪声干扰下，根据不同位移场组合的反演对比分析，可得：采用 P、SH 波或 P、SV、SH 波的位移场组合进行震源矩张量联合反演，其反演误差最小。同时，在 S 波初次到时难以清晰识别和标定时，应选择尽可能多的高质量、高信噪比的 P 波位移振幅进行矩张量反演分析，亦能确保反演结果较好地反映煤岩冲击破裂的震源机理和破裂特征。

(6) 例举一特殊顶板震动实例，分别根据各台站震动波 P 波初动方向的定性判定，及基于 P、SH 波组合位移场的矩张量反演的定量分析，共同揭示了该震动的内爆式震源破裂特性，验证了矩张量反演方法在采动煤岩震源孕育机理研究中的重要性。

4　煤岩(微)破裂微震/声发射特征的试验研究

4.1　引言

根据第2章节理论分析结果,因震源受力大小和方式的差异,不同煤岩受载破坏时震源激发的震动位移场辐射方式不尽相同,亦即震源附近相同位置微震台站或声发射探头监测的微震波形特征也各不相同。因此,通过对不同震动类型的微震或声发射信号分析,并能够将其区分和鉴别,尤其是对特定地质和开采技术条件下强矿震、冲击矿压等危险信号波形特征分析及揭示冲击破坏前后的微震演变规律,对拓展煤岩震动震源孕育机理研究,甚至指导矿井冲击矿震的防治实践均具有参考意义。

根据大量文献资料检索,国内外对采动诱发煤岩破裂信号波谱特征的研究相对较少,而对冲击破裂信号的研究报道则更为鲜见。而实验室研究方面,现有的有关冲击矿震方面的实验室物理模拟研究,或侧重于从不同角度对煤岩冲击矿压的发生机理和物理过程进行相似模拟,或侧重于煤岩破裂过程中电磁辐射及声发射效应规律分析,而基于实验室微震或声发射测试的震动信号特征分析方面的研究则甚少,缺乏对顶板岩层断裂、煤柱受载破裂、断层滑移等不同冲击破裂类型的震动波形与频谱演化规律的系统研究,更缺乏实验室小监测尺度范围内震动位移场近、中场项对煤岩冲击破裂位移和能量辐射特征影响的分析研究。

本章将通过在实验室进行的顶板水平拉张断裂、煤柱受压破裂及断层滑移等冲击破裂的模拟试验,采用TDS-6实验室微震采集系统分别采集不同煤岩样冲击破裂时的震动信号,系统分析不同冲击震动类型(包括顶板型、煤柱型和构造型)在其破坏直至冲击失稳过程中的微震波谱特征,探讨频率、振幅、持续时间等震动参数在主震动破裂前后的变化规律。

同时,采用PCI-2声发射(AE)采集系统,进行动、静及动静组合加载作用下岩体微破裂AE源的声波监测与全波形采集,通过AE源空间定位与时-空演化规律分析,描述不同加载作用下"裂隙场"扩展、损伤演化特征。进一步通过AE源矩张量反演,研究不同载荷作用下受载岩体微裂隙的裂纹性质与起源、扩展与失稳模式,揭示不同动、静及动静组合加载作用下岩体“裂隙场”的震源孕育机理差异。

4.2 试验目的、内容及方案

4.2.1 试验目的

(1) 通过顶板岩层和煤体组合的相似模拟试验,研究岩板断裂过程中主、次震动因震源破裂特性的改变,震动信号在振幅、主频成分及P波初动大小和方向的变化规律,实验室近似模拟并分析顶板水平拉张断裂时的破坏形态及震动信号波谱特征。

(2) 通过选取不同冲击倾向性煤层的煤岩样单轴抗压试验研究,近似模拟并分析煤(矿)柱在内爆或动态冲击失稳时的破坏形态及震动信号特征。

(3) 通过对工作面采动诱发断层滑动的相似模拟试验,研究工作面采动过程中顶板断裂、冒落,及断层滑移失稳时的不同震动信号的波谱特征变化。

(4) 通过开展不同加载速率及不同动静组合加载作用下的岩体特性试验与AE参量监测,研究不同载荷作用下岩体微裂隙的裂纹性质与起源、扩展模式,微观角度辨识岩体破裂失稳类型与震源力学特性。

4.2.2 试验内容

(1) 相似材料配比制成不同强度和厚度的大尺寸岩板和煤体,将岩板横放在煤体试样上,在最大加载载荷5 000 kN试验机上通过在岩板中部施加准静态点载荷,直至顶板弯拉断裂,采用TDS-6微震监测系统采集岩板断裂及咬合失稳过程中的震动信号。

(2) 采集选自不同矿区的标准煤岩试样在单轴压缩下变形破裂及冲击破坏过程中的微震或声发射信号,并测定不同试样的冲击倾向性及主要力学特性参数。

(3) 铺设断层相似模拟模型,采集工作面开挖(采动)过程中顶板运动及断层滑移失稳的震动信号。

主要测定参数:不同微震信号的电平幅值、持续时间及主频范围,标准煤岩样的冲击倾向性大小与力学参数,声发射多元信息(振铃、事件、能量、撞击等)等。

4.3 顶板岩层断裂模拟试验及微震信号分析

4.3.1 试验试样

本试验主要进行工作面顶板岩层初次断裂时的震动过程模拟及微震信号采

集，故将模型力学结构简化为简支梁结构。模拟实际采场顶板条件为长(初次垮落步距)×宽×厚=40 m×10 m×10 m的顶板岩层，实验室将顶板模型尺寸限制在2.0 m×0.5 m×0.5 m以内，根据相似模拟准则，取几何尺寸相似比$C_l=20$。

设坚硬顶板岩层的抗压强度$\sigma_c=200$ MPa，抗拉强度$\sigma_t=\sigma_c/10$，根据简支梁弯矩和应力的相关计算，作用于顶板岩层上的均布载荷的合力应为6.7×10^6 kN，试验采用点载荷加载，压力机极限加载荷为5 000 kN，取不超过极限加载荷的80%作为试验载荷的范围，则载荷相似比为$C_P\geqslant1.7\times10^3$。由上确定模型的强度相似常数$C_\sigma$取值范围为：$C_\sigma=C_P/C_l^2\geqslant4.25$。

试验制作2块不同厚度的岩板，分别横放在2块煤体试样上进行弯拉断裂。试验材料选用中砂(细度模数M_x为3.0～2.3)、425号硅酸盐水泥和普通自来水。根据配比手册确定配比范围，并进行多次强度试验反复调整，最终确定模型试样的制作配比。煤岩试样制备各项参数见表4-1。

表4-1　煤岩试样制备参数

序号	试样	尺寸$a\times b\times h$/(m×m×m)	配比/kg			强度/MPa	
			水泥	砂	水	抗压	抗拉
1	岩块	2.00×0.50×0.31	150	450	145	23.41	1.21
2		2.00×0.50×0.36	175	525	155	24.12	1.30
3	煤体	0.50×0.50×0.30	30	120	25	10.75	0.57
4		0.50×0.50×0.30	30	120	25	11.36	0.62

4.3.2　信号采集系统及试验过程

4.3.2.1　微震信号采集系统

微震信号采集工作采用由中国矿业大学和北京地震研究所共同设计、研制的TDS-6微震信号采集系统，该系统由6个微震信号采集分站(微震探头)和1个中心主站组成，完成震动信号的采集、记录和分析。分站采集到的信号通过无线和有线两种传输方式实时传送到中心站，中心站在屏幕上实时显示接收信号波形并记录数据到计算机硬盘，分站留有有线传输接口，可将震动信号采集后通过电缆方式传送到主站，主站回放记录数据，自动计算震动事件。图4-1所示为TDS-6微震信号采集系统。

系统可使用4个频段采集信号，分别为低频1～15 Hz、中频15～35 Hz、高频35～100 Hz和全通1～100 Hz。本次试验选择全通1～100 Hz主频采集微震信号。触发阈值决定微震事件检测的门限，设定STA/LTA=1.5。扫描时间设置左半区6个小窗口横轴一屏显示的时间，设定为1 s。幅度范围设置左半区

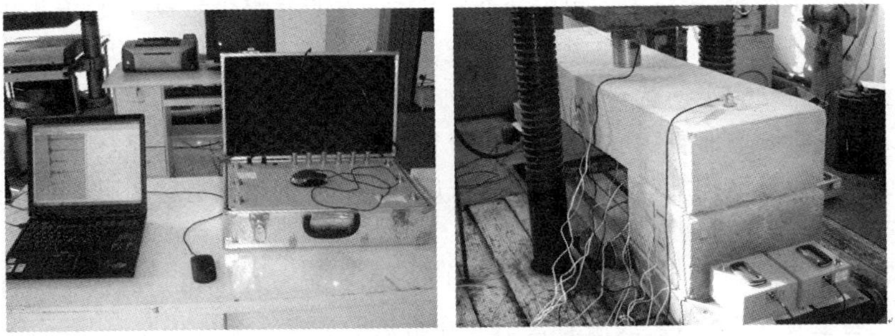

(a) (b)

图 4-1 TDS-6 微震信号采集系统

(a) 中心站和显示器;(b) 采集分站

6 个小窗口纵轴显示的最大采样电压值,设置为 500 mV,横轴上方显示的是正电压值,下方显示的是负电压值。震动信号电平大小与加速度、烈度有如表4-2所列关系。

表 4-2 微震信号参量之间的关系

烈度	Ⅹ	Ⅸ	Ⅷ	Ⅶ	Ⅵ	Ⅴ	Ⅳ	Ⅲ	Ⅱ	Ⅰ
加速度	600	300	150	75	35	17	8	4	2	1
显示值 V_{pp}	4 000	2 000	1 000	500	250	125	65	30	15	8

加速度、幅值近似转换公式为:

$$V = 6.653a + 6.267\ 9 \tag{4-1}$$

其中,a 为加速度,单位为 cm/s^2;V 为电平显示值(V_{pp}),反映震动强度(或幅值)大小,单位为 mV。

为了尽量采集岩板断裂时的震动信号,将 6 个采集分站尽可能地靠近试样,以降低信号的衰减。其中,在岩板两端的铁板车上面各放置两个拾震器 A、B 和 C、D,在震动区的岩板横向中轴线两侧斜下方的地面上分别放置拾震器 E 和 F。由于压力机开动时将会产生背景噪声,故采集的原始微震信号将会包含压力机的噪声信号,但压力机的噪声频率存在一个范围,中心频率主要为 50 Hz 及其倍数,故采用带阻滤波器进行震动信号的除噪。

4.3.2.2 试验过程

第一块岩板长 2.0 m、宽 0.5 m、厚 0.31 m,煤体长 0.5 m、宽 0.5 m、高 0.3 m,岩板置于煤体上,则中间悬空长度为 1 m,启动压力机进行位移控制的缓慢加压,加压使岩板发生断裂，裂纹由岩板中部下方开始几乎贯穿整个岩板厚度，发出沉闷且较大的震动响声，肉眼明显可见试验系统发生整体震动，压力机压力迅速回弹，破断的岩板保持稳定平衡状态。继续进行加压，岩板裂纹不断扩展，直至贯通整个岩板。裂纹为折线而非直线形状，破断角与岩板呈锐角关系。岩板完全断裂后，两个断裂面产生铰接结构维持平衡，继续加载后产生一定的错动滑移和回转变形，此过程也产生小规模的余震信号。

第二块岩板长 2.0 m，宽 0.5 m，厚 0.36 m，布置方式同第一组试验。启动压力机使岩板发生断裂，裂纹由岩板下方开始几乎贯穿整个岩板厚度，发出沉闷且巨大的响声，试验系统发生整体剧烈震动，压力机压力迅速回弹，微震信号发生突变。裂纹距离岩板中心处约 10 cm，为斜向裂纹。继续进行加压，岩板裂纹扩展，直至贯通整个岩板，形成类似“砌体梁”形式的铰接结构。

岩板断裂情况见图 4-2。

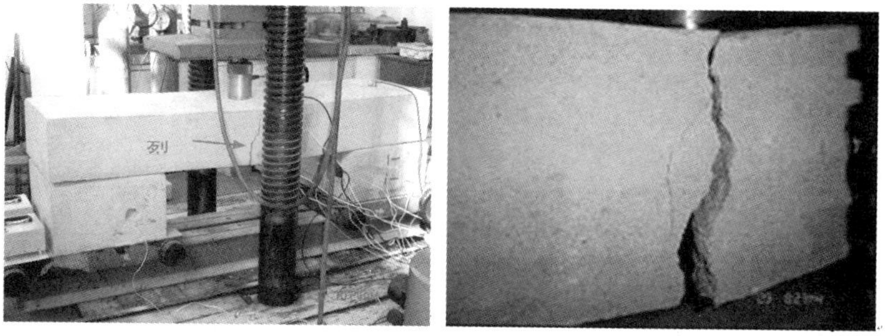

图 4-2　顶板断裂试验结果

4.3.3　微震信号及其波形特征

两块岩板在加载至初次主断裂之前没有出现可触发记录的前兆微震信号，岩板整体主断裂时均产生强烈的震动信号。同时，第一块岩板在完全断裂后继续加载过程中，因断裂岩块间的滑移和回转运动，系统又记录到两次强度较弱的次震动信号。第二块岩板因主断裂后没有继续加载，没有出现次断裂震动。6 个台站除 F 台站因仪器故障外，其他台站均记录到这几次主、次震动信号。

将各台站采集信号的电平显示值转化为震动幅值大小，并对各台站记录的微震波形进行快速傅立叶变换(FFT)，将震动信号由时间域转化至频率域，以便确定信号的频谱特征，掌握信号的构成及性质。各震动信号波形及频谱特征图见图 4-3～图 4-6。其中，两次次震动由于压力机噪声干扰太大，原始记录信号难以

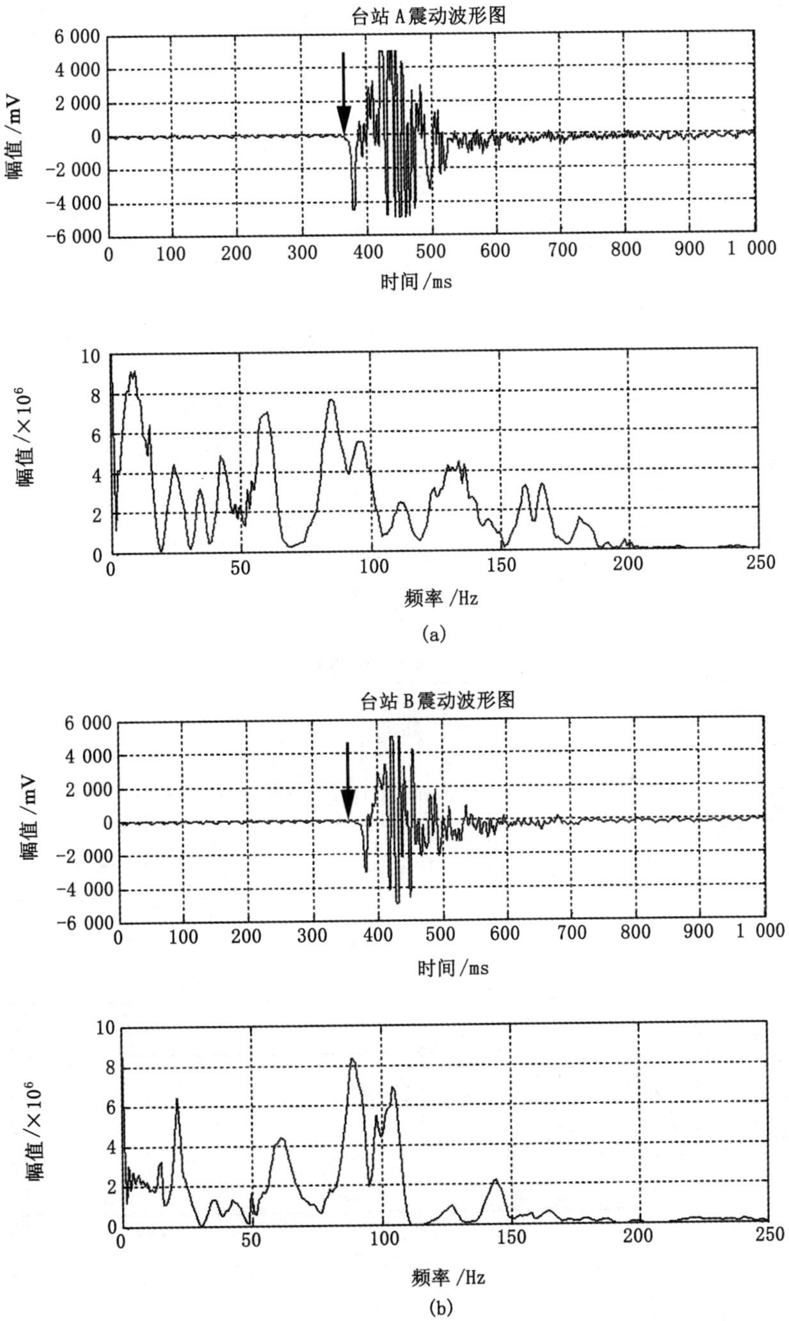

图 4-3　1号岩板主震动波形频谱特征图

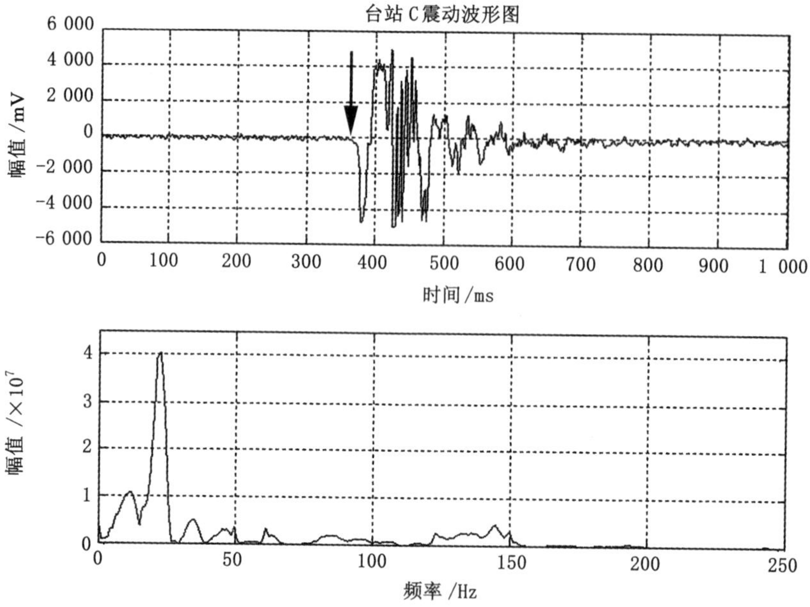

(c)

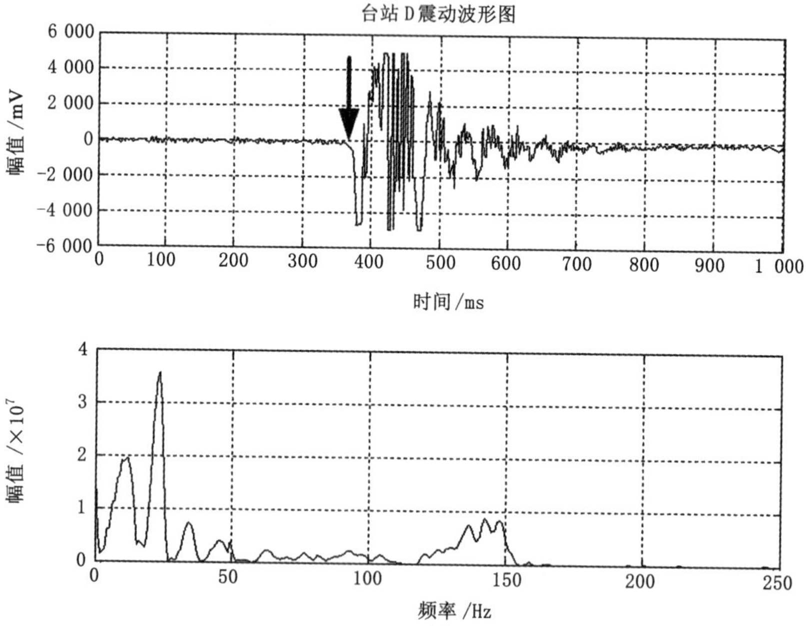

(d)

续图 4-3　1 号岩板主震动波形频谱特征图

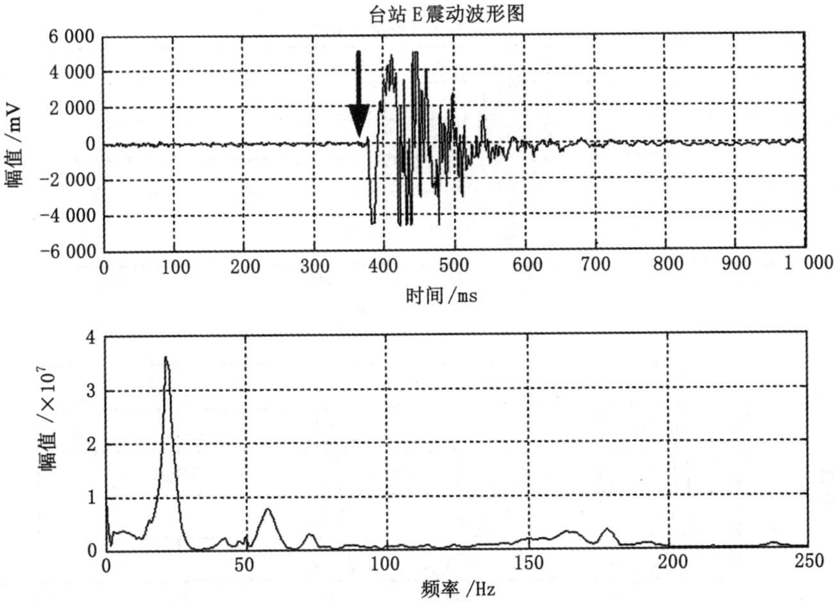

(e)

续图 4-3 1号岩板主震动波形频谱特征图

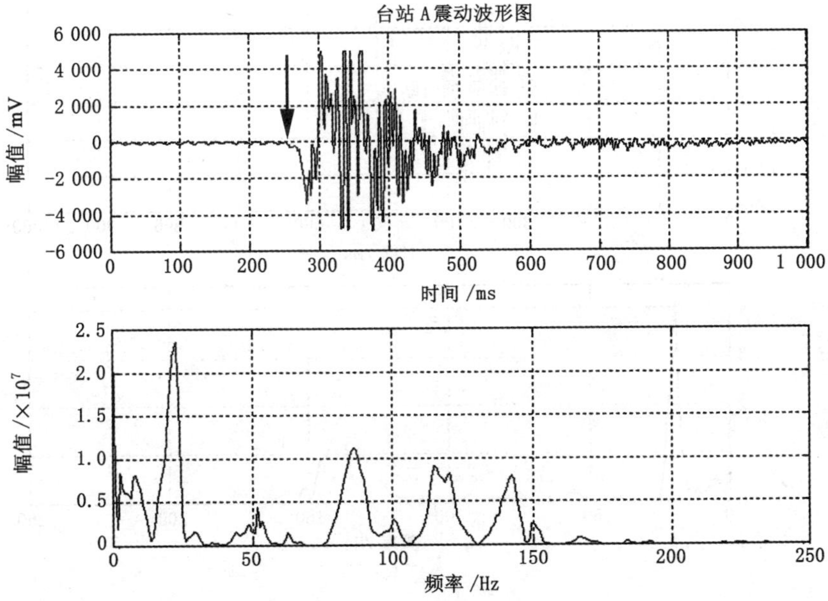

(a)

图 4-4 2号岩板主震动波形频谱特征图

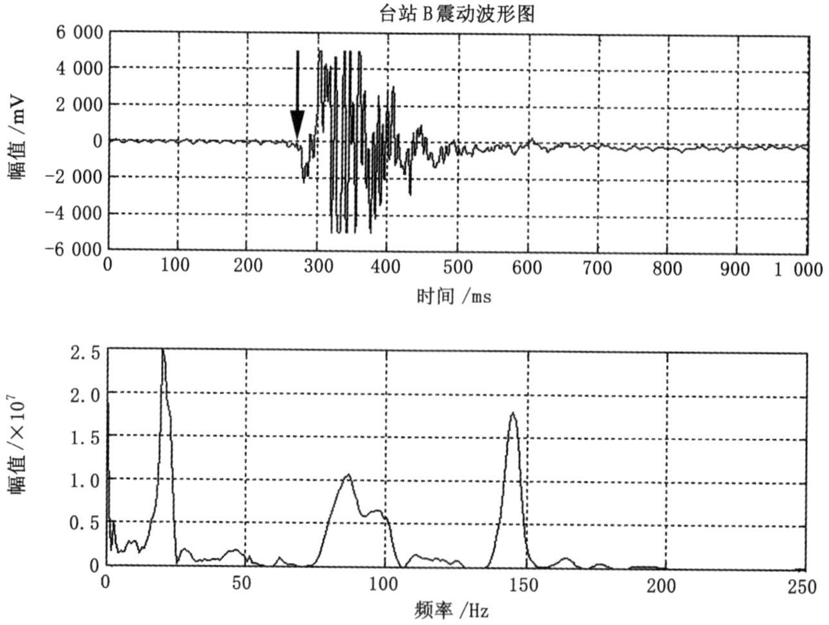

(b)

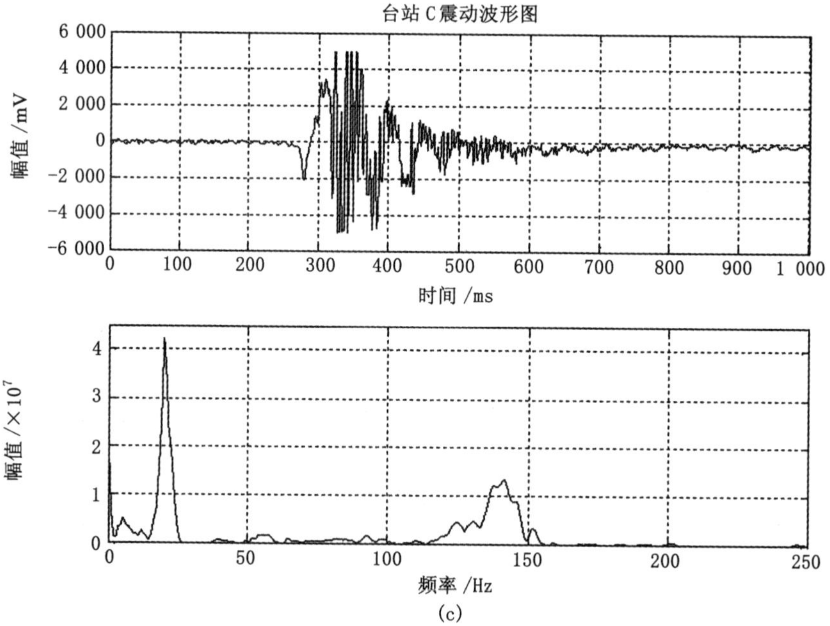

(c)

续图 4-4　2 号岩板主震动波形频谱特征图

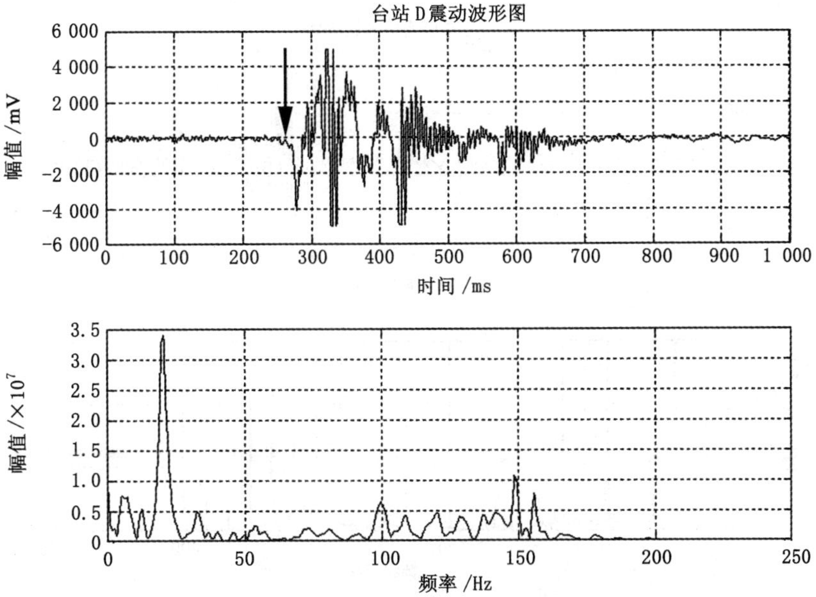

(d)

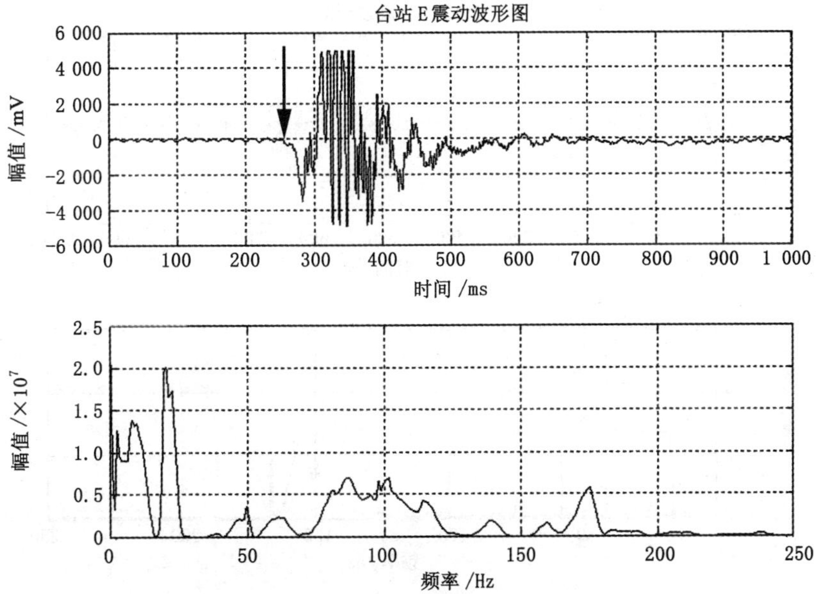

(e)

续图 4-4　2 号岩板主震动波形频谱特征图

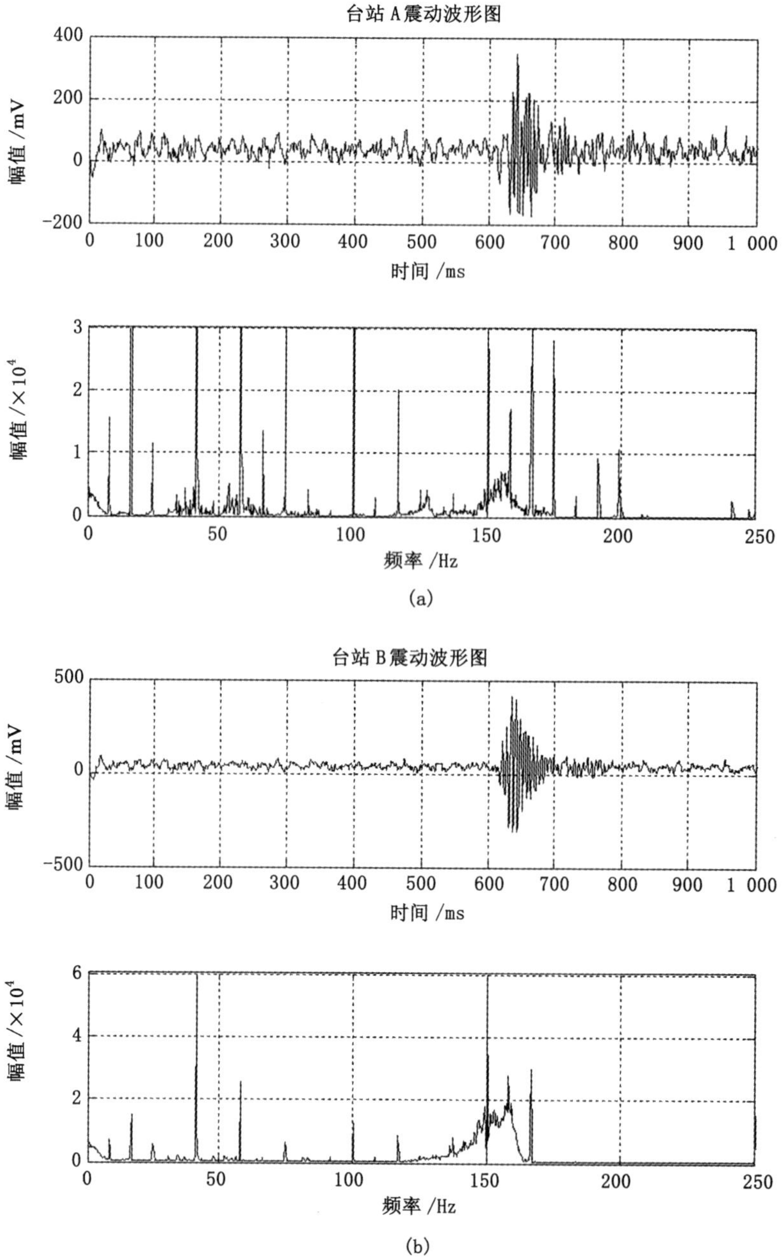

图 4-5　1号岩板第1次次震动波形频谱特征图

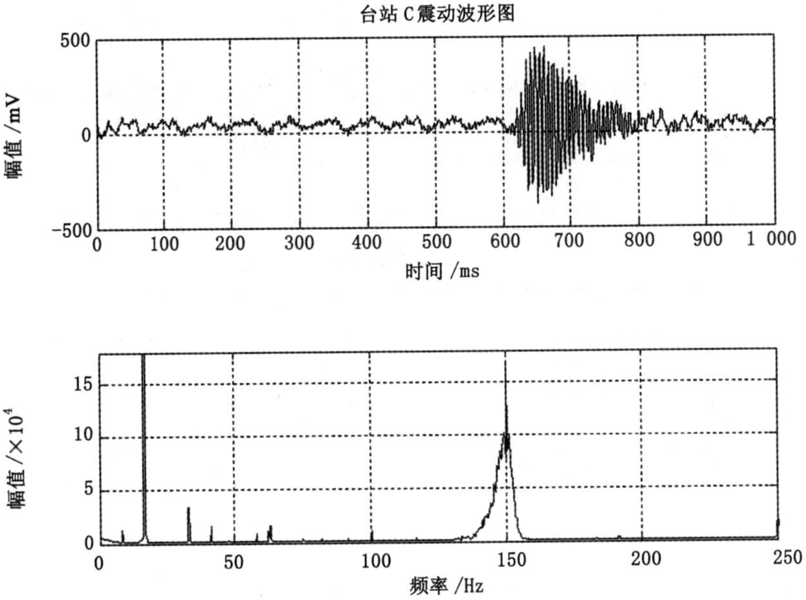

(c)

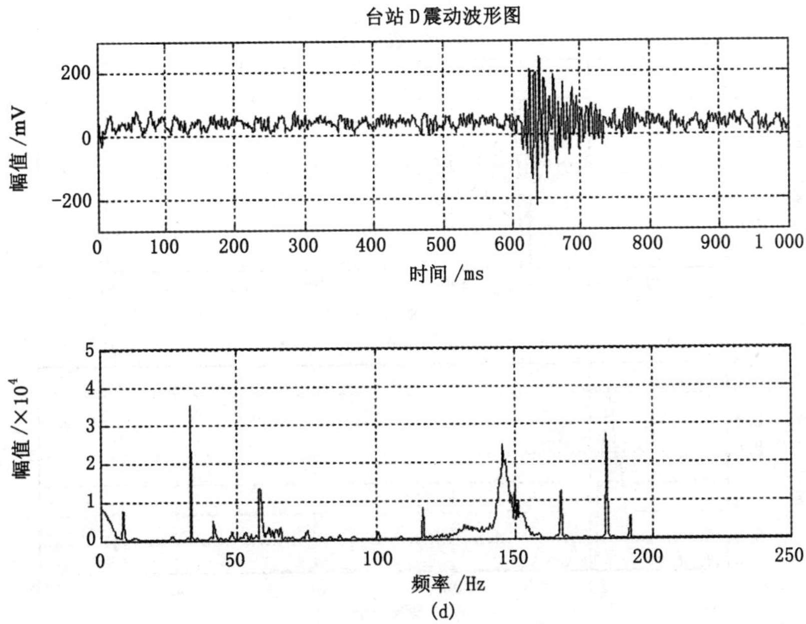

(d)

续图 4-5 1号岩板第1次次震动波形频谱特征图

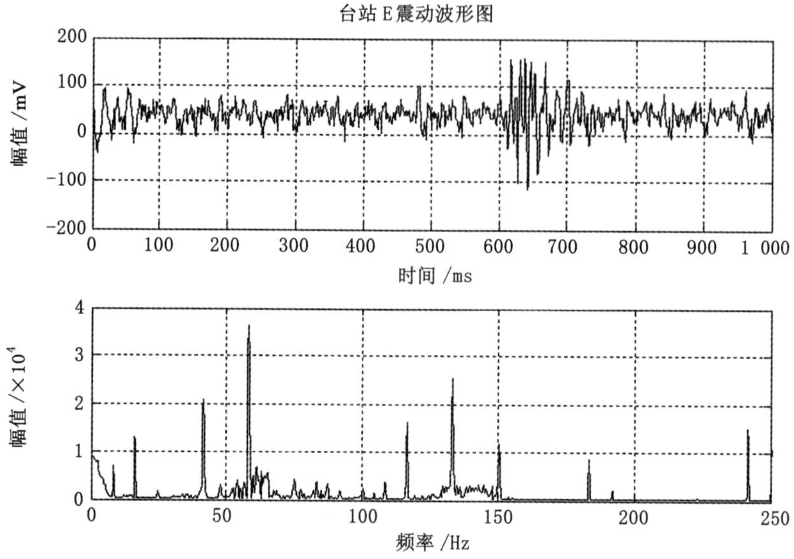

(e)

续图 4-5　1 号岩板第 1 次次震动波形频谱特征图

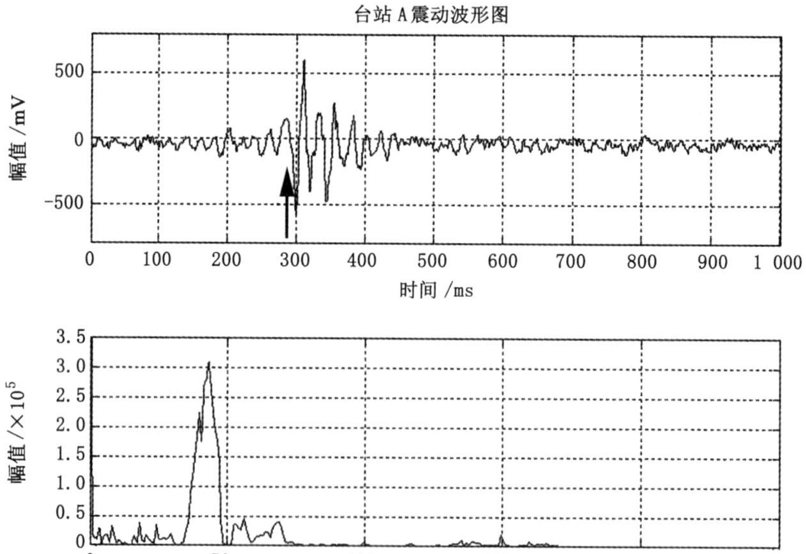

(a)

图 4-6　1 号岩板第 2 次次震动波形频谱特征图

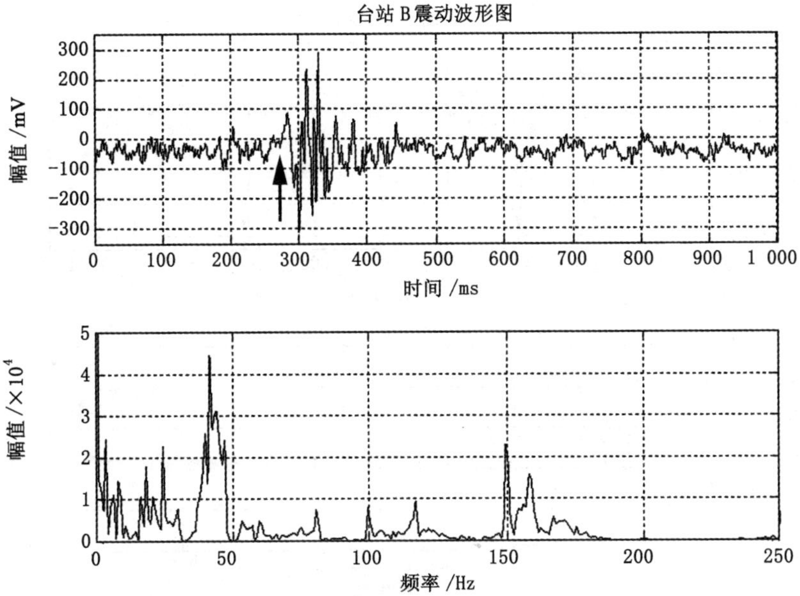

(b)

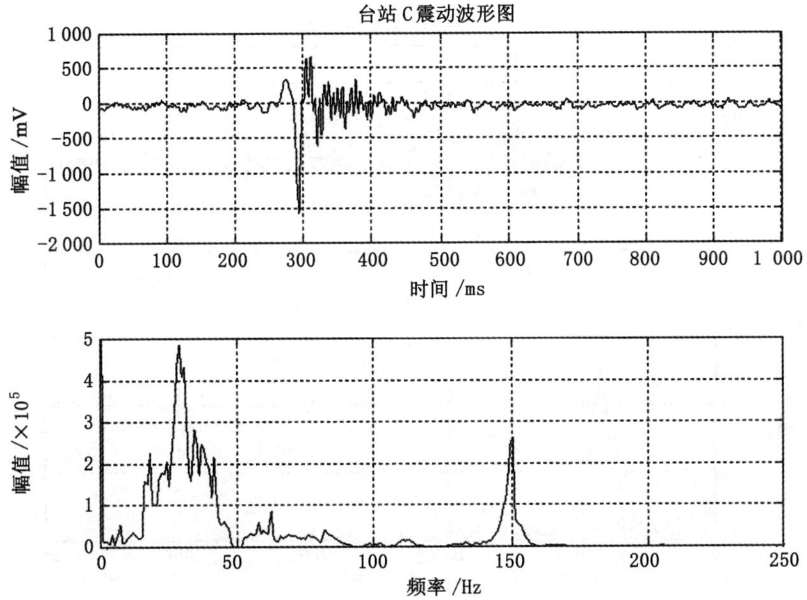

(c)

续图 4-6　1 号岩板第 2 次次震动波形频谱特征图

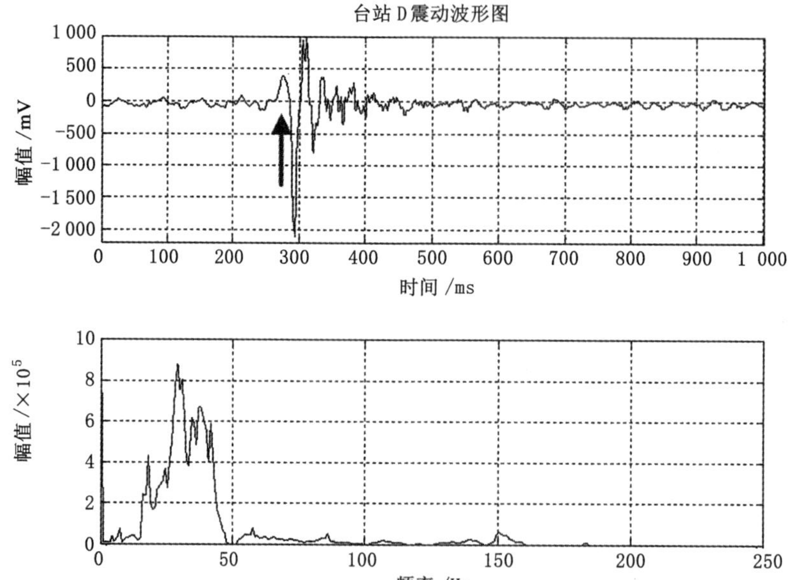

(d)

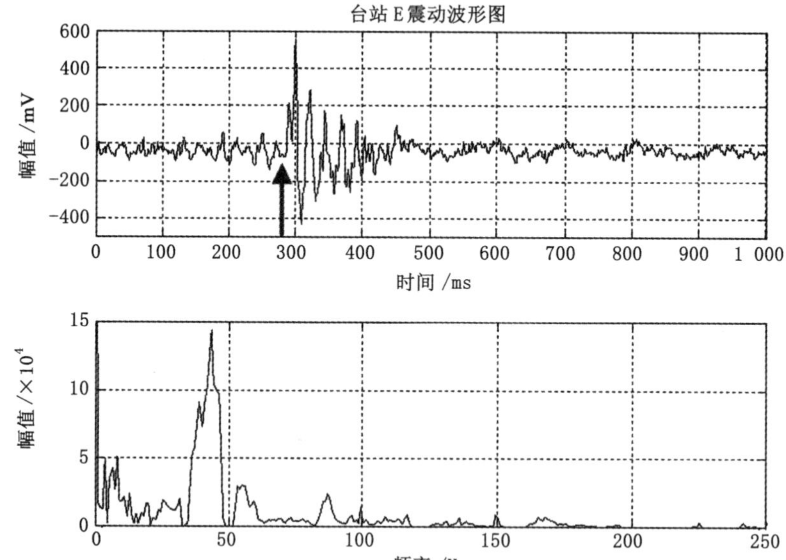

(e)

续图 4-6　1 号岩板第 2 次次震动波形频谱特征图

进行有效识别分析,特进行了带阻滤波,主要滤去了其中能量最大的50 Hz的电平信号,得到了较为清晰的岩板次震动波形。由图可见,主、次断裂不同信号之间在幅值、频率特征、持续时间、P波初动方向等多方面存在明显区别,而这些波谱特征的差异正是由不同震动的破裂尺度及震源破裂特性等差异决定的。下面主要就信号幅频特征及震动波场特征两方面对岩板断裂各震动信号进行分析。

4.3.3.1 震动幅频特征

如图4-3、图4-4所示,2组岩板主震动信号在波形特征上较为类似,震动强度均较高。1号岩板主震动各台站监测的峰值振幅介于4 650～5 000 mV之间,持续时间为240～320 ms左右;2号岩板主震动峰值振幅介于4 910～5 000 mV之间,持续时间在350～450 ms左右。从频谱分布来看,两组岩板的主震动信号频谱分布均较广,主要分布在0～200 Hz左右,但中心频率(主频)较低,约在0～25 Hz左右。同时,因2号岩板厚度及破裂面积略大于1号岩板,其主震动幅值强度和持续时间也略大于1号岩板震动。拓展到煤矿现场实际,坚硬顶板厚度越大,其断裂时释放的震动能量越高,对煤层空间产生的冲击动载也越强。

如图4-5所示,1号岩板第1次次震动信号的震动强度明显较小,各台站间监测峰值振幅有一定差异,主要介于160～420 mV之间,持续时间约100 ms。从频谱分布来看,次震动信号频谱同样分布较广,主要分布在0～200 Hz左右,但低频部分能量较小,主频明显升高,约在130～170 Hz之间。对于第2次次震动信号,见图4-6,其震动强度明显大于第1次次震动,各台站监测峰值振幅同样有较大差异,主要介于320～2 100 mV之间,持续时间约150 ms。从频谱分布来看,信号频谱同样主要分布在0～200 Hz左右,相比于第1次次震动信号,该次震动高频部分能量较小,主频明显向低频转移,但仍高于主震动主频范围,约在25～60 Hz之间。

综上,可有如下结论:

(1) 微震波形特征中,震动幅值是最直观反映震动能量大小的特征指标,且震动能量正比于振幅的平方。同时,实际煤岩破裂过程,尤其是强矿震或冲击矿压应是多轮循环累积破坏过程,反映在震动波形上则是多组振幅大小不一不同脉冲的组合。震动能量越高,往往意味着震动持续时间越长。据上述分析结果,岩板厚度增加时,其断裂主震动振幅和持续时间增大,且岩板主震动强度远大于之后的次震动信号;同时,次震动信号之间也因震动释放能量的差异而表现出不同的幅值和持续时间大小。

(2) 不考虑震动波阻尼影响,震动波主频由震源特性决定,并随破裂尺度的增加而减小,即有$f=c/L$。式中:f为主频大小;c为常数项,一般介于100～

300 之间;L 为破裂尺度。同时,由本书 2.2.2 分析可知,震源释放能量与破裂尺度往往成正比关系。因此,在特定开采环境下,震动波频率与震动能量成反比关系,即震源释放能量越高,震动主频越低。

根据上述岩板破断频谱特征,岩板主、次断裂之间随震动强度的增加,其震动主频范围逐渐降低,其变化趋势与理论分析及现场实测微震信号(如兖州鲍店、徐州三河尖等矿区)的频谱演化规律吻合。同时,由于实验室岩板尺度效应影响,实验室所测岩板震动频率分布范围要高于相似比例下矿井实际顶板破断频率区间。

4.3.3.2　*震动波场特征*

震源的不同破裂模式决定了其震动位移场辐射花样的不同,从而造成各监测台站记录震动波的初至大小和方向的差异。在没有或无法对煤岩冲击破裂震源机理进行定量反演的情况下,可根据震动波的初动方向对震源破裂特性进行快速定性判定。

对于矿井微震监测尺度,煤岩震动位移场的分析主要基于位移场的远场项特征,而当台站距离震源很近,尤其是在震源附近时,近、中场位移大小不能忽略,而且是占主导作用。本次实验室顶板断裂模拟试验中,TDS-6 各台站紧靠试验岩板。因此,不同于煤矿现场微震监测,对于实验室研究而言,位移场的近、中场项是震动波场分析的主要对象。

两组岩板主断裂震动时,各台站接收的 P 波垂直初动方向均为向下,如图 4-3、图 4-4 中箭头所示。由于岩板主震动破裂模式主要为水平拉伸断裂,其震动过程可近似等效于一对水平方向上的无矩力偶,即矩张量 M_{11}。根据式(2-18),可得岩板在 M_{11} 作用下的震动位移波场各场项。不考虑岩体密度及震动波波速,岩板震动位移场辐射方式如图 4-7 所示。由图可见,因岩板-台站距离非常靠近,P 波近、中、远场最大位移比有 $u_{nP} : u_{iP} : u_{fP} = 6 : 3 : 1$,S 波中、远场最大位移比有 $u_{iS} : u_{fS} = 4 : 1$(S 波近场位移 u_{nS} 难以单独区分),近、中位移场大小明显大于远场位移。同时,各位移场项基本均产生由震源向外传播的压缩 P 波(见图 4-7 中箭头),体现在垂直分量上即位于震源上方的所有台站接收的 P 波初动均为向上,而震源之下所有台站接收的 P 波初动均为向下。本次试验中 TDS-6 各分站均布置在岩板(震源)下方的煤体试样两侧及中心线附近,正是岩板这种水平拉伸为主的破断模式导致其主断裂时各台站接收的 P 波垂直初动方向均为向下。由图 4-7 进一步可见,各位移场项的 P 波位移场(能量)相比于 S 波均更为发育,从而导致岩板主震动时各台站微震波形 P 波初动非常清晰,初动幅值较大(见图 4-3、图 4-4),震动频率区间中的高能量低频部分也是 P 波能量占主要贡献。

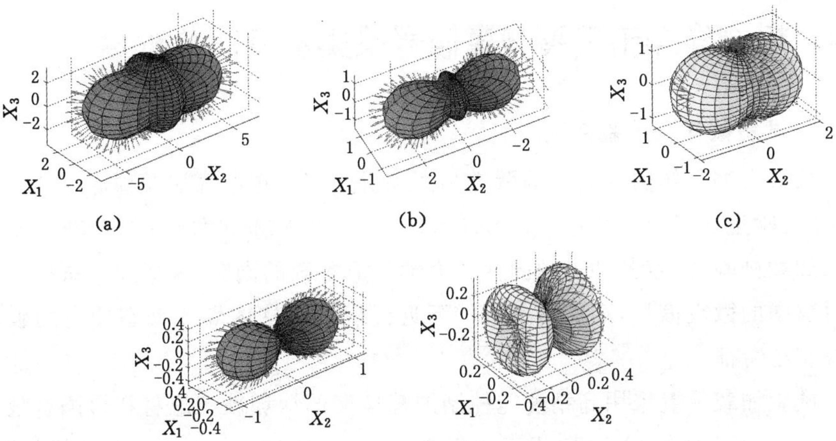

图 4-7 岩板主震动位移场各场项位移分布

(a) 近场波形;(b) 中场 P 波;(c) 中场 S 波;(d) 远场 P 波;(e) 远场 S 波

根据试验观察,1 号岩板主断裂后,因继续加载断裂岩块间产生较小摩擦滑移,并诱发第 1 次次震动信号。显然,该震动是沿已有断裂弱面产生的次生剪切破裂。因弱面间能量已通过主断裂大量释放,且断裂面为凹凸不平的粗糙面,滑动位移较小,故次震动释放能量较小。同时,因滑移破裂主要反映岩板单元体的切向形变,剪切波(S 波)比较发育,P 波能量则较小。由图 4-5 微震波形可见,各台站 P 波初动振幅非常微弱,且受噪声干扰影响,难以识别其初动方向。此外,P 波能量较小导致震动主频范围明显向高频转移。

根据微震波形特征,第 2 次次震动信号应为断裂岩块进一步咬合过程中的回转失稳所诱发。根据 2.4.1 章节分析结果,其震源破裂特性与岩板拉伸断裂刚好相反,若为水平咬合,其等效力源近似为 M_{11},震动位移场辐射方式与图 4-7 较为类似,但 P、S 波传播引起质点的震动方向则应相反。因此,各震动位移场项产生由震源向外传播的膨胀 P 波,导致岩板次断裂过程中 TDS-6 各台站接收的 P 波初动方向均为向上,如图 4-6 中箭头所示。同时,回转失稳震动特性决定其 P 波位移场(能量)较为发育。显然,由图 4-6 可见,该震动 P 波初动幅值较大,初动较清晰。P 波能量发育导致震动主频区间明显向低频转移。

本次顶板断裂震动特性的模拟试验研究,拓展并完善了顶板破断、滑移等震动位移波场理论分析结果,对煤矿现场条件下坚硬顶板岩层活动诱发冲击的防治实践有指导意义。

4.4 煤岩样冲击破裂微震信号采集及特征分析

4.4.1 试验试样及试验系统

从具有冲击倾向性的义马跃进和大同忻州窑矿选取煤层及顶底板的煤岩试样，在实验室加工成尺寸近 ϕ50 mm×100 mm 的标准试件，进行单轴压缩及循环加卸载试验，测定其冲击倾向性及力学特征参数的同时，采集煤岩试样冲击破裂过程中的微震信号，在实验室条件下近似模拟煤柱内爆或动态冲击的破坏形态及震动特征。

试验加载装置采用高精度能控制加载速度的深圳新三思材料检测有限公司生产的 SANS 材料试验机，用于进行煤岩加载和应力-应变全过程曲线的测定。该试验机能够人为设定加载方式的程度，由计算机直接控制加载的过程。试验采用循环加载方式对煤样进行加载，首先以每秒 0.2 kN 的速度加载到 20 kN 左右，然后开始卸载，一直卸载到 0.2 kN 左右，然后再加载直至煤样完全破坏，而岩样采用直接加载压缩直至试样完全破裂。

煤岩样冲击破裂震动信号的采集工作同样采用 TDS-6 微震采集系统。将 TDS-6 的 6 个分站分别放置在被测试样附近，其中 2 个分站放置在试样下方的压力机底座附近，其余 4 个台站分别两两放置在试样上方的压力机头和压力机架上。采集系统参数设置同前面顶板断裂模拟试验。煤岩试样的实物照片和试验系统见图 4-8。

(a) (b) (c)

图 4-8 煤岩试样及试验系统布置

(a) 煤岩试样实物照片；(b) TDS-6 中心主站；(c) SANS 试验机和 TDS-6 各采集分站

4.4.2　煤岩样冲击破裂震动信号采集

选择跃进煤矿的2组煤样(YMM1,YMM2)、2组顶板砾岩样(YML1,YML2)和2组底板砂岩样(YMS1,YMS2),及忻州窑煤矿的2组煤样(XZYM1,XZYM2),以进行煤岩样受载变形破坏过程中的微震波形及震动参数对比分析。

根据测定结果,忻州窑矿的XZYM1、XZYM2煤样具有强冲击倾向性,而跃进矿的煤岩样为弱冲击倾向性;同时,同一岩性试样之间因裂隙发育、选样地点等差别,在具体力学及冲击指标大小上亦存在一定个体差异。试验过程中,通过清洁或保留些许赋存在承压板上的残余粉煤灰量来调节试验机承压板的光滑程度,以近似改变煤岩样破裂过程中的受力状态。图4-9为这些煤岩样变形破裂或冲击破坏过程中TDS-6微震系统采集的震动信号。由图可见,煤岩样破裂波形特征与前面大尺度岩板断裂震动波形明显有较大差别;同时,各煤岩试样之间因冲击倾向性、力学特征及破裂方式的不同,震动波形特征也存在明显差异。

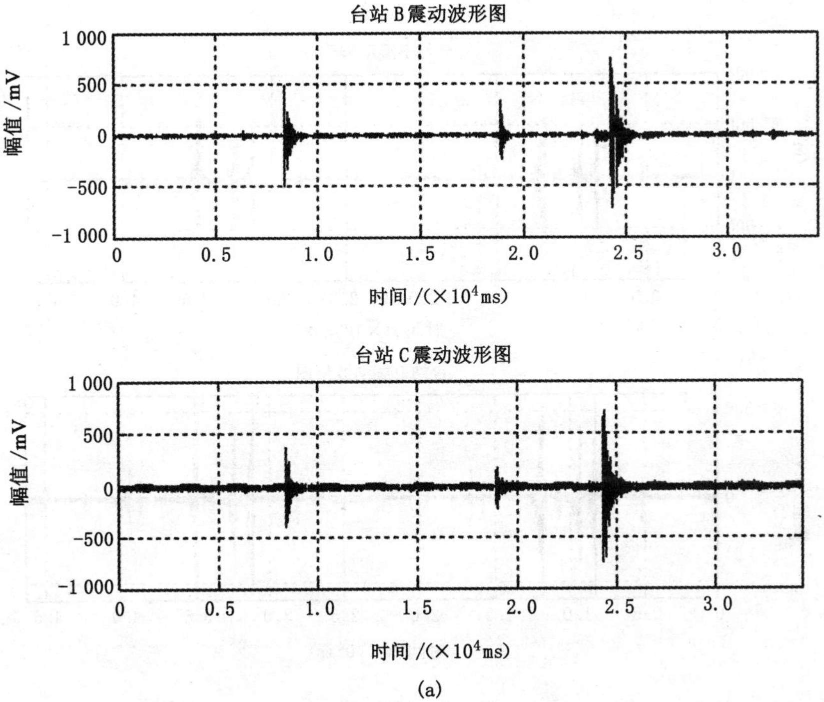

(a)

图4-9　各煤岩试样冲击破裂微震信号的振幅-时间曲线

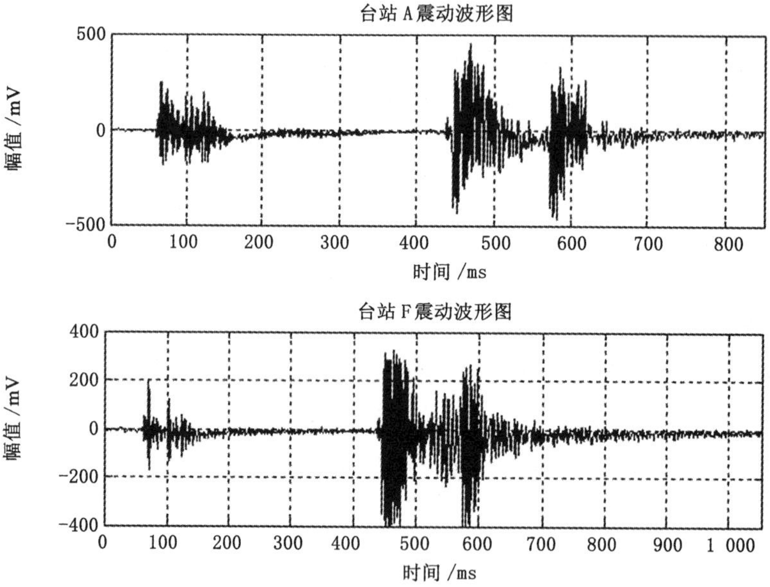

(b)

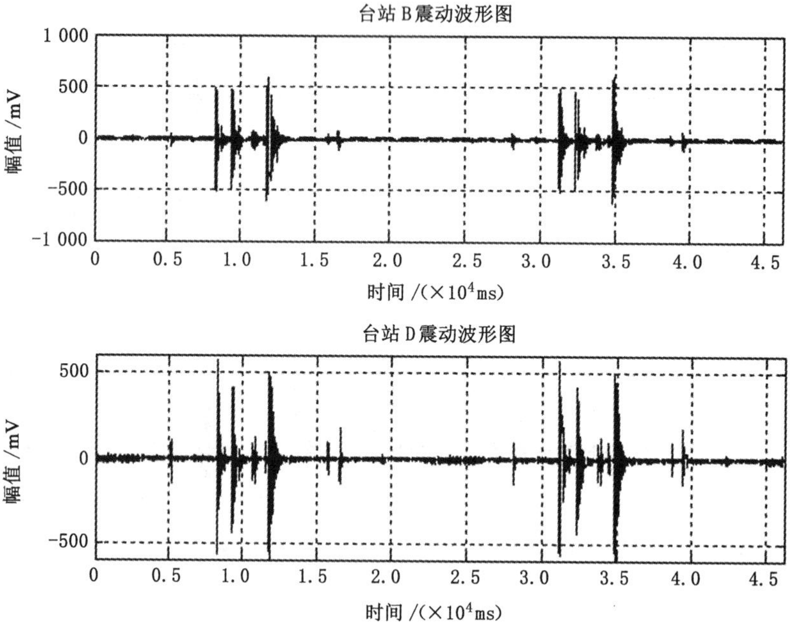

(c)

续图 4-9　各煤岩试样冲击破裂微震信号的振幅-时间曲线

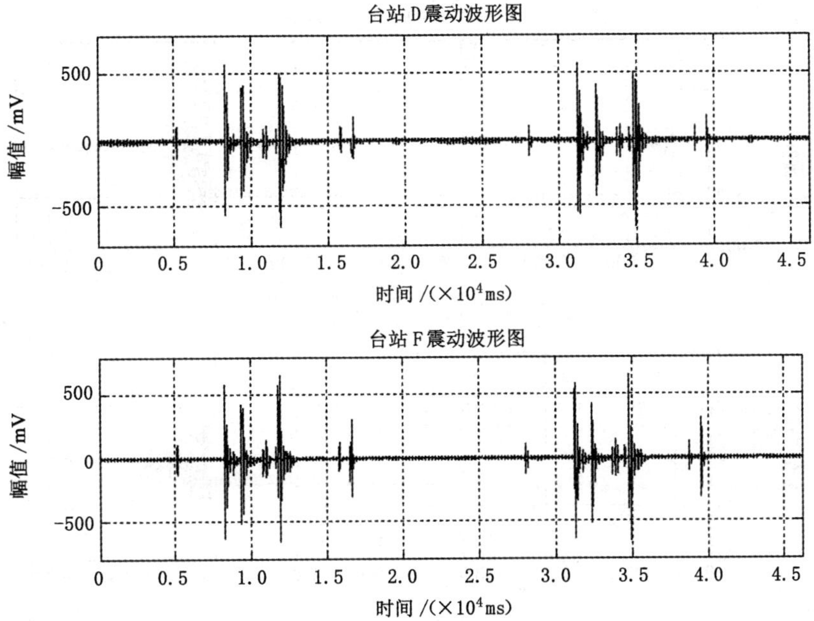

(d)

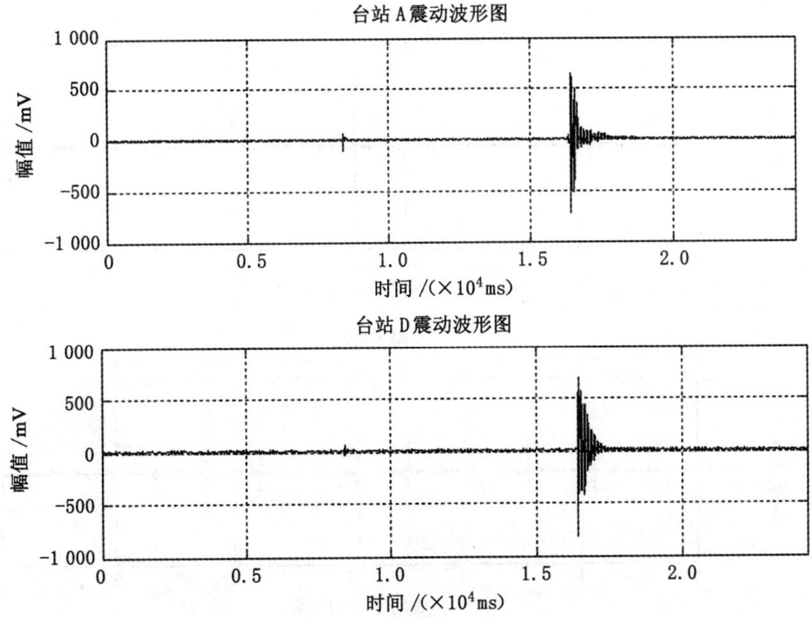

(e)

续图 4-9 各煤岩试样冲击破裂微震信号的振幅-时间曲线

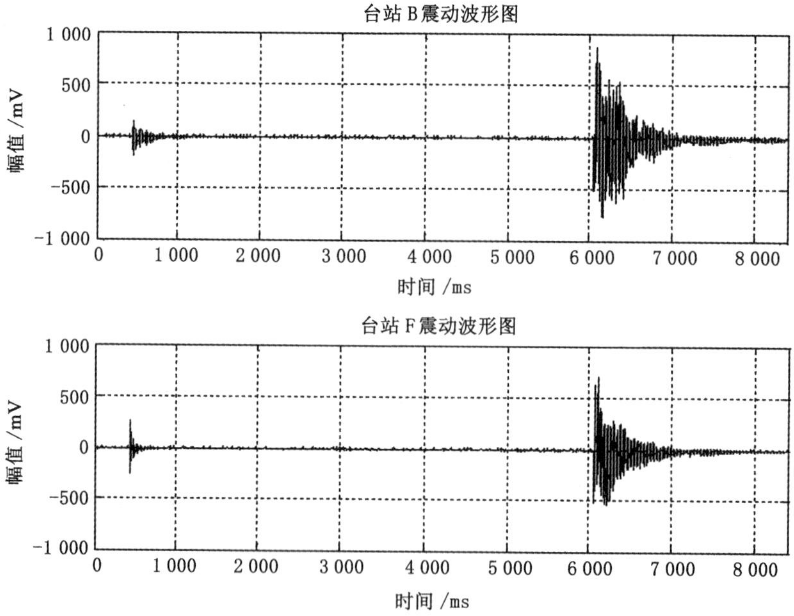

(f)

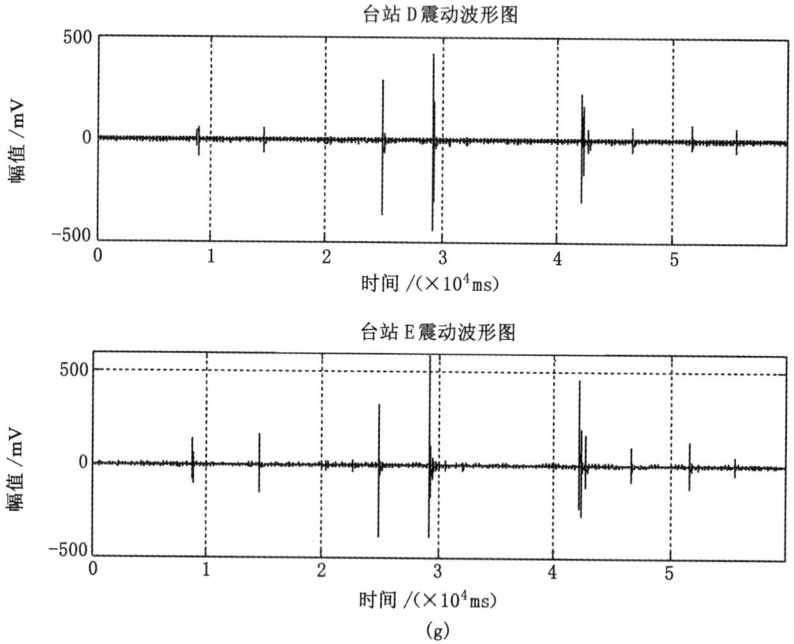

(g)

续图 4-9　各煤岩试样冲击破裂微震信号的振幅-时间曲线

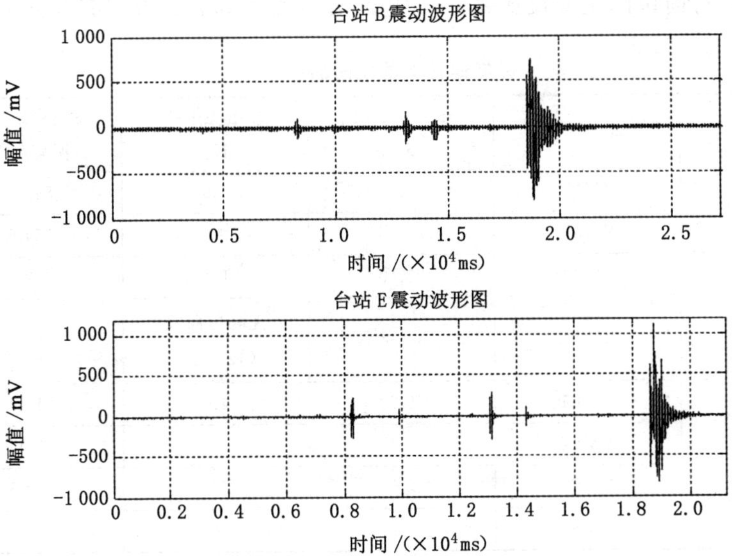

(h)

续图 4-9 各煤岩试样冲击破裂微震信号的振幅-时间曲线

(a) YMM1 煤样部分台站煤样振幅-时间曲线；(b) YMM2 煤样部分台站煤样振幅-时间曲线；
(c) XZYM1 煤样部分台站煤样振幅-时间曲线；(d) XZYM2 煤样部分台站煤样振幅-时间曲线；
(e) YML1 砾岩样部分台站煤样振幅-时间曲线；(f) YML2 砾岩样部分台站煤样振幅-时间曲线；
(g) YMS1 砂岩样部分台站煤样振幅-时间曲线；(h) YMS2 砂岩样部分台站煤样振幅-时间曲线

4.4.3 煤岩样冲击破裂微震波形特征

4.4.3.1 震动幅频特征

因震源破裂尺度较小，各标准煤岩试样震动幅值明显小于前面大尺度岩板主断裂的振幅大小。同时，与岩板断裂在主震动前无明显前兆微震信号不同，图 4-9 中煤岩试样在最终受压或冲击破坏之前往往会有多次前兆能量释放。这些前兆破裂信号反映了煤岩体破坏过程中裂纹产生、贯通和扩展的能量积聚和耗散状态。

煤岩样微震信号的最大振幅与单轴抗压强度 σ_c、冲击能指数 K_E 之间的统计情况见表 4-3。由表可见，强冲击倾向性试样破坏过程往往是多轮循环剧烈破坏，其能量可通过多次强烈的冲击震动连续向外释放(见图 4-9 中 XZYM1、XZYM2 煤样)；而弱冲击倾向性试样聚集的弹性能除通过前兆微破裂有较小的局部能量释放外，主要是通过其主破裂时一次性突然释放。因此，虽然强冲击倾向试样破坏过程中往往能释放更多的弹性能，但其单次震动释放的能量并不一定会高于弱冲击倾向试样。即，煤岩样破坏过程中的峰值振幅与其冲击倾向性并不一定具有简单的正或反比关系，而应结合其受力和破坏方式综合分析。

表 4-3　　　　微震信号参量之间的关系

岩性	试样标号	单轴抗压强度 σ_c /MPa	冲击能指数 K_E	微震台站最大振幅/mV
煤样(跃进)	YMM1	18.97	1.9	842.4
	YMM2	24.49	3.4	754.5
煤样(忻州窑)	XZYM1	33.10	112	659.2
	XZYM2	40.98	无峰后曲线(强冲击)	807.8
砾岩(跃进)	YML1	26.22	4.6	916.9
	YML2	32.35	7.2	1 031.6
砂岩(跃进)	YMS1	28.64	6.4	944.8
	YMS2	44.70	19.7	1 115.8

注:因岩体与煤体间岩性特征的差异,煤、岩样之间具有不同的冲击倾向性鉴定标准和临界值。

煤岩体冲击破裂微震信号的频谱演变特征,有助于分析煤岩体发生动力冲击破坏的震源孕育机理,并为现场冲击矿压微震预测预报提供一条有效途径。

图 4-10 为煤样 YMM2 变形破坏时 F 台站采集的微震信号频谱分布,该试样主破裂前出现 1 次明显的前兆震动信号。由图可见,煤样破裂前兆震动信号的振幅较低,约为 100 mV,而主震动由 2 次连续震动组成,最大振幅超过 500 mV,震动能量远大于前兆破裂。从频谱分布来看,前兆震动频率主要以高频成分为主,从 250～500 Hz 之间均有分布,主频区间约为 250～300 Hz,低频不发育;而主震动信号频谱分布更广,在 0～500 Hz 均有分布,且在 0～50 Hz 和 100～150 Hz 区间的低频能量明显增多,而 250～300 Hz 之间的频率仍然最为发育。同时,主震动在各个频率区间的谱能量均大于前兆震动。

图 4-11 为砂岩样 YMS2 冲击破坏过程中的 E 台站采集的微震信号频谱分布,该试样主破裂前出现 5 次明显的前兆震动信号。以其中 1 次幅值较大前兆频谱分布为例,由图可见,岩样前兆破裂微震信号的振幅较低,约 200 mV,持时低于 50 ms,而主破裂时振幅较高,幅值超过 1 000 mV,持时超过 600 ms。从频谱分布看,前兆震动频率同样以高频成分为主,主要分布在 350～500 Hz 左右,低频不发育;而主震动信号的频谱则明显向低频转移,主频主要分布在 0～120 Hz 左右,高频部分在 300～350 Hz 左右的能量谱也较发育。

图 4-12 为强冲击倾向煤样 XZYM2 冲击破坏过程中的 B 台站采集的微震信号频谱分布。由于该试样主要通过多次强烈的冲击震动连续向外释放能量,冲击

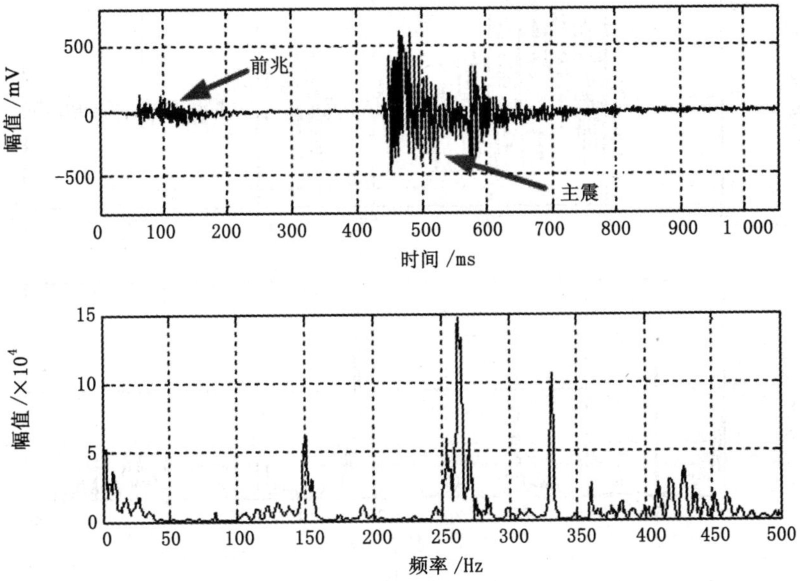

(a)

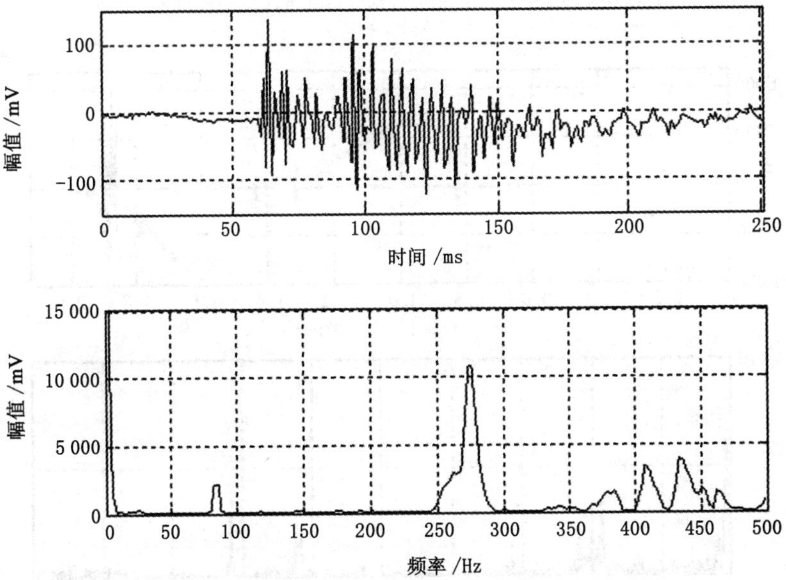

(b)

图 4-10 YMM2 煤样微震信号的频谱分布规律(F 台站)

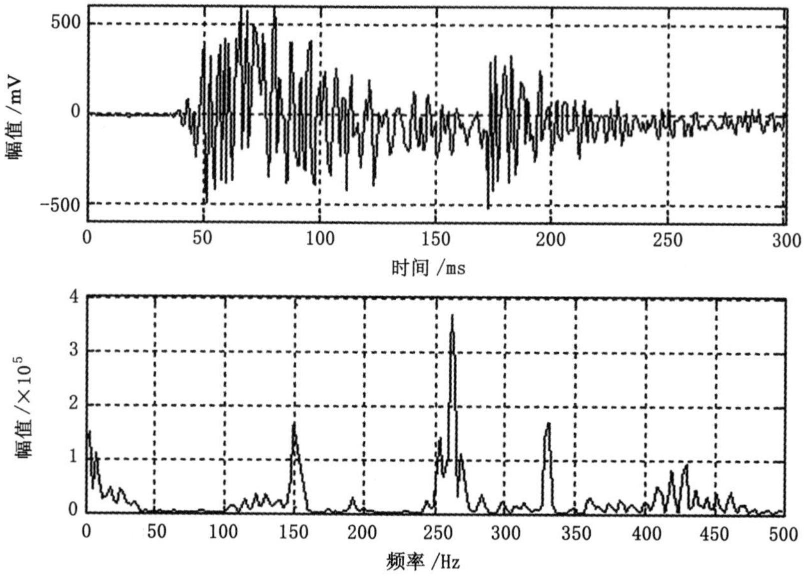

(c)

续图 4-10　YMM2 煤样微震信号的频谱分布规律(F 台站)

(a) YMM2 震动频谱分布;(b) 前兆震动频谱分布;(c) 主震动频谱分布

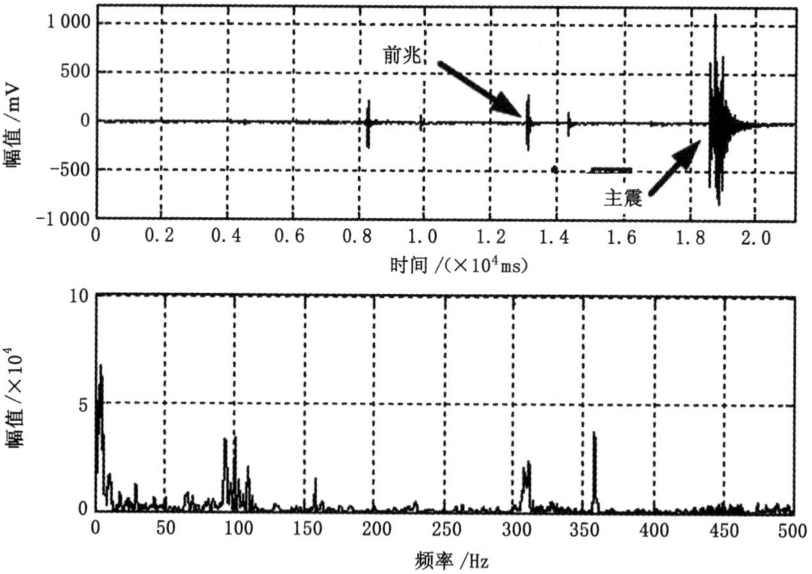

(a)

图 4-11　YMS2 煤样微震信号的频谱分布规律(E 台站)

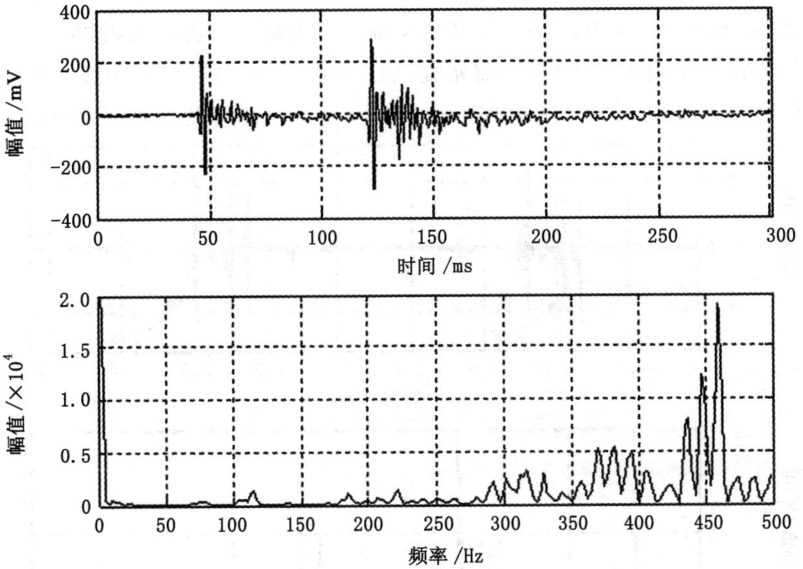

(b)

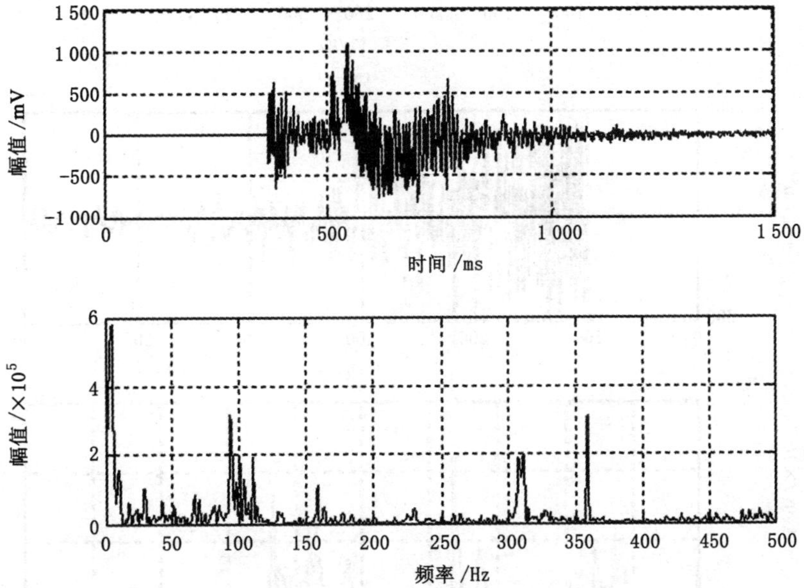

(c)

续图 4-11　YMS2 煤样微震信号的频谱分布规律(E 台站)

(a) YMS2 震动频谱分布;(b) 前兆震动频谱分布;(c) 主震动频谱分布

主震动与前兆破裂之间在震动幅值上较为接近。由图可见，图中箭头所示前兆破裂震动的振幅约 500 mV，持时约 350 ms，而冲击破坏时主震动振幅约 600 mV，持时约 450 ms。从频谱分布来看，前兆震动信号频率分布较广，其中较为发育区间为 50～100 Hz、150～220 Hz 和 250～330 Hz；而冲击主震动主要频率范围与前震

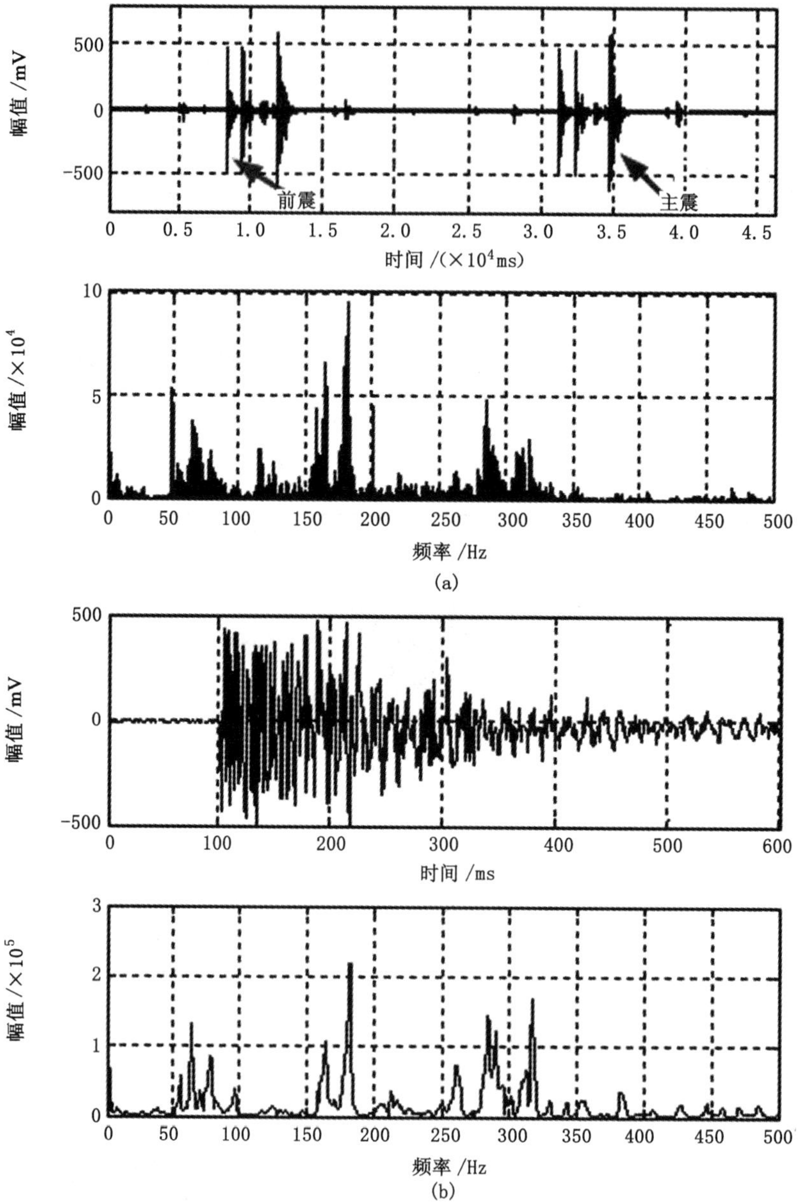

图 4-12　XZYM2 煤样微震信号的频谱分布规律(B 台站)

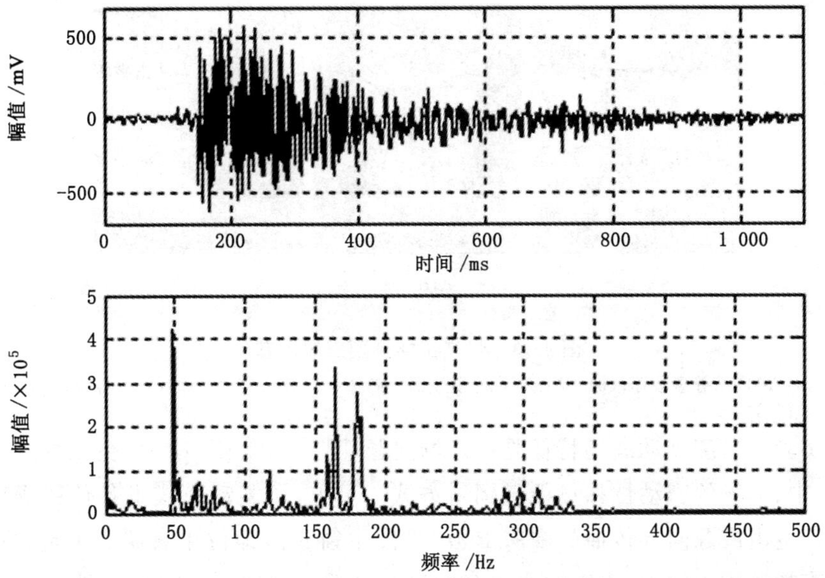

(c)

续图 4-12　XZYM2 煤样微震信号的频谱分布规律(B 台站)

(a) XZYM2 震动频谱分布;(b) 前兆震动频谱分布;(c) 主震动频谱分布

类似,但其中 50～100 Hz 和 150～200 Hz 较低频率段的能量谱较前者更为发育。

综上分析,煤岩样在其裂纹发育、扩展中,往往会产生多次前兆微破裂,直至最后裂纹贯通产生主破裂,且煤样因其脆性特征,前兆破裂过程更为发育。同时,前兆破裂往往因其破裂半径小,震动能量较少,振幅较低,且高频成分比较发育;随着煤岩破裂尺寸的迅速扩展直至形成主断裂面,主破裂的主频范围向低频段转移,并释放大量弹性能。

因尺寸效应影响,相比于前面大尺度岩板断裂试验,煤岩试样单轴加载下主破裂峰值振幅明显小于岩板断裂,而其主频范围则相对较广,高频成分更为发育。同样,实验室煤岩试样破裂震动频率范围要高于煤矿实际条件下煤(矿)柱冲击破坏时的震动频率。

4.4.3.2　震动波场特征

通过观察煤岩样破裂时的动态特性和破裂形态,弱冲击倾向性煤岩样主要表现为多次劈裂式的受压稳态破坏,如 YMM1、YML1 等试样;而强冲击倾向性试样往往表现出强烈的动态冲击破坏,其破坏形态主要为多重剪切破裂或劈裂、剪切混合破裂,甚至出现“爆炸”式煤岩弹射,如 XZYM1、XZYM2 煤样等。图 4-13为上述煤岩样典型破裂形态。

(a) (b) (c)

图 4-13　煤岩试样典型破裂形态

(a) YMM1 劈裂破坏；(b) YMS2 劈裂、剪切混合破坏；(c) XZYM1“爆炸”(剪劈混合)破坏

实验室尺度震动波场特征是一近场问题，图 4-14 为煤(矿)柱受压内爆式破裂近、中、远场的震动位移场能量辐射方式。可见，该震动模式下各位移场项基本均产生由震源向外传播的膨胀 P 波(见图中箭头)，即位于震源之上台站的 P 波垂直初动均为向下，而震源之下台站的 P 波垂直初动均为向上。图 4-15 标示了 YMM1 煤样主震动时各台站的 P 波初动方向，如图中箭头所示。由图可见，

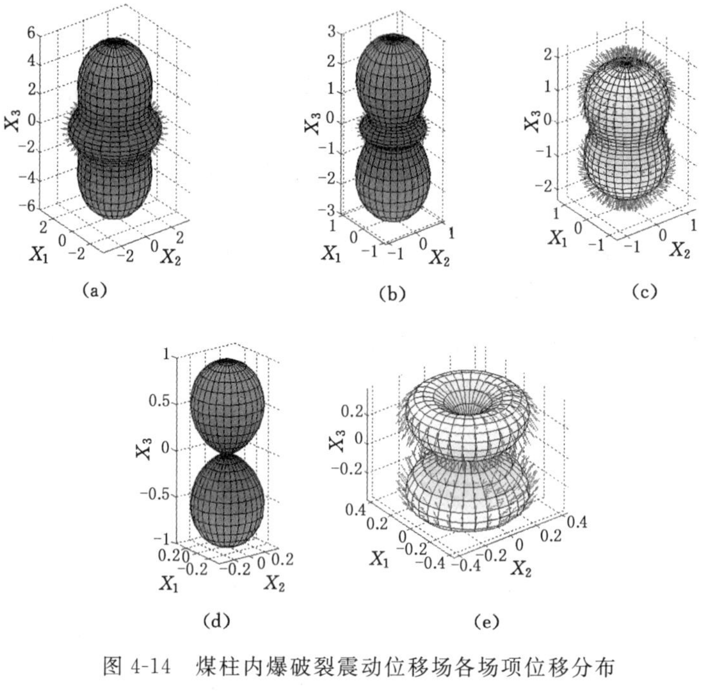

(a) (b) (c) (d) (e)

图 4-14　煤柱内爆破裂震动位移场各场项位移分布

(a) 近场波形；(b) 中场 P 波；(c) 中场 S 波；(d) 远场 P 波；(e) 远场 S 波

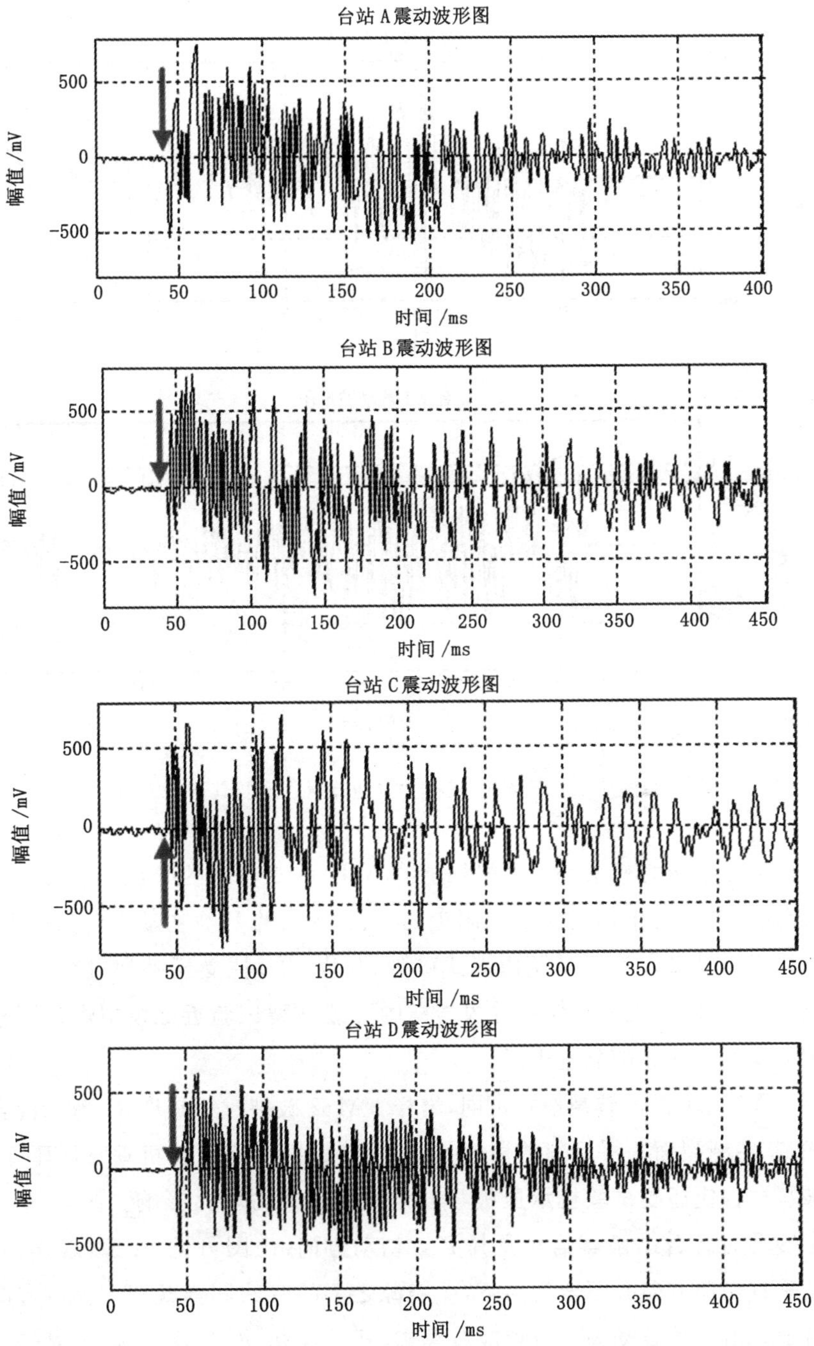

图 4-15 YMM1 煤样主震动破裂波形及其初动方向

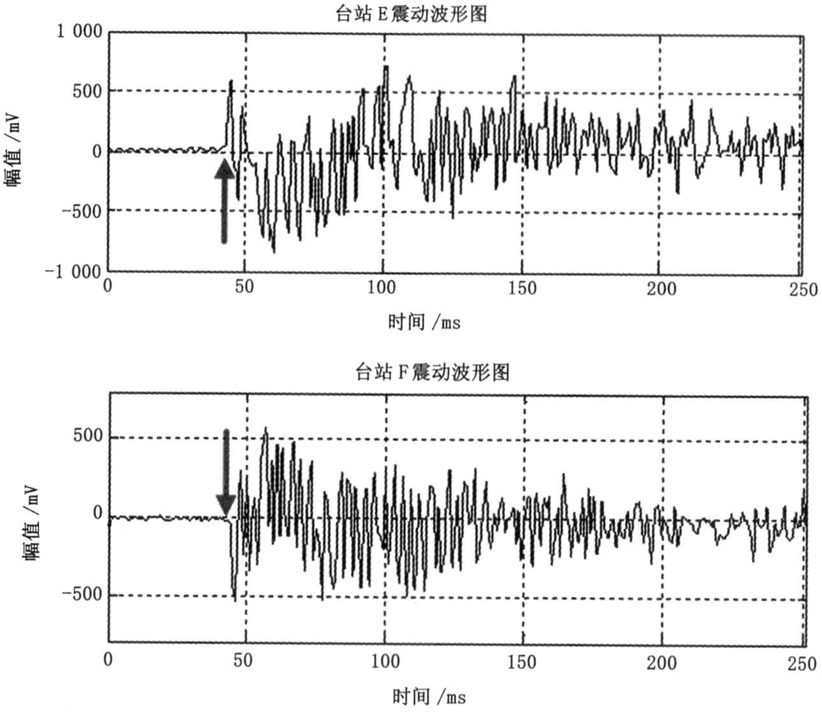

续图 4-15　YMM1 煤样主震动破裂波形及其初动方向

置于试样之上压力机头和压力机架上的 A、B、D、F 台站的 P 波初动方向均为向下，而处于试样之下压力机底座附近的 C、E 台站的 P 波初动方向为向上，表明该试样主震动过程为一受压内爆式破裂，与煤(矿)柱受压破裂过程较为接近。因此，可通过弱或无冲击倾向性煤岩样的受载破裂试验近似模拟煤(矿)柱受压破裂的震源特征和破裂过程。

与 YMM1 煤样破裂模式不同，岩样 YMS2 破裂过程是劈裂、剪切混合破裂模式，其主断裂面为一倾斜剪切面[见图 4-13(b)]。除试验机垂直加压外，该岩样破裂过程应还受试验机承压板与岩样间的摩擦力增大影响。图 4-16 为该岩样主震动时各台站微震信号及其 P 波初动方向，由图可见，震源(岩样)之上的台站垂直初动方向并不全为向下，而震源之下的台站同样既有向上也有向下初动特征。由于该震动为一剪切破裂模式，其 P 波初动方向更类似于煤(矿)柱剪切冲击破坏特征。

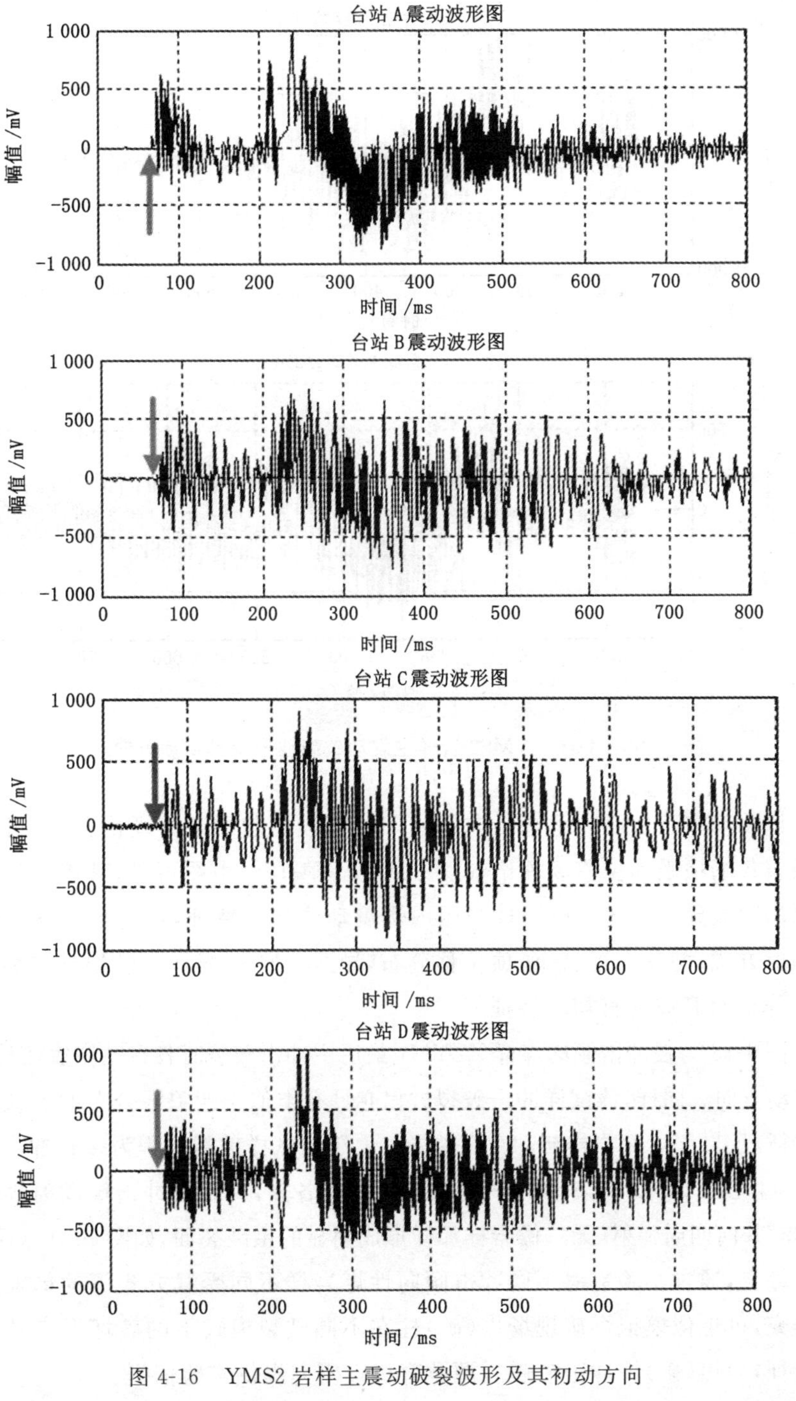

图 4-16　YMS2 岩样主震动破裂波形及其初动方向

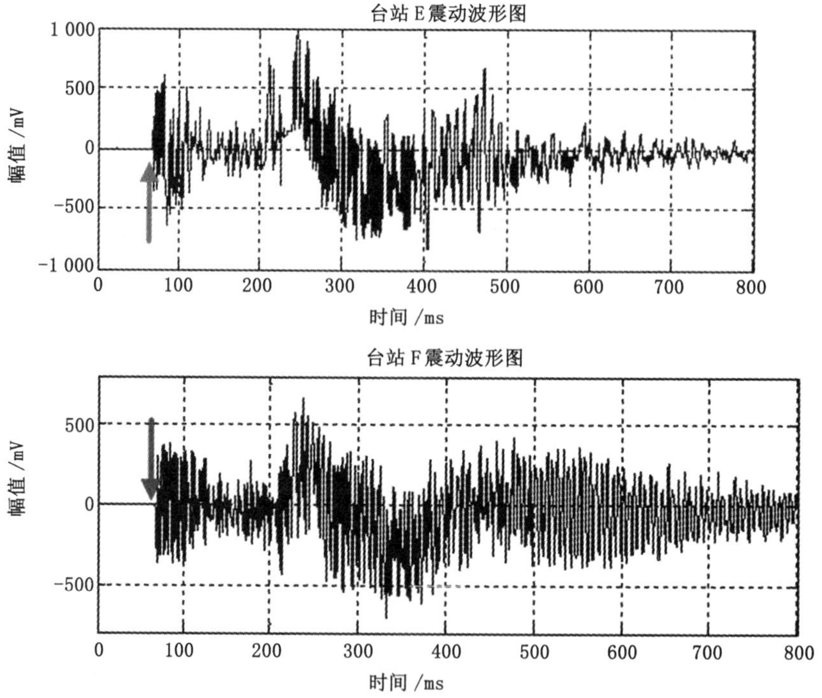

续图 4-16　YMS2 岩样主震动破裂波形及其初动方向

该震动主剪切面与垂直轴向约成 30°角，根据前面章节理论分析，可得其震源破裂各场项震动位移场理论辐射方式，见图4-17。由图可见，其震动位移场各场项均明显异于上述煤(矿)柱受压内爆震动位移场特征，正是由于该震动位移场辐射方式，尤其是近、中场项位移分布，导致 YMS2 岩样主破裂具有类似于四象限分布的 P 波垂直初动特征。

图 4-18 为强冲击倾向煤样 XZYM1 最后主冲击破裂时各台站微震信号及其 P 波初动方向。同样，该试样冲击破裂过程亦具有类似于四象限分布的 P 波垂直初动特征，且与 YMS2 岩样初动存在差异。由于该试样破裂过程为多轮冲击循环剧烈破坏[见图 4-9(c)]，震动群中各破裂面方位各异，且最终冲击震动时煤样迅速"爆炸"并向四周弹射，无法像岩样那样形成明显的主破裂面，如图4-13(c)所示。

综上，通过实验室对不同冲击倾向性煤岩样不同受载方式下的单轴抗压试验研究，可近似模拟煤矿现场煤(矿)柱在不同破裂模式下的破坏形态及震动信号特征，为煤(矿)柱冲击矿震震源孕育机理研究提供实验依据。

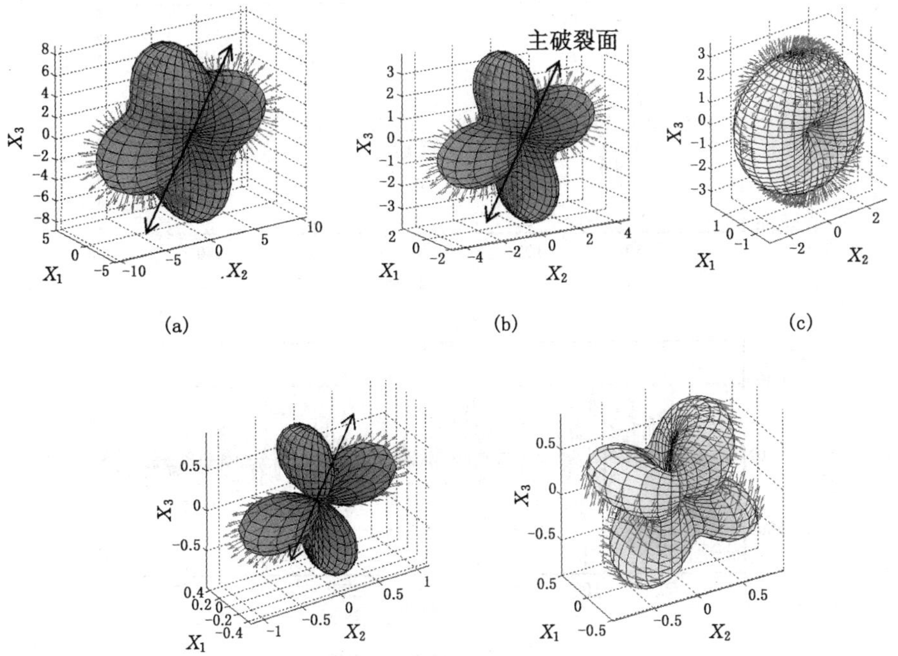

(a) (b) (c)

(d) (e)

图 4-17 煤柱剪切破裂震动位移场各场项位移分布(倾角=60°)
(a) 近场波形;(b) 中场 P 波;(c) 中场 S 波;(d) 远场 P 波;(e) 远场 S 波

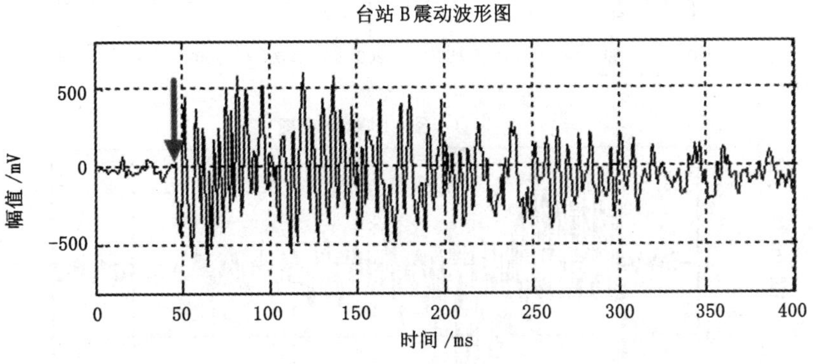

图 4-18 XZYM1 煤样最后主震动破裂波形及其初动方向

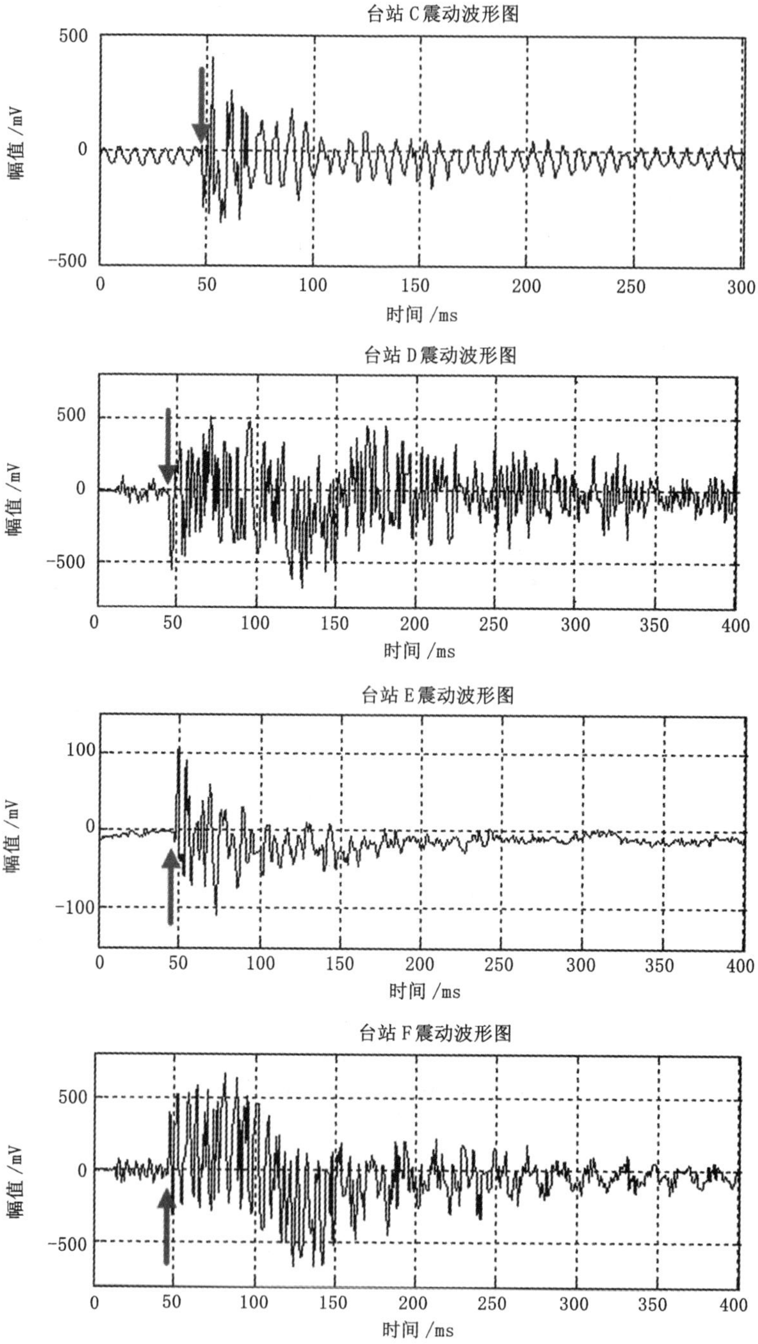

续图 4-18　XZYM1 煤样最后主震动破裂波形及其初动方向

4.5 采动诱发断层活动模拟试验及震动信号分析

4.5.1 模拟试验设计及参数设定

4.5.1.1 试验目的

为研究采动影响下断层滑移震动的发生规律及震动特征,进行了工作面开采诱发断层滑移运动的相似模拟试验,试验研究工作面开采至断层区域断层滑移量、断层面应力场变化规律及断层滑移失稳现象的观测与描述,本书则侧重关注煤层开挖过程中断层区域顶板岩层活动及断层滑移失稳的震动波形特征变化。

4.5.1.2 模型制作及监测布置

本次相似模拟试验岩层属性参照兖州济三矿 6303 工作面的实际钻孔资料。根据试验目的及要求,确定模型的几何相似常数为 $C_l=100$,密度相似常数 $C_\rho=1.73$,应力相似常数 $C_\sigma=C_l \cdot C_\rho=173.33$。同时,设定模型上边界上覆岩层厚度为 600 m,载荷相似常数 $C_P=C_\sigma$;考虑到现场实际中煤岩体为三向受力状态,而相似模拟试验采用平面应力模型,故模型顶部应施加的面力取实际值的一半,即 $P_m=\rho gh/2C_\sigma$。

试验所选用的模型架尺寸为:长×宽×高=2.5 m×0.2 m×1.6 m。根据相似材料的模拟强度值、容重及几何相似比,获各层相似材料的最佳配比、体积和质量,见表 4-4。其中:砂子为骨料,碳酸钙、石膏为胶结材料,硼砂为缓凝剂。

表 4-4　相似模型材料用量表

岩层名称	配比号(砂子:碳酸钙:石膏)	模拟厚度/cm	模拟强度/kPa	总质量/kg	砂/kg	碳酸钙/kg	石膏/kg	水/kg	硼砂/g
中砂岩	537	15	173.08	112.50	93.75	5.63	13.13	14.06	140.63
粗砂岩	455	10	158.66	75.00	60.00	7.50	7.50	9.38	93.75
中砂岩	537	8	173.08	60.00	50.00	3.00	7.00	7.50	75.00
粗砂岩	455	5	158.66	37.50	30.00	3.75	3.75	4.69	46.88
中砂岩	537	11	173.08	82.50	68.75	4.13	9.63	10.31	103.13
细砂岩	337	13	259.62	97.50	73.13	7.31	17.06	12.19	121.88
中砂岩	537	4	173.08	30.00	25.00	1.50	3.50	3.75	37.50

续表 4-4

岩层名称	配比号（砂子：碳酸钙：石膏）	模拟厚度/cm	模拟强度/kPa	总质量/kg	砂/kg	碳酸钙/kg	石膏/kg	水/kg	硼砂/g
细砂岩	337	21	259.62	157.50	118.13	11.81	27.56	19.69	196.88
中砂岩	537	5	173.08	37.50	31.25	1.88	4.38	4.69	46.88
$3_下$ 煤	673	5	43.27	37.50	32.14	3.75	1.61	4.69	46.88
粉砂岩	555	10	144.23	75.00	62.50	6.25	6.25	9.38	93.75
细砂岩	337	20	259.62	150.00	112.50	11.25	26.25	18.75	187.50

同样采用 TDS-6 微震监测系统，分别在断层下盘和上盘岩体中（模型背面）布置微震探头 A 和 B，采集工作面回采工程中顶板岩层断裂及断层滑移等震动信号。试验模型及微震台站布置示意见图 4-19。

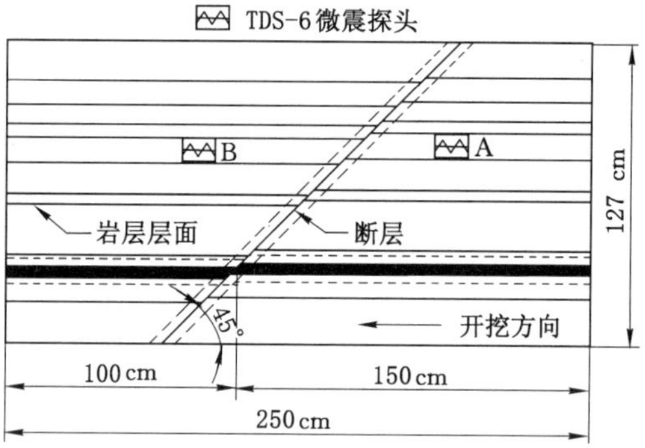

图 4-19 试验模型及微震台站布置

4.5.2 工作面开挖过程中震动信号特征分析

工作面从模型右边界开始，由断层下盘向断层方向逐步推进。因模型尺寸效应，工作面开挖过程中产生的较强震动较少，很多岩层微破裂或较小震动因没有达到 TDS-6 监测系统的触发阈值而未被记录，直至工作面开采过断层后在上盘开挖时，TDS-6 采集到几次震动事件，这些震动分别与采动影响下上盘顶板岩层断裂和断层活动等密切相关，且不同信号在震动频率、持续时间、释放能量等多方面存在波形特征差异。总体而言，这几次震动信号因强度较小，震动波阻尼和散射衰减严重，只有台站 B 采集到较清晰的震动波形，而位于断层下盘的台站 A 因离破裂点较远，记录波形难以识别。

4.5.2.1　断层滑移震动信号

工作面在上盘推过断层 30 m 时，直接顶在煤壁后方发生垮落，并导致上覆顶板沿煤壁上方出现断裂[图 4-20(a)]；顶板岩块沿煤壁处产生回转，并对断层稳定性造成一定影响，使断层上盘沿断层面发生滑移错动，产生一定震动。图 4-20(b)为顶板运动诱发的断层滑移震动信号。断层滑移信号之前有一振幅较低的低频信号，应为开挖活动所触发。同时，台站 B 记录波形较为清晰，而台站 A 因震动衰减和噪声干扰，在波形图时间域内难以清晰识别震动波形。故选用台站 B 监测波形进行波形特征分析，并进行 FFT 转换，其震动波形频谱图如图 4-20(c)所示。

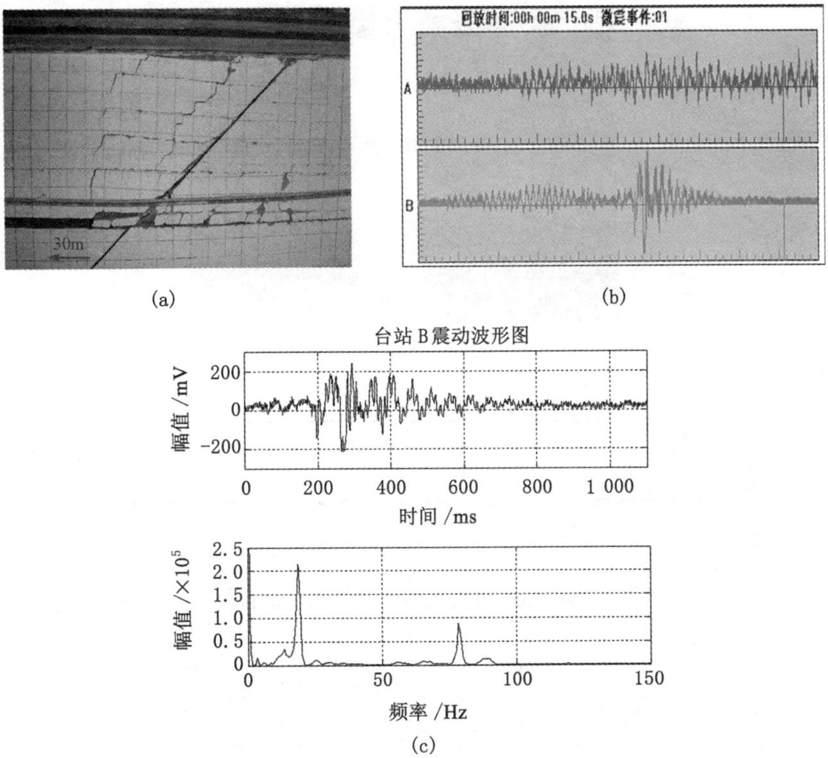

图 4-20　工作面采动诱发断层滑移震动波形图

(a) 工作面开挖(上盘距断层 30 m)；(b) 微震波形；(c) 台站 B 采集的断层滑移波形

由图可见，该震动峰值振幅约 250 mV，持续时间约 450 ms。频率主要分布在 0～100 Hz 之内，且出现两次高峰，主要集中在 0～25 Hz 和 75～90 Hz 两个频率区间，应是断层滑移过程中伴随一定顶板活动所致，最大主频约 20 Hz 左右，说明震动仍主要以低频能量占主导。P 波初动方向不易准确识别。该震动属于断层稳态滑移，而不是断层“活化”的动态滑移失稳，故震动产生能量较小。随着断层上下盘岩体继续回转咬合，上盘岩体逐渐压实并重新闭合，断层暂时进入稳定状态。

4.5.2.2 顶板断裂信号

工作面继续开挖过断层 60 m 时，直接顶在煤壁后方发生垮落，且所有上覆岩体沿煤壁上方发生断裂，见图 4-21(a)。与之前多次顶板断裂未产生有感震动不同，本次多层顶板断裂时发生沉闷的震动响声，破断后的岩块互相挤压，形成三铰拱式平衡结构。

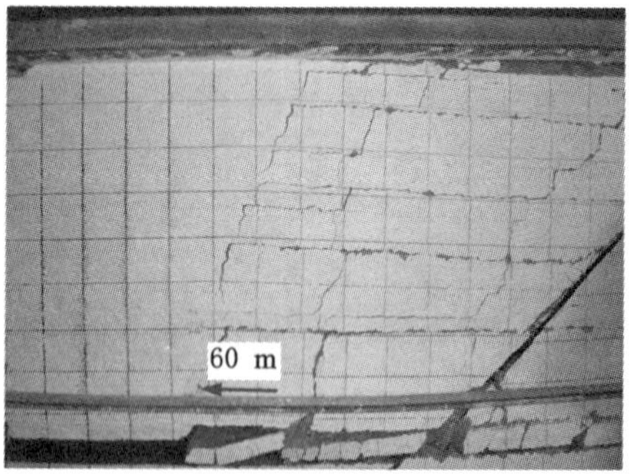

(a)

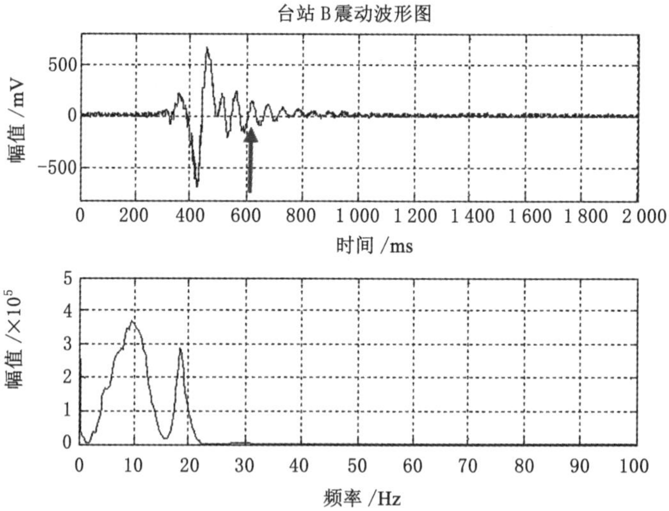

(b)

图 4-21 顶板断裂震动波形图

(a) 工作面开挖(上盘距断层 60 m)；(b) 台站 B 采集的顶板断裂波形

同样,顶板断裂时只有台站 B 采集到有效震动信号。图 4-21(b)为台站 B 记录的该顶板断裂的震动波形频谱图。由图可见,该震动峰值振幅较大,约 560 mV;震动持续时间约为 600 ms;频率主要分布在 0～25 Hz,主频约 10 Hz,波谱成分单一;P 波初动振幅较小,初动向上,因台站位于震源之上,初动方向符合顶板断裂震动波场特征理论分析结果。该震动是所有采集到的震动信号中幅值最大的,由于工作面逐渐远离断层面,顶板断裂运动没有诱发断层滑移错动,说明断层围岩系统处于稳定状态。

4.5.2.3 顶板垮落信号

工作面开挖过断层 70 m 时,直接顶在煤壁后方又出现垮落,同时,基本顶平衡结构咬合处的挤压力超过岩块接触处的强度极限,导致岩块回转失稳并垮落,基本顶上方的薄软岩层,随着基本顶的垮落而同时发生冒落,而其上方的较厚细砂坚硬岩层,在水平挤压力作用下,仍保持平衡状态,且与下方岩层形成离层,见图4-22(a)。顶板垮(冒)落时明显感觉到试验系统发生轻微震动,图 4-22(b)为台站 B 记录的该顶板垮落的震动波形频谱图。由图可见,该震动波形较为特殊,峰值振幅较大,约 450 mV,但持续时间较短,仅约 100 ms,且尾波发育;频率出现两次高峰,主要分布在 0～25 Hz 和 250～300 Hz 一低一高两个频率区间,应是分别对应于同时出现的厚层坚硬

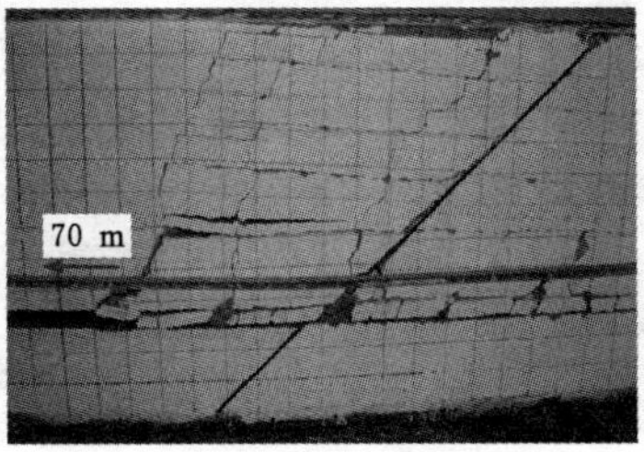

(a)

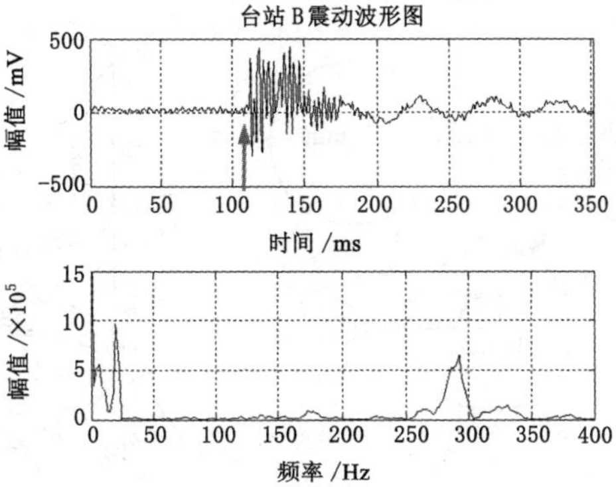

(b)

图 4-22 顶板垮落震动波形图

(a) 工作面开挖(上盘距断层 70 m);(b) 台站 B 采集的顶板垮落波形

基本顶岩块的垮落和上覆薄软小岩块的冒落，其中最大主频约 20 Hz；P 波初动振幅较大，初动向上，符合顶板冒落震动波场特征理论分析结果。由于工作面距离断层面更远，断层面附近围岩逐渐趋于稳定，顶板冒落没有对断层滑移造成影响。

4.6 动、静及组合加载下岩体“裂隙场”扩展与震源孕育过程

4.6.1 试验试样及试验系统

试验岩样取自新疆焦煤 1890、2130 煤矿的顶板岩样，岩性为砂质泥岩，加工成 ϕ50 mm×100 mm 的圆柱体标准岩样，精度要求满足《煤和岩石物理力学性质测定方法》。加载试验在美国 MTS 公司的 MTS-C64.106 电液伺服材料试验机上进行，采用位移控制单轴压缩加载位移。声发射采集由美国物理声学公司(PAC)的 PCI-2 声发射采集系统完成，试验门槛值设定为固定型 35 dB，前置增益 40 dB，采样频率为 2 MHz，采用 8 个传感器空间布置，通过走时差异进行定位。所有试验均在室温条件下进行。试验加载与监测装置如图 4-23 所示。

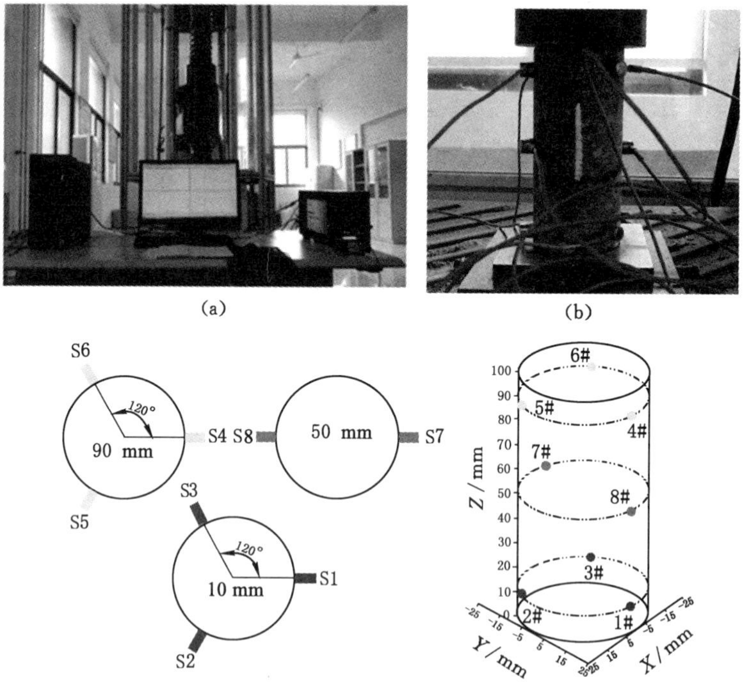

图 4-23 试验加载与监测系统布置

(a) 试验加载与监测装置；(b) AE 探头布置实物图；(c) AE 探头布置示意图

4.6.2 不同加载速率下岩体“裂隙场”扩展特征

试验机加载速率分别为 0.06 mm/min、0.15 mm/min、0.3 mm/min、0.6 mm/min、1.5 mm/min、2 mm/min、3 mm/min、6 mm/min、10 mm/min,共 9 级速率加载,对应加载应变率介于 $1\times10^{-5}\sim1.67\times10^{-3}$/s,岩样参数如表 4-5 所列。

表 4-5　岩样参数

序号	试样编号	直径/mm	高度/mm	密度/(g/cm³)	质量/g
1	1-1	50.03	102.11	2.65	519.55
2	1-2	49.71	101.02	2.61	513.01
3	1-3	49.81	99.42	2.75	540.37
4	1-4	49.78	98.38	2.87	562.62
5	1-5	49.76	100.03	2.67	524.94
6	1-6	49.74	101.64	2.81	550.63
7	1-7	49.69	99.82	2.76	540.98
8	1-8	49.68	101.53	2.94	577.42
9	1-9	49.76	100.78	2.57	503.80

不同单轴加载速率(应变率)下岩样物理力学参数的试验结果如表 4-6、图 4-24、图 4-25 所示。随着加载应变率增加,岩样极限强度明显提升,其峰值强度对应的应变值整体降低。随着应变率增加,岩样应力-应变曲线变化趋势接近,但曲线明显变陡峭,表现出明显的率相关性与塑性增强特性。岩样弹性模量变化不明显,试样达到峰值强度所需的时间随应变率增加明显降低,与加载应变率呈负幂函数相关性。

表 4-6　不同加载应变率下试验结果

试样编号	加载速率/(mm/min)	应变率/s^{-1}	极限强度/MPa	峰值应变/%	峰值强度对应时间/s
1-1	0.06	1.00×10^{-5}	65.49	0.017 974	1 830.4
1-2	0.15	2.50×10^{-5}	71.57	0.015 24	601.6
1-3	0.3	5.00×10^{-5}	67.21	0.011 552	231.6
1-4	0.6	1.00×10^{-4}	77.98	0.012 478	124.8
1-5	1.5	2.50×10^{-4}	88.59	0.015 78	63.2
1-6	2.0	3.33×10^{-4}	90.94	0.012 118	36.4
1-7	3.0	5.00×10^{-4}	82.70	0.011 942	23.9
1-8	6.0	1.00×10^{-3}	/	/	/
1-9	10.0	1.67×10^{-3}	93.87	0.010 52	10.6

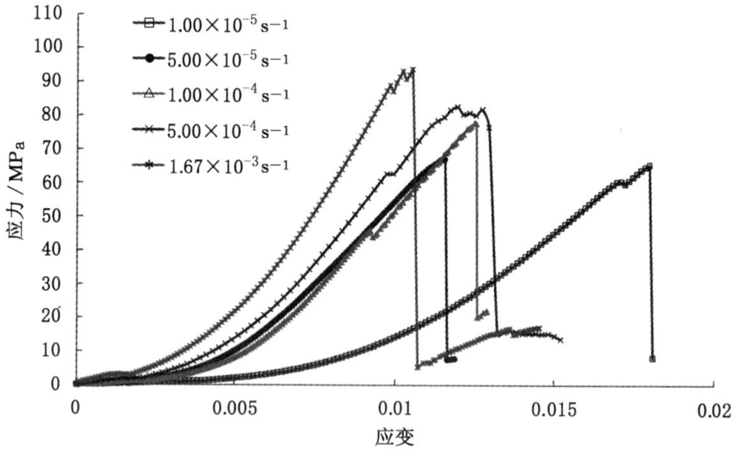

图 4-24　部分加载应变率下岩样应力-应变关系

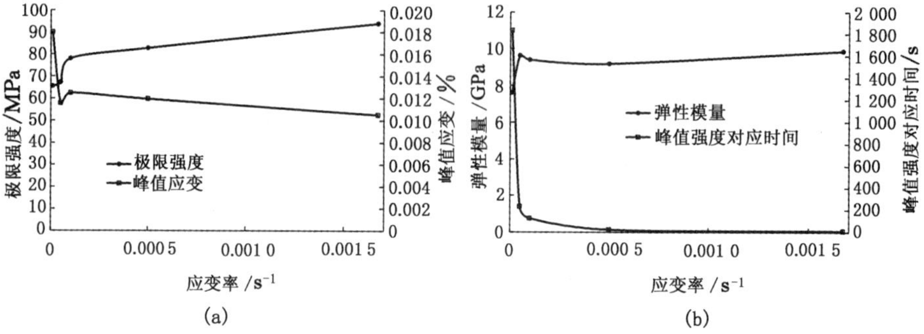

图 4-25　岩样力学参数与加载应变率关系

(a) 极限强度、峰值应变与应变率的关系；(b) 弹性模量、极限强度对应时间与应变率的关系

AE 三维定位结果显示，加载速率较慢时，AE 事件分布在较宽空间范围内，但基本与岩样主破裂面吻合，主裂纹的形成归结于大量微裂隙产生的裂缝阻裂。随着加载应变率提高，因试样从加载到最终破坏的时间非常短，AE 撞击数明显减少，可定位 AE 事件更少，AE 事件空间分布明显受主要裂纹所控制。加载应变率提高，岩样宏观破裂形态由剪切破坏逐渐转变为竖向劈裂破坏，乃至爆裂破坏。加载应变率较低时，破碎块体不脱离岩样母体，随着应变率提高，碎块开始脱离母体，且飞出速度逐渐增大，顶板岩样破裂猛烈程度与破坏声响逐渐提高，冲击倾向性增强。

不同加载应变率下岩样破裂形态与 AE 事件空间分布如图 4-26 所示。

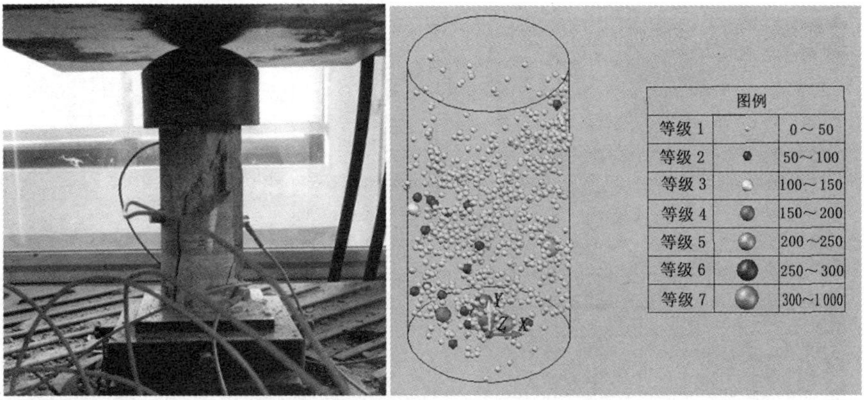

(a)

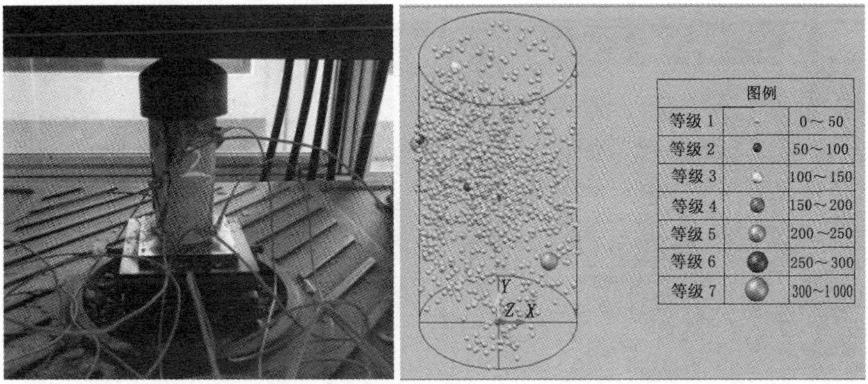

(b)

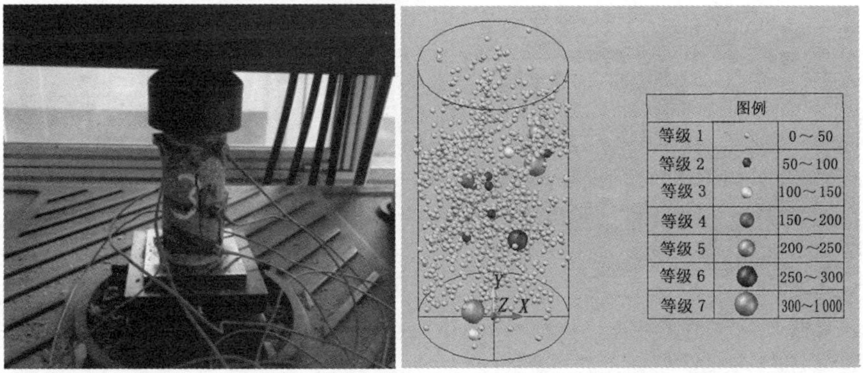

(c)

图 4-26　不同加载应变率下岩样破裂形态与 AE 事件空间分布

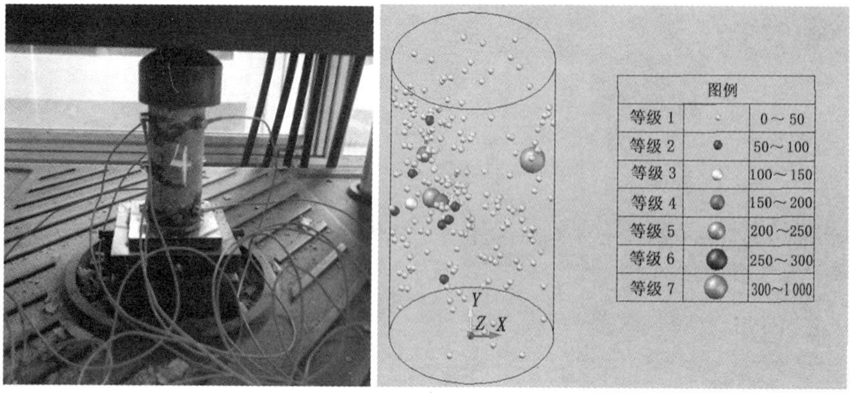

(d)

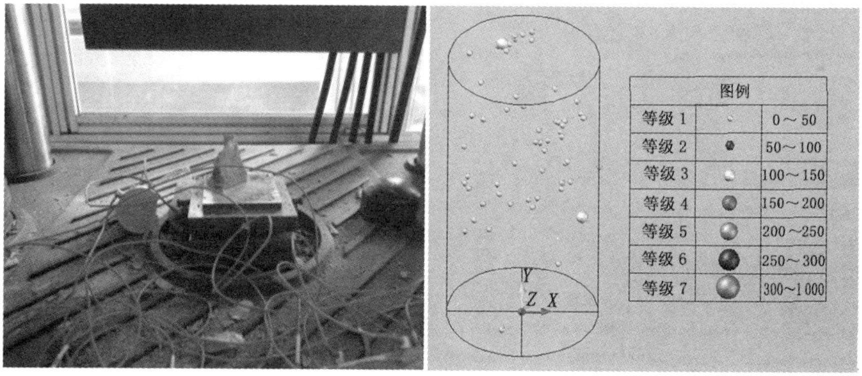

(e)

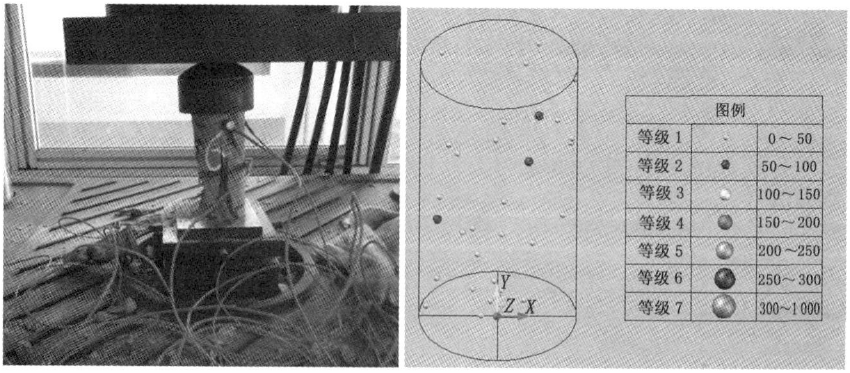

(f)

续图 4-26　不同加载应变率下岩样破裂形态与 AE 事件空间分布

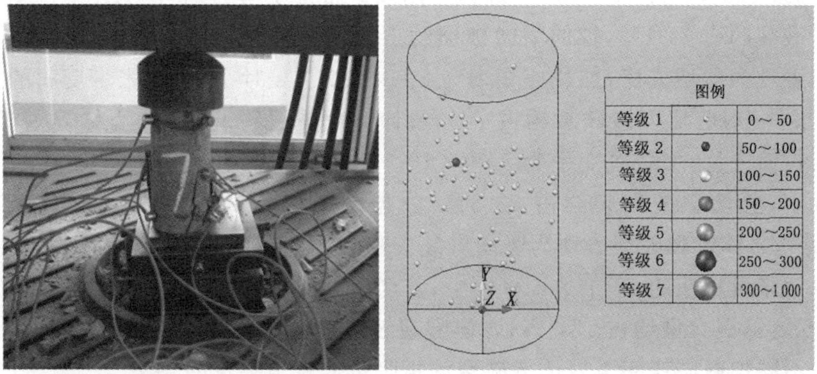

(g)

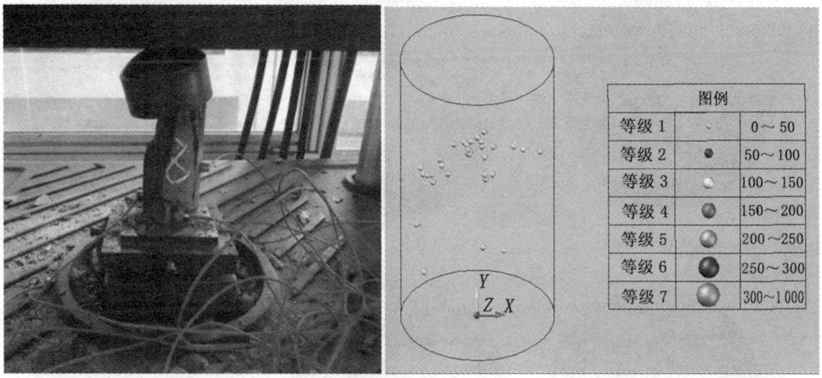

(h)

续图 4-26　不同加载应变率下岩样破裂形态与 AE 事件空间分布

(a) 应变率 $\dot{\varepsilon}=1.0\times10^{-5}\ s^{-1}$ 时岩样破裂形态与 AE 事件空间分布；(b) 应变率 $\dot{\varepsilon}=2.5\times10^{-5}\ s^{-1}$ 时岩样破裂形态与 AE 事件空间分布；(c) 应变率 $\dot{\varepsilon}=5.0\times10^{-5}\ s^{-1}$ 时岩样破裂形态与 AE 事件空间分布；(d) 应变率 $\dot{\varepsilon}=1.0\times10^{-4}\ s^{-1}$ 时岩样破裂形态与 AE 事件空间分布；(e) 应变率 $\dot{\varepsilon}=2.5\times10^{-4}\ s^{-1}$ 时岩样破裂形态与 AE 事件空间分布；(f) 应变率 $\dot{\varepsilon}=3.3\times10^{-4}\ s^{-1}$ 时岩样破裂形态与 AE 事件空间分布；(g) 应变率 $\dot{\varepsilon}=5.0\times10^{-4}\ s^{-1}$ 时岩样破裂形态与 AE 事件空间分布；(h) 应变率 $\dot{\varepsilon}=1.67\times10^{-3}\ s^{-1}$ 时岩样破裂形态与 AE 事件空间分布

4.6.3　不同加载速率下岩体“裂隙场”震源孕育机制

通过对 AE 源矩张量破裂成分的定量分析，可确定不同加载速率下岩体受载过程中的微裂隙的裂纹性质与起源、扩展模式。基于 AE 事件数的 P 波位移场标定，研究了动、静载作用下岩体微破裂源的震源机制差异。

根据矩张量反演结果，加载应变率为 1.00×10^{-5}/s 时，可进行矩张量反演的 116 个 AE 事件中(接收传感器不少于 6 个)，剪切微破裂事件占 34.5%左右，拉伸微破裂事件约占 41.4%，混合型约占 24.1%，岩体宏观破裂表现为剪切失稳;加载应变率为5.00×10^{-5}/s 时,可用以矩张量反演的 83 个 AE 事件中,剪切型微破裂约占 34.1%,拉伸型微破裂约占 50.6%,混合型约占15.3%,岩体宏观破裂表现为剪切失稳;加载应变率为 1.00×10^{-4}/s 时,可用矩张量反演的 15 个 AE 事件中,剪切型微破裂约占 7%,拉伸型微破裂约占 93%,岩体宏观破裂表现为拉伸失稳;加载应变率为 5.00×10^{-4}/s 时,可用以矩张量反演的 21 个 AE 事件中,剪切型微破裂约占 23.8%,拉伸型微破裂约占 57.1%,混合型约占 19.1%,岩体宏观破裂表现为竖向劈裂失稳;加载应变率为 1.67×10^{-3}/s 时,可用以矩张量反演的 15 个 AE 事件中,剪切型微破裂约占 6.7%,拉伸型微破裂约占 80.0%,混合型约占 13.3%,岩体宏观破裂表现为爆裂失稳。

不同加载应变率下岩体微破裂源矩张量分解结果见图 4-27。

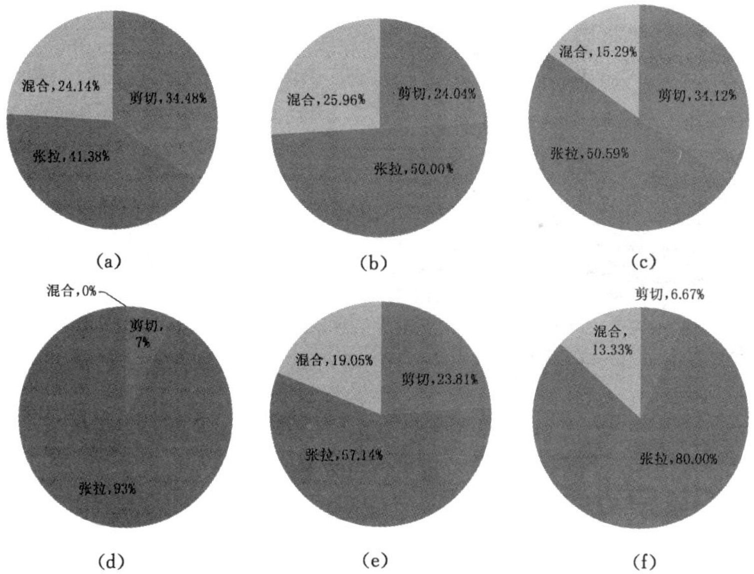

图 4-27　不同应变率下岩体微破裂源矩张量反演与分解结果

(a) $\dot{\varepsilon}=1.0\times10^{-5}$/s;(b) $\dot{\varepsilon}=2.5\times10^{-5}$/s;(c) $\dot{\varepsilon}=5.0\times10^{-5}$/s;(d) $\dot{\varepsilon}=1.0\times10^{-4}$/s;
(e) $\dot{\varepsilon}=5.0\times10^{-4}$/s;(f) $\dot{\varepsilon}=1.67\times10^{-3}$/s

不同加载应变率下岩体微破裂源震源机制的“沙滩球”空间分布见图 4-28。

图 4-29 为部分岩样受载过程中各破裂模式的演化情况。以岩样 1-1、1-3 为例,可见,试样 1-1 单轴加载至非稳定破裂发展阶段后,拉伸、剪切与混合 3 种破裂模式快速增加,且拉张和剪切破裂增幅更大,拉张破裂占大多数;试样 1-3 在进入塑性变形前 3 种破裂模式同步增加,相比于混合和剪切破裂,拉张破裂模式初期增幅较大,尤其在即将进入塑性变形阶段后。

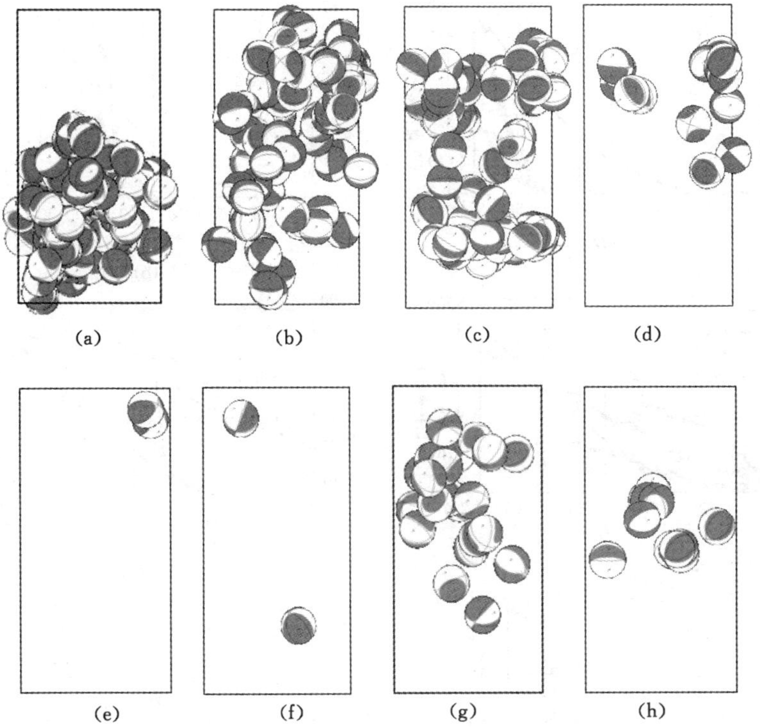

图 4-28　不同应变率下岩体微破裂震源机制“沙滩球”空间分布

(a) $\dot{\varepsilon}=1.0\times10^{-5}$/s;(b) $\dot{\varepsilon}=2.5\times10^{-5}$/s;(c) $\dot{\varepsilon}=5.0\times10^{-5}$/s;(d) $\dot{\varepsilon}=1.0\times10^{-4}$/s;
(e) $\dot{\varepsilon}=2.5\times10^{-4}$/s;(f) $\dot{\varepsilon}=3.3\times10^{-4}$/s;(g) $\dot{\varepsilon}=5.0\times10^{-4}$/s;(h) $\dot{\varepsilon}=1.67\times10^{-3}$/s

4.6.4　动静组合加载作用下岩体“裂隙场”扩展特征

进一步开展相同静载与不同动载组合加载作用下，岩体力学特征、“裂隙场”扩展与损伤演化特征分析。

(1) 选择 5 组标准岩样采用位移控制准静态加载，加载速率0.3 mm/min(静载)，加载到 50 kN(约 60%)，载荷保持 20 s，使试样处于深部高静载状态，接着施加 50 循环周期动载，加卸载速率为 6 mm/min(1.0×10^{-3}/s，动载)，动载强度分别为 20 kN、25 kN、30 kN、35 kN、40 kN。若循环结束后试样未破坏，则采用相同应变率动载不限幅度加载直到试样破坏。试验过程中同时进行声发射测试。

(2) 选择 5 组标准岩样采用位移控制准静态加载，加载速率 0.3 mm/min(静载)，加载到 20 kN(约 25%)，载荷保持 20 s，使试样处于低静载状态，接着施加 50 循环周期动载，加卸载速率为 6 mm/min(1.0×10^{-3}/s，动载)，动载强度分

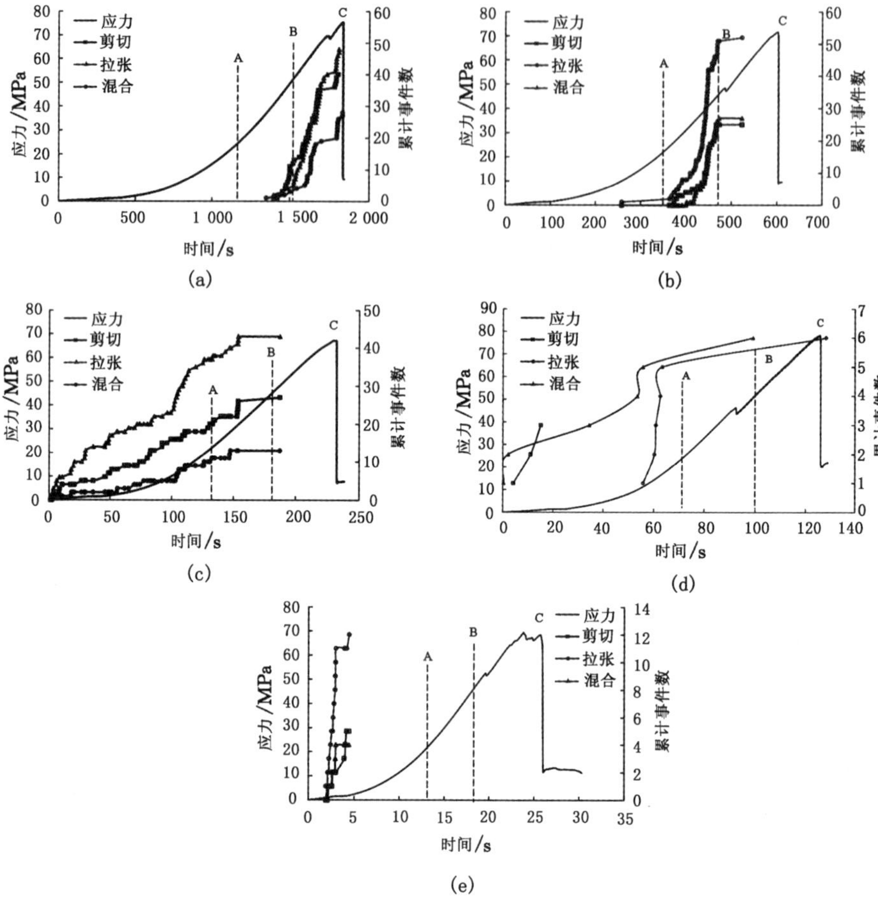

图 4-29 不同加载速率下基于矩张量反演的 AE 事件破裂模式演化特征

(a) $\dot{\varepsilon}=1.0\times10^{-5}$/s;(b) $\dot{\varepsilon}=2.5\times10^{-5}$/s;(c) $\dot{\varepsilon}=5.0\times10^{-5}$/s;(d) $\dot{\varepsilon}=1.0\times10^{-4}$/s;

(e) $\dot{\varepsilon}=5.0\times10^{-4}$/s

别为 10 kN,15 kN,20 kN,25 kN,30 kN。试样参数见表 4-7。图 4-30 为不同动静组合加载模式下的应力-应变曲线。

表 4-7　　　　顶板岩样参数

序号	试样编号	直径/mm	高度/mm	密度/(g/cm³)	质量/g
1	2-1	50.07	101.81	2.80	549.56
2	2-2	49.91	101.10	2.63	516.99
3	2-3	49.79	99.73	2.80	549.08

续表 4-7

序号	试样编号	直径/mm	高度/mm	密度/(g/cm^3)	质量/g
4	2-4	49.91	99.13	2.66	522.01
5	2-5	49.72	100.01	2.66	522.98
6	2-6	50.04	100.91	2.83	554.57
7	2-7	49.61	99.53	2.84	557.23
8	2-8	49.98	100.53	2.64	518.13
9	2-9	49.86	100.18	2.75	540.64
10	2-10	50.05	99.91	2.60	511.04

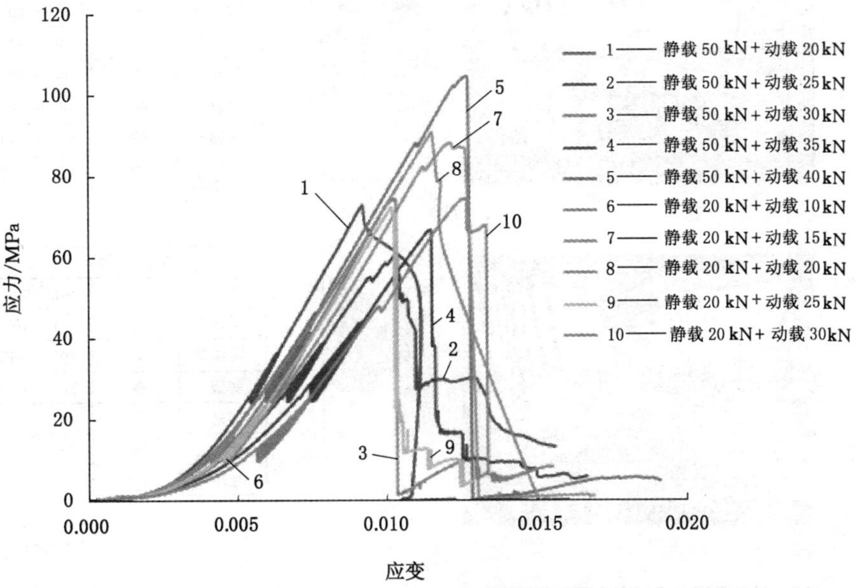

图 4-30　不同动静组合加载下岩样应力-应变关系

图 4-31 为不同动静组合加载作用下岩体破裂模式与声发射事件空间演化特征。由图可见，动载强度越大，循环动载作用下岩样结构面附近损伤积累越明显；静载作用下，岩样破裂表现为局部有限裂纹的扩展，动载作用下则表现为应力集中区域的多方向大量裂纹扩展损伤破坏。低静载水平下岩样受载过程中激发的大能量声发射事件明显小于深部高静载状态下；相同静载条件下，随着动载载荷增加，大能量声发射事件明显增多。岩样宏观破裂以柱状劈裂为主。

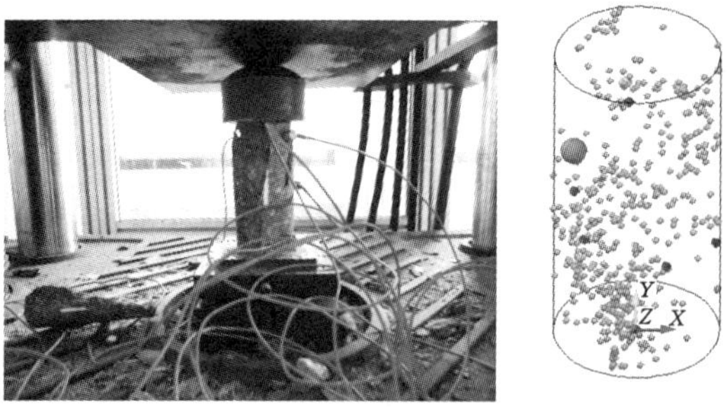

微震图例		
等级 1		0～20
等级 2		20～40
等级 3		40～60
等级 4		60～80
等级 5		80～100
等级 6		100～120
等级 7		120～160

(a)

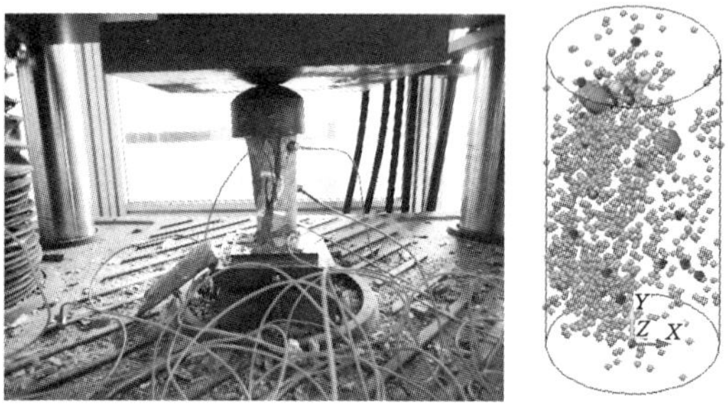

微震图例		
等级 1		0～20
等级 2		20～40
等级 3		40～60
等级 4		60～80
等级 5		80～100
等级 6		100～120
等级 7		120～160

(b)

微震图例		
等级 1		0～50
等级 2		50～100
等级 3		100～150
等级 4		150～200
等级 5		200～250
等级 6		250～300
等级 7		300～600

(c)

微震图例		
等级 1		0～20
等级 2		20～40
等级 3		40～60
等级 4		60～80
等级 5		80～100
等级 6		100～120
等级 7		120～160

(d)

图 4-31　不同动静组合加载条件下岩样破裂形态与声发射事件空间分布

微震图例		
等级 1		0～20
等级 2		20～40
等级 3		40～60
等级 4		60～80
等级 5		80～100
等级 6		100～120
等级 7		120～160

(e)

微震图例		
等级 1		0～20
等级 2		20～40
等级 3		40～60
等级 4		60～80
等级 5		80～100
等级 6		100～120
等级 7		120～160

(f)

微震图例		
等级 1		0～20
等级 2		20～40
等级 3		40～60
等级 4		60～80
等级 5		80～100
等级 6		100～120
等级 7		120～160

(g)

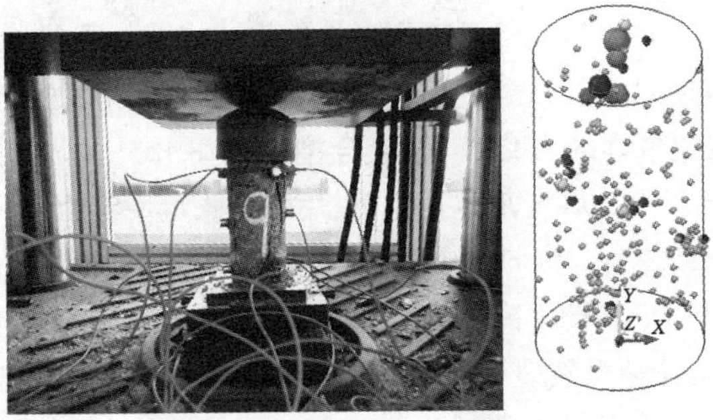

微震图例		
等级 1		0～50
等级 2		50～100
等级 3		100～150
等级 4		150～200
等级 5		200～250
等级 6		250～300
等级 7		300～600

(h)

续图 4-31　不同动静组合加载条件下岩样破裂形态与声发射事件空间分布

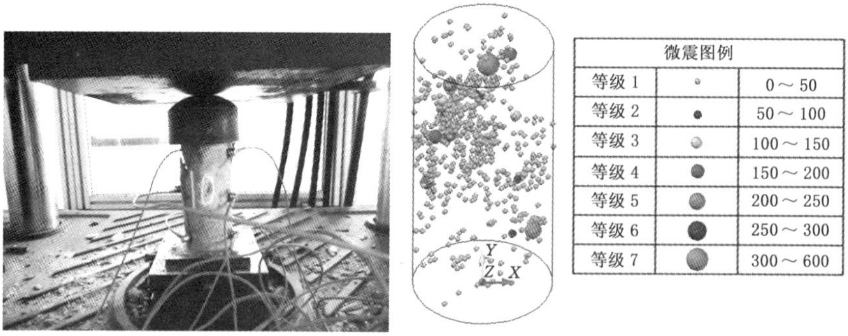

(i)

续图 4-31 不同动静组合加载条件下岩样破裂形态与声发射事件空间分布

(a) 静载 50 kN+动载 20 kN 时岩样破裂形态与 AE 事件空间分布；
(b) 静载 50 kN+动载 25 kN 时岩样破裂形态与 AE 事件空间分布；
(c) 静载 50 kN+动载 30 kN 时岩样破裂形态与 AE 事件空间分布；
(d) 静载 50 kN+动载 35 kN 时岩样破裂形态与 AE 事件空间分布；
(e) 静载 50 kN+动载 40 kN 时岩样破裂形态与 AE 事件空间分布；
(f) 静载 20 kN+动载 15 kN 时岩样破裂形态与 AE 事件空间分布；
(g) 静载 20 kN+动载 20 kN 时岩样破裂形态与 AE 事件空间分布；
(h) 静载 20 kN+动载 25 kN 时岩样破裂形态与 AE 事件空间分布；
(i) 静载 20 kN+动载 30 kN 时岩样破裂形态与 AE 事件空间分布

4.6.5 动静组合加载作用下岩体“裂隙场”震源孕育机制

根据岩体受载微破裂源的矩张量反演结果(见图 4-32)，初始静载强度为 50 kN 时，在静载 50 kN+动载 20 kN 加载作用下，可进行矩张量反演的 80 个 AE 事件中(接收传感器不少于 6 个)，剪切微破裂事件占 23.75%左右，拉伸微破裂事件约占 45.00%，混合型约占 31.25%；动载强度增加至 25 kN 时，用于矩张量反演的 125 个 AE 事件中，剪切微破裂事件占 24.80%左右，拉伸微破裂事件约占 49.60%，混合型约占 25.60%；动载强度增加至 40 kN 时，用于矩张量反演的 111 个 AE 事件中，剪切微破裂事件占31.53%左右，拉伸微破裂事件约占45.05%，混合型约占23.42%。初始静载强度为 20 kN 时，在静载 20 kN+动载 10 kN 加载作用下，用于矩张量反演的 11 个 AE 事件中，剪切微破裂事件占27.27%左右，拉伸微破裂事件占 45.45%，混合型约占 27.27%；在静载 20 kN+动载 15 kN 加载作用下，用于矩张量反演的 31 个 AE 事件中，剪切微破裂事件占 29.03%左右，拉伸微破裂事件占 48.39%，混合型约占22.58%；在静载 20 kN+动载 20 kN 加载作用下，用于矩张量反演的 21 个 AE 事件中，剪切微破裂事件占 38.10%左右，拉伸微破裂事件约占 47.62%，混合型约占14.26%；在静载

20 kN+动载 25 kN 加载作用下,用于矩张量反演的 56 个 AE 事件中,剪切微破裂事件占 14.29%左右,拉伸微破裂事件约占 51.79%,混合型约占33.93%;在静载 20 kN+动载 30 kN 加载作用下,用于矩张量反演的 109 个 AE 事件中,剪切微破裂事件占 53.21%左右,拉伸微破裂事件约占 21.10%,混合型约占 25.69%。

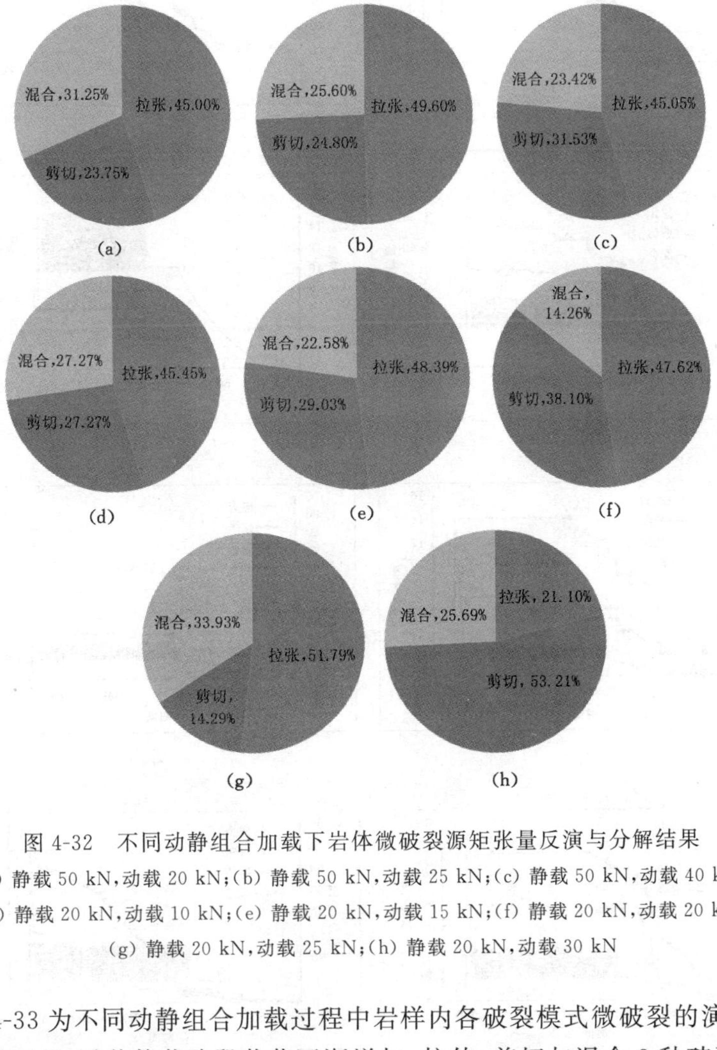

图 4-32 不同动静组合加载下岩体微破裂源矩张量反演与分解结果

(a) 静载 50 kN,动载 20 kN;(b) 静载 50 kN,动载 25 kN;(c) 静载 50 kN,动载 40 kN;
(d) 静载 20 kN,动载 10 kN;(e) 静载 20 kN,动载 15 kN;(f) 静载 20 kN,动载 20 kN;
(g) 静载 20 kN,动载 25 kN;(h) 静载 20 kN,动载 30 kN

图 4-33 为不同动静组合加载过程中岩样内各破裂模式微破裂的演化情况。反演结果可见,随着静载阶段载荷逐渐增加,拉伸、剪切与混合 3 种破裂模式快速增加,动载循环加载阶段,低动载状态下 3 种破裂模式微破裂增长速度较为平静,随着动载幅值增加,各破裂模式微破裂源增幅显著。深部高静载状态下岩体破裂强度明显强于低静载状态,相同静载时随着动载幅值增加,岩体破裂强度显著增加,岩体内剪切微破裂比例提升。

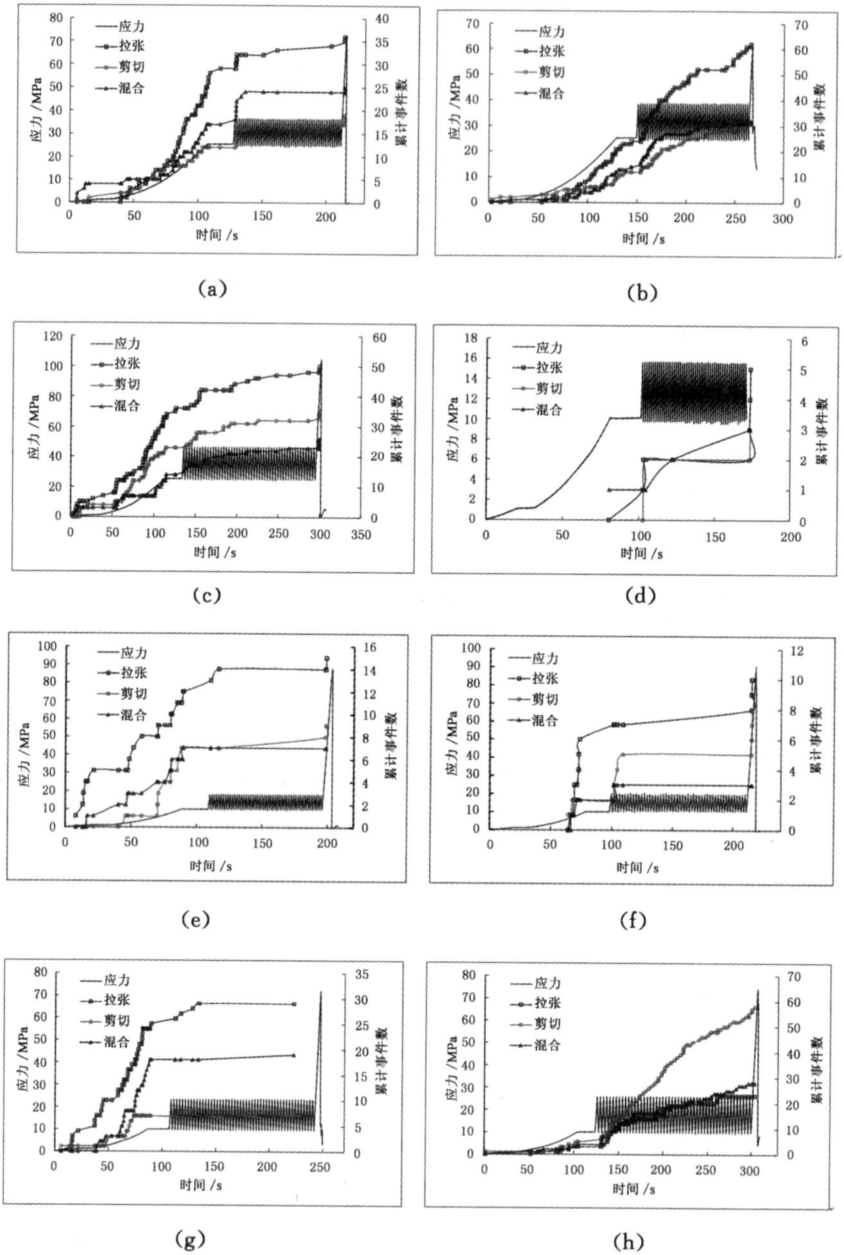

图 4-33　动静组合加载下基于矩张量反演的 AE 事件破裂模式演化特征

(a) 静载 50 kN+动载 20 kN;(b) 静载 50 kN+动载 25 kN;(c) 静载 50 kN+动载 40 kN;(d) 静载 20 kN+动载 10 kN;(e) 静载 20 kN+动载 15 kN;(f) 静载 20 kN+动载 20 kN;(g) 静载 20 kN+动载 25 kN;(h) 静载 20 kN+动载 30 kN

不同动静组合加载下岩体微破裂震源机制的“沙滩球”空间分布见图 4-34。

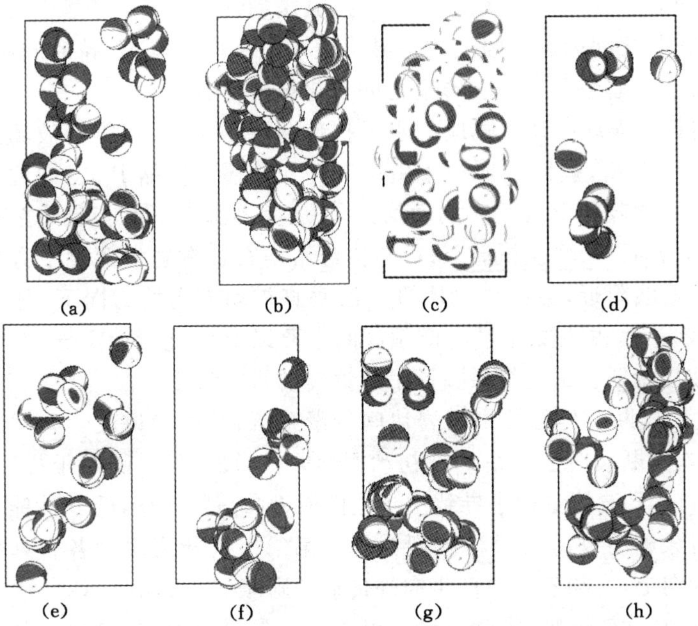

图 4-34　不同动静组合加载下岩体微破裂震源机制“沙滩球”空间分布

(a) 静载 50 kN＋动载 20 kN;(b) 静载 50 kN＋动载 25 kN;(c) 静载 50 kN＋动载 40 kN;
(d) 静载 20 kN＋动载 10 kN;(e) 静载 20 kN＋动载 15 kN;(f) 静载 20 kN＋动载 20 kN;
(g) 静载 20 kN＋动载 25 kN;(h) 静载 20 kN＋动载 30 kN

4.7　本章小结

本章通过实验室分别进行的岩板弯拉断裂、煤岩样单轴压缩及采动诱发断层区域顶板运动和断层滑移等煤岩(微)破坏微震/声发射特征的试验研究,近似模拟了不同煤岩冲击震动类型在其冲击破坏过程中的微震波谱及震动波场辐射特征,基于声发射探测研究不同载荷作用下受载岩体微裂隙的裂纹性质与起源、扩展与失稳模式,得出如下结论。

4.7.1　岩板断裂震动特征

(1) 大尺度坚硬岩板断裂时,可明显感觉到试验系统的整体震动,并对煤体试样产生冲击动载,岩板在初始主震动前无明显前兆微震信号。根据对两块不同厚度岩板主断裂微震波形特征分析,岩板越厚,主震动振幅越高,持续时间越长，主频越低。同时，1 号岩板在初始断裂后因继续加载，断裂岩块沿主断裂面滑移、回转过程中又产生两次次震动信号，其震动强度明显小于主震动信号。同时，次震动信号之间因震动强度的差异也表现出不同的幅值、持时和频率特征，且波形特征变化趋势与上述主震动之间变化规律类似。

（2）岩板主震动破裂模式应以水平拉伸断裂为主，根据震动波场近、中、远场位移的理论分析，震源主要产生由震源向外传播的压缩 P 波，即位于震源上方的所有台站接收的 P 波垂直初动均为向上，而震源之下所有台站接收的 P 波垂直初动均为向下。本次试验 TDS-6 各台站均布置在岩板两侧下方的煤体试样两侧及中心线附近，各台站记录的 P 波垂直初动方向均为向下，且 P 波初动振幅均比较发育，占主要能量的低频区间主要以 P 波能量为主导，符合拉伸破裂的震动波场特征。试验结果验证了理论判别的准确性。

（3）两次次断裂信号分别因岩块间的滑移、回转失稳诱发。微震监测结果显示，第一次次断裂时各台站 P 波初动振幅非常微弱，且受噪声干扰影响，难以识别初动方向，P 波能量较小导致主频范围明显向高频转移，低 P 波能量的频谱特征意味着该震动以剪切滑移破裂为主。第二次次断裂震动各台站接收的 P 波初动均为向上，意味着震源产生向外传播的膨胀 P 波；同时，各台站 P 波初动幅值均较大，初动较清晰，震动主频又开始向低频转移，P 波初动方向和频谱特征符合顶板回转失稳位移波场的理论分析结果。

4.7.2 标准煤岩样冲击破裂特征

（1）标准煤岩样在单轴受压直至冲击破坏前往往会有多次前兆能量释放，且不同煤岩样因冲击倾向性和受载方式的差异，往往表现出不同的破坏方式和能量释放特征。强冲击倾向性煤样往往是多轮循环剧烈破坏，导致其单次震动释放的能量和震动幅值并不一定会高于弱冲击倾向性试样。

（2）煤岩样冲击震动前兆信号往往因其破裂半径小，震动释放能量较少，震动幅值较低。同时，前兆震动信号往往高频成分比较发育，随着煤岩体破裂尺寸的迅速扩展直至形成主断裂面，冲击主震动的主频范围向低频段转移，并释放大量弹性能。

（3）因尺寸效应影响，相比于大尺度岩板断裂试验，标准煤岩试样单轴加载下冲击主震动峰值振幅明显小于岩板主断裂，煤岩样破裂的主频范围则相对较广。

（4）通过观察煤岩样破裂时的动态特性和破裂形态，弱冲击倾向性煤岩样主要表现为多次劈裂式的受压稳态破坏；而强冲击倾向性试样往往表现出强烈的动态冲击破坏，其破裂形态主要为多重剪切破裂或劈裂、剪切混合破裂，甚至出现“爆炸”式煤岩弹射。

(5) 为便于分析煤岩样冲击破裂的震动位移场特征，将 TDS-6 其中 4 个分站置于试样之上压力机头和压力机架上，另外 2 个分站放于试样之下压力机底座附近。根据对不同试样的微震波形分析，YMM1 等弱冲击倾向试样以劈裂模式破裂时，位于试样之上的台站的 P 波垂直初动均为向下，而处于试样之下台站的 P 波垂直初动为向上，表明该类试样主震动时具有内爆式破裂特征，与煤(矿)柱受压内爆破裂的震动波场(以近、中位移场项为主)分析结果较为吻合。XZYM1 等强冲击倾向试样以劈裂、剪切混合破裂或多重剪切破裂模式破裂时，其震动位移场明显异于上述煤(矿)柱受压内爆破裂方式，各台站的 P 波垂直初动具有类似于煤(矿)柱剪切冲击破坏的四象限分布特征。

4.7.3　断层影响下顶板活动和断层滑移震动特征

(1) 工作面采动诱发断层滑移运动的相似模拟试验过程中，因模型尺寸效应，产生的较强且能被 TDS-6 系统记录的震动较少。当工作面过断层在上盘开挖时，系统采集到几次震动信号，这些震动分别与采动影响下顶板断裂、垮落和断层滑移密切相关，且不同信号在震动频率、持续时间、幅值大小等波形特征方面存在差异。

(2) 采动诱发的断层滑移信号因属于断层稳态滑移，而不是断层“活化”的动态滑移失稳，故震动产生能量较小，且波谱较复杂，以低频能量为主；而多层顶板岩层的整体断裂产生的振幅最大，持时最长，震动主频最低，且波谱成分单一；顶板垮落信号较为特殊，幅值较大，但持时较短，波谱成分较复杂，出现低、高频两个频率区间，以低频能量为主导，应为不同硬度、厚度的两层岩块的同时垮(冒)落引起。总体而言，几次震动信号的最大主频随振幅的增加而降低。

(3) 顶板断裂和垮落震动释放能量虽相对较大，但由于工作面距离断层面较远，断层面附近围岩逐渐趋于稳定，并没有对断层滑移造成影响，表明采动作用虽可诱发断层滑移失稳，但是并不是震动越强就一定能诱发断层滑移或动态失稳。若断层围岩系统处于临界应力状态，则较小的扰动也能引起断层滑移，如本次记录的断层滑移震动；若断层围岩系统趋于稳定，即使较大采动作用也不一定会诱发断层滑移失稳。

(4) 不足的是，由于试验采用平面应力模型，且开挖产生的扰动较小，给微震系统布置和信号采集带来一定难度。本次试验中采集的几次震动均是工作面在断层上盘开挖所诱发，整个试验过程中只有布置在上盘的台站 B 可采集到较清晰震动信号，而单个台站的波形特征不足以对煤岩震动的震动波场和震源破裂特征进行深入、详细的分析和验证。

4.7.4　不同单轴加载下岩体“裂隙场”扩展与震源孕育过程

(1) 随着单轴加载应变率增加，岩样极限强度明显提升，其峰值强度对应的应变值整体降低，达到峰值强度所需时间随应变率呈幂函数减少。应力-应变曲线变陡峭，表现出明显的率相关性与塑性增强特性。随加载应变率提高，岩样破裂形态由剪切破坏转变为竖向劈裂破坏，乃至爆裂破坏。低应变率作用下AE空间分布与主破裂面较吻合，高应变率使AE事件明显减少，其空间分布明显受主裂纹控制。

(2) 岩样受单轴加载至非稳定破裂发展阶段后，拉伸、剪切与混合3种微破裂模式快速增加，且拉张和剪切破裂增幅更大，拉张破裂占大多数；随加载应变率提高，试样在进入塑性变形前3种微破裂模式同步增加，相比于混合和剪切破裂，拉张破裂模式初期增幅更大，尤其在即将进入塑性变形阶段后。

(3) 动静组合加载下岩体内声发射空间演化表明，动载强度越大，岩样结构面附近损伤积累越明显，静载作用下岩样破裂表现为局部有限裂纹的扩展，动载作用下则表现为应力集中区域的多方向大量裂纹扩展损伤破坏。低静载水平下岩样内激发的大能量声发射事件明显小于深部高静载状态下。相同静载条件下，随着动载载荷增加，大能量声发射事件明显增多。

(4) 动静组合加载下岩体内微破裂震源孕育过程表明，随着初始静载增加，拉伸、剪切与混合3种破裂模式快速增加，动载循环加载阶段，低动载状态下3种微破裂模式增长较缓，随着动载幅值增加，各破裂模式微破裂增幅显著。高静载状态下岩体破裂强度明显强于低静载状态，相同静载时随着动载幅值增加，岩体微破裂强度显著增加，剪切微破裂比例提升。

5 冲击震动波在采动煤岩体中传播的微震效应研究

5.1 引言

冲击矿压是矿井开采中的典型煤岩动力灾害，其主要原因是由于矿震动力扰动，使得聚集大量弹性应变能的煤岩体突然发生动力失稳，常造成井巷垮塌、人员伤亡。采动诱发矿震对巷道围岩的冲击影响大小，除受前面所述震源能量大小及破裂方式影响之外，矿震辐射震动波在矿井煤岩介质中的传播和衰减程度同样影响矿震动载对煤岩介质的损伤破裂效应。因此，研究冲击震动波在煤岩介质中，特别是在矿井实际覆岩空间岩层中的传播和衰减规律，对研究采动诱发矿震的震动效应及采取有效冲击矿压的防治对策都具有重要的理论意义和实用价值。

在岩土工程界，目前主要采取爆破震动试验进行震动(应力)波传播及衰减规律的研究，其主要优势是因爆破震源激发能量和位移场具有各向同性特征，震动波能量的传播和衰减基本不受震源孕育机理影响。因此，选用爆破震动可专门研究煤岩介质和传播距离等非震源因素的特征改变对震动波传播和衰减规律的影响。阳生权在实践和试验基础上，阐述了爆破地震波的传播、能量、频幅与危害特征。夏致晰等通过分析不同形状巷道结构在爆炸应力波作用下的位移、震动、变形情况，得出在爆炸应力波作用下巷道结构易破坏的位置并给出防护对策。吴文等研究了近场强冲击条件下应力波在砂岩、岩盐、石灰岩和混凝土等介质中的传播规律。叶根喜等借助微震监测系统，进行了深部采场爆破地震波传播规律的原位试验，进行了爆破震动波“穿层”、“顺层”传播衰减规律的回归分析。高明仕通过在地面不同场地浅埋岩土介质进行的爆破震动试验，分析对比了不同介质中冲击震动波能量衰减指数的差异，研究震动波在不同物性参数的岩体介质中传播的衰减特征。

事实上，矿井不断开采导致煤岩微破裂扩展、覆岩空间岩层结构运动及应力场动态迁移演化，实际采掘空间周围的煤岩介质属性处于不断调整变化之中，也使得该覆岩空间内震动波的传播及衰减规律更为复杂。目前，矿井开采动态扰动下覆岩结构及性质改变对震动波传播衰减特征变化的试验研究尚鲜有同行涉足，而该方面的相关知识却是煤矿现场进行矿震诱冲危险性评判及冲击矿压防治工作极为需要的。因此，有必要进一步围绕煤矿现场实际煤岩介质性质的改变，进行震动波在煤岩介质传播中的微震参数变化和能量耗散规律的现场试验研究，为最大限度降低冲击震动可能造成的破坏程度提供试验依据。

本章依据在澳大利亚 Southern 煤矿 LW704 长壁工作面进行的爆破震动试验及微震监测结果，研究随开采进行采场覆岩性质和采空区范围变化，爆破震动波波速、振幅（震动速度）、频率等微震参数的变化特征，主要研究目的有：

（1）研究在相同开采阶段下在工作面不同位置进行的爆破震动的震动波波速差异，及震动波振幅随传播距离变化特性。

（2）研究随工作面开采进行，采空区范围和覆岩特征变化，爆破震动波波速、振幅、频率等微震参数的变化特征，即通过采空区覆岩破裂与微震信号变化的相关性分析，揭示采空区顶板垮落范围及破裂程度的改变对冲击震动波在煤岩介质中的传播、衰减和能量耗散的影响规律。

（3）基于上述研究，为解释采动诱发矿震的不同冲击破坏效应，降低其可能造成的破坏程度，及完善冲击矿震的震动效应及规律研究提供试验依据。

5.2 LW704 工作面采动过程中的爆破震动信号采集

5.2.1 爆破震动布置

从地表分别向下在 LW704 工作面中部、LW705 工作面接近 LW704 轨道巷侧和 LW704 工作面运输巷煤层上方钻进 ECC139、ECC140 和 ECC141 等 3 个爆破孔，在各爆破孔处于工作面非开采扰动区（未开采时期）、部分爆破孔处于采空区垮落区（开采初期）及爆破孔完全处于采空区垮落区域（开采中后及后期）等不同开采阶段，分别以定量炸药充当震源进行爆破试验，3 个爆破孔中爆破震源分别标记为 S1、S2 和 S3，并通过在工作面四周布置的传感器阵列（A1～A5、B1～B5、C1～C5 和 D1～D5 共 20 个传感器）采集爆破震动及煤岩破裂微震信号。工作面开采过程中，ECC139 爆破孔共进行了 3 次爆破试验，ECC140、ECC141 爆破孔分别进行 4 次爆破试验。各爆破震源与传感器平面、走向及倾向剖面位置见图 5-1。

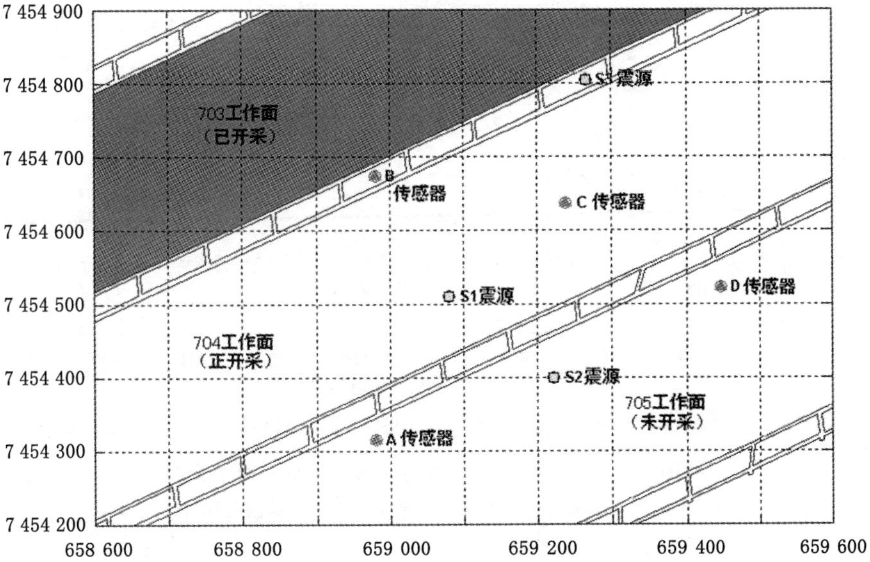

(a)

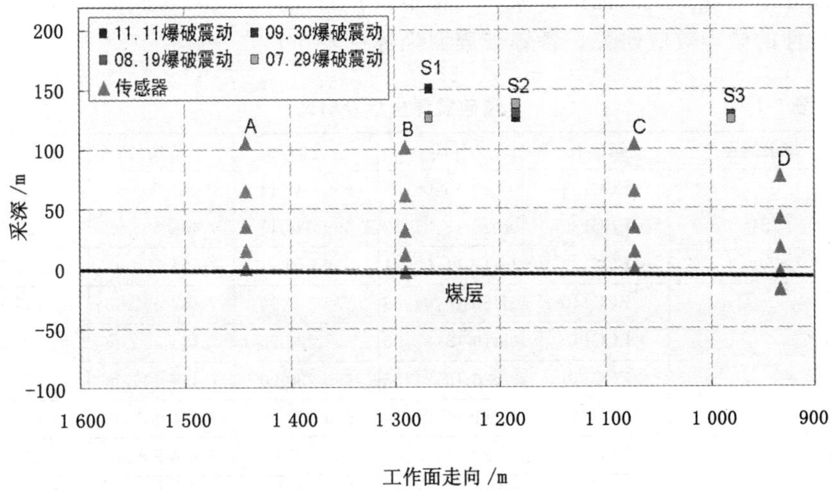

(b)

图 5-1　工作面、传感器布置及爆破震源平面示意图

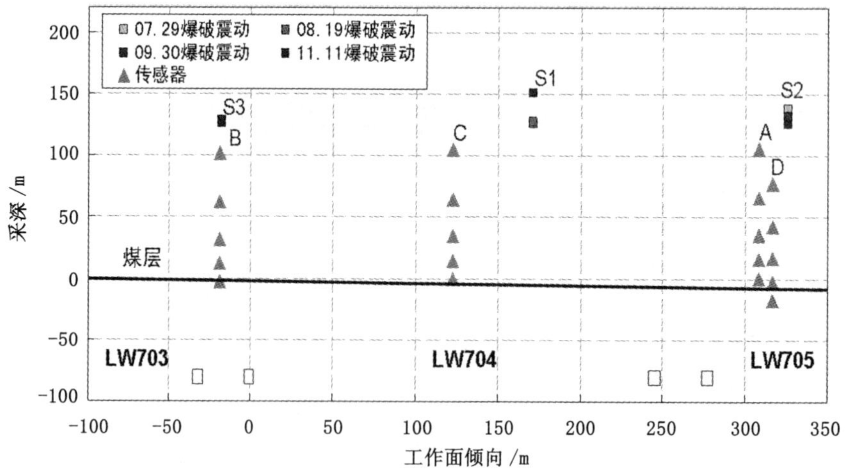

(c)

续图 5-1　工作面、传感器布置及爆破震源平面示意图

(a) 平面示意；(b) 工作面走向剖面；(c) 工作面倾向剖面

5.2.2　爆破震动信号采集

共进行的 11 次爆破震动试验贯穿 LW704 工作面整个开采过程，以进行工作面开采造成采空区范围扩大和上覆顶板岩层性质改变对爆破震动波传播和衰减特性的微震效应研究。各爆破震源坐标见表 5-1。

表 5-1　　爆破震源坐标及时间

爆破震源	爆破孔	日期	X 方向/m	Y 方向/m	Z 方向/m
S1	ECC139	07.29 15:06:08	659 080.11	7 454 509.99	125.75
	ECC139	08.19 13:21:27	659 080.11	7 454 509.99	127.25
	ECC139	11.11 11:02:21	659 080.11	7 454 509.99	150.75
S2	ECC140	07.29 16:01:06	659 220.90	7 454 400.08	137.86
	ECC140	08.19 13:32:06	659 220.90	7 454 400.08	129.86
	ECC140	09.30 13:24:55	659 220.90	7 454 400.08	132.36
	ECC140	11.11 11:22:55	659 220.90	7 454 400.08	125.86
S3	ECC141	07.29 16:19:02	659 265.04	7 454 804.99	125.46
	ECC141	08.19 13:41:43	659 265.04	7 454 804.99	127.46
	ECC141	09.30 13:37:10	659 265.04	7 454 804.99	128.46
	ECC141	11.11 11:13:37	659 265.04	7 454 804.99	125.46

(1) 在 LW704 工作面开始回采当日(7 月 29 日)，分别在 ECC139、

ECC140、ECC141 爆破孔各进行 1 次爆破试验。由于工作面刚开始回采，7 月 29 日微震监测系统只监测到 3 个有效煤岩微破裂震动事件，震源 S1、S2 和 S3 至 A、B、C、D 各传感器阵列的传播路径尚未受开采扰动影响，岩体介质可视为致密弹性介质。爆破震源、传感器及煤岩微破裂分布平面和剖面图分别见图 5-2(a)、图 5-3(a)、图 5-4(a)。

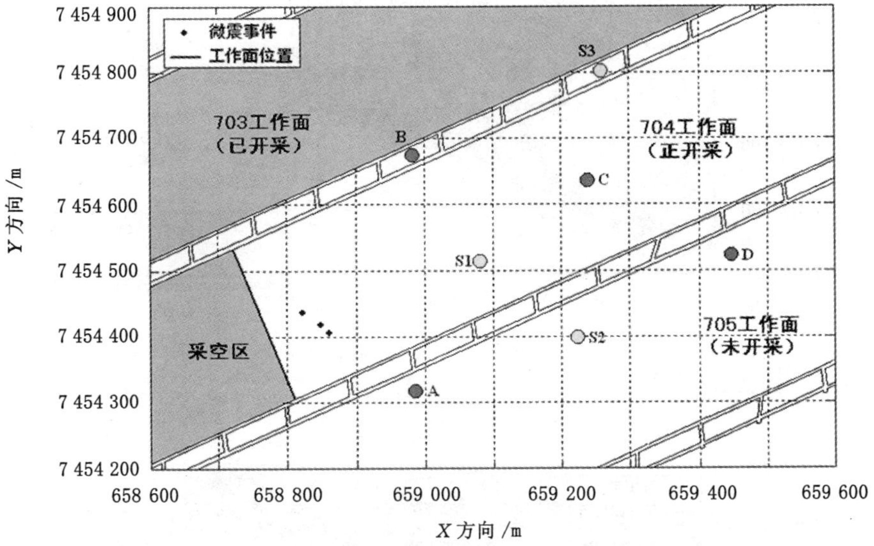

(a)

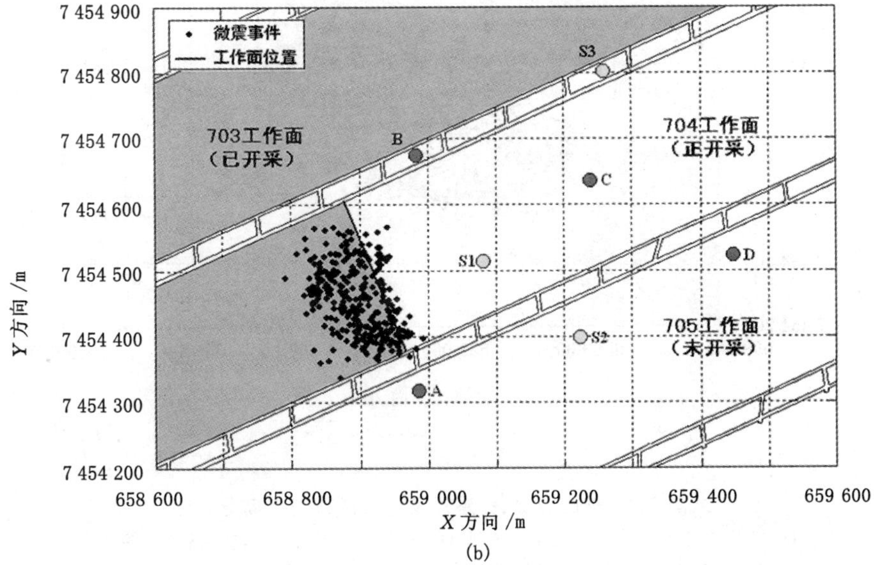

(b)

图 5-2　爆破震源、传感器及煤岩微破裂平面分布图

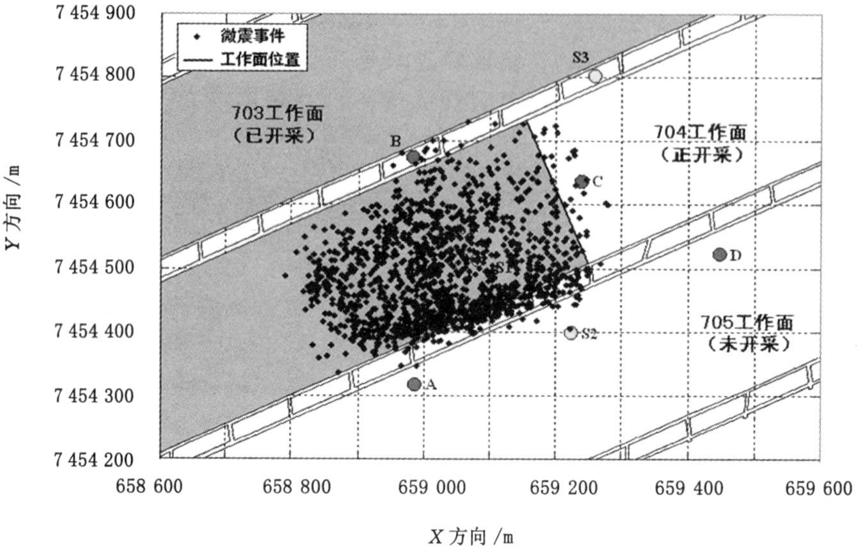

(c)

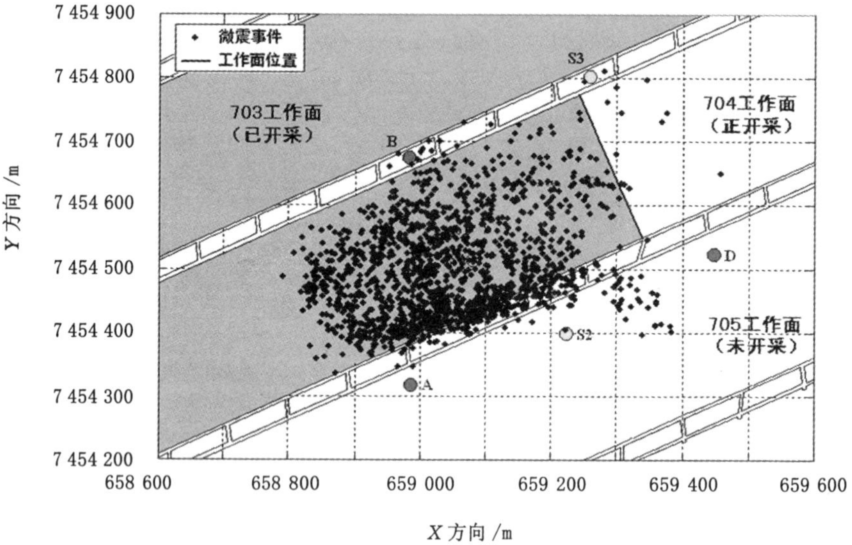

(d)

续图 5-2 爆破震源、传感器及煤岩微破裂平面分布图

(a) 7月29日煤岩破裂平面示意图图;(b) 截至8月19日煤岩破裂平面示意图;(c) 截至9月30日煤岩破裂平面示意图;(d) 截至10月11日煤岩破裂平面示意图

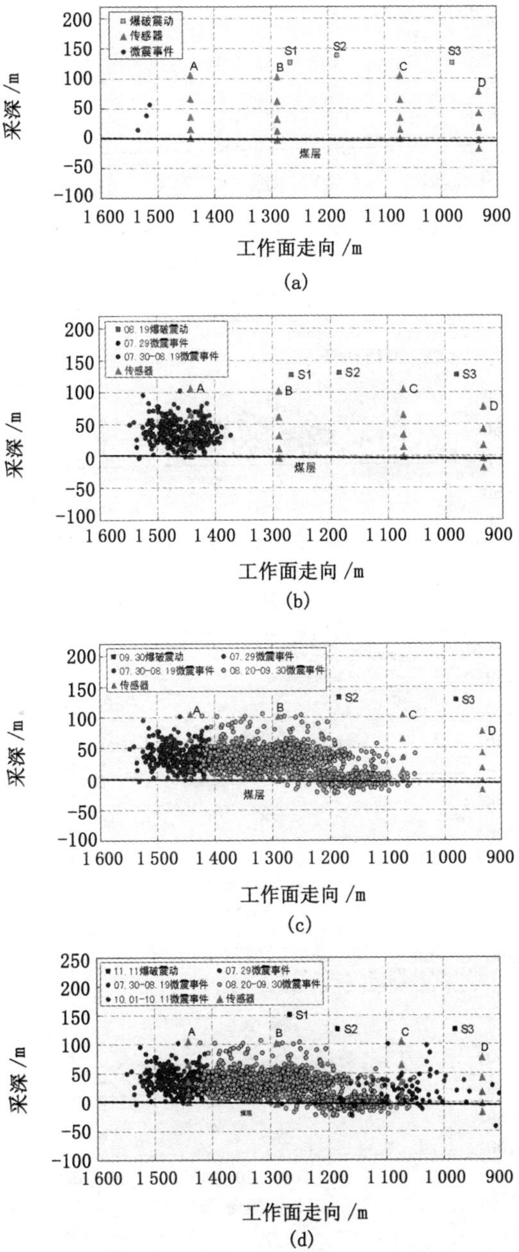

图 5-3 爆破震源、传感器及煤岩微破裂走向剖面分布图

(a) 7 月 29 日煤岩破裂走向剖面示意图；(b) 截至 8 月 19 日煤岩破裂走向剖面示意图；
(c) 截至 9 月 30 日煤岩破裂走向剖面示意图；(d) 截至 10 月 11 日煤岩破裂走向剖面示意图

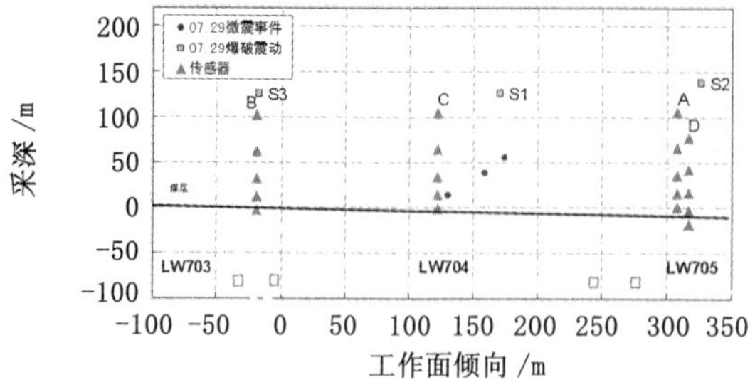

(a)

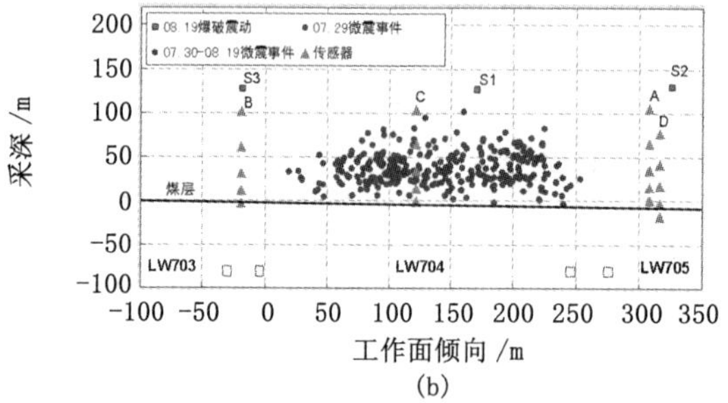

(b)

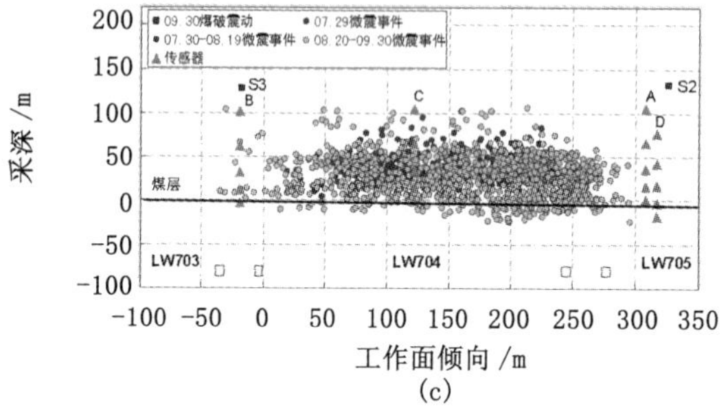

(c)

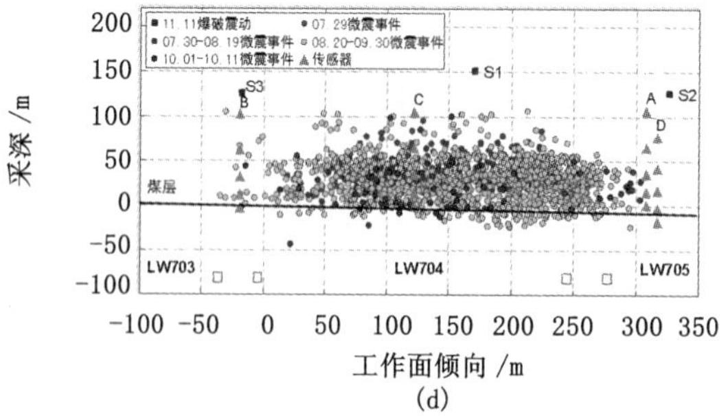

(d)

图 5-4　爆破震源、传感器及煤岩微破裂倾向剖面分布图

(a) 7 月 29 日煤岩破裂倾向剖面示意图;(b) 截至 8 月 19 日煤岩破裂倾向剖面示意图;
(c) 截至 9 月 30 日煤岩破裂倾向剖面示意图;(d) 截至 10 月 11 日煤岩破裂倾向剖面示意图

(2) 工作面回采至 8 月 19 日，在各爆破孔又分别进行 1 次爆破试验。此时，工作面已经回采约 110 m，由煤岩微破裂分布平面和剖面图可见[图 5-2(b)、图 5-3(b)、图 5-4(b)]，覆岩破裂已发展至煤层上方 70 m 左右，沿工作面走向，煤岩破裂位置已接近传感器阵列 A、B。部分采空区及上覆岩层物理力学性质(孔隙率、完整性、硬度等)的改变对爆破震动波的吸收和阻尼作用增大，可造成震动波微震特征一定程度的变化。

(3) 9 月 30 日工作面回采约 450 m 时，在 ECC140、ECC141 爆破孔各进行 1 次爆破试验，爆破震源、煤岩微破裂分布见图 5-2(c)、图 5-3(c)、图 5-4(c)。此时，采空区煤岩破裂范围已基本演化至传感器阵列 A、B、C 周围，并接近传感器阵列 D。S2 和 S3 爆破震动与传感器阵列 A、B、C 之间覆岩性质进一步改变，其塑性、非线性及黏性急剧增加，可完全视为各向异性介质。

(4) 工作面开采至 10 月 11 日，传感器阵列 C 所在钻孔因覆岩垮落而塌孔，C 孔中 5 个传感器完全失效。同时，微震监测系统在之后开采时期没有对工作面进行进一步监测，直至 11 月 11 日在 ECC139、ECC140、ECC141 爆破孔分别进行最后一次爆破试验，进一步评价所有传感器阵列周围覆岩性质改变对震动波微震特征的影响。截至 10 月 11 日的煤岩微破裂分布平面、走向及倾向剖面图见图 5-2(d)、图 5-3(d)、图 5-4(d)。

各爆破震动微震监测波形如图 5-5～图 5-8 所示。

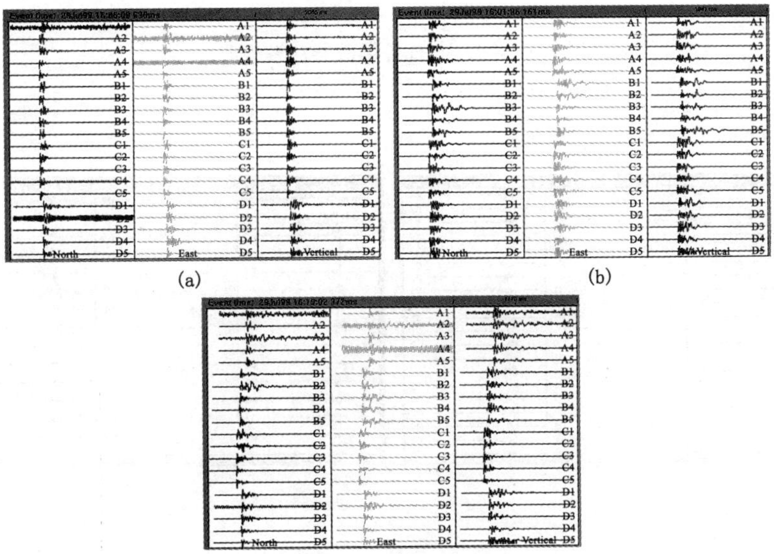

图 5-5　7 月 29 日各爆破震动微震波形

(a) S1 15:06:08;(b) S2 16:01:06;(c) S3 16:19:02

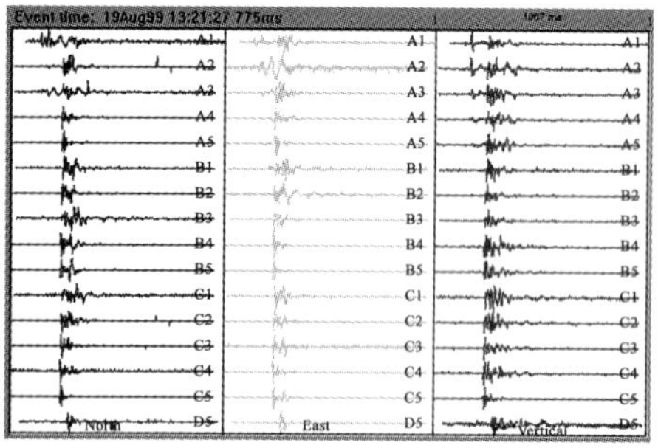

(a)

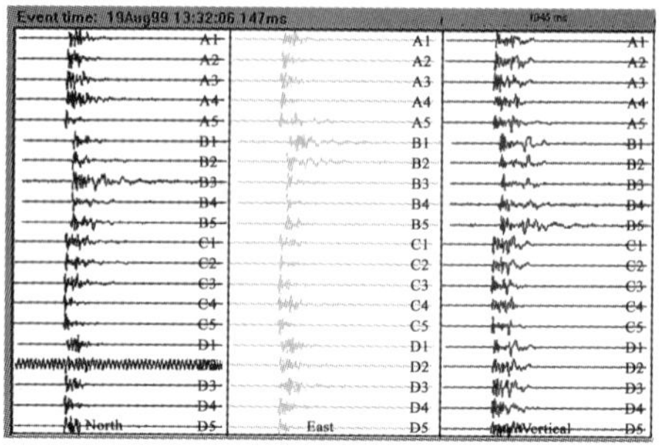

(b)

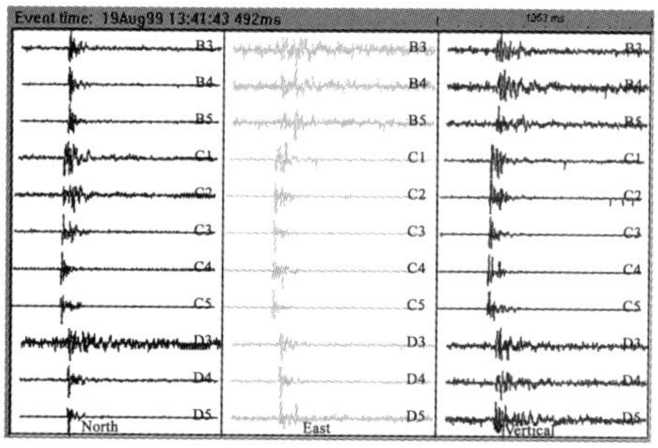

(c)

图 5-6　8 月 19 日各爆破震动微震波形

(a) S1 13:21:27;(b) S2 13:32:06;(c) S3 13:41:43

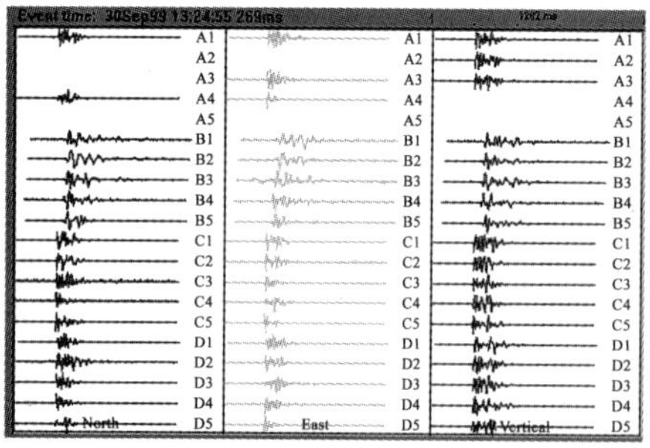

(a)

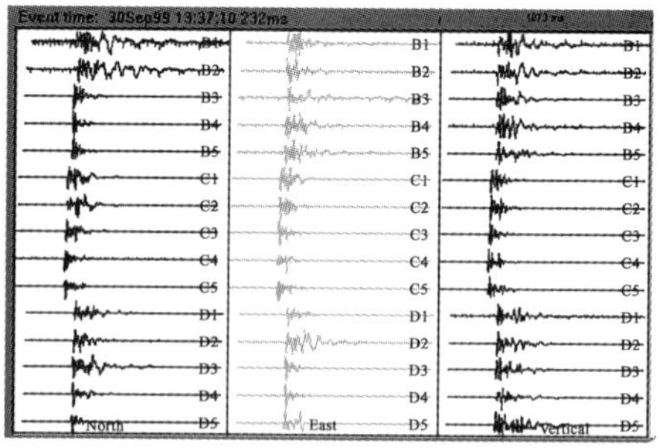

(b)

图 5-7　9 月 30 日各爆破震动微震波形

(a) S2 13:24:55;(b) S3 13:37:10

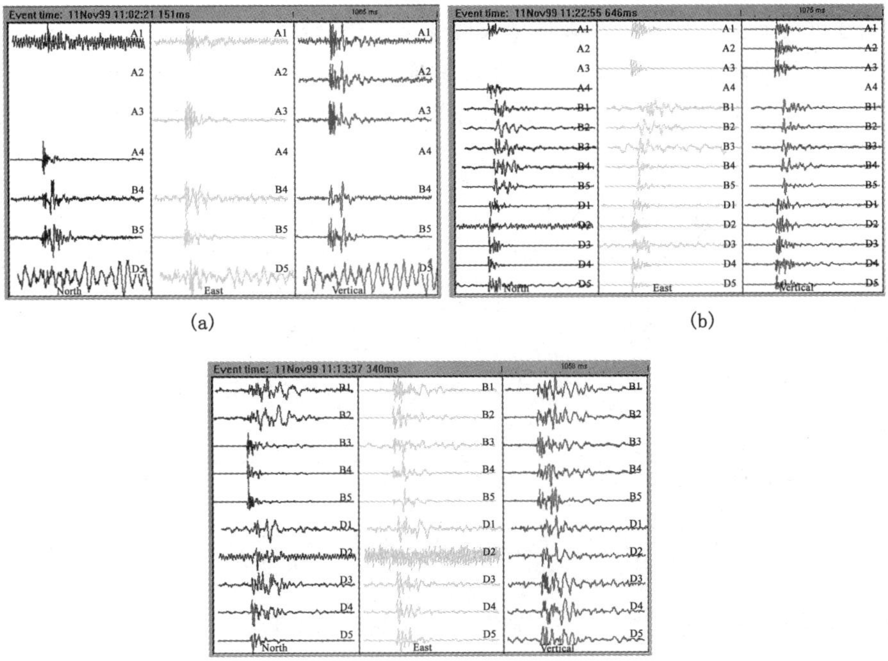

(a) (b) (c)

图 5-8　11 月 11 日各爆破震动微震波形

(a) S1 11:02:21;(b) S2 11:22:55;(c) S3 11:13:37

5.3　爆破震动随覆岩破裂范围变化的微震效应规律

5.3.1　P 波平均波速变化规律

岩石是天然的工程地质体，不同岩石的完整性及含有的孔隙、裂隙数量不等，井下赋存煤岩体在矿井开采前因自身物理力学性质不同，岩体中完整性、孔隙率就各有差异。同时，煤层的采掘活动使矿井原岩应力平衡被打破，顶底板岩层受开采影响不断产生微破裂及宏观断裂，且应力场受开采扰动处于动态迁移演化，而岩体中传播的震动波微震特征与岩体介质特性密切相关，因此，随工作面开采覆岩特征的改变势必引起爆破震动波微震参数，尤其是震动波传播波速和震动幅值的变化。

由于工作面周边共布置了 3 个爆破钻孔，爆破震源至微震各台站的传播射线覆盖率不够密集，难以进行震动波主动层析成像的波速反演，这里选择 P 波平均速度为研究对象进行爆破震动波速变化规律分析。

由于各爆破震动及检波器位置都是准确可知的，且各微震波形 P 波初至也很清晰，因此，可根据最小二乘方法较准确求解不同开采时期各震动爆破的 P 波平均速度。P 波平均速度 v_i 可表示为：

$$v_i=\frac{\sum_{j=1}^{n}\left(r_{ij}-\frac{\sum_{j=1}^{n}r_{ij}}{n}\right)^2}{\sum_{j=1}^{n}\left[\left(r_{ij}-\frac{\sum_{j=1}^{n}r_{ij}}{n}\right)(t_{ij}^{\mathrm{obs}}-T_{ij}^{\mathrm{obs}})\right]}=\frac{\sum_{j=1}^{n}(r_{ij}-\bar{r})^2}{\sum_{j=1}^{n}[(r_{ij}-\bar{r})(t_{ij}^{\mathrm{obs}}-T_{ij}^{\mathrm{obs}})]} \tag{5-1}$$

其中：r_{ij} 为爆破震源 (x_0,y_0,z_0) 至各检波台站 (x_{ij},y_{ij},z_{ij}) 的距离，即 $r_{ij}=\sqrt{(x_{ij}-x_0)^2+(y_{ij}-y_0)^2+(z_{ij}-z_0)^2}$，并设 $\bar{r}=\frac{1}{n}\sum_{j=1}^{n}r_{ij}$；$t_{ij}^{\mathrm{obs}}$ 为各检波台站的 P 波初次到时，且 $T_{ij}^{\mathrm{obs}}=\frac{1}{n}\sum_{j=1}^{n}t_{ij}^{\mathrm{obs}}$；$n$ 为监测台站个数。

同时，对于自由度为$(n-2)$的 t 分布，回归直线 $r_{ij}=v_i t_{ij}^{\mathrm{obs}}+\beta$ 中 v_i 值的计算误差可表示为：$\frac{t_{\alpha/2}S}{\sqrt{l_{xx}}}$。

其中：$l_{xx}=\sum_{i=1}^{n}(t_{ij}^{\mathrm{obs}}-T_{ij}^{\mathrm{obs}})^2$，$l_{xy}=\sum_{i=1}^{n}[(t_{ij}^{\mathrm{obs}}-T_{ij}^{\mathrm{obs}})(r_{ij}-\bar{r})]$，$l_{yy}=\sum_{i=1}^{n}(r_{ij}-\bar{r})^2$，$S^2=\frac{l_{yy}-v_i l_{xy}}{n-2}$。

根据上述公式，爆破震源 S1、S2 和 S3 在不同开采时期、随采空区覆岩破裂面积变化，P 波平均速度 v_i（选用所有可采集到震动信号的台站）及其计算误差求解结果见表 5-2、图 5-9～图 5-11。

表 5-2　　爆破震动平均速度最小二乘求解结果

爆破震源	日期	P 波速度/(km/s)
S1	07.29 15:06:08	4.06 ± 0.17
	08.19 13:21:27	3.89 ± 0.38
	11.11 11:02:21	2.58 ± 1.18

续表 5-2

爆破震源	日期	P 波速度/(km/s)
S2	07.29 16:01:06	3.82 ± 0.14
	08.19 13:32:06	3.70 ± 0.14
	09.30 13:24:55	2.29 ± 0.15
	11.11 11:22:55	2.27 ± 0.13
S3	07.29 16:19:02	4.14 ± 0.08
	08.19 13:41:43	4.07 ± 0.19
	09.30 13:37:10	3.88 ± 0.16
	11.11 11:13:37	1.25 ± 0.33

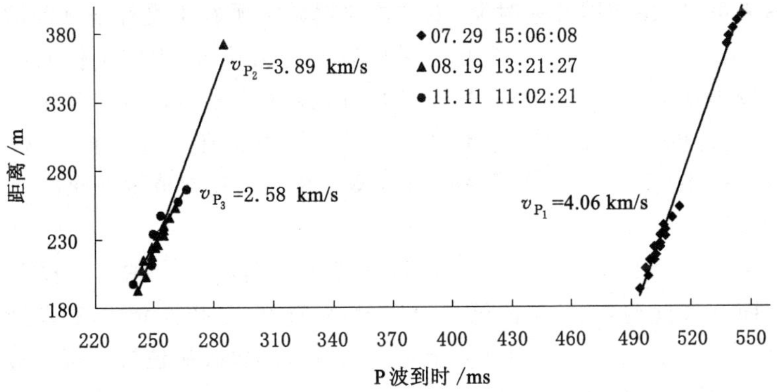

图 5-9　爆破震动 S1 随工作面开采的平均波速变化

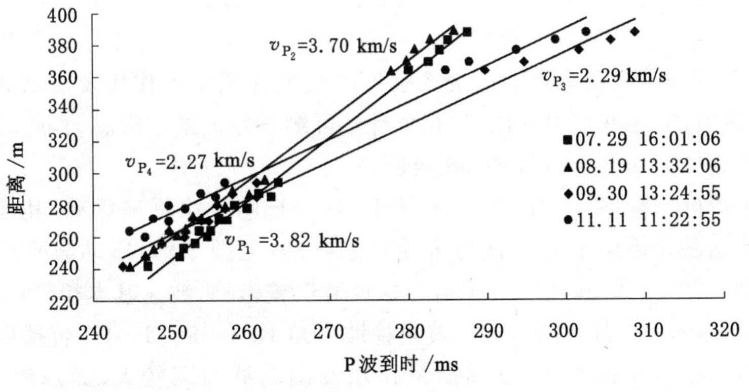

图 5-10　爆破震动 S2 随工作面开采的平均波速变化

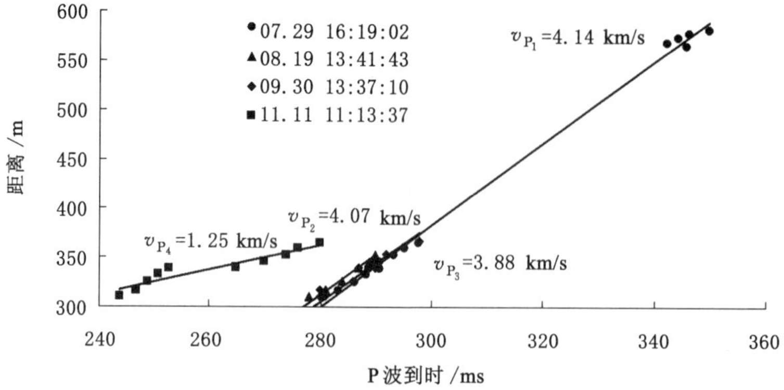

图 5-11　爆破震动 S3 随工作面开采的平均波速变化

由图表可见,在相同开采时期,不同位置爆破震源在未受开采扰动情况下(7月29日),S1、S2、S3 爆破震源的 P 波平均波速较为接近,表明工作面范围内煤岩体性质较为均匀。而随工作面开采进行,因各爆破震动处覆岩破裂程度的不同,导致各震源的 P 波平均波速在同一开采时期下存在一定差异。这里,我们更关心 S1、S2、S3 分别在不同开采时期随采空区覆岩破裂范围变化的 P 波平均波速变化规律。

对于爆破震源 S1,在 7 月 29 日震源震动波到各检波台站的传播路径由于未受工作面开采扰动影响,岩体可视为连续、完整、致密弹性介质,震动波传播速度较快(约 4.06 km/s);工作面开采至 8 月 19 日,煤岩破裂位置已接近传感器阵列 A1～A5 附近,震源到检波台站的传播路径受部分采动影响,造成震动波较小程度的固有衰减及散射衰减,此时 P 波平均传播波速约为 3.89 km/s,下降约4.2%;工作面开采至 11 月 11 日,S1 震源至所有检波台站的传播路径均处于采空区及上覆破裂岩层中,且传感器阵列 C1～C5 所在钻孔因工作面覆岩垮落而塌孔,大范围采空区覆岩性质改变及强度弱化使介质阻尼作用及震动波衰减大幅增加,只有 A1～A5、B4～B5 共 6 个台站可触发并记录本次震动,此时 P 波传播速度约为 2.58 km/s,下降约 36.5%。

对于爆破震源 S2,7 月 29 日、8 月 19 日进行的 2 次爆破震动,其震动波到各检波台站的传播路径均可视为未受开采扰动(见图 5-2),震动波平均传播速度分别约 3.82 km/s 和 3.70 km/s,考虑计算误差影响,波速基本相等;工作面开采至 9 月 30 日、11 月 11 日,震动波至检波台站 B1～B5、C1～C5 传播路径受大范围采空区覆岩垮落影响,介质阻尼作用及震动波衰减较大,而震源至 A1～A5、D1～D5 之间开采扰动形成的煤岩破裂相对较少,震动波有较小程度衰减,此时 P 波平均传播速度分别约为 2.29 km/s、2.27 km/s,下降约 39.4%。

同样,爆破震源 S3 在 7 月 29 日进行的爆破震动,震动波到各检波台站的传播路径未受开采影响,平均传播速度约为 4.14 km/s;自 8 月 19 日开始,爆破震源至检波台站 A1～A5 之间由于传播距离太远及台站附近逐渐增加的散射衰减,A1～A5 不能采集后 3 次爆破震动信号,S3 震源到其他 15 个检波台站的传播路径未受开采影响,其确定的震动波速约为 4.07 km/s,考虑计算误差影响,波速与 7 月 29 日基本相等;工作面开采至 9 月 30 日,采空区垮落范围已逐步接近至检波台站 C1～C5,震源至 B1～B5、C1～C5 之间受局部煤岩破裂影响,震动波有较小程度衰减,P 波平均传播速度约为 3.88 km/s,下降约 6.3%;11 月 11 日,震源到各可进行信号采集的检波台站(B1～B5、D1～D5)的传播路径受大范围采空区垮落影响,震动波速降低至 1.25 km/s,下降率高达 69.8%。

由上述分析可知,随采空区覆岩破裂范围不断扩大和传播岩体介质强度的不断弱化,各爆破震源的 P 波平均波速均有不同程度的下降,即反映了传播岩体的完整性程度、密度愈低及孔隙率愈发育,震动波的传播波速愈低;反之,岩体的完整性愈高,震动波传播速度愈大。

5.3.2 爆破震动振幅变化规律

由前面理论分析可知,纯爆破震源的震动能量最初是以 P 波等方向性向外几何扩散的,当震动波接触到煤岩体后,因煤岩介质的不均匀性和阻尼作用,进一步产生切向形变,并引起震动波能量的固有及散射衰减。图 5-12 为爆破震动 S1 典型的微震波形及其质点运动方向[图 5-5(a)中 B1 台站采集],由图可见,震动波形中波段窗口 1(P 波初至)与波段 2 的质点运动方向接近于垂直,说明从波段 2 开始爆破震源开始发生切变并派生出 S 波。

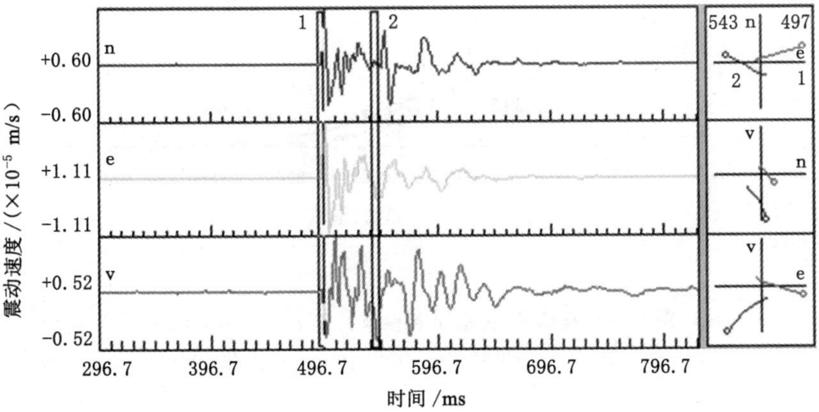

图 5-12 爆破震动 S1 典型微震波形及质点运动方向

由于部分传感器距爆破震源距离较为接近，且工作面周围覆岩破裂程度不一，为更清晰描述爆破震动波振幅变化规律，分别以每个传感器钻孔中各自5个传感器为对象进行描述。图5-13～图5-15为爆破震源S1～S3典型最大震动速度随传播距离的回归曲线(由于篇幅有限，没有一一例举)。由图可见，各传感器阵列内传感器记录的震动波振幅随传播距离增加近似呈指数衰减形式，且相同开采时期、不同方位传感器阵列回归所得的振幅衰减指数$-\pi fr/(vQ)$也存在一定差异，这主要是因煤岩介质的非均匀性及各传感器钻孔所在顶底板岩层受采动影响的破裂程度各不相同造成的。

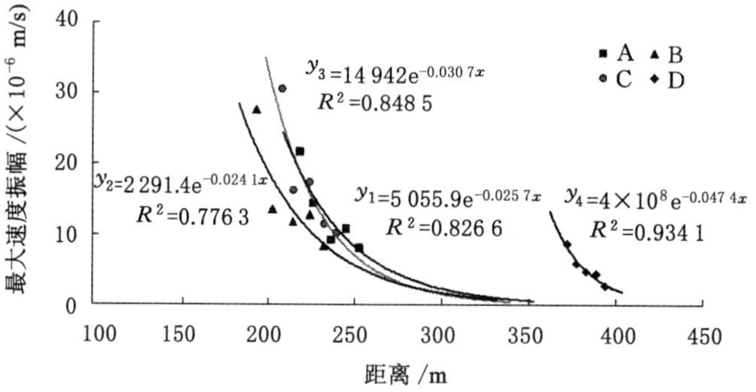

(a)

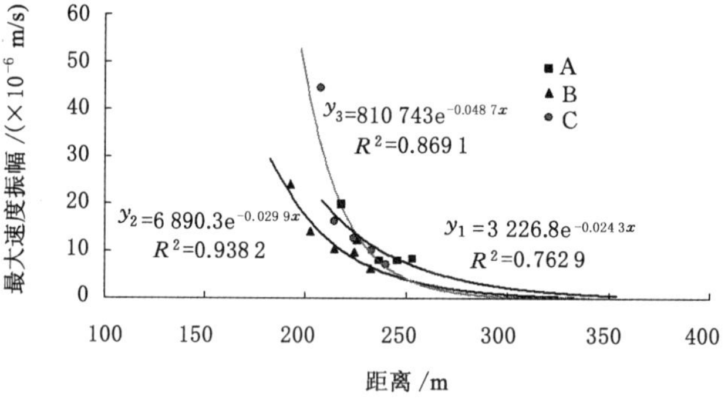

(b)

图5-13　震源S1传播至各检波台站最大振幅变化曲线

(a) 07.29 15:06:08;(b) 08.19 13:21:47

下面主要关注相同传播路径上不同开采时期震动波峰值振幅的变化规律。考虑到矿井实际煤岩体的各向异性特征，将相同传感器阵列中5个传感

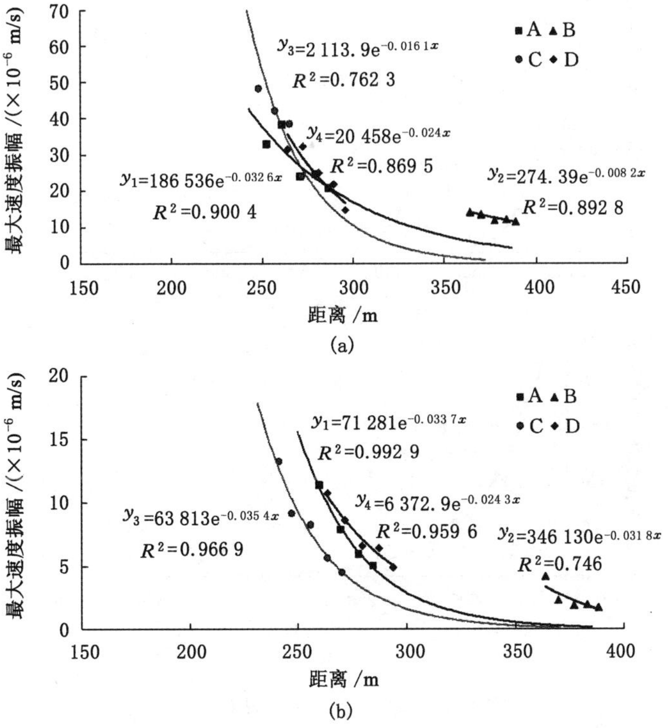

图 5-14　震源 S2 传播至各检波台站最大振幅变化曲线

(a) 08.19 13:32:06;(b) 09.30 13:24:55

器记录的峰值振幅取平均值，分别研究不同爆破震源的峰值振幅平均值在采空区覆岩破裂范围变化及围岩强度弱化下的变化规律。爆破震动 S1～S3 随工作面开采、在不同传感器钻孔中峰值振幅平均值大小及变化率如图 5-16～图 5-18 所示。

由图可见，对于相同爆破震动，采动影响下震动波振幅平均值明显小于相同路径下在完整岩体传播中的幅值大小，大致随采空区覆岩垮落及破裂范围扩大而逐渐降低；且各爆破振幅平均值降低大小不一，最小降幅为 58.49%，最大高达 92.19%。

图 5-19 形象描述了 S3 震动波最大幅值平均值的变化情况。

震动波能量正比于振幅的平方，故上述各爆破震源释放能量随距离增大同样近似呈指数衰减形式。因此，当岩体震动甚至是较大震级强矿震出现在采空区上覆顶板岩层中，传播至工作面采掘空间的震动波能量，会因采空区覆岩特征的改变和围岩强度的弱化进一步大幅衰减(可理解为振幅及能量衰减

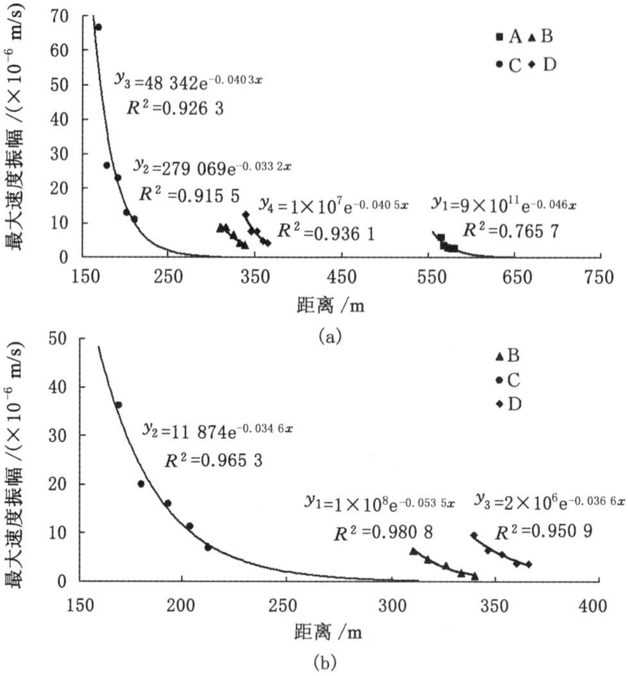

图 5-15　震源 S3 传播至各检波台站最大振幅变化曲线

(a) 07.29 16:19:02;(b) 09.30 13:37:10

S1振幅/ (×10⁻⁶m/s)						
	07.29 15:06:08		08.19 13:21:27		11.11 11:02:21	
	最大振幅	变化率	最大振幅	变化率	最大振幅	变化率
A	12.80	0.00%	11.30	-11.72%	1.00	-92.19%
B	14.90	0.00%	13.00	-12.75%	1.80	-87.92%
C	17.10	0.00%	18.20	6.43%		
D	5.30	0.00%				

完整岩体
部分微破裂
采空区

图 5-16　爆破震动 S1 在不同传感器钻孔中峰值振幅平均值变化

S2振幅/ (×10⁻⁶m/s)								
	07.29 16:01:06		08.19 13:32:06		09.30 13:24:55		11.11 11:22:55	
	最大振幅	变化率	最大振幅	变化率	最大振幅	变化率	最大振幅	变化率
A	32.90	0.00%	28.81	-12.43%	7.66	-76.72%	3.71	-88.72%
B	20.20	0.00%	13.46	-33.37%	2.52	-87.52%	1.97	-90.25%
C	36.81	0.00%	46.54	26.43%	8.45	-77.04%		
D	30.24	0.00%	26.11	-13.66%	7.93	-73.78%	7.01	-76.82%

完整岩体
部分微破裂
采空区

图 5-17　爆破震动 S2 在不同传感器钻孔中峰值振幅平均值变化

	S3振幅/(×10^{-6}m/s)							
	07.29 16:19:02		08.19 13:41:43		09.30 13:37:10		11.11 11:13:37	
	最大振幅	变化率	最大振幅	变化率	最大振幅	变化率	最大振幅	变化率
A	3.61	0.00%						
B	6.25	0.00%	5.24	-16.16%	3.51	-43.84%	3.57	-42.88%
C	27.99	0.00%	19.56	-30.12%	18.10	-35.33%		
D	7.30	0.00%	6.74	-7.67%	5.89	-19.32%	3.03	-58.49%

完整岩体
部分微破裂
采空区

图 5-18　爆破震动 S3 在不同传感器钻孔中峰值振幅平均值变化

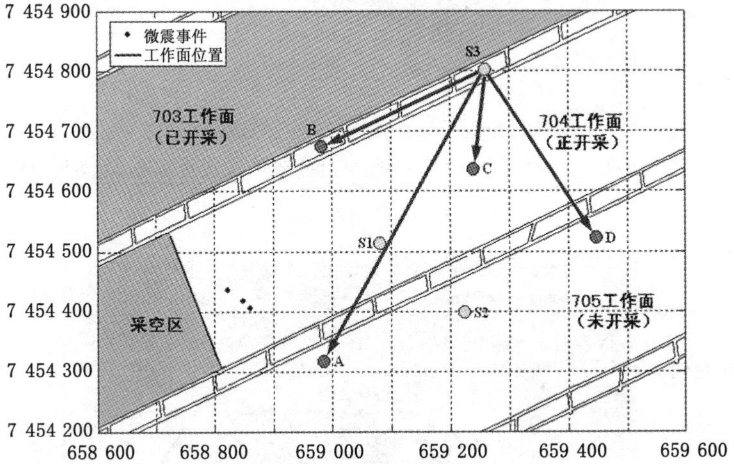

(a)

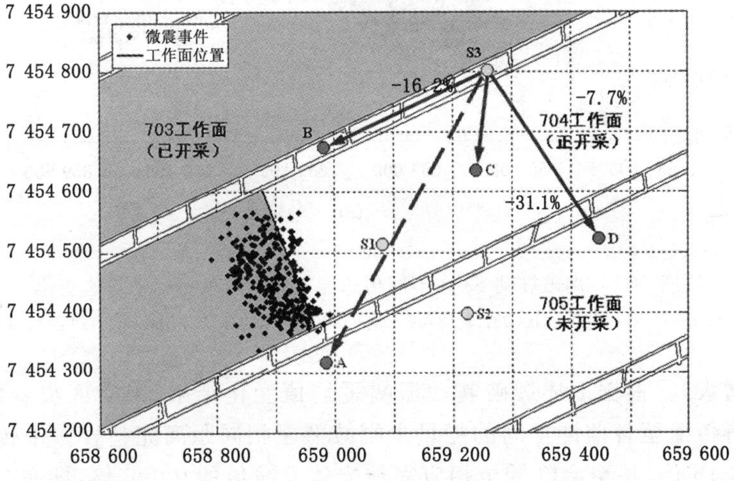

(b)

图 5-19　爆破震动 S3 在不同传感器钻孔中峰值振幅平均值变化

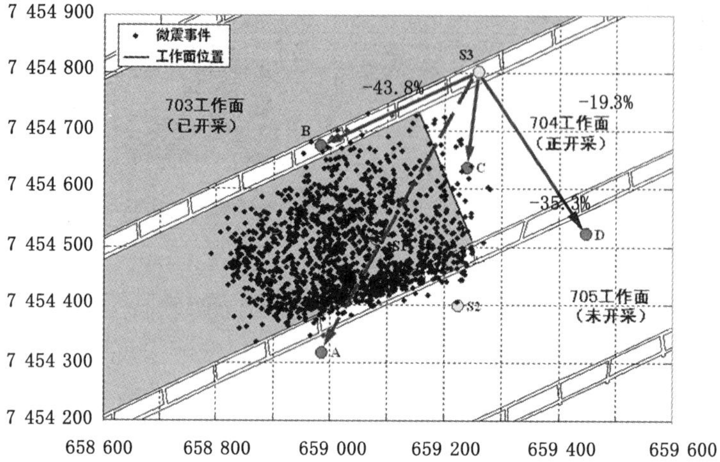

(c)

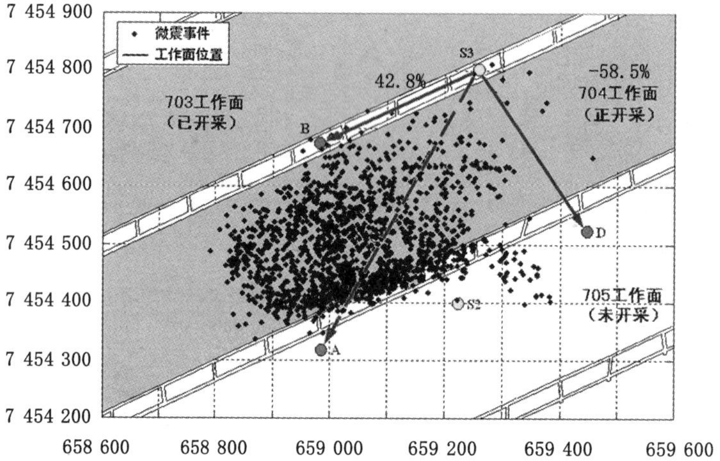

(d)

续图 5-19 爆破震动 S3 在不同传感器钻孔中峰值振幅平均值变化

(a) 07.29 16:19:02;(b) 08.19 13:41:43;(c) 09.30 13:37:10;(d) 11.11 11:13:37

指数的增大)。根据上述爆破震动振幅平均值变化结果,采空区覆岩的破裂、垮落使得传播至各监测空间的能量少则减低至相同距离完整岩体中传播衰减结果的 0.16 倍,甚至会降低至相应完整岩体衰减值的 0.006 倍,即有 2 个数量级以上能量的进一步衰减。该爆破震动波振幅变化规律研究有助于我们理解部分矿井采空区上覆岩层运动产生的强矿震并没有给采掘工作面或巷道产生破坏性冲击的现象。

同样，从爆破震动瞬间产生动载荷大小的角度，根据上述震动波平均波速和峰值振幅平均值变化规律，及瞬间动载表达式 $p_d^n = \rho v_P (\mathrm{PPV})_n$ 或 $p_d^s = \rho v_S (\mathrm{PPV})_s$ 可见，采空区覆岩特性的改变及强度的弱化，使得爆破震动波的传播速度 v_P 或 v_S，速度峰值振幅$(\mathrm{PPV})_n$ 或$(\mathrm{PPV})_s$，及传播岩体介质的密度 ρ 均产生不同程度的降低，从而造成爆破震动产生的瞬间动载扰动大小 p_d^n 或 p_d^s 比完整岩体中大幅降低。

5.3.3 震动波频率变化规律

矿井煤岩或爆破震动的频率变化特征是其主要微震特征参数中最为复杂的。根据前面第 3 章试验研究结果，对于特定煤矿现场或实验室条件下，从震源特征角度考虑，煤岩震动主频往往随震动震级强度(或释放能量)的增加而降低；同时，对于相同或类似能量大小的强矿震而言，强矿震频率增加往往又意味着其震源快速破裂和震动能量的迅速释放，可能会具有更大的冲击破坏效果。事实上，震动频率除受震源特征决定之外，其高频部分在矿井实际煤岩介质中传播时同样会受介质阻尼影响而发生变化。

图 5-20 为爆破震动 S2 典型的微震波形及频谱特征图，图中频率主要分布在 0～250 Hz 区间，其中主频 100 Hz 左右。下面以 S2 为例，同样以每个传感器钻孔为研究单位，且考虑到后续波形因散射、衍射产生的干扰叠加，取钻孔中各传感器监测震动波的 P 波初至平均频率为研究对象并进行其变化规律分析。

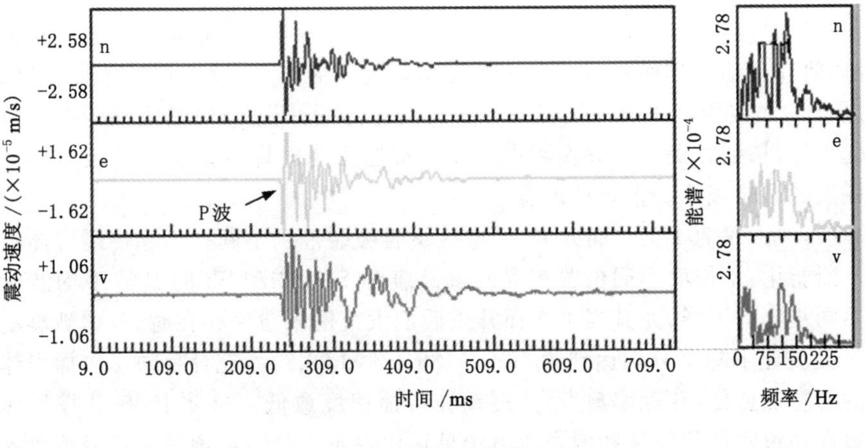

图 5-20 爆破震动 S2 典型微震波形及频谱分布图

图 5-21 即为随采空区覆岩破裂范围演化，爆破震动 S2 的 P 波初至平均频率的变化趋势。由图可见，随采空区破裂范围增大，A、B、C、D 各传感器钻孔采集 P 波初至频率均有逐渐降低的趋势，且以 B 钻孔中传感器记录的震动频率值降幅最大，这主要由于随工作面开采，震源 S2 至各传感器钻孔的传播路径中，以 B 孔附近受采空区覆岩破裂影响最大，当受大范围采空区破裂影响时，B 孔中监测 P 波初至平均频率降幅高达 60%以上，而其他钻孔传感器监测的频率值降幅主要在 20%～30%之间。

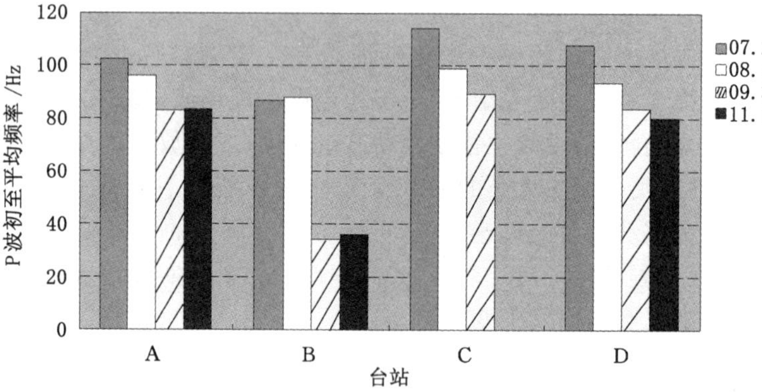

图 5-21　爆破震动 S2 的 P 波初至平均频率变化图

5.4　本章小结

本章通过澳洲 Southern 矿 LW704 工作面进行的爆破震动试验及现场微震监测，研究了随工作面开采采空区覆岩破裂范围的变化，爆破震动传播速度、速度振幅、P 波初至频率等主要微震参数的变化特征，即通过爆破震动的微震特征变化规律，拓展并揭示矿井实际煤岩介质特性改变对煤岩矿震震动波传播和能量耗散的影响规律。主要结论有：

(1) 随 LW704 工作面开采，采空区覆岩破裂范围不断扩大和传播岩体强度的不断弱化，工作面不同位置布置的爆破震源 S1，S2 和 S3 的 P 波平均波速均有不同程度的下降，尤其当工作面开采后期大范围采空区存在时，各爆破震动平均 P 波波速下降率分别达到约 36.5%、39.4%和 69.8%，充分反映了传播岩体介质的完整性愈低，孔隙率愈发育，震动波传播速度愈低。事实上，矿井煤岩体的完整性和致密性往往又和围岩应力场呈正比关系，因此，可通过大量微震监测的煤岩震动(或爆破震动)的波速反演分析，间接进行矿井或工作面应力水平和冲击危险性评价。

(2) 以每个传感器钻孔为研究单位，各传感器阵列内传感器间记录的各爆破震动波振幅随传播距离增加近似呈指数衰减形式。同时，随采空区覆岩垮落及破裂范围扩大，各传感器阵列内记录的震动波峰值振幅平均值逐渐降低，且各爆破震动振幅平均值降低大小不一，最小降幅为58.49％，最大高达92.19％。将振幅变化拓展到能量耗散，上述振幅降低使得传至监测空间的能量少则减低至相应完整岩体中衰减结果的0.16倍，甚至会降低至完整岩体衰减值的0.006倍，传播岩体属性的弱化使矿井煤岩(爆破)震动的震动能量大量耗散，降低了震动对采掘空间的破坏作用。同样道理，爆破震动波平均波速和振幅的降低，造成爆破震动产生的瞬间动载荷扰动比完整岩体中大幅降低。

(3) 震动波频率，尤其是其高频部分在矿井实际煤岩介质中传播时同样会受介质阻尼影响而发生变化。通过对爆破震源S2的P波初至平均频率的变化趋势分析，发现随采空区覆岩破裂范围演化，P波初至平均频率同样呈逐渐降低趋势，且受采空区破裂范围影响越大，其降幅越高，其中最大频率降幅高达60％以上。

6 矿震动载的冲击破坏效应及其影响因素分析

6.1 引言

采矿活动扰动使矿井原岩初始平衡状态被打破，工作面采掘过程中发生岩石破裂和矿震活动，是不可避免的现象。矿区内每年发生的众多采动煤岩震动事件中，只有一小部分会导致采掘空间煤岩体剧烈破坏的冲击矿压。冲击矿压事故的发生往往是受到煤岩诱发矿震的动力扰动叠加影响，只是矿震动力扰动在不同煤岩破坏过程中所起的作用大小不一。同时，第 2 章节典型采动煤岩震动波场特征分析表明，对于相同位置的矿震震源及采场或巷道自由面，不同破裂模式的矿震发生时其震动位移场特征的差异，将导致传播到井巷自由面的震动波能量大小不尽相同；而震源与自由面间的震动波传播路径大小、岩体介质特征及煤层自身的物理力学特性等因素的差异，同样会造成同一岩体震动对采掘自由面的不同破坏效果。自然界中有许多同样结果的起因可能大不相同，同样有许多起因相同或相近的结果却大相径庭。冲击矿压的因与果的关系也是这样，冲击（或矿震）发生的震源孕育机理和其破坏效应之间的关系，就是冲击矿压的因与果的关系。因此，震源孕育机理相同冲击（或矿震）产生的后果可能不同，造成相同或相近破坏效果的冲击矿压，其震源孕育机理并不一定相同。

研究表明，除了纯粹的巷道或采场煤体受重力作用产生应力集中而发生的煤层（柱）冲击矿压（冲击破坏地点与震源位置重合），更多冲击矿压的发生往往会受到顶底板岩层震动或构造运动产生的震动波动态扰动影响，即在巷道或采场周边静态压力与矿震动态应力的组合作用下产生的煤岩体冲击破坏，此时矿震震源与冲击破坏地点一般不在一处。因此，为实现冲击危险的有效预测预报及采取合理防治措施以降低冲击可能造成的破坏程度，不仅需对采动煤岩冲击矿震的震源孕育机理进行研究，以此为基础进一步进行矿震产生动载荷（或动态能）对巷道或采场煤岩的冲击破坏效应及其影响因素分析，同样具有重要现实意义。

6.2　矿震震动波能量传播模式及衰减特性分析

矿震的动态破坏效应主要基于传播至采场或巷道围岩表面的剩余震动波能量和产生的动应力降大小。因此,要研究矿震动力扰动对围岩自由面的破坏效应及其诱冲机理,需先进行震源激发震动波的传播模式和衰减特征分析。震动波可认为是矿震震源处的扰动引起的震源-传播路径系统的响应,其在岩体中传播是一个非常复杂的问题,传播过程中主要依赖震源距采场或巷道的距离以及介质细观结构上的复杂性和宏观尺度上的不均匀性和不连续性;同时,以往的研究总是忽视了岩体震动震源孕育机理对震动波辐射方向和大小的影响,即矿震产生的震动波能量并不是均匀向源外辐射的。因此,本节将综合震动波前几何扩散、岩体介质引起的吸收和散射衰减、震源能量辐射特征等三个方面对岩层破裂、滑移等诱发矿震释放的震动波能量传播模式和衰减特征进行分析。为分析方便,这里先进行震动波能量衰减特征描述,再在此基础上考虑矿震激发震动波的传播模式影响。

6.2.1　震动波能量衰减特性

6.2.1.1　震动波前几何扩散

对于远离岩体矿震震源的采场或巷道围岩,及矿山微震系统的各监测台站,人们所关心的是震源总能量传播至围岩自由面或监测台站附近单位体积内的能量,即能量密度 E_i。震动波在传播过程中,会引起距震源 r_i 处质点的沿平衡位置的往返震动和介质的弹性变形,并且该质点处的能量密度 E_i 等于单位体积内动能的最大值。因此,震动波的能量密度与质点峰值位移振幅 A_i 的平方成正比。

对于采动煤岩诱发矿震,其震源辐射震动波主要是以球形波方式在矿井空间范围内传播的,震动波波前随球体半径不断增大向外几何扩散。对于一点震源或单位球体,震动波质点位移振幅与其扩散半径 r_i 成反比,即随着传播距离的增加而衰减,有:

$$A_i \propto A_0/r_i \tag{6-1}$$

其中:A_0 为震源处的峰值位移振幅。

则,距震源 r_i 处质点能量密度 E_i 与震源能量 E_0 之间有如下关系:

$$E_i \propto E_0/r_i^2 \tag{6-2}$$

6.2.1.2　震动波固有及散射衰减

震动波在岩体介质传播过程中,除因几何扩散而发生衰减外,又受到岩体的塑性、非线性和黏性等阻尼作用，能量进一步被损耗和吸收，这里称为固有衰减。震动波能量的固有衰减主要是由于介质的内摩擦和热传导引起的能量耗散。同时，本书第5章节采动影响下冲击震动波微震效应的现场试验表明，煤层开采使顶底板岩层的强度和完整性进一步遭到破坏，这会使震动波的吸收衰减更加强烈。

相关理论研究及本书试验结果均表明，因岩体介质的阻尼作用，震动波的固有衰减主要呈指数衰减规律。因此，随传播距离的增大，震动波能量的指数衰减规律可表达为：

$$E_i = E_0 e^{-\eta r_i} = E_0 e^{-\frac{2\pi f}{vQ} r_i} \tag{6-3}$$

其中：η 为震动波能量衰减系数，其他参数含义同式(6-2)。

显然，因P、S波之间的传播速度有 $v_P > v_S$，品质耗散因子有 $Q_P > Q_S$，故有P波的能量衰减系数 η_P 小于S波能量衰减系数 η_S，即在相同传播距离下，P波能量指数衰减程度和速度要小于S波衰减。同时，震动波的指数衰减程度还跟震动波特性，主要是震动主频 f 密切相关，即震动主频越高，越容易产生衰减，第5章爆破震动波高频成分变化特征的现场微震实测证明了这一点。

考虑到P、S波受阻尼衰减的速度不同，式(6-3)可进一步细化为：

$$E_{iP} = E_{0P} e^{-\frac{2\pi f}{v_P Q_P} r}, E_{iS} = E_{0S} e^{-\frac{2\pi f}{v_S Q_S} r}, E_i = E_{iP} + E_{iS} \tag{6-4}$$

其中：E_{0P}、E_{0S}分别为矿震震源激发的P、S波能量。

此外，震动波在岩石中传播时，遇到障碍物、断层等界面时，还会出现震动波的折射及反射等，即产生散射效应。散射衰减不属于震动波的能量衰减和耗散机制，而是一种几何效应，即仅仅是能量在时间和空间上的重新分配。事实上，由于岩层结构的复杂性，散射衰减难以和介质固有衰减分离开，因此，矿山震动波衰减规律研究往往将震动波散射和固有衰减一起以指数衰减形式近似进行描述。

综上，在不考虑矿震震源破裂特性前提下，对于点震源或单位球体，综合考虑震动波几何扩散及岩体介质的阻尼影响，震动波能量在岩体中的传播和衰减规律可近似表示为：

$$E_{iP} = E_{0P} r_i^{-2} e^{-\frac{2\pi f}{v_P Q_P} r_i}, E_{iS} = E_{0S} r_i^{-2} e^{-\frac{2\pi f}{v_S Q_S} r_i}, E_i = E_{iP} + E_{iS} \tag{6-5}$$

其峰值位移振幅的衰减规律同样可表示为：

$$A_{iP} = A_{0P} r_i^{-1} e^{-\frac{\pi f}{v_P Q_P} r_i}, A_{iS} = A_{0S} r_i^{-1} e^{-\frac{\pi f}{v_S Q_S} r_i} \tag{6-6}$$

需要注意的是，工作面采掘过程中实际出现的强矿震扰动主要来源于坚硬顶底板岩层的破断、滑移及工作面附近断层“活化”等，其震源破裂尺度较大(10^6 J级矿震震源能量的破裂尺度可达几十米至百米左右，见图2-3)。此时，震动往往会沿较大拉张或滑移破裂面持续进行，有时还会有能量起始释放点和主要释放点之分。因此，与矿山微震监测台网尺度及基于其监测结果进行的震源孕育机理研究不同，从矿震对巷道煤岩体的震动效应研究角度，以开挖煤层为参照对象，有时将较大岩体破裂、滑移等宏观震动视为点震源或单位体震源并不合适。简单起见，将较大煤岩诱发矿震设为震源破裂尺度为 r_0 的球形震源，且能量从球体表面开始传播，考虑 r_0 影响，式(6-5)可近似修正为：

$$\left.\begin{aligned} E_{i\mathrm{P}} &= E_{0\mathrm{P}} r_0^2 r_i^{-2} \mathrm{e}^{-\frac{2\pi f}{v_\mathrm{P} Q_\mathrm{P}}(r_i - r_0)} \\ E_{i\mathrm{S}} &= E_{0\mathrm{S}} r_0^2 r_i^{-2} \mathrm{e}^{-\frac{2\pi f}{v_\mathrm{S} Q_\mathrm{S}}(r_i - r_0)} \\ E_i &= E_{i\mathrm{P}} + E_{i\mathrm{S}} \quad (r_i \geqslant r_0, r_0 \geqslant 1) \end{aligned}\right\} \tag{6-7}$$

式(6-7)描述的震动波能量衰减示意如图 6-1 所示。由图可见，对于相同大小的震源释放能量，震源破裂尺度增大，可延缓矿震震动波能量的衰减幅度；反之，小尺度、低能量的高频震动震动波能量则衰减更快。由于实际矿震破裂过程的复杂性及破裂形状的多样性，式(6-7)中 r_0 对震动波能量衰减的具体影响程度还需根据特定煤岩体震动的破裂特征进行微调。

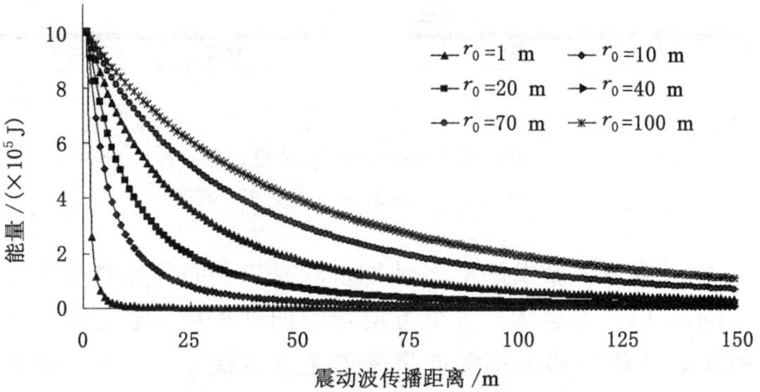

图 6-1 不同震源破裂尺度下震源能量衰减规律

6.2.2 震动波能量传播模式影响

本书第 2 章研究表明，绝大部分矿震震源激发的震动能量在震源球扩散过程中并不是在各个方向均匀向外传播的，这也是有时传播岩体介质特性类似时，震动波初至时间几乎相同的微震监测台站间所接收微震波形振幅相差较大的主要原因所在。因此，传播至采场或巷道围岩的震动波能量大小，除了受上述传播距离、震动波波速、能量衰减指数等因素影响之外，还必须考虑不同矿震的震动位移场和能量辐射特征的影响，这是由震源自身震动特性决定的，与震动波传播过程无关。

图 6-2 描述了采场顶板分别为垂直剪切破裂和垂直拉伸破断(顶板离层震动)时震源 P、S 波振幅远场辐射方式。由图可见,顶板在两种不同破断模式下的震动能量和破裂尺度相同时,震源辐射的 P、S 波振幅在空间范围内分布截然不同。以巷道 1 为例,对于相同位置的震源和巷道空间,震源在至巷道 1 辐射方向上,顶板垂直剪切破裂 P、S 波峰值位移振幅 A_{0P1}、A_{0S1} 与顶板离层震动 P、S 波初始峰值振幅 A_{0P2}、A_{0S2} 明显不同,导致震源在该方向上辐射的初始能量密度也各不相同。同时,因震动波辐射角度的差异,相同破裂性质震源分别辐射至巷道 1 和巷道 2 方向上的初始峰值位移振幅和能量密度也不相同。

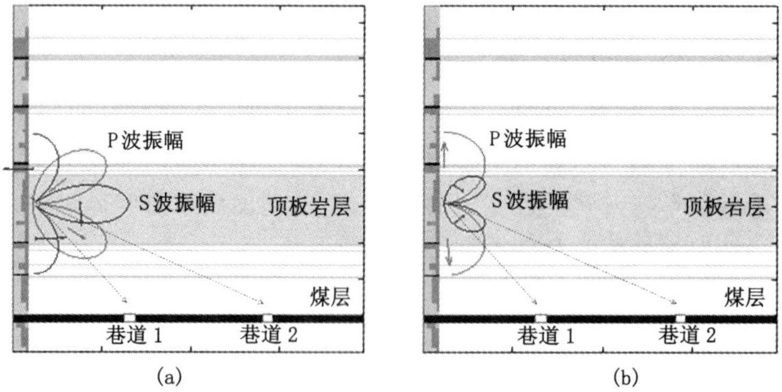

图 6-2　同一顶板震源不同破裂模式的震动波振幅分布

(a) 顶板垂直剪切破裂;(b) 顶板离层震动

因此,不同矿震震源激发的 P、S 波能量均是以各自特定能量分布的震源球向外传播,而不是以标准球体从各个方向均匀向外扩散。震源辐射至巷道或采场自由面的初始峰值位移振幅和能量密度主要取决于:① 震源等价力作用方式,由 6 个矩张量元素决定;② 震源至围岩自由面的辐射角度,由巷道与围岩两者间的空间位置决定。

考虑到震源破裂特性的影响,式(6-6)震动波峰值位移振幅在传播过程的变化规律可进一步表示为:

$$\left.\begin{aligned} A_{iP} &= A_{0P} r_i^{-1} e^{-\frac{\pi f}{v_P Q_P} r_i} R^P(M_{ij}) \\ A_{iS} &= A_{0S} r_i^{-1} e^{-\frac{\pi f}{v_S Q_S} r_i} \sqrt{(R^{SV})^2 + (R^{SH})^2}(M_{ij}) \end{aligned}\right\} \tag{6-8}$$

式中:R^P,R^{SV},R^{SH} 为震源震动波辐射花样,其内涵及表达式见式(2-29);M_{ij} 各分量求解时设地震矩 $M_0=1$。

故,综合震动波传播过程中的几何扩散、岩体介质的阻尼影响及震源破裂特性和能量辐射方式,对于可近似为点震源或单位球体的采动诱发矿震,震动波能量在岩体中的传播和衰减规律可近似表示为：

$$\left.\begin{aligned} E_{iP} &= E_{0P} r_i^{-2} e^{-\frac{2\pi f}{v_P Q_P} r_i} (R^P)^2 (M_{ij}) \\ E_{iS} &= E_{0S} r_i^{-2} e^{-\frac{2\pi f}{v_S Q_S} r_i} [(R^{SV})^2 + (R^{SH})^2] (M_{ij}) \\ E_i &= E_{iP} + E_{iS} \end{aligned}\right\} \tag{6-9}$$

若需考虑震源破裂尺寸 r_0 的影响，则矿震震动波能量的传播和衰减规律近似表示为：

$$\left.\begin{aligned} E_{iP} &= E_{0P} r_0^2 r_i^{-2} e^{-\frac{2\pi f}{v_P Q_P}(r_i - r_0)} (R^P)^2 (M_{ij}) \\ E_{iS} &= E_{0S} r_0^2 r_i^{-2} e^{-\frac{2\pi f}{v_S Q_S}(r_i - r_0)} [(R^{SV})^2 + (R^{SH})^2] (M_{ij}) \\ E_i &= E_{iP} + E_{iS} \quad (r_i \geqslant r_0, r_0 \geqslant 1) \end{aligned}\right\} \tag{6-10}$$

由上分析，通过矩张量反演等方法进行的采动煤岩冲击矿震震源孕育机理研究，不仅可掌握震源等价力组成、主要破裂特性、断裂方位等重要信息，亦可为解释矿震动载对围岩造成的不同扰动效应提供有力依据。同时，由式(6-9)、式(6-10)可知，影响传播至采掘空间的剩余震动波能量大小的三个主要因素中，人为因素可控的主要是通过改变传播岩体介质属性来提高其中的震动波阻尼衰减幅度和速度，即通过对顶板岩层的强度弱化使耗散品质因子 Q 值增加，以达到降低矿震动载对采场或巷道围岩的动态破坏效应。

6.3 矿震动力扰动下煤岩冲击破坏机理分析

对于矿震对煤岩体的震动效应，建立如图 6-3 所示的工作面开采地质模型，工作面上覆第 n 层顶板岩层出现一岩体震动破裂，释放震动波能量并传播至工作面开采空间。下面主要以刚度和能量理论简要分析高位岩层破断与否对煤层冲击失稳的影响大小。

6.3.1 静载作用下的煤体冲击破坏

在无矿震扰动下，可将图 6-3 中的“顶板(第 1 层)-煤层-底板”视为一平衡系统，顶板自重及上覆岩层对煤柱的作用强度简化为 q 的分布力。煤岩体应力-应变(载荷-位移)关系可表示为：

$$\sigma = E\varepsilon \exp\left[-\left(\frac{\varepsilon}{\varepsilon_1}\right)^m\right], f(u) = \lambda u \exp\left[-\left(\frac{u}{u_1}\right)^m\right] \tag{6-11}$$

式中：σ、$f(u)$分别为煤岩体的应力和内部载荷；ε、u 分别为煤岩体应变和变形；E 为煤岩体初始弹性模量；λ 为煤岩体初始刚度；ε_1、u_1 为煤岩内部单元强度的分布参数；m 为曲线同族指数，且有$(1/m)^{1/m}\varepsilon_1 = \varepsilon_c$，当 $m=1$ 时，有 $\varepsilon_1 = \varepsilon_c$，$\varepsilon_c$ 为

峰值应力对应的应变。

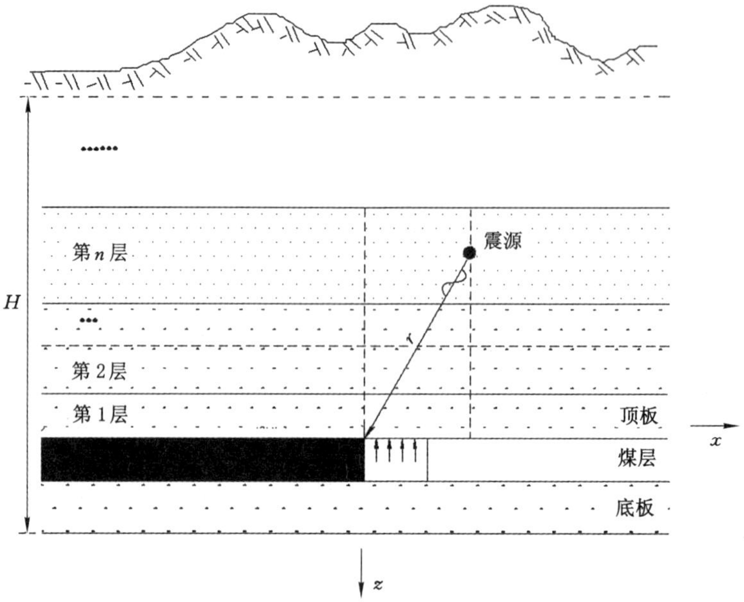

图 6-3　工作面及覆岩结构剖面

由于煤岩体自身物理力学性质的差异性，其受力变形过程中具有不同强度和损伤破坏程度。煤层是工作面开采对象，在顶底板压力夹持下，煤体容易遭受破坏，且高冲击危险性工作面往往具有坚硬顶、底板特征，故可视“顶板-煤层-底板”系统中顶、底板单轴抗压强度大于煤体的单轴抗压强度；同时，考虑到矿井冲击矿压发生的主要力源和能量来源，为分析方便，假设底板不变形，系统的平衡状态主要由煤层与顶板的受载变形特征决定。根据式(6-11)，以煤层、顶板的垂直应力和垂直变形为主要研究对象，如图 6-4 所示，图中顶板单轴抗压强度远大于煤层单轴抗压强度，当煤层的载荷达到其单轴抗压强度并开始屈服时，顶板岩层开始卸载，此时顶板尚处于其弹性变形阶段，其加载及卸载曲线可简化为直线处理。

矿井工作面的煤岩体，受采动影响应力重新分布，且煤岩系统处于动态的非稳定平衡状态。当开采使某处应力超过煤体强度，平衡状态被打破，煤体遭到破坏，其破坏过程可能是缓慢的能量释放，也可能是突然猛烈的动态冲击破坏。研究表明，冲击矿压的发生需要同时满足能量条件、刚度条件和冲击倾向性条件。对于图 6-3 的工作面开采地质模型，在无动载扰动条件下，煤层动态失稳条件可表示为：

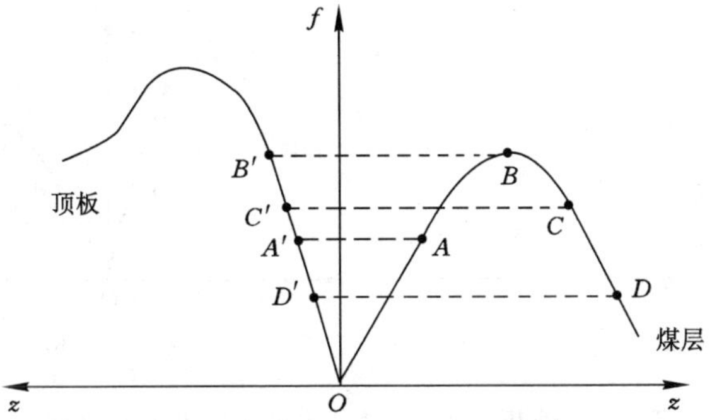

图 6-4 顶板及煤体的垂直载荷-变形曲线

$$\left.\begin{aligned} E_z^{(s)} &> \int_{z_1}^{z_3} [f(z) - p_z] \mathrm{d}z \\ k + f'(z) &< 0 \end{aligned}\right\} \tag{6-12}$$

式中：$E_z^{(s)}$ 为工作面煤岩系统聚集的静态能量，主要由采深 H、上覆岩层和煤层性质、开采条件等决定；p_z 为上覆岩层施加给煤岩系统的静载荷大小；k 为顶板卸载过程中的刚度大小，且 $k>0$；$f'(z)=\mathrm{d}f(z)/\mathrm{d}z$ 为煤层的刚度大小，当 $f'(z)<0$ 时，煤体处于峰后残余强度阶段。

如图 6-5 所示，当煤岩系统中聚集的静态能量 $E_z^{(s)}$ 大于煤体变形直至破坏过程中做功所消耗的能量大小[图 6-5(a) 中阴影部分]，便满足了煤岩破坏的能量条件(缓慢释放或动态冲击)，系统聚集和消耗的能量差(称为"差能") $\Delta U = E_z^{(s)} - \int_{z_1}^{z_3} [f(z) - p_z] \mathrm{d}z$ 越大，系统可释放的能量越多，冲击失稳的可能性越大；同时，在系统内部，当煤体受载进入峰后软化区时，系统内的力学平衡条件受到破坏，顶板开始卸载并释放弹性能，顶板储存能量的释放加速了煤体的破裂过程，当顶板释放能量大于煤体吸收能量时[即 $k + f'(z) < 0$，见图 6-5(b)]，煤层脆性动态破坏，强度突变，伴随能量的突然释放，发生冲击矿压。由图进一步可见，煤体峰值前弹性应变能 E_1 明显大于峰后应变能 E_2，煤体冲击能指数 $K_E = E_1/E_2$ 较大。

当满足 $\Delta U>0$，但 $k+f'(z)>0$ 时(见图 6-6)，虽然上覆围岩提供给煤岩系统的静态能足够满足其做功消耗的能量大小，但系统内部顶板卸载释放的能量不足以使煤体产生猛烈破坏，煤体是逐渐破坏的，其能量缓慢释放，系统处于亚稳定或静态破坏状态。同时，由图 6-6(a)可见，煤体冲击能指数 K_E 较小，该类煤体往往具有弱冲击倾向性。

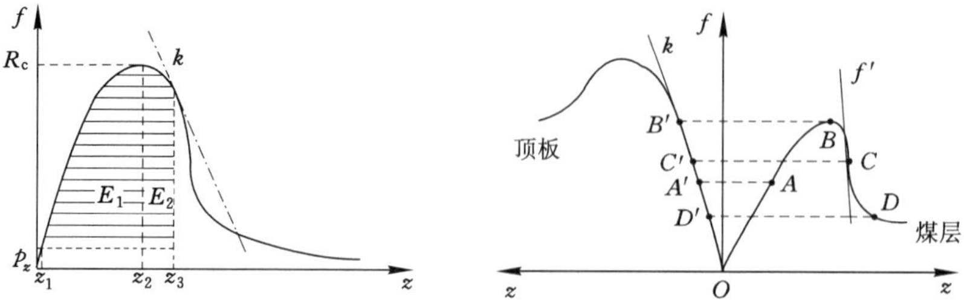

(a) (b)

图 6-5 静载作用下煤体冲击破坏载荷-位移曲线

(a) 煤体载荷-位移曲线;(b) 顶板、煤体刚度示意

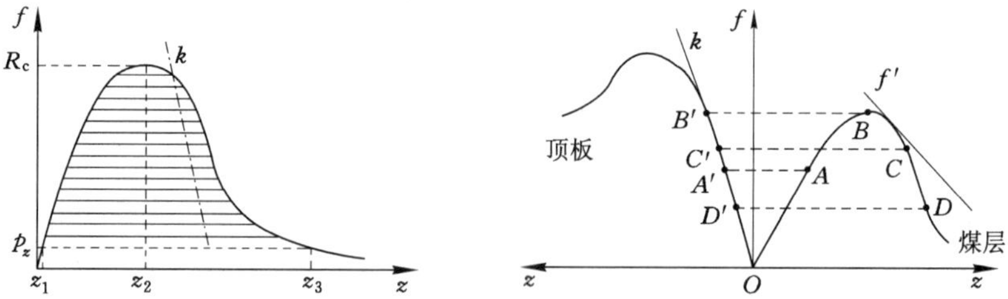

(a) (b)

图 6-6 静载作用下煤体稳定破坏载荷-位移曲线

(a) 煤体载荷-位移曲线;(b) 顶板、煤体刚度示意

6.3.2 动静载组合下的煤体冲击破坏

矿震的动力扰动在煤岩体冲击破坏过程中主要起两种作用:

(1) 巷道或采场围岩原岩应力本身就很高,巷道开挖或工作面回采导致巷道或采场周边高应力集中,此时应力水平虽未超过煤岩体强度但已接近其强度,远场矿震产生的微小动应力增量便可使动静载组合应力场超过煤岩体强度,从而导致煤岩体冲击破坏。此时,矿震产生的动应力扰动在煤岩体破坏中主要起到一个诱发作用。

(2) 巷道或采场围岩原岩应力并不很高,但远处矿震震源释放的能量很大,震源传至煤体的瞬间动应力增量很大,巷道或采场周边静态应力与动态应力叠加超过煤体强度,导致煤岩体突然动态冲击破坏。此时,矿震的瞬间动态扰动在冲击破坏过程中起主导作用。

现分别从应力和能量角度对图 6-3 中上覆岩层破断辐射并传播至煤层的震动波扰动进行综合分析。从能量角度考虑,传播至工作面的震动波能量以动态

能 $E_z^{(d)}$ 的方式作用于上述"顶板-煤体-底板"系统，并与静态能量 $E_z^{(s)}$ 进行标量形式的叠加。正如前面分析，动态能 $E_z^{(d)}$ 的大小受矿震震源能量大小和能量辐射方式、震源至工作面传播距离、岩体介质吸收等因素综合决定。$E_z^{(d)}$ 和 $E_z^{(s)}$ 能量叠加后（即 $E = E_z^{(d)} + E_z^{(s)}$），赋予煤岩系统聚集更多弹性能，更容易满足煤体冲击失稳的能量条件。

上覆岩层破断释放的震动能量越多，产生的瞬间动载荷强度越大。同时，与能量的标量叠加不同，岩层破断产生的动载荷 p_d 与煤岩系统原有静载荷 p_z 以矢量形式进行叠加（即 $\vec{p} = \vec{p}_z + \vec{p}_d$）。应力叠加的结果使煤体应力发生振荡性变化，其加载作用使煤岩系统的应力进一步增大，卸载作用会使煤岩体的弹性能释放和内部产生惯性运动。若煤岩系统的原有静载荷较大，则较低的动载荷就可导致叠加后的应力峰值超过煤体极限强度而易发生破坏；反之，若煤岩系统的原有静载荷较小，则需较高动载荷才能诱发煤体破坏。同时，叠加后的应力峰值越高，越易满足冲击失稳条件。若已知工作面处煤体介质的震动速度及震动波传播速度，则矿震扰动施加给煤体的峰值动载荷 p_d（或称"动态应力降"）可表示为：

$$p_d^n = \rho v_P (\mathrm{PPV})_n ; p_d^s = \rho v_S (\mathrm{PPV})_s \tag{6-13}$$

式中　p_d^n、p_d^s——震动波扰动施加给煤体的法向和切向瞬间动载荷大小，MPa；

v_P、v_S——P、S 波的传播速度，km/s；

$(\mathrm{PPV})_n$、$(\mathrm{PPV})_s$——工作面煤体质点的法向和切向峰值震动速度，m/s；

ρ——煤体密度，t/m^3。

显然，煤体处质点的震动速度振幅（位移场微分）越高，矿震对工作面或巷道产生的瞬间动载荷越大。因此，动载荷大小同样由矿震辐射震动波的传播模式和衰减特征决定。

对于图 6-3 的工作面开采地质模型，在矿震动载扰动条件下，煤层动态冲击失稳条件可见式（6-14）和图 6-7。

$$\left.\begin{aligned} & E_z^{(s)} + E_z^{(d)} > \int_{z_1}^{z_3} [f(z) - (p_z + p_d^z)] \mathrm{d}z \\ & k' + f'(z) < 0 \end{aligned}\right\} \tag{6-14}$$

式中　p_d^z——动载荷的垂直分量，对于图 6-7 可表示为 $p_d^z = \sqrt{2E_z^{(d)}(R_c / z_2)}$；

k'——受上覆岩层破断动载扰动后，煤岩系统中顶板卸载过程中的刚度大小，上覆动载扰动使顶板岩体产生惯性运动，故有 $k' < k$。

如图 6-7 所示，因上覆顶板破断的动态能 $E_z^{(d)}$ 的能量叠加，外界围岩提供给"顶板-煤层-底板"系统的能量增加，而因震动对煤体的动载荷 p_d^z 的应力叠加，煤体变形破坏过程中变形直至破坏做功所消耗的能量减小（见图中阴影部分），即相比于图 6-5 中静载作用下的煤岩冲击破坏，差能 ΔU 进一步增加；且上覆顶板破断产生的动态能 $E_z^{(d)}$（或动载荷 p_d^z）越大，系统可释放的差能越多，冲击失稳的可能性越大，矿震的动态扰动在煤岩冲击失稳中也会由诱发因素增至为主导因素。同时，上覆顶板破断的动态扰动使煤岩系统中顶板产生惯性运动，其卸载刚度 k 降低至 k'（若岩体震动扰动直接来自系统内顶板或邻近岩层破断，k 值降低幅度尤为明显），系统内顶板储存能量的进一步释放加速了煤体的破裂过程，更容易满足煤体冲击破坏的刚度条件，即当满足 $k'+f'(z)<0$ 时，煤层发生动态冲击破坏，且强度更猛烈，释放能量更多。

当然，矿震动载中只有一小部分会导致矿井冲击矿压的发生。当工作面或巷道周边静载应力场较低或顶底板岩性较软，尤其当煤层具有无或弱冲击倾向性时，矿震动载扰动虽可使煤岩系统差能 ΔU 进一步增加，但系统内下降的顶板卸载刚度 k' 仍不能满足 $k'+f'(z)<0$（如图 6-8 所示），煤体虽在动静载组合作用下达到其强度极限，但其破裂过程是能量缓慢释放的亚稳定或静态破坏，而不会发生突然强烈的动态冲击破坏。

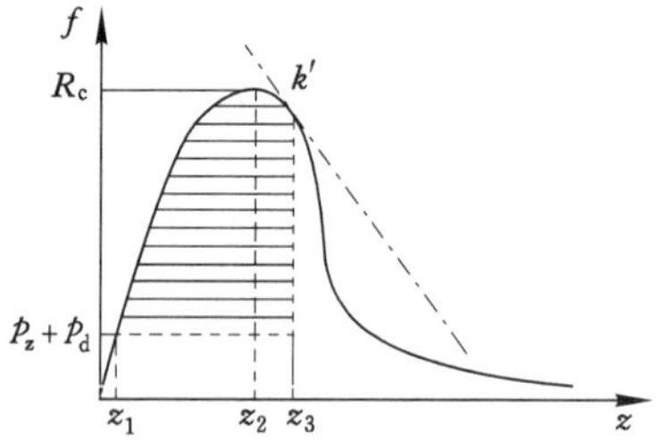

图 6-7　动静载组合下煤体冲击破坏载荷-位移曲线

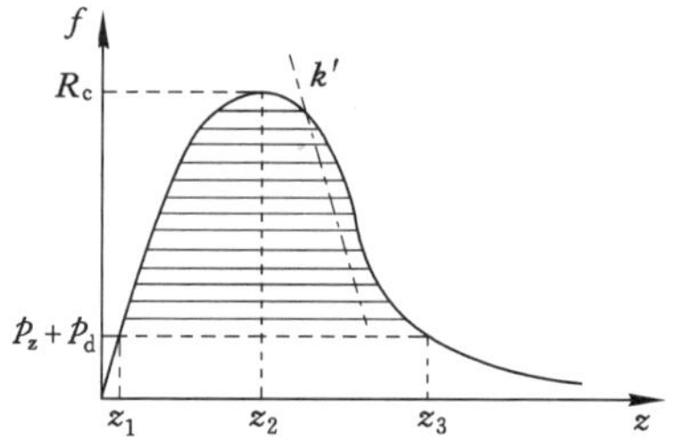

图 6-8　动静载组合下煤体稳定破坏载荷-位移曲线

上述分析中，若同时考虑煤岩系统中的底板变形，可用顶、底板卸载过程中的复合刚度 K 代替式(6-12)、式(6-14)中的 k 和 k'，且有 $K=k_r k_f/(k_r+k_f)$（k_r、k_f 分别为顶、底板的卸载刚度，且受矿震动载扰动影响）。

6.4　矿震动载对煤体冲击影响的数值模拟分析

关于震动（应力）波对煤岩扰动效应及其影响因素的数值模拟研究，已进行部分研究工作。闫长斌等将实测爆破速度时程曲线作为爆破震动输入，就爆破载荷动力扰动下采空区围岩稳定性进行了数值分析。陈占军等同样通过输入现场实测的爆破震动速度波形，对爆破载荷作用下岩石边坡动态响应进行了数值分析。卢爱红、雷光宇等采用 LS-DYNA 软件，对应力波作用下围岩层裂破坏结构的形成过程进行了数值模拟，认为扰动应力波是形成巷帮层裂结构，继而诱发冲击的重要因素。高明仕通过输入简谐波，用 $FLAC^{2D}$ 4.0 数值分析了巷道顶板不同位置不同能量冲击震动波对巷道的破坏过程，并认为存在大能量冲击震源单次瞬间破坏、中等能量冲击震源多轮循环累积破坏以及小能量震源无破坏等三种破坏效应。陆菜平同样采用 $FLAC^{2D}$ 数值模拟研究了冲击震源（简谐正弦波）能量、顶板的强度及其厚度、煤体的强度对煤层巷道冲击效应的影响规律。

根据分析，存在以下事实：

(1) 相同能量大小的煤岩矿震震源因破裂机理不同存在不同的震动效应，即震源震动波辐射方式及对巷道煤体的破坏作用是不一样的，现有的数值模拟研究往往忽视这一点，任意选择一简谐波作为冲击震源而不考虑其破裂特性差异是不够全面的。

(2) 最合理的方法是将实测的不同煤岩破裂震动波形作为数值分析的冲击震源，但煤矿现场各微震台站采集的震动波是冲击矿震引起的震源-台站路径系统的综合响应，反映的是台站所在煤岩介质受震源扰动的脉冲响应，难以获得真正反映诸如顶板断裂、断层滑移等破裂震源本身周围介质动态响应的震动速度、位移场等时程曲线。而闫长斌、陈占军等人所做实验中所选爆破震动是人为诱发，震源机理单一，其时程曲线可通过在地面、井下试验采集。

鉴于上述两点，本节同样采用式(3-25)的震源时间函数，通过考虑不同煤岩诱发矿震类型所对应的特定震源矩张量矩阵，人工近似模拟不同震源震动速度时程曲线，并将其作为煤层巷道上方顶板岩层破断诱发的冲击震源，采用 $FLAC^{2D}$ 模拟研究在顶板强矿震动载扰动下，震源破裂特性和强度（能量）大小、震动波传播距离、顶板岩层性质等改变，对巷道应力状态、位移量、变形速度和加速度等变化的影响规律，进一步揭示矿震动载对煤层巷道的冲击破坏效应。

6.4.1　数值模拟模型建立

数值模拟模型参照兖州鲍店矿 $103_{上}$ 02 工作面地质采矿条件。该面为孤岛工作面，主采 3# 煤层分 $3_{上}$ 和 $3_{下}$ 两层煤，该面开采的 $3_{上}$ 煤层厚度约为 6 m，工作面南北两翼的 10301（$3_{上}$、$3_{下}$）、$103_{上}$ 03、$103_{上}$ 04 等工作面均已回采完毕，工作面上方 130 m 处有厚达 100 m 以上的厚层砂岩顶板。根据研究的主要目的，模型尺寸在实际开采地质条件基础上稍作简化处理，将工作面两侧采空区范围视为对称，且不考虑 $103_{下}$ 01 工作面的开采情况。建立的模型尺寸（长×高）为：

500 m×288 m，$103_上$ 02 工作面面长 200 m，两侧 $103_上$ 01、$103_上$ 03 采空区分别为 150 m，上覆厚层砂岩顶板为 100 m，共划分成 400×287 共计 114 800 个基本单元。初始模型见图 6-9。

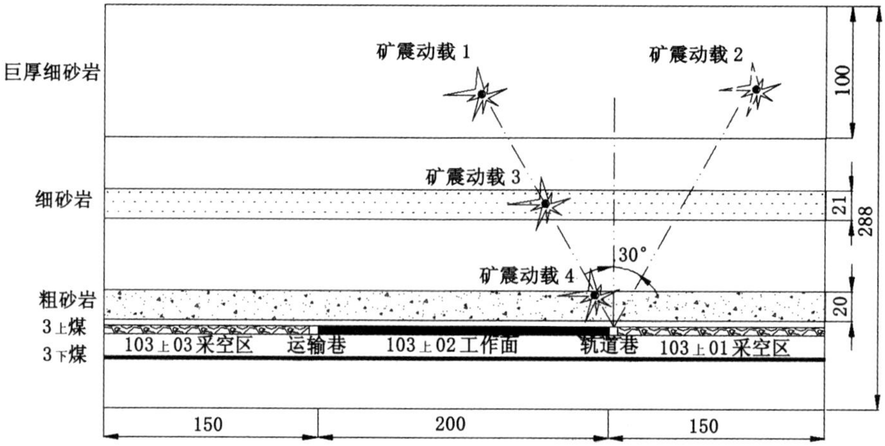

图 6-9　初始模型

模型的实际计算过程如下：

建立初始模型→初始化应力场→原岩应力平衡→开挖 $103_上$ 02 工作面两巷→开采 $103_上$ 01 工作面→开采 $103_上$ 03 工作面→静态应力场平衡→施加冲击动载→模拟结束。

6.4.1.1　模型参数及边界条件

矿震震源由 $3_上$ 煤层上覆不同顶板岩层的破断、滑移产生。以 $103_上$ 02 工作面地质条件为基础，模拟过程中改变震源的破裂模式，调整震源能量大小、震动波传播路径和介质属性等，以得到不同情况下矿震动载扰动对煤层巷道冲击效应的应力场、位移量、变形速度、变形加速度等变化的影响规律。

模型岩层属性依据鲍店矿十采区 77 钻孔资料，$3_上$ 煤层主要顶底板岩层属性如表 6-1 所列。

表 6-1　模型岩层属性

岩性	厚度 /m	密度 /(kg/m³)	体积模量 /(×10¹⁰ Pa)	剪切模量 /(×10¹⁰ Pa)	黏聚力 /(×10⁷ Pa)	内摩擦角 /(°)
细砂岩	100	2 700	0.47	0.40	0.41	37
砂页岩	10	2 600	0.32	0.25	0.26	33

续表 6-1

岩性	厚度 /m	密度 /(kg/m³)	体积模量 /(×10¹⁰ Pa)	剪切模量 /(×10¹⁰ Pa)	黏聚力 /(×10⁷ Pa)	内摩擦角 /(°)
粗砂岩	14	2 700	0.37	0.34	0.32	37
砂页岩	12	2 600	0.32	0.25	0.26	33
细粉砂	21	2 700	0.38	0.34	0.35	35
中砂,黏土	6	2 600	0.25	0.30	0.26	34
细砂岩	10	2 700	0.40	0.36	0.37	37
黏土岩	10	2 500	0.21	0.21	0.22	33
粉砂岩	16	2 700	0.37	0.34	0.33	37
中砂,黏土	5	2 600	0.25	0.30	0.26	34
碳质泥岩	2	2 200	0.20	0.16	0.15	32
粗砂岩	20	2 700	0.37	0.34	0.32	37
黏土,粉砂	4	2 600	0.28	0.30	0.27	35
$3_{上}$ 煤	6	1 300	0.15	0.08	0.10	25
细砂岩	3	2 700	0.40	0.36	0.37	37
粉砂岩	13	2 700	0.37	0.34	0.33	37

模型边界条件为:左、右边界横向位移为“0”,底部边界竖向位移为“0”,模拟最上岩层埋深为 220 m,故在模型上边界施加 5.4 MPa 的等效垂直应力载荷,重力加速度为 9.8 m/s^2。

6.4.1.2 模拟方案及步骤

(1) 模拟方案

模拟过程中,在 $103_{上}$ 02 工作面轨道巷顶底板及两巷正中间设置监测点,主要监测不同矿震动载扰动下这些点的应力场、变形量、变形速度和加速度的变化规律。

① 工作面开采过程中,$3_{上}$ 煤层上方的巨厚砂岩顶板中发生了多次能量达 10^6 J 级的强矿震,对于相同能量大小(震源地震矩为 1×10^{13} N·m)和同一位置的强矿震,变换震源破裂方式,分别模拟震源为 60°倾角剪切破裂(滑移)、90°倾角垂直剪切破裂(滑移)和水平拉伸断裂情况下,巷道监测点的应力场、变形量、变形速度和变形加速度的变化规律。

② 相同能量大小、破裂方式和相同传播距离前提下,模拟传播介质属性不同($103_{上}$ 02 工作面上方和 $103_{上}$ 01 采空区上方)情况下,巷道监测点的应力场、变形量、变形速度和变形加速度的变化规律。

③ 相同能量大小、破裂方式和震动波辐射方位前提下，变换矿震发生位置(高位巨厚岩层、细砂岩次关键层、粗砂岩基本顶)，模拟巷道监测点的应力场、变形量、变形速度和变形加速度的变化规律。

④ 相同震源位置和破裂方式前提下，模拟不同能量大小(地震矩分别为 1×10^{13} N·m、1.5×10^{13} N·m、3×10^{13} N·m)情况下，巷道监测点的应力场、变形量、变形速度和变形加速度的变化规律。

⑤ 采用模拟软件的 Movie 功能，按一定时步为间隔，模拟再现高能量强矿震动载对煤层巷道冲击破坏效应的全过程。

(2) 模拟步骤

① 建立初始模型，首次计算至原岩应力平衡，然后开挖巷道和工作面，再次计算至应力平衡。

② 构建简易震源时间函数，考虑震源孕育机理影响，模拟不同破裂模式下震源震动速度波形，并将这些波形作为数值模拟分析的冲击动载，再次计算至应力平衡。

③ 依次变换震源破裂方式、震源位置(包括传播距离及岩体介质属性的改变)及能量大小，模拟巷道监测点的应力场、变形量、变形速度和变形加速度的变化情况。

静载条件下模型垂直应力分布云图见图 6-10。由图可见，孤岛开采使得 $103_{上}$ 02 面两侧靠近煤壁边缘处出现高应力集中，但轨道巷处于减压区内，应力值低于原岩应力大小。

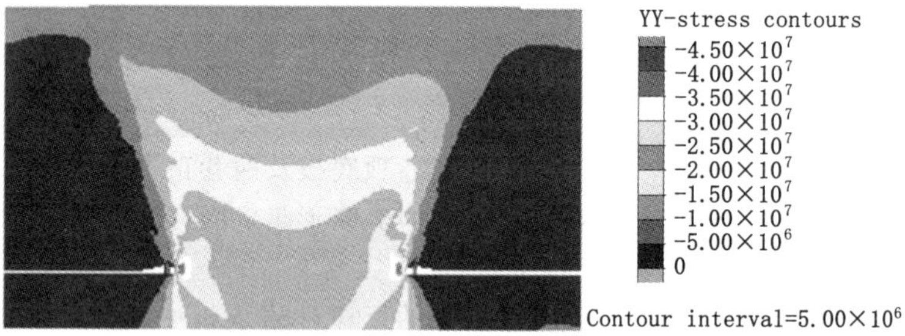

图 6-10　模型静态平衡时垂直应力分布

6.4.2　矿震震源破裂模式对巷道冲击的影响

6.4.2.1　震源速度振幅模拟

以 $103_{上}$ 02 工作面轨道巷为研究对象，设定矿震震源位于工作面上覆巨厚细砂岩层下部，煤层上方 140 m 处，至轨道巷入射角 30°，震源距巷道顶板直线距离约 165 m，见图 6-9 中矿震动载 1。采用式(3-25)集中力源的震源时间函数，首先模拟震源不同破裂方式下在该辐射方向上的震动速度，并作为本次 FLAC^{2D}数值模拟的输入动载。同时，由于本数值研究采用二维模型，模型 x 轴为南-北方向，y 轴为垂直方向，因此，为尽可能贴近数值模型实际，震源破裂模型的选择应尽量满足其在东-西方向上的辐射能量（速度振幅）接近于零，而只在南-北和垂直方向上辐射能量。

选择地震矩 $M_0=1.0\times10^{13}$ N·m，根据 $\lg E=1.8+1.9M_L$ 和 $\lg M_0=10.42+1.009M_L$（波兰经验公式），转换得里氏震级 $M_L=2.56$，震动能量 $E=4.61\times10^6$ J；取 $v_P=3\ 000$ m/s，$v_S=v_P/\sqrt{3}$，主频 $f_0=50$ Hz。震源破裂方式设为三种：① 倾角为 60°顶板剪切破裂，即 $\delta=60°$，$\varphi_s=0°$，$\lambda=90°$；② 倾角为 90°顶板垂直剪切破裂，即 $\delta=90°$，$\varphi_s=0°$，$\lambda=90°$；③ 顶板水平拉伸断裂，由 M_{11}决定。根据上述震源参数，三种破裂方式下，矿震动载 1 至轨道巷辐射方向上的震源震动速度分别如图 6-11 所示。由于模拟波形是震源处激发脉冲，P、S 波间几乎不存在到时差异，故图中脉冲为震源处破裂辐射 P、S 波的混合波形。

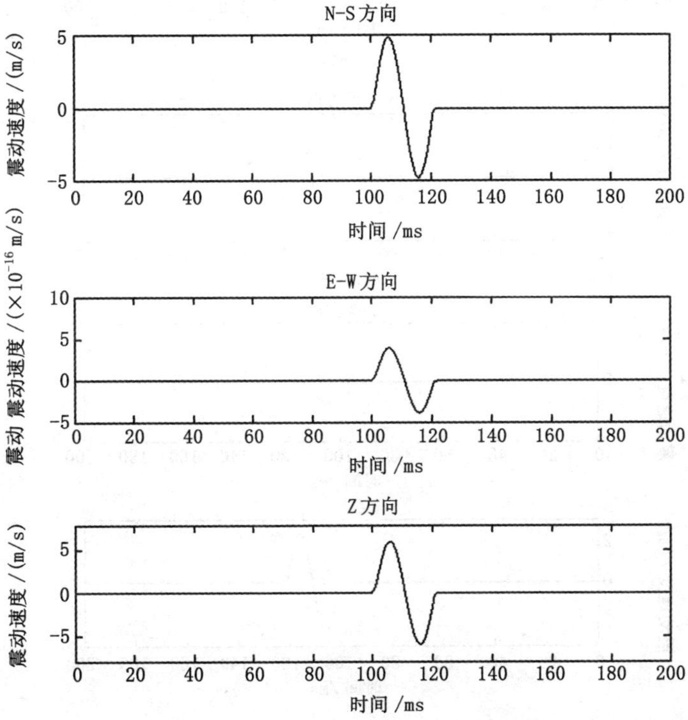

(a)

图 6-11 巨厚顶板不同断裂模式下震源处激发震动波形

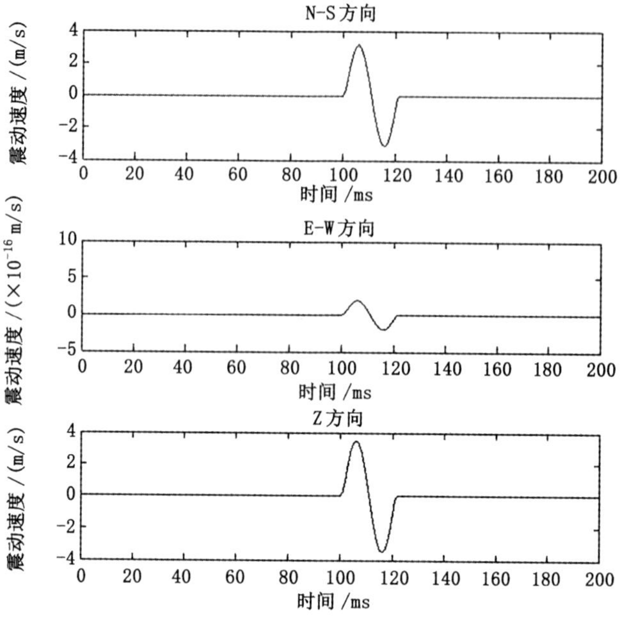

(b)

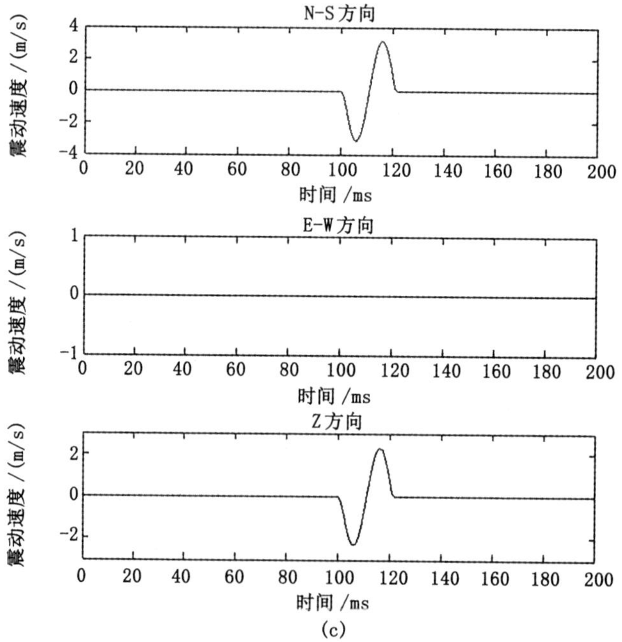

(c)

续图 6-11　巨厚顶板不同断裂模式下震源处激发震动波形

(a) 倾角为 60°的顶板剪切破裂；(b) 倾角为 90°的顶板剪切破裂；(c) 顶板水平拉张断裂

由图可见，相同方位和能量大小的矿震动载，不同破裂方式下震源辐射震动速度波形及峰值大小明显存在差异。图 6-11(a)中，南-北分量峰值速度振幅达 5.1 m/s，垂直分量高达 6.4 m/s，东-西分量仅为 4.1×10^{-16} m/s，可以忽略；图 6-11(b)中，南-北分量峰值速度振幅达 3.1 m/s，垂直分量为 3.5 m/s，东-西分量仅为3.9×10^{-16} m/s，可忽略；图 6-11(c)中，南-北分量峰值速度振幅达 3.2 m/s，垂直分量为 2.3 m/s，东-西分量速度为 0。

因此，同时输入各震动波形的南-北和垂直分量震动速度，作为图 6-9 中矿震动载 1 的动载脉冲，对比分析相同震源不同破裂模式下强矿震对巷道煤体的冲击破坏效应。

6.4.2.2 数值模拟结果分析

图 6-12 所示为震源位于巨厚砂岩顶板、地震矩为 1.0×10^{13} N·m、倾角为 60°顶板剪切破裂的强矿震扰动下，模型中轨道巷顶底板和两帮监测点的应力场、变形量、变形速度和变形加速度的变化情况。

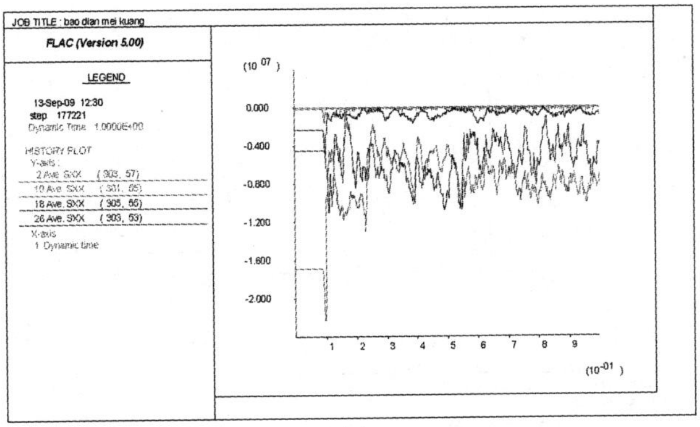

(a)

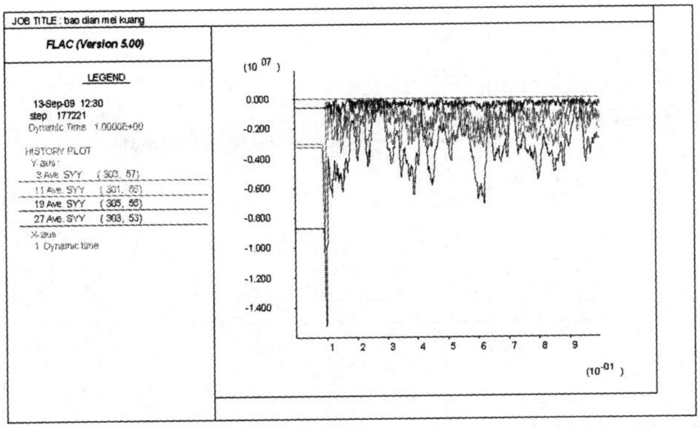

(b)

图 6-12 巨厚砂岩顶板剪切破裂(倾角 60°)对巷道冲击破坏效应

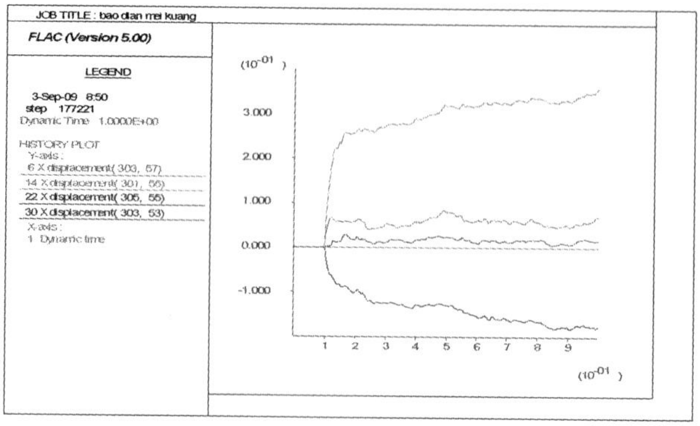

(c)

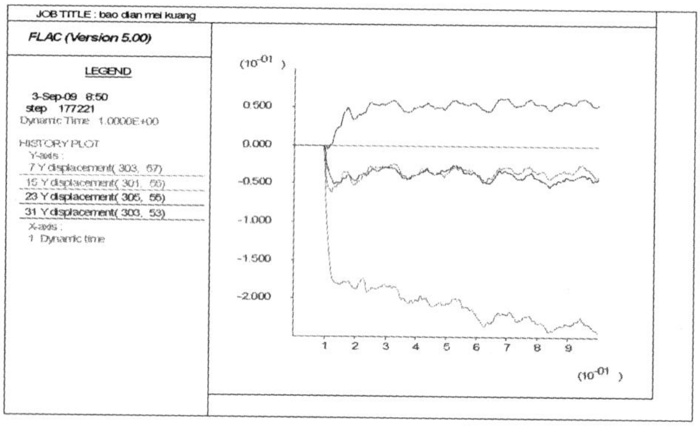

(d)

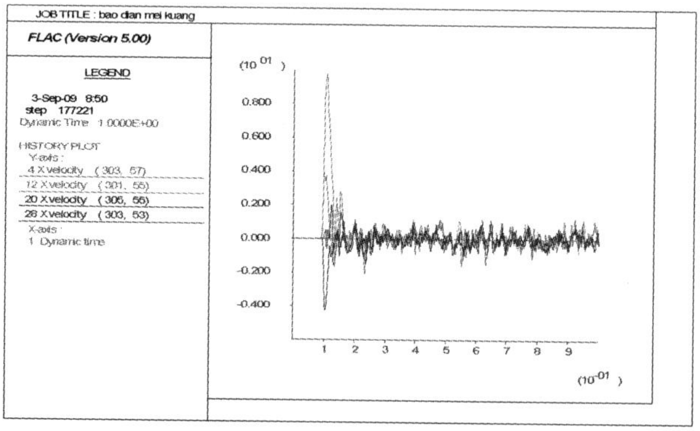

(e)

续图 6-12 巨厚砂岩顶板剪切破裂(倾角 60°)对巷道冲击破坏效应

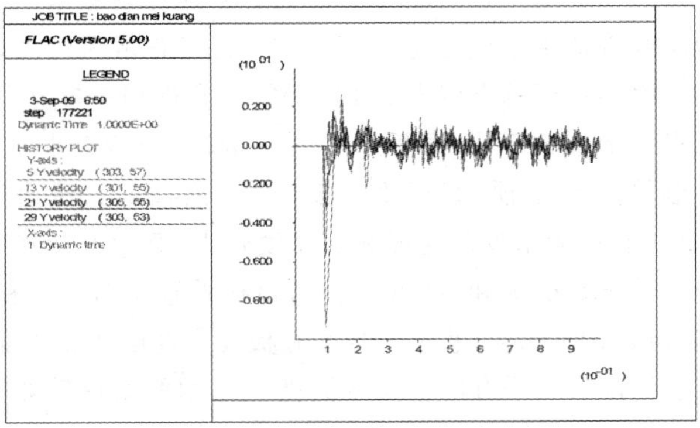

(f)

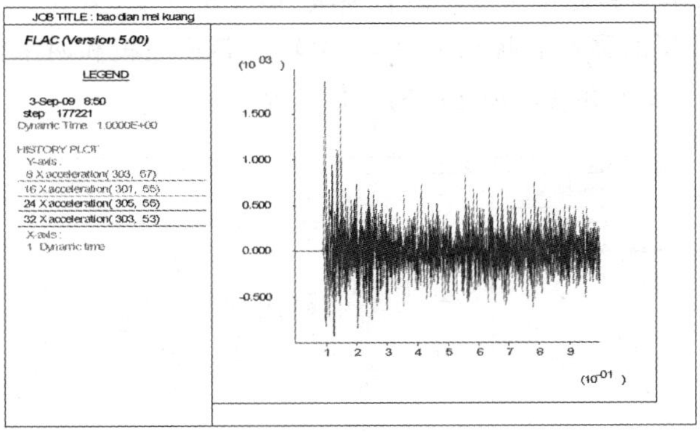

(g)

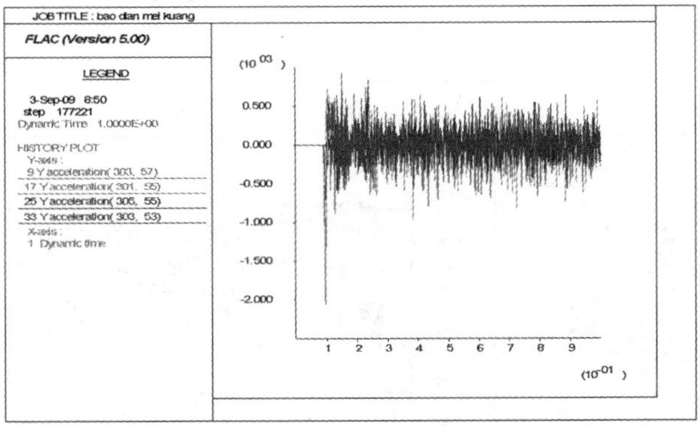

(h)

续图 6-12 巨厚砂岩顶板剪切破裂(倾角 60°)对巷道冲击破坏效应

(a) 巷道顶底板及两帮水平应力变化;(b) 巷道顶底板及两帮垂直应力变化;(c) 巷道顶底板及两帮水平位移量;(d) 巷道顶底板及两帮垂直位移量;(e) 巷道顶底板及两帮水平变形速度;(f) 巷道顶底板及两帮垂直变形速度;(g) 巷道顶底板及两帮水平变形加速度;(h) 巷道顶底板及两帮垂直变形加速度

由图可知，矿震对巷道产生的应力增量主要体现在顶板水平应力及右帮垂直应力上，顶板瞬间峰值水平应力达 23.5 MPa，巷道右帮因区段煤柱静态应力集中，动载扰动下瞬间峰值垂直应力达 15.5 MPa，底板和左帮应力增量则较小；巷道左、右帮水平变形量大于顶、底板水平变形量，左帮最大水平变形量达 350 mm，而垂直变形量则小于顶、底板垂直变形量，顶板最大垂直变形量达 240 mm；巷道左帮和顶板的峰值变形速度和加速度较大，其中左帮水平变形速度和加速度最大，分别达 9.8 m/s 和 1 900 m/s^2，顶板垂直变形速度和加速度最大，分别达 9.5 m/s 和 2 100 m/s^2，巷道右帮和底板变形速度和加速度相对较小。

总体而言，巷道围岩水平方向上受 S 波剪切作用的变形破坏程度要大于垂直方向上 P 波拉伸(压缩)作用下的变形破坏程度。

图 6-13 所示为震源位于巨厚砂岩顶板、地震矩为 1.0×10^{13} N·m、倾角为 90°顶板剪切破裂的强矿震扰动下，模型中轨道巷顶底板和两帮监测点的应力场、变形量、变形速度和变形加速度的变化情况。

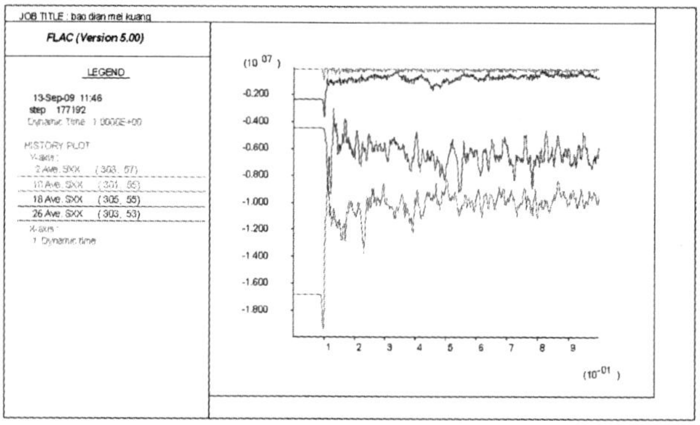

(a)

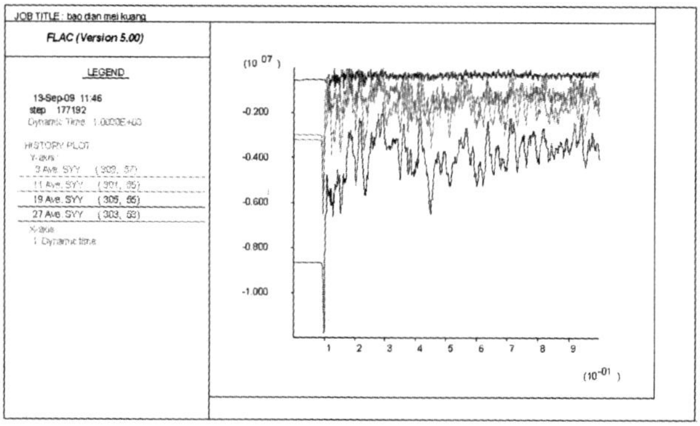

(b)

图 6-13　巨厚砂岩顶板剪切破裂(倾角 90°)对巷道冲击破坏效应

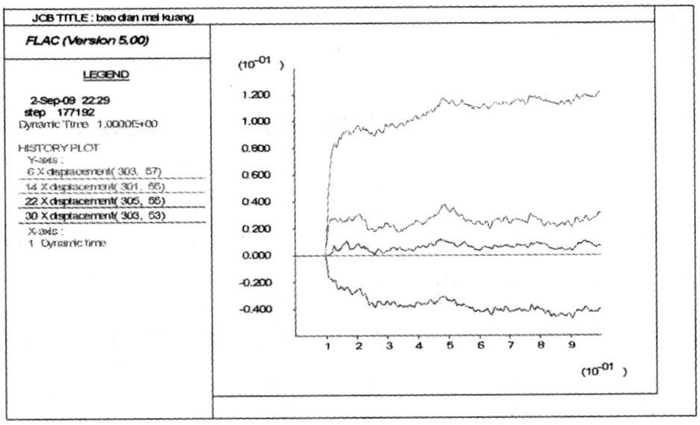

(c)

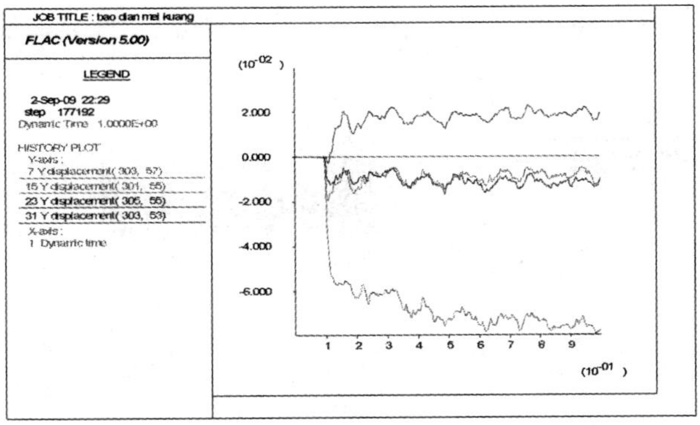

(d)

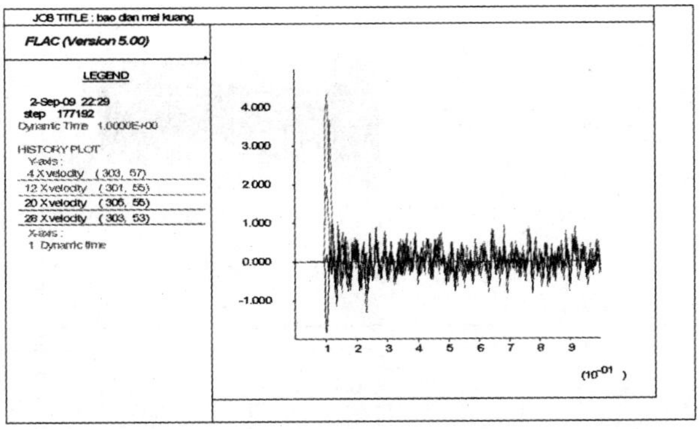

(e)

续图 6-13　巨厚砂岩顶板剪切破裂(倾角 90°)对巷道冲击破坏效应

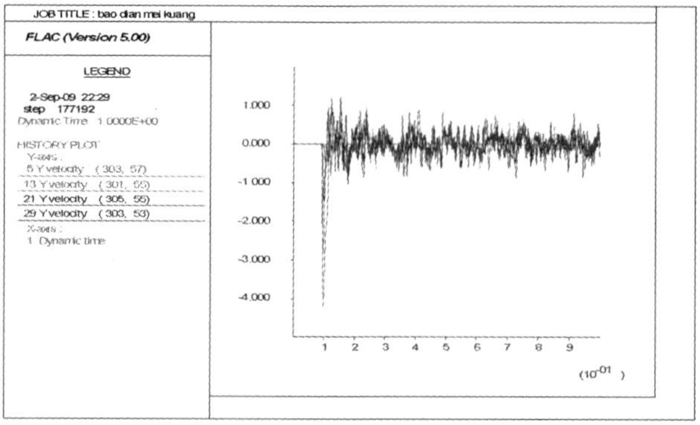

(f)

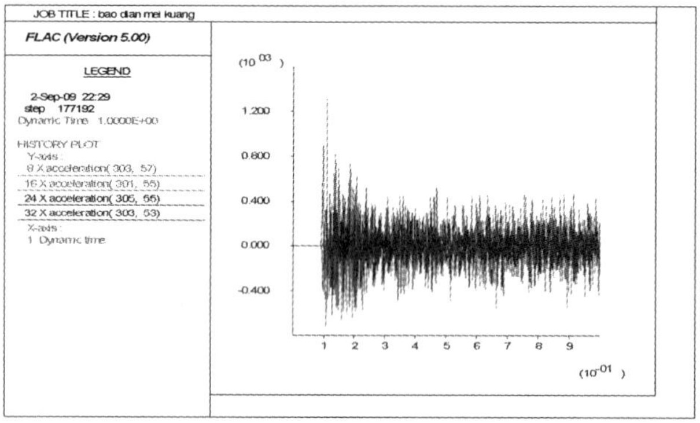

(g)

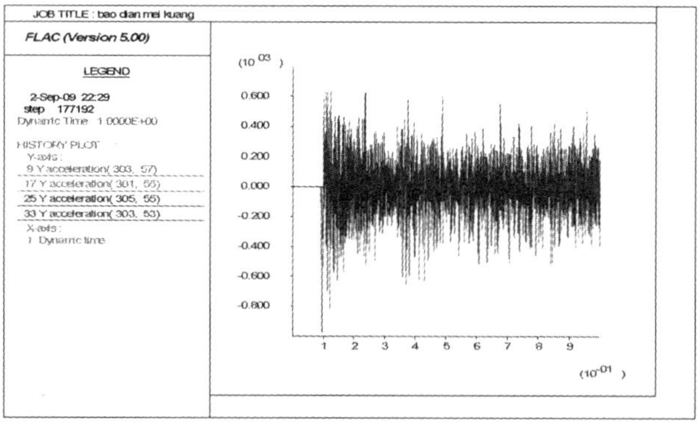

(h)

续图 6-13　巨厚砂岩顶板剪切破裂(倾角 90°)对巷道冲击破坏效应

(a) 巷道顶底板及两帮水平应力变化;(b) 巷道顶底板及两帮垂直应力变化;(c) 巷道顶底板及两帮水平位移量;(d) 巷道顶底板及两帮垂直位移量;(e) 巷道顶底板及两帮水平变形速度;(f) 巷道顶底板及两帮垂直变形速度;(g) 巷道顶底板及两帮水平变形加速度;(h) 巷道顶底板及两帮垂直变形加速度

由图可知，顶板垂直剪切破裂动载对巷道围岩的破坏方式与倾角为60°剪切破裂类似，但由于顶板垂直剪切破裂在轨道巷方向辐射的震动波峰值振幅要小于前者，其动力扰动造成巷道围岩的受力状态和变形破坏程度明显小于图6-12中的破坏效应。

图6-14所示为震源位于巨厚砂岩顶板、地震矩为1.0×10^{13} N·m、顶板水平拉伸断裂的强矿震扰动下，模型中轨道巷顶底板和两帮监测点的应力场、变形量、变形速度和变形加速度的变化情况。由图可见，由于顶板水平拉伸断裂在轨道巷方向辐射的震动波峰值振幅要小于前两种剪切破裂模式，其动力扰动造成巷道围岩的破坏效应也最小。此外，与上述剪切破裂动态扰动不同的是，该动载扰动下巷道围岩的水平峰值变形加速度出现在巷道顶板，而其他变形破坏特征较为类似。

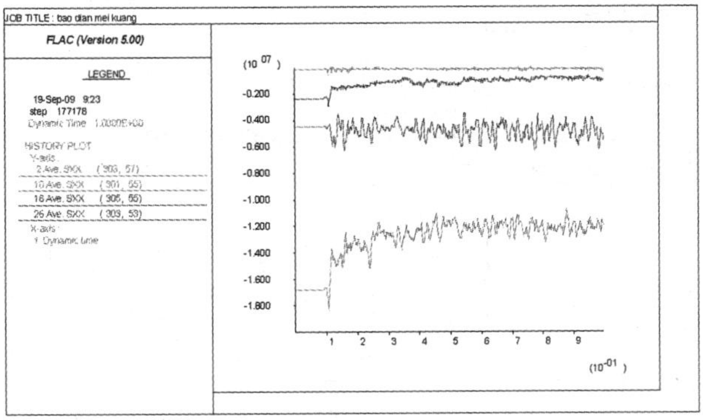

(a)

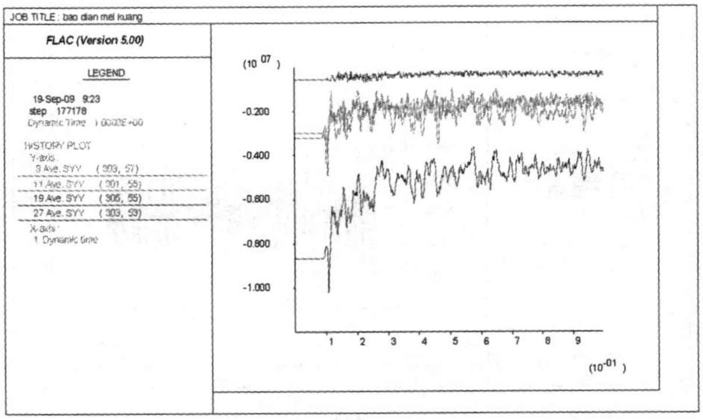

(b)

图6-14 巨厚砂岩顶板水平拉伸断裂对巷道冲击破坏效应

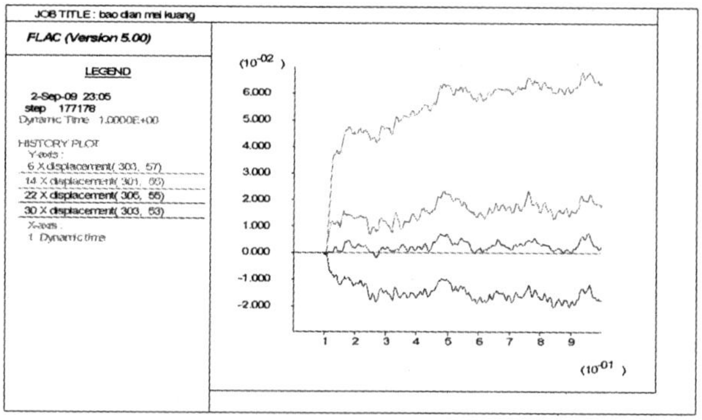

(c)

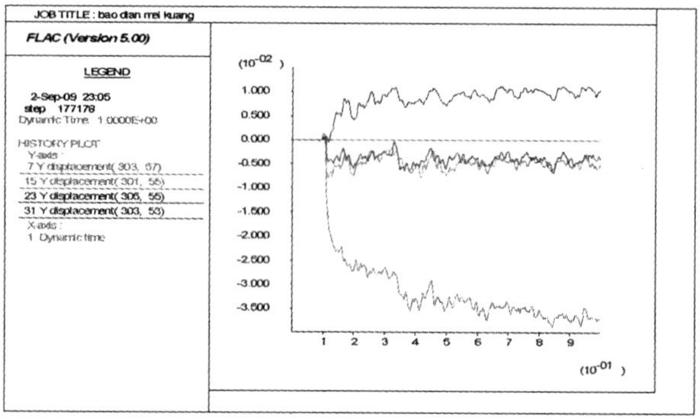

(d)

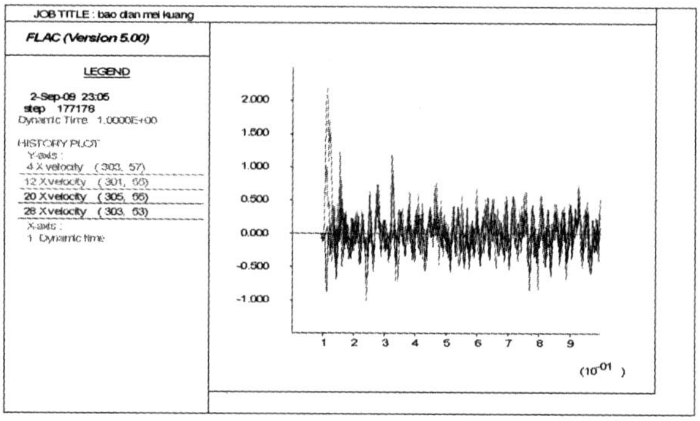

(e)

续图 6-14　巨厚砂岩顶板水平拉伸断裂对巷道冲击破坏效应

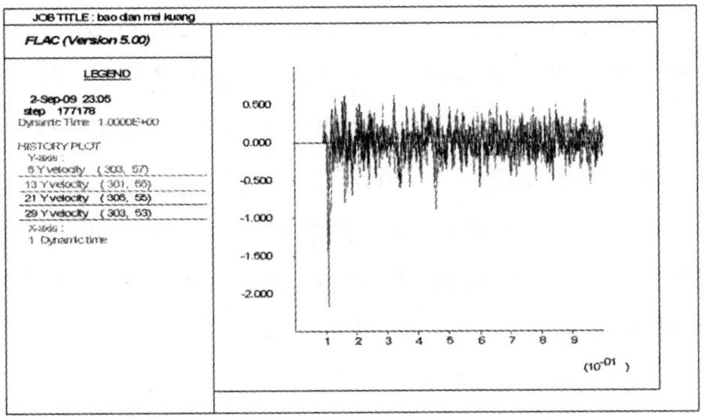

(f)

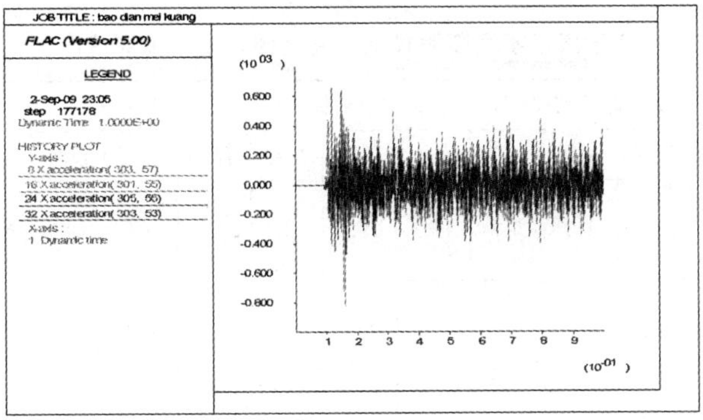

(g)

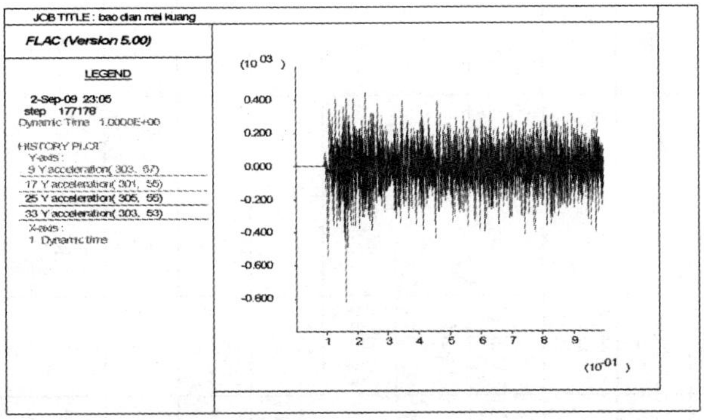

(h)

续图 6-14　巨厚砂岩顶板水平拉伸断裂对巷道冲击破坏效应

(a) 巷道顶底板及两帮水平应力变化；(b) 巷道顶底板及两帮垂直应力变化；(c) 巷道顶底板及两帮水平位移量；(d) 巷道顶底板及两帮垂直位移量；(e) 巷道顶底板及两帮水平变形速度；(f) 巷道顶底板及两帮垂直变形速度；(g) 巷道顶底板及两帮水平变形加速度；(h) 巷道顶底板及两帮垂直变形加速度

上述三种破裂模式下矿震动载造成巷道破坏效应的主要特征变化值见表6-2。由图表分析可知,对于相同能量大小和震源位置的强矿震动载,其在不同震源破裂方式下对煤层巷道围岩的冲击破坏效应明显不同,其破坏影响大小决定于震源能量(位移场)辐射方式及煤层巷道与震源之间的空间方位。对于本节例举的倾角为60°的顶板剪切破裂、倾角为90°的垂直剪切破裂和水平拉伸断裂三种不同顶板破裂方式,其对巷道围岩的受力状态和变形破坏影响是逐步降低的。同时,因震源距巷道距离较远,且静载作用下巷道本身处于减压区,高位顶板90°倾角剪切破裂和水平拉伸断裂对巷道煤体造成的冲击效应相对较小,倾角为60°的顶板剪切破裂时震动效应则相对较大,但通过加强巷道支护及采取有效强度弱化减冲措施,其造成的冲击危险性应总体可控。

表 6-2　巨厚顶板不同断裂模式下巷道围岩变形破坏情况

巷道破坏效应 \ 震源破裂类型	顶板剪切破裂(Dip=60°)				顶板剪切破裂(Dip=90°)				顶板拉伸断裂			
	顶板	左帮	右帮	底板	顶板	左帮	右帮	底板	顶板	左帮	右帮	底板
水平峰值应力/MPa	23.5	1.6	5.0	11.2	19.5	0.88	3.7	9.4	18.4	0.57	3.0	6.4
垂直峰值应力/MPa	10.3	7.7	15.5	1.65	6.6	5.5	11.9	1.12	5.0	4.5	10.3	0.72
水平变形量/mm	82	350	180	29	38	120	45	11	24	65	20	7
垂直变形量/mm	240	61	53	60	80	19	16	22	39	8	7	11
水平峰值变形速度/(m/s)	3.8	9.8	4.3	2.1	1.9	4.4	1.9	1.1	1.2	2.2	0.9	0.5
垂直峰值变形速度/(m/s)	9.5	5.8	3.2	2.4	4.2	2.8	1.5	1.2	2.2	1.5	0.8	0.6
水平峰值变形加速度/(m/s^2)	920	1 900	810	950	780	1 300	620	460	820	640	500	350
垂直峰值变形加速度/(m/s^2)	2 100	1 400	820	960	980	710	600	480	810	500	460	280

以巷道顶板和左帮为例,受上述不同破裂模式矿震动载下的变形破坏情况见图6-15。

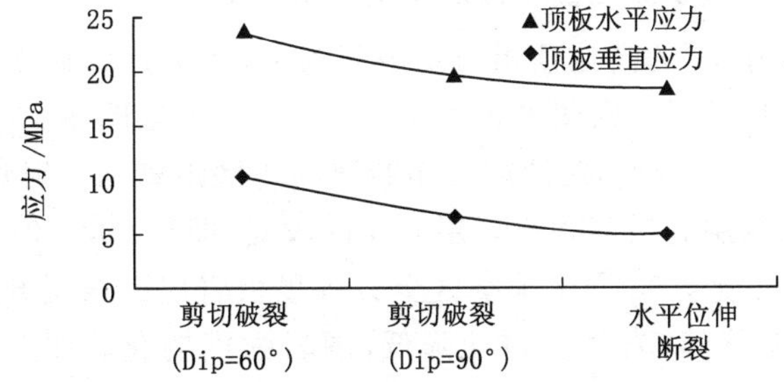

(a)

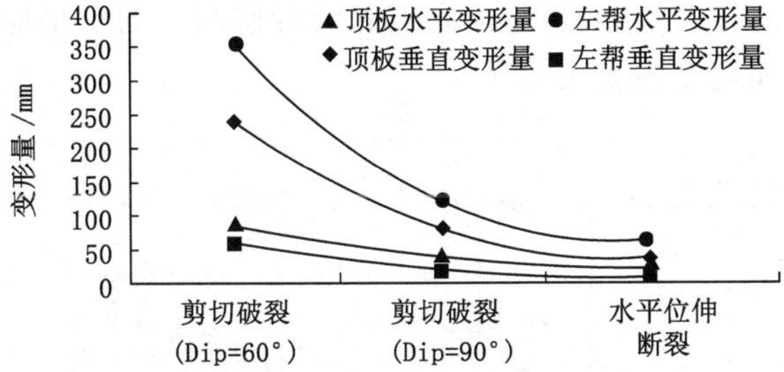

(b)

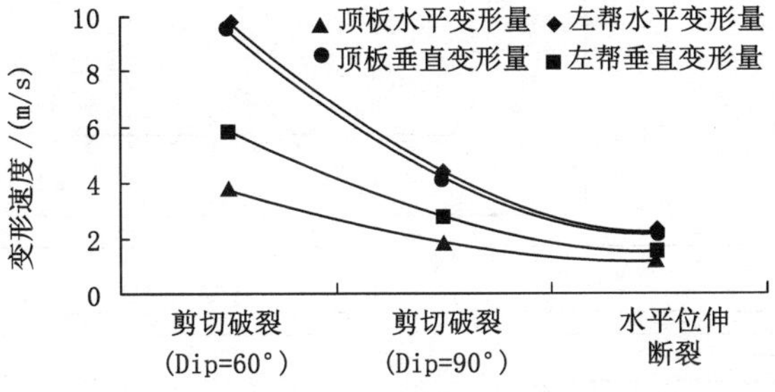

(c)

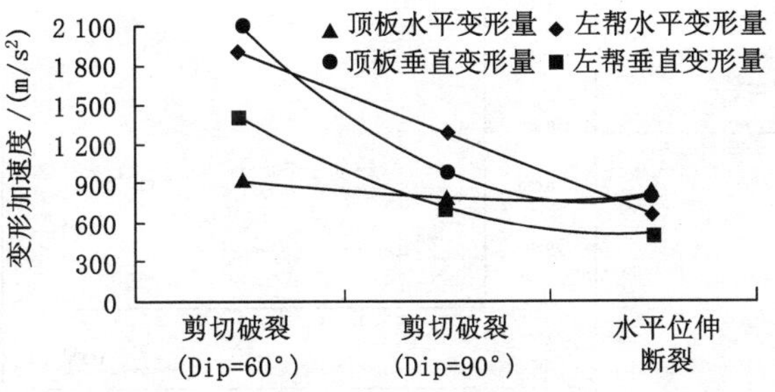

(d)

图 6-15　巨厚顶板不同断裂模式下矿震动载对煤层巷道的变形破坏

(a) 应力场;(b) 变形量;(c) 变形速度;(d) 变形加速度

6.4.3 岩体属性对震动波能量传播及巷道冲击的影响

以上述倾角为60°的高位顶板剪切破裂为例，将上述强矿震发生位置调整至$103_{\text{上}}$ 01采空区上方，见图6-9中矿震动载2，并与图中矿震动载1关于$103_{\text{上}}$ 02轨道巷对称。因此，震源能量至巷道的传播距离和辐射角度均未改变，不同的是震源至煤层巷道间顶板岩层介质的改变，即与$103_{\text{上}}$ 02工作面上覆未受开采扰动岩层相比，$103_{\text{上}}$ 01采空区上方各顶板岩层因煤层开采产生围岩破裂及宏观断裂、垮落等，岩体完整性降低，围岩强度弱化。图6-16为震源位于$103_{\text{上}}$ 01采空区上方巨厚砂岩顶板、地震矩为1.0×10^{13} N·m、倾角为60°顶板剪切破裂的强矿震扰动下，轨道巷顶底板和两帮监测点的水平应力场、变形量、变形速度和变形加速度的变化情况。

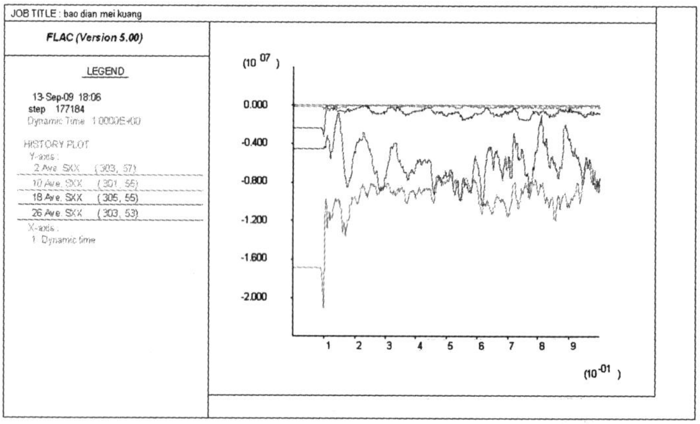

(a)

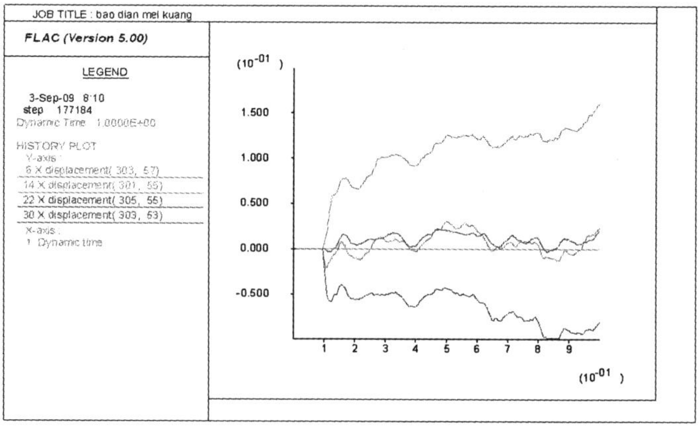

(b)

图6-16 $103_{\text{上}}$ 01采空区上覆剪切破裂震源(倾角60°)对巷道冲击破坏效应

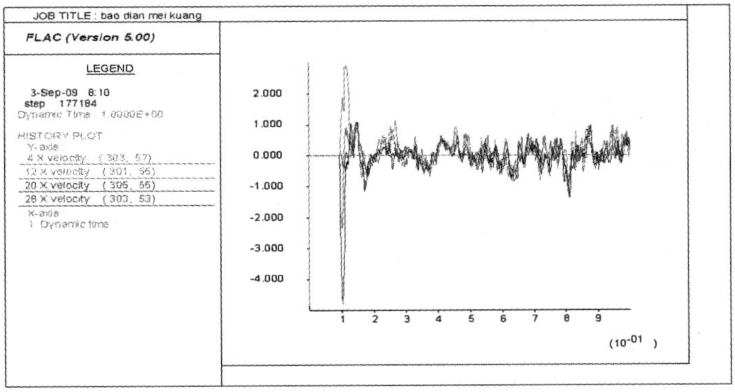

(c)

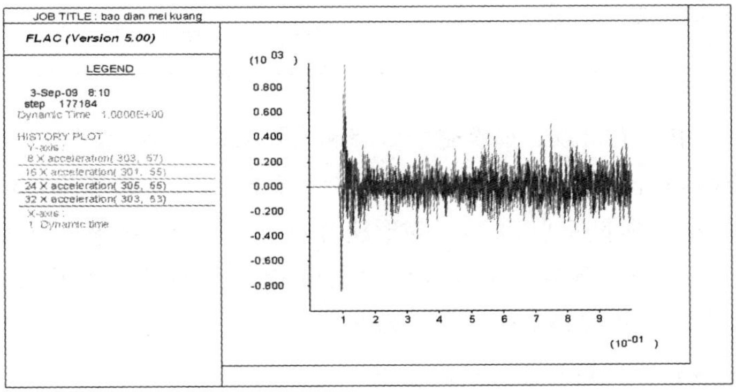

(d)

续图 6-16 103$_上$01 采空区上覆剪切破裂震源(倾角 60°)对巷道冲击破坏效应

(a) 巷道顶底板及两帮水平应力变化;(b) 巷道顶底板及两帮水平位移量;

(c) 巷道顶底板及两帮水平变形速度;(d) 巷道顶底板及两帮水平变形加速度

将采空区上方强矿震动力扰动造成巷道围岩变形破坏的模拟结果与图 6-12 进行对比,见表 6-3,可见,采空区覆岩的强度弱化和完整性降低使矿震动载对煤层巷道的冲击破坏效应大幅降低。该模拟结果与第 5 章爆破震动波微震效应的现场试验结果极其吻合。

表 6-3　上覆顶板岩性改变对巷道围岩变形破坏对比

巷道破坏效应 \ 震源位置	$103_{上}$ 01 采空区上方强矿震扰动							
	顶板	变化率	左帮	变化率	右帮	变化率	底板	变化率
水平峰值应力/MPa	21.0	−10.6%	0.57	−64.6%	3.4	−30.0%	10.5	−6.3%
垂直峰值应力/MPa	5.8	−43.7%	3.9	−49.4%	12.5	−19.4%	0.68	−58.8%
水平变形量/mm	30	−63.4%	160	−54.3%	100	−44.4%	22	−24.1%
垂直变形量/mm	100	−58.3%	32	−47.5%	33	−37.7%	33	−45.0%
水平峰值变形速度/(m/s)	2.4	−36.8%	2.9	−70.4%	4.7	9.3%	0.9	−57.1%
垂直峰值变形速度/(m/s)	4.6	−51.8%	1.6	−72.4%	2.9	−9.4%	0.85	−64.6%
水平峰值变形加速度/(m/s^2)	780	−15.3%	1 000	−47.4%	820	1.2%	220	−76.8%
垂直峰值变形加速度/(m/s^2)	810	−61.9%	1 200	−14.3%	700	−14.6%	190	−80.2%

以表 6-3 中巷道顶板的垂直受力状态和变形破坏为例，当矿震位于 $103_{上}$ 01 采空区上方时，相比于震源位于 $103_{上}$ 02 工作面上方，巷道顶板垂直瞬间峰值应力下降 43.7%，变形量缩小58.3%，变形速度下降 51.8%，变形加速度更下降了 61.9%。因此，除采动煤岩震源破裂特性之外，传播岩体介质性质的改变，同样影响矿震动载对巷道煤体的冲击破坏效果。

6.4.4 矿震震源位置对巷道冲击的影响

以震源倾角为 90°的顶板垂直剪切破裂为例，改变矿震震源距 $103_{上}$ 02 轨道巷距离，比较分析矿震震源距离大小对煤层巷道的冲击破坏效应。分别将强矿震发生位置调整至 $103_{上}$ 02 面上方厚 21 m 的细砂岩(距巷道顶板直线距离约 95 m)和厚 20 m 基本顶岩层中(距巷道顶板直线距离约 30 m)，见图 6-9 中矿震动载 3、4，震源能量大小、破裂方式及至轨道巷入射角均与图 6-13 相同。

上述顶板破裂震源距煤层不同距离下，矿震动载造成煤层巷道的变形破坏模拟结果见表 6-4。结合前面分析可知，对于 90°倾角顶板剪切破裂，震源位于高位厚层顶板时，其对巷道煤体造成的冲击效应相对较小，但随震源至巷道距离减小，尤其当震源位于基本顶岩层中时，巷道围岩变形破坏程度增加明显。由表可见，当震源距巷道约 30 m 时，巷道顶板垂直峰值应力达 19 MPa，远大于高位顶板中的 6.6 MPa；顶板垂直变形量达到 510 mm，瞬间变形速度和加速度更高达 17.8 m/s 和 5 200 m/s^2，顶板垂直变形量和变形速率急剧升高，冲击危险性增强。同样，巷道两帮，尤其是左帮的水平变形量及变形速率增加明显，而右帮因矿震动载和煤柱高静应力场叠加，垂直峰值应力较高。

表 6-4　　震源距巷道不同距离下巷道围岩变形破坏情况

巷道破坏效应 \ 震源距离	矿震震源距巷道 165 m				震源距巷道 95 m				震源距巷道 30 m			
	顶板	左帮	右帮	底板	顶板	左帮	右帮	底板	顶板	左帮	右帮	底板
水平峰值应力/MPa	19.5	0.88	3.7	9.4	20.5	1.15	4.0	10.2	23.9	2.35	6.3	11.8
垂直峰值应力/MPa	6.6	5.5	11.9	1.12	7.7	6.2	12.8	1.15	19.0	9.8	18.2	1.5
水平变形量/mm	38	120	45	11	42	145	63	14	135	310	200	23
垂直变形量/mm	80	19	16	22	115	26	25	29	510	135	125	46
水平峰值变形速度/(m/s)	1.9	4.4	1.9	1.1	2.4	5.5	2.3	1.2	5.6	11.5	6.8	2.3
垂直峰值变形速度/(m/s)	4.2	2.8	1.5	1.2	5.6	3.6	1.8	1.3	17.8	8.1	5.4	2.9
水平峰值变形加速度/(m/s^2)	780	1 300	620	460	1 150	1 200	530	720	2 200	2 800	1 350	840
垂直峰值变形加速度/(m/s^2)	980	710	600	480	1 390	1 180	910	470	5 200	2 500	1 280	640

以煤层巷道顶板和左帮为例，矿震动载在不同传播距离下，巷道受力状态和变形破坏情况见图 6-17。

综上，在靠近煤层的低位顶板岩层中发生强矿震扰动时，其震动效应远大于相同震源破裂方式和震动能量下的高位顶板岩层。鲍店矿 $103_上$ 02 面开采过程中发生多次 10^6 J 以上强矿震扰动，这些强矿震几乎发生在上覆高位顶板岩层及采空区上方，没造成工作面或巷道明显的冲击显现，若这些强矿震出现在低位基本顶岩层中，煤层冲击危险则会急剧增加。

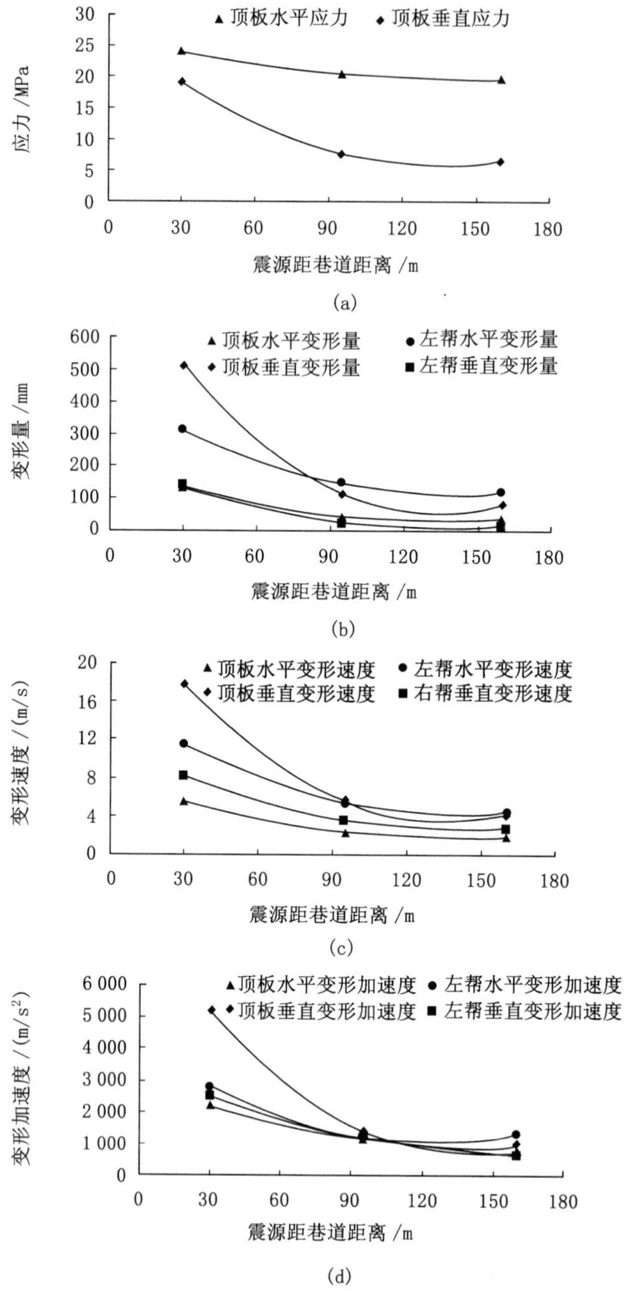

图 6-17　震源距巷道不同距离下矿震动载对煤层巷道的变形破坏

(a) 应力场；(b) 变形量；(c) 变形速度；(d) 变形加速度

6.4.5 矿震震源能量对巷道冲击的影响

将强矿震发生位置调整至 $103_{上}$ 02 面轨道巷正上方基本顶岩层中，至巷道顶板仅 20 m 距离，改变震源破裂方式为垂直拉伸断裂，并赋震源地震矩分别为 1×10^{13} N·m、1.5×10^{13} N·m、3×10^{13} N·m，比较分析近距离传播下，不同能量的强矿震动载对巷道围岩的冲击破裂效应。

同样依据式(3-25)和 6.4.2 节中震源参数，模拟基本顶垂直拉伸断裂在轨道巷传播方向上的震源时间函数，图 6-18 列举了上述三种地震矩强度时震源震动速度波形。由图可见，南-北和东-西两个水平分量振幅远小于垂直分量大小，可忽略，表明轨道巷正上方顶板垂直拉伸断裂主要造成巷道垂直方向上应力场和围岩性质改变。同时，地震矩为 1×10^{13} N·m 时顶板垂直拉伸断裂震源振幅明显小于前面顶板剪切和水平拉伸断裂振幅大小，再次表明震源破裂方式对震动辐射位移场的影响。以受动载影响最明显的巷道顶板为例，图 6-19～图 6-21 分别为上述三种地震矩强矿震扰动下，顶板监测点的垂直应力场、变形量、变形速度和加速度的变化情况。

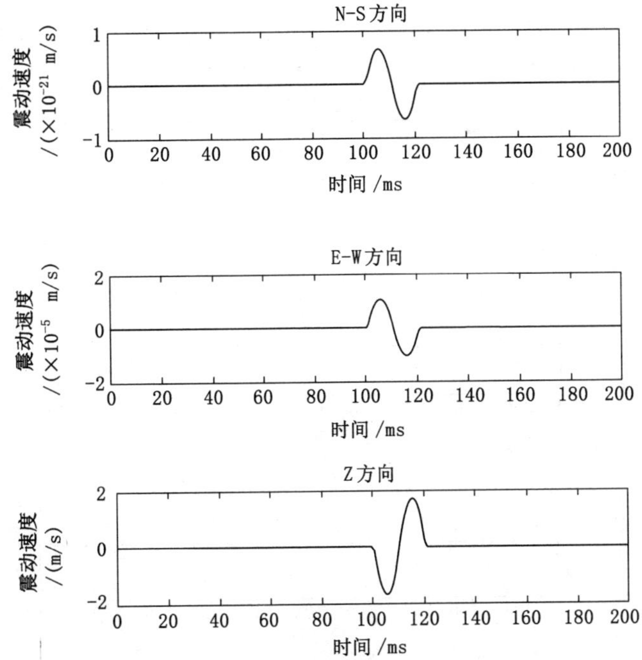

(a)

图 6-18 顶板垂直拉伸断裂不同地震矩大小震源处激发震动波形

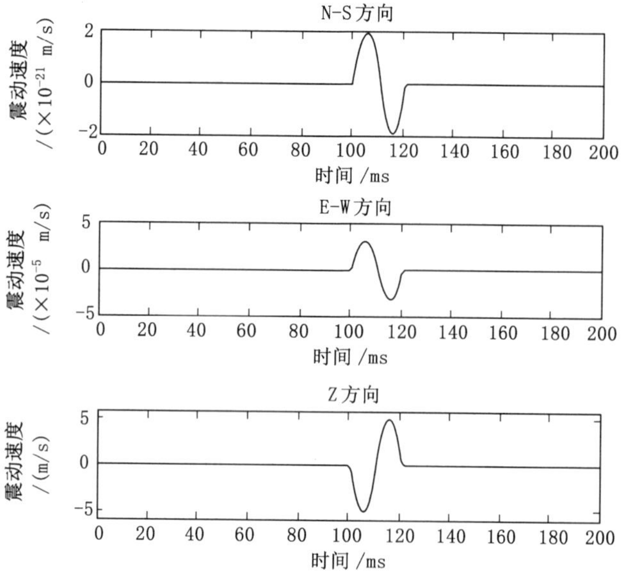

(b)

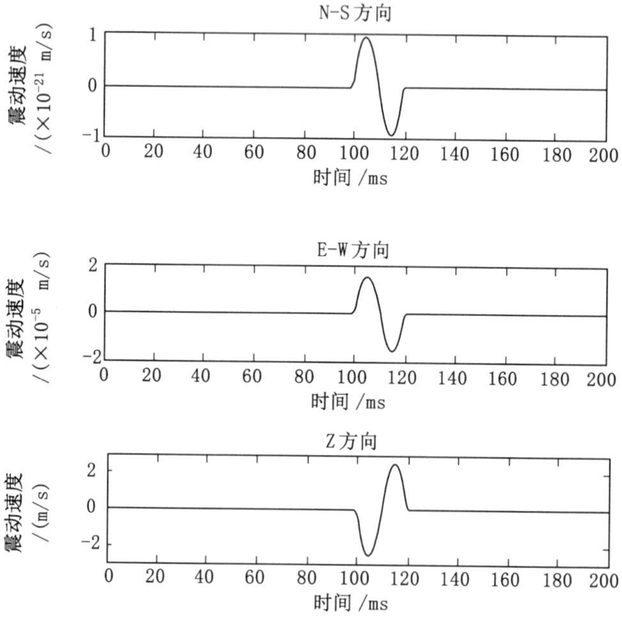

(c)

续图 6-18　顶板垂直拉伸断裂不同地震矩大小震源处激发震动波形

(a) $M_0=1.0\times10^{13}$ N·m;(b) $M_0=1.5\times10^{13}$ N·m;(c) $M_0=3.0\times10^{13}$ N·m

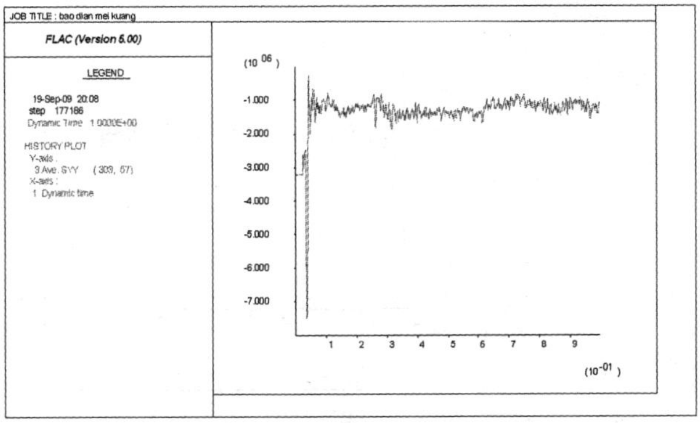

(a)

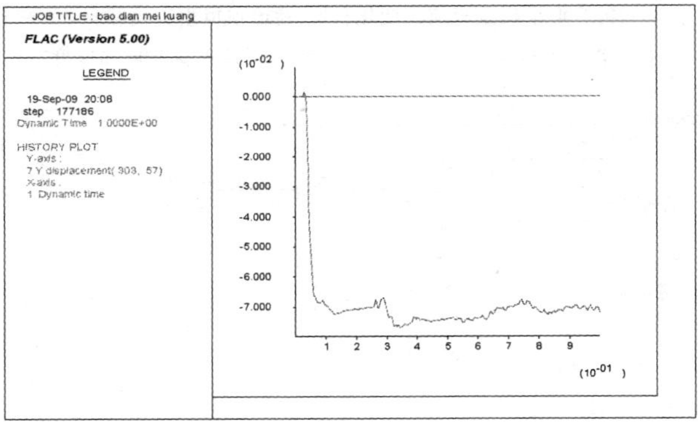

(b)

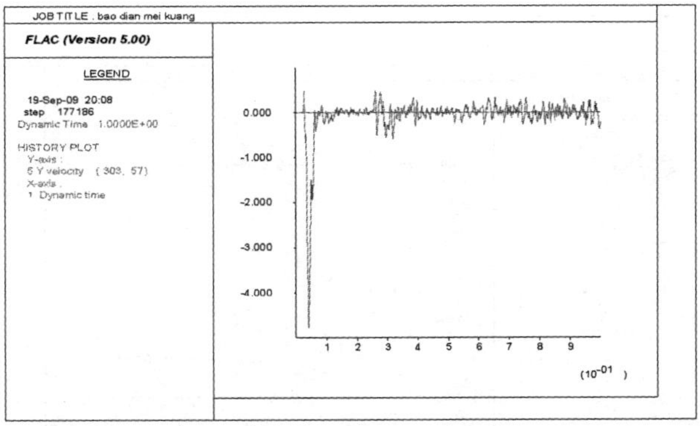

(c)

图 6-19　地震矩为 1.0×10^{13} N·m 时顶板垂直拉伸断裂对巷道冲击破坏效应

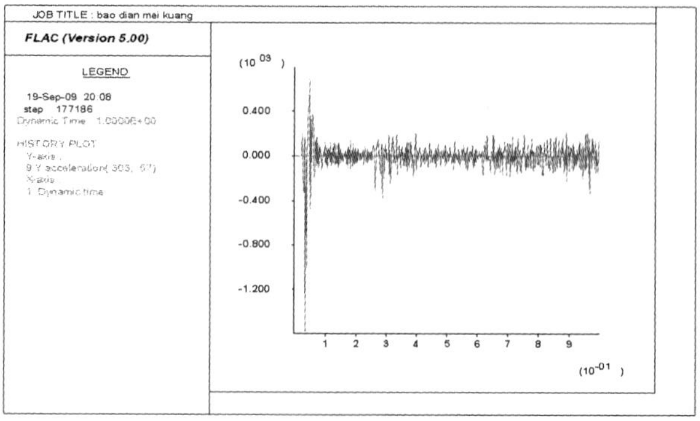

(d)

续图 6-19　地震矩为 1.0×10^{13} N·m 时顶板垂直拉伸断裂对巷道冲击破坏效应

(a) 巷道顶板垂直应力变化;(b) 巷道顶板垂直位移量;

(c) 巷道顶板垂直变形速度;(d) 巷道顶板垂直变形加速度

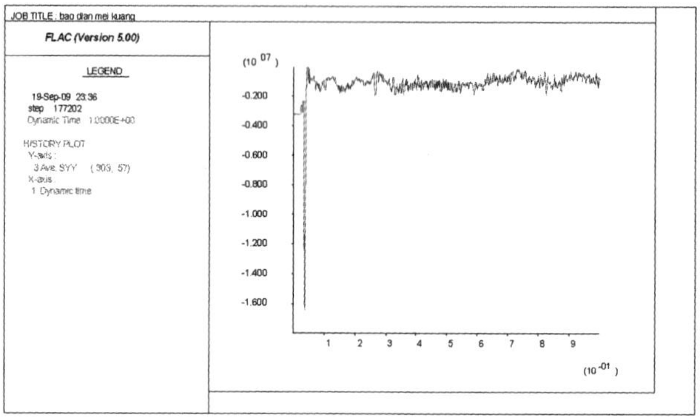

(a)

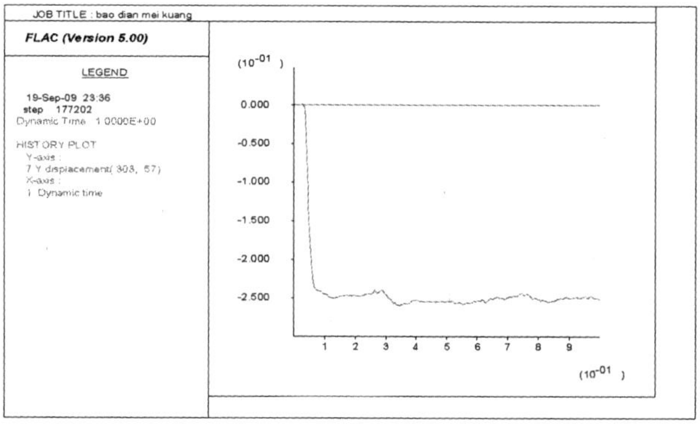

(b)

图 6-20　地震矩为 1.5×10^{13} N·m 时顶板垂直拉伸断裂对巷道冲击破坏效应

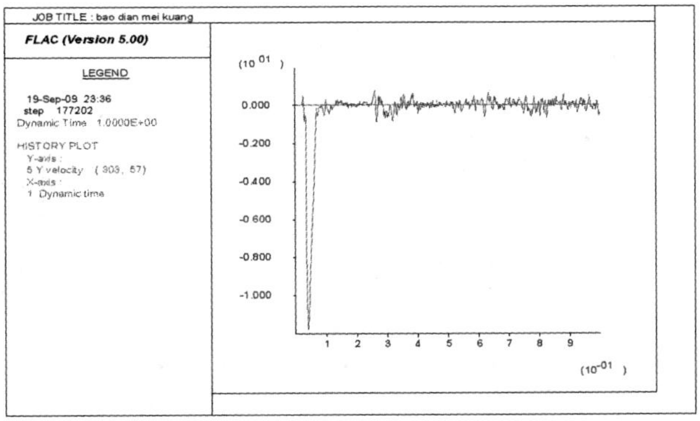

(c)

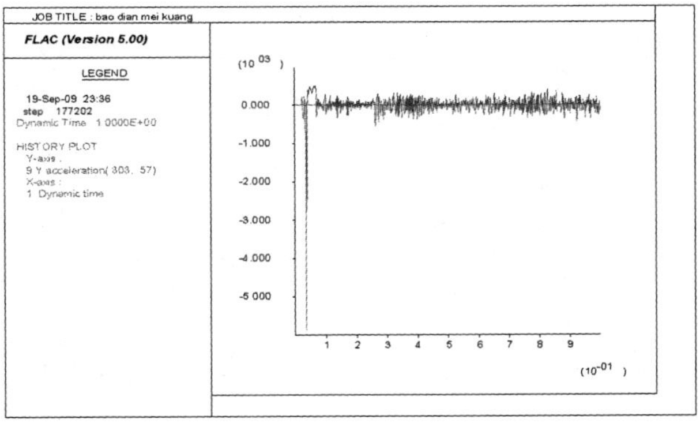

(d)

续图 6-20　地震矩为 1.5×10^{13} N・m 时顶板垂直拉伸断裂对巷道冲击破坏效应

(a) 巷道顶板垂直应力变化；(b) 巷道顶板垂直位移量；

(c) 巷道顶板垂直变形速度；(d) 巷道顶板垂直变形加速度

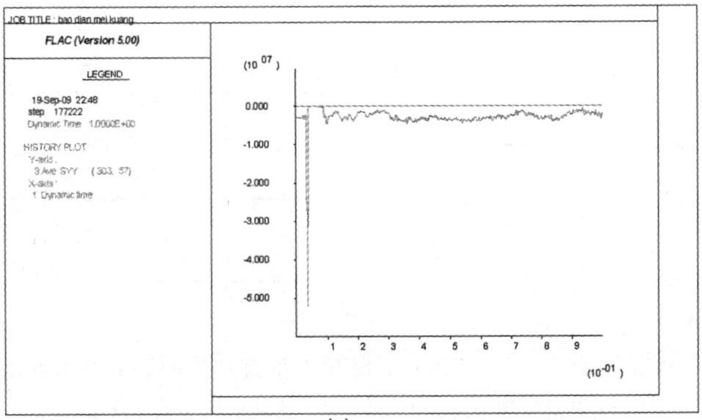

(a)

图 6-21　地震矩为 3.0×10^{13} N・m 时顶板垂直拉伸断裂对巷道冲击破坏效应

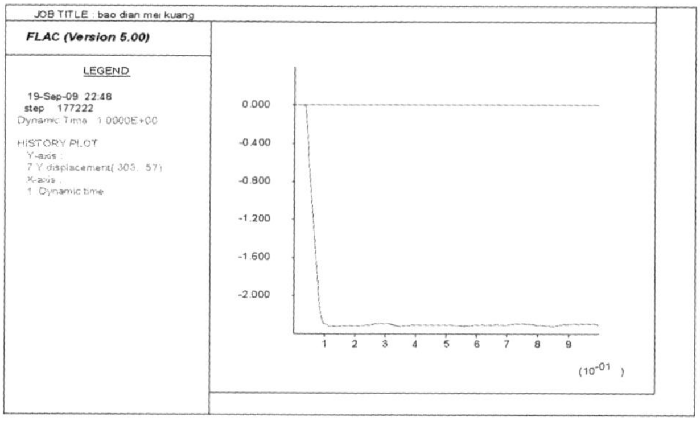

(b)

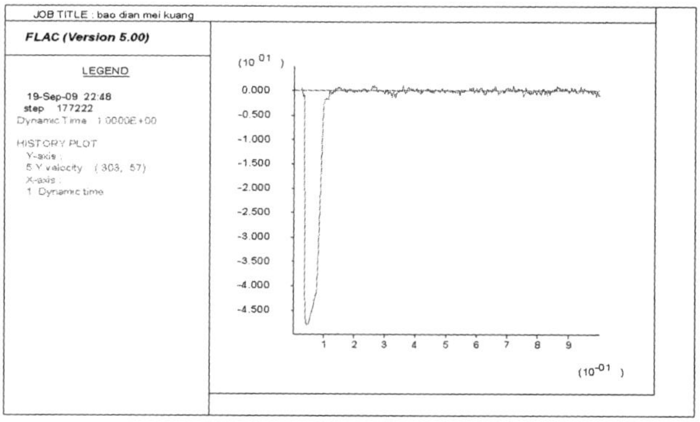

(c)

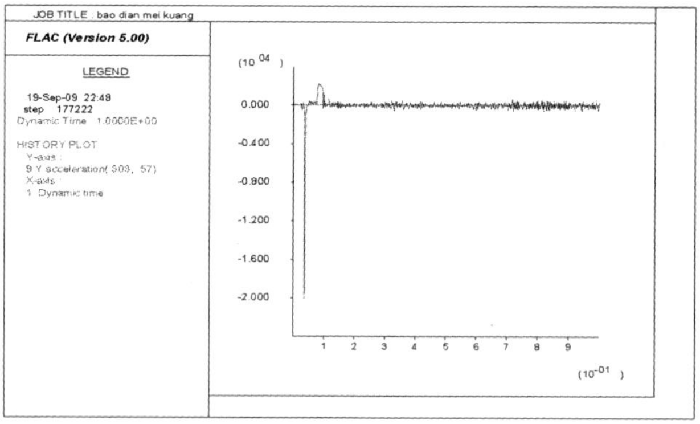

(d)

续图 6-21　地震矩为 3.0×10^{13} N·m 时顶板垂直拉伸断裂对巷道冲击破坏效应

(a) 巷道顶板垂直应力变化；(b) 巷道顶板垂直位移量；

(c) 巷道顶板垂直变形速度；(d) 巷道顶板垂直变形加速度

由图 6-19 可见，当地震矩 $M_0=1.0\times10^{13}$ N·m 时，虽然震源距巷道位置较近，但因基本顶垂直拉伸断裂在该传播方向上产生的震源震动速度较小，矿震动载对巷道围岩的变形破坏程度明显较小，顶板垂直瞬态峰值应力约为 7.6 MPa，低于原岩应力大小，顶板垂直变形量约为 77 mm，变形速度和变形加速度分别约为4.8 m/s 和 1 570 m/s^2，此时巷道冲击危险性较小；当 $M_0=1.5\times10^{13}$ N·m 时(见图6-20)，矿震动载对巷道冲击破坏效应明显增加，垂直瞬态峰值应力达到 16.5 MPa，巷道变形量达到 260 mm，变形速度和变形加速度分别达 11.7 m/s 和 5 850 m/s^2，在该能量级矿震扰动下，巷道冲击危险性较高，应及时加强巷道支护及采取有效冲击防治措施，避免或降低冲击矿压危险；当 $M_0=3.0\times10^{13}$ N·m时(见图 6-21)，矿震动载造成顶板垂直瞬态峰值应力达 53.0 MPa，远高于原岩应力大小，变形量则高达 2 350 mm，变形速度和变形加速度分别更是达到 48.0 m/s 和 20 000 m/s^2，显然，在该能量级矿震动载扰动下，巷道发生强烈冲击矿压灾害几乎不可避免。

由模拟结果可见，在低位顶板岩层中发生强矿震扰动及震源能量不断增加时，冲击危险急剧增加，甚至难以避免。若将顶板垂直拉伸断裂换成相同能量大小的顶板 60°倾角剪切破裂震源，其冲击破坏效应则会更加强烈。

6.4.6 矿震动载对巷道冲击破坏效应的时步再现

为更直观揭示矿震动载对煤层巷道的冲击破坏效应，特采用模拟软件的 Movie 功能，按一定模拟时步间隔，再现巷道周围垂直应力场的分布特征和随震动延续时间进展震源能量传播的动态演化过程。

图 6-22 为顶板诱发矿震地震矩 $M_0=1.0\times10^{13}$ N·m，破裂方式为 60°倾角剪切破裂，震源位于 $103_上$ 02 工作面上覆巨厚顶板岩层时，矿震动载的能量传播及对巷道冲击破坏的演化过程。由图可知，随模拟时步进展，矿震动载在震源至巷道辐射方向上，震源能量以球形波方式不断向外扩散，震动波前以巷道辐射方向上能量最为集中，并随震源球半径的扩大波前能量密度逐渐降低，当矿震动载经长距离扩散传播至巷道围岩时，主要在巷道左帮和顶板一侧形成应力集中，并使巷道产生变形。因篇幅有限，图中例举时步尚未使巷道产生严重变形，事实上，随模拟继续进行，在巷道左帮水平和顶板垂直方向上产生较大变形。

图 6-23 为矿震地震矩 $M_0=1.0\times10^{13}$ N·m，破裂方式为 60°倾角剪切破裂，震源位于 $103_上$ 01 采空区上覆巨厚顶板岩层时，矿震动载的能量传播及对巷道冲击破坏的演化过程。由图可见，随模拟时步进展，矿震震源能量同样以球形波方式不断向巷道方向扩展，但因传播岩体介质的强度弱化和完整性降低，震动波前能量较图 6-22 中衰减要快得多，当矿震动载亦经长距离扩散传播至巷道时，其剩余震动能量对巷道围岩的震动效应已大为削弱，巷道围岩变形程度较小。

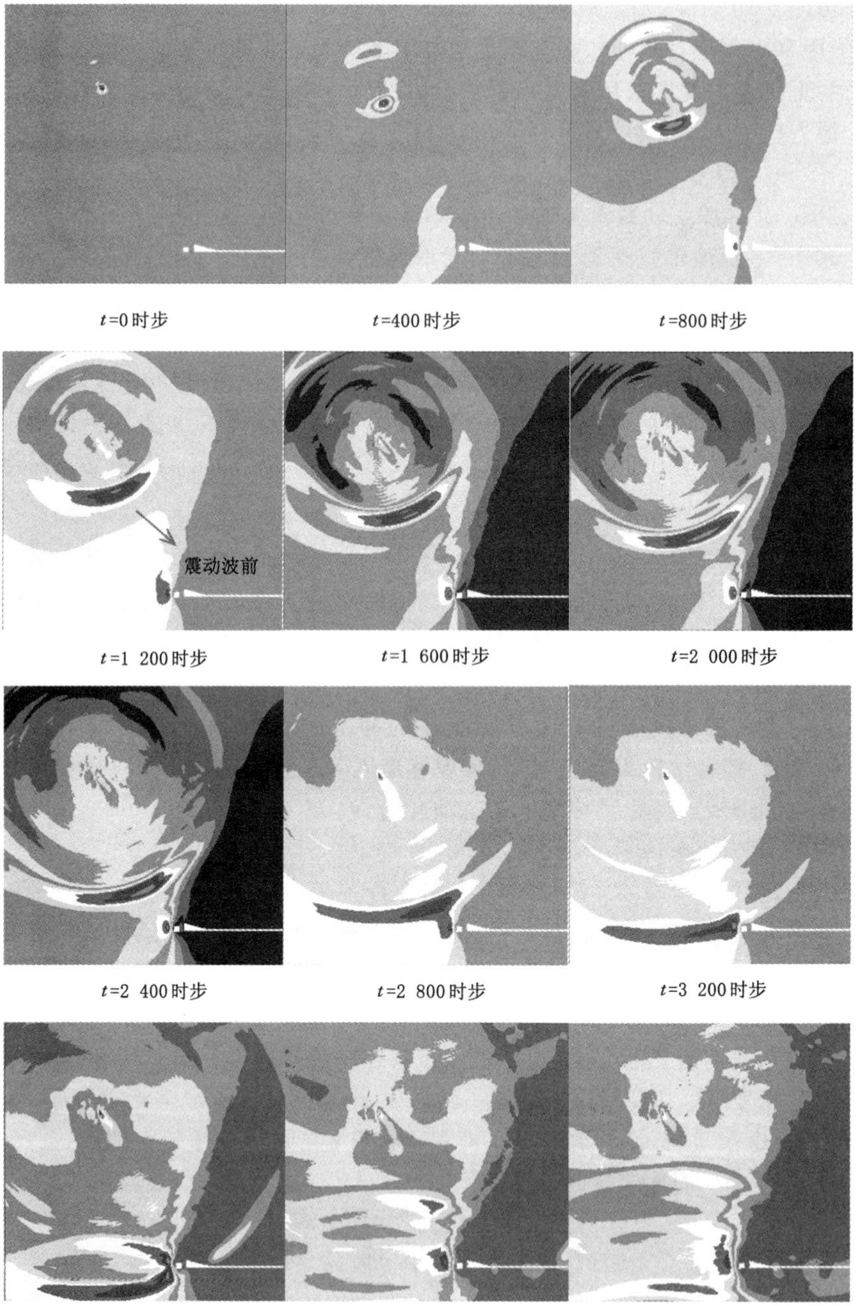

图 6-22　高位岩层处强矿震动载对巷道冲击破坏效应的演化过程(破裂方式因素)

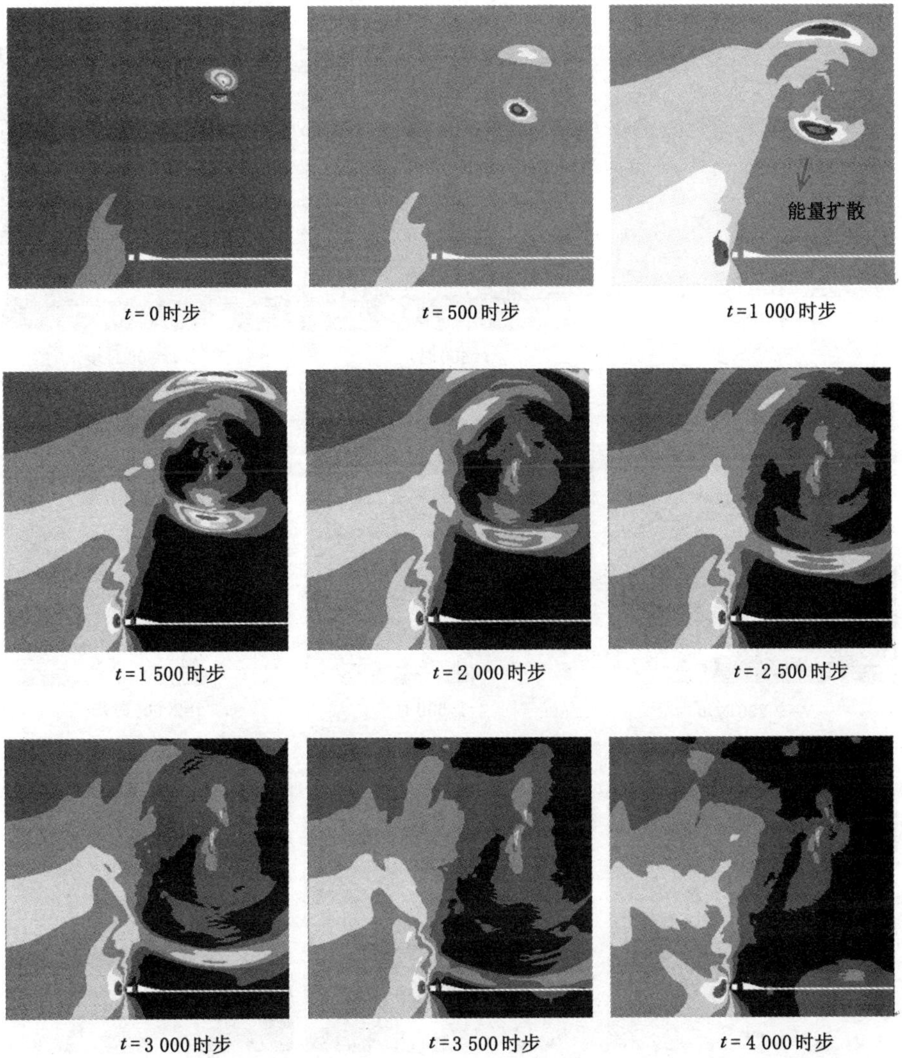

图 6-23　采空区上覆岩层强矿震动载对巷道冲击破坏效应的演化过程(采空区因素)

图 6-24 为矿震地震矩 $M_0=1.0\times10^{13}$ N·m,破裂方式为 90°倾角剪切破裂,震源位于 $103_{上}$ 02 工作面基本顶岩层,震源入射角为 30°时,矿震动载对巷道冲击破坏的演化过程。由图可见,虽在相同能量下,震源为 90°倾角剪切破裂的震源时间函数幅值小于 60°倾角剪切破裂,因震源距巷道直线距离较近,矿震动载对巷道围岩的冲击破坏效应明显增强,当模拟至 1 600 时步时,轨道巷就开始

出现明显变形。

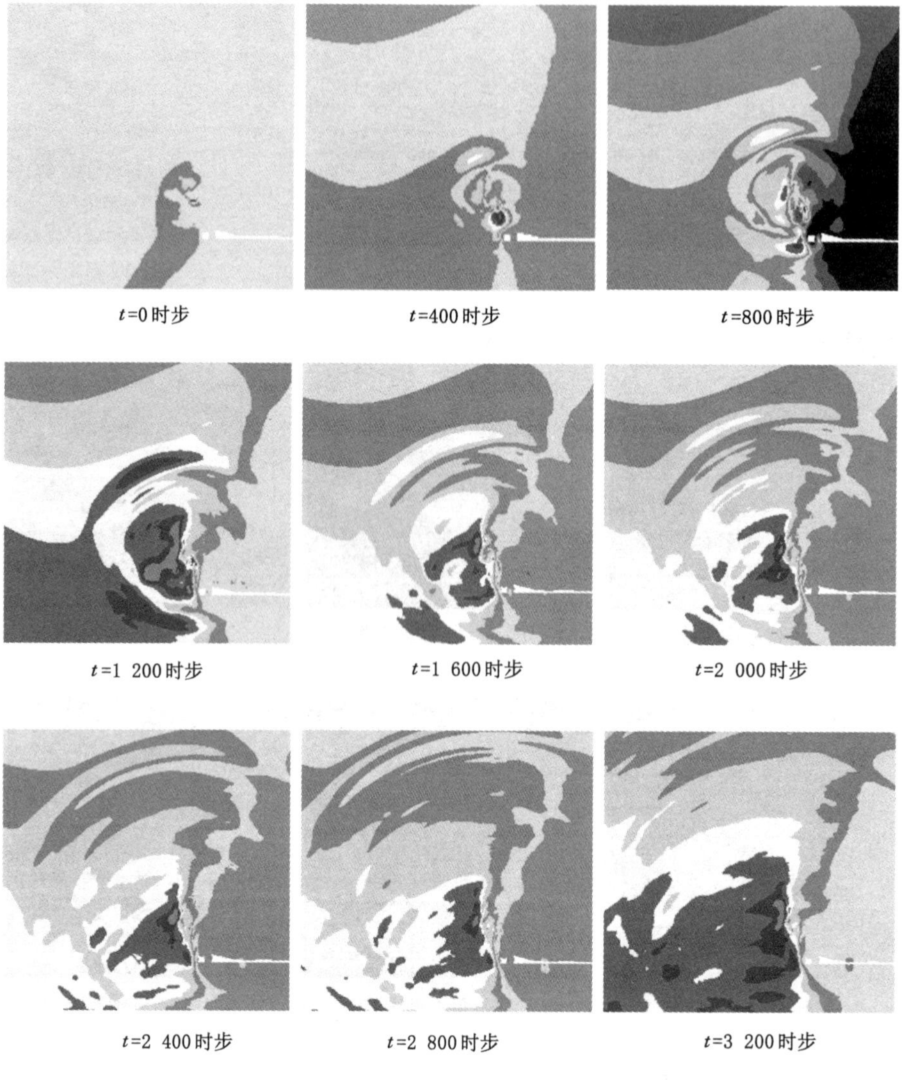

图 6-24　基本顶岩层强矿震动载对巷道冲击破坏效应的演化过程(震源位置因素)

图 6-25 为矿震地震矩 $M_0=3.0\times10^{13}$ N·m,破裂方式为垂直拉伸断裂,震源位于轨道巷正上方基本顶岩层时,矿震动载对巷道冲击破坏的演化过程。由图可见,在地震矩 $M_0=3.0\times10^{13}$ N·m 的近距离强矿震动力扰动下,巷道围岩冲击破坏严重,模拟至 1 500 时步时,巷道开始出现严重变形,2 400 时步时瞬间

变形量达 2 300 mm 以上，巷道发生冲击破坏几乎不可避免。

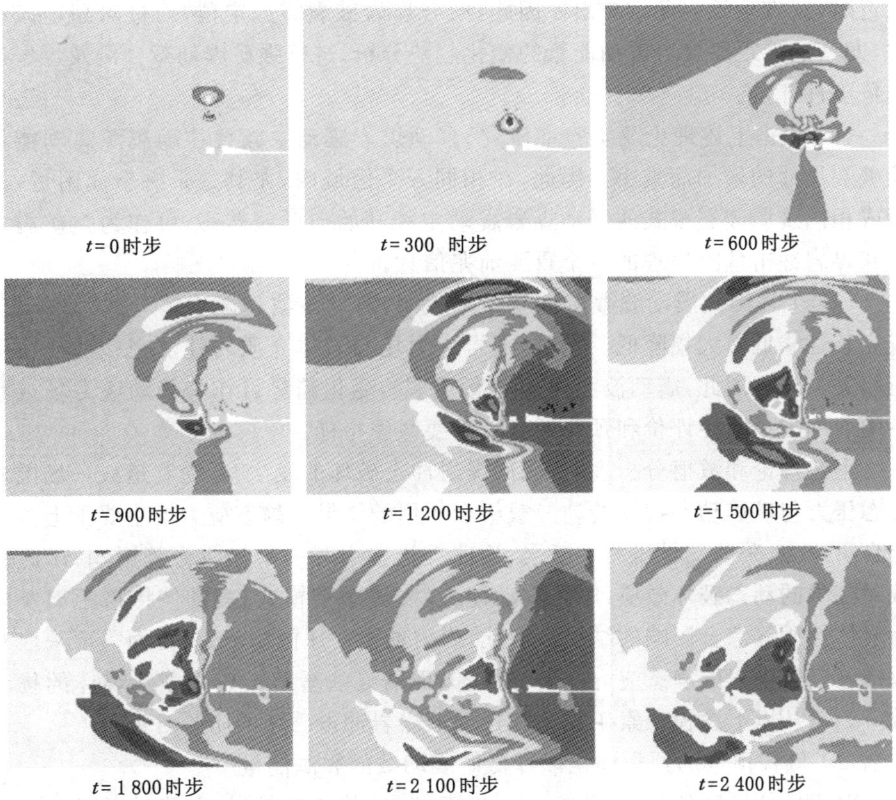

图 6-25　基本顶岩层强矿震动载对巷道冲击破坏效应的演化过程(能量因素)

6.5　矿震动载扰动下煤岩冲击的预测技术及防治措施

根据上述包括震源孕育机理及冲击破坏效应在内的采动煤岩破裂的震动效应分析，可为煤岩冲击破坏的危险性评价及预测预报提供如下几点重要途径。

(1) 任何高冲击危险的矿井，在其特定开采地质条件下都存在诱发冲击、强矿震的主要采动煤岩破裂模式；而高能量强矿震动载不是突然出现的，其发生前往往会在主破断或滑移面上出现多次类似或相同震源破裂模式的中、小能量前兆震动。因此，可通过对震源破裂方位类似的煤岩震动(以剪切破裂为主)时空演化规律分析，揭露厚硬岩层或潜伏构造的断裂、滑移方位及运动状态等，进而达到预测强矿震或冲击动力灾害的目的。

(2) 作为诱发煤岩冲击的主要动力来源，当强矿震动载至采掘自由面距离较近时，其震动效应尤为突出。因此，结合煤岩破裂震源定位，通过对划定区域内，尤其是近距离煤岩震动能量的变化趋势分析，进行强矿震动载预测及煤岩冲击危险性评价。

(3) 根据上述理论及实验室研究，采动煤岩震动主频往往随震源震动能量及破裂尺寸的增加而减小。因此，在相同开采区域内，尤其是采掘空间附近，类似或相同震源破裂模式的采动煤岩震动主频开始向低频转移，可作为强矿震发生和煤岩冲击危险出现的一个重要前兆信息。

(4) 上述爆破震动波微震试验结果表明，震动波波速随岩体介质强度弱化或完整性降低而大幅降低。同时，围岩应力场与岩体介质岩性及完整性往往呈正相关关系。因此，震动波波速随动态开采的变化趋势可作为采动应力场或巷道围岩冲击危险性评价和预测的又一重要微震指标。

上述理论和数值分析表明，深部煤岩冲击破坏的发生，是受巷道或采场围岩静态压力与矿震动态扰动的动静载组合作用的结果。静态应力场主要受上覆岩层自重应力、采动支承压力及断层、褶曲等构造引起的附加应力等影响；矿震动载对围岩的动态破坏效应，则是震动能量、震源破裂模式、震动波传播距离及传播岩体性质等综合影响的结果。因此，煤岩冲击矿压的防治，一方面需要采取有效措施降低围岩的静态应力梯度，另一方面需设法缓解矿震动载对煤体的扰动效应。可从以下途径探索矿震动载扰动下煤岩冲击破坏的防治对策。

(1) 低位顶板的预裂弱化以降低矿震动载的震源能量

对于低位厚硬顶板，若顶板悬顶长度较大，其自然断裂、滑移时可释放大量弹性能，且因至煤层距离较近，可对巷道煤体产生强烈冲击扰动。及时采取强制放顶、定向水压致裂等预处理手段，通过减小低位顶板岩层的悬顶长度，降低其破断时释放的震动能量。同时，合理设计爆破、预裂角度及处理方位，使顶板断裂、垮落时，震源在特定破裂模式下辐射至采掘空间的震动波能量最小，尽可能降低顶板破断诱发动载对巷道煤体的冲击破坏效应。

(2) 煤岩体卸压、弱化以提高震动波传播介质的阻尼影响

对于高位厚硬顶板，现有手段难以对震源本身实现有效预处理，人为可控的主要是通过改变传播煤岩体介质属性来提高震动波阻尼衰减幅度，即通过对低位顶板岩层或煤层的强度弱化和完整性降低，使耗散品质因子 Q 和能量衰减系数 η 增加，以达到降低高位顶板破断诱发的矿震动载对采场或巷道围岩的动态破坏效应。

相应的卸压、弱化措施包括低位顶板的强制放顶、水压致裂，煤层的卸压爆破、注水及钻孔卸压等。

(3) 煤体卸压、弱化以降低围岩的静态应力场

煤体卸压、弱化措施的实施，在松散软化煤体、加快震动波衰减速度的同时，亦可降低煤层静态应力场梯度。比如，采取煤体卸压爆破方法，可降低围岩应力集中程度和使应力峰值向煤体深部转移；爆破产生的应力波扰动还可诱发小型煤体冲击，避免煤体中形成大量弹性能聚集与释放的条件。进行煤层注水、钻孔卸压等，可使煤体中聚集的能量以缓慢的速度释放，避免静载条件下煤体(柱)动态冲击破裂的发生。

综上，通过矿井特定开采地质条件下主要煤岩破裂类型的震动效应分析，有针对性地采取煤岩冲击危险的预测及控制措施，及时捕捉冲击或强矿震发生的前兆信息，并同时降低矿震动载的扰动效应及围岩静态应力集中程度，使动静载组合下煤体发生冲击的能量与刚度条件难以满足，降低或消除矿震动态扰动下采场或巷道煤体的冲击危险性。

6.6 本章小结

本章在理论分析矿震激发震动波能量传播模式和衰减特征基础上，进行了矿震动力扰动下煤岩冲击破坏机理的分析；同时，以鲍店煤矿 $103_{上}$ 02 孤岛工作面轨道巷为研究对象，利用 FLAC 数值模拟软件 Dynamic 模块功能，并结合不同顶板破裂模式下的震源简易时间函数模拟，模拟研究了顶板强矿震动力扰动下，震源破裂方式、传播岩层性质、震动波传播距离、震源能量大小等因素改变，对巷道应力状态、位移量、变形速度和加速度的变化规律，数值分析并验证了矿震动载对巷道冲击破坏效应的主要影响因素，模拟再现了巷道变形破坏的动态过程，最后探讨了矿震动载扰动下煤岩冲击危险的预测技术及防治对策。本章主要研究结论如下：

(1) 采动诱发矿震的冲击破坏效应，主要基于其传播至采场或巷道围岩表面的剩余震动波能量和产生的动应力降大小。根据理论分析，矿震激发震动波能量在传播过程中，不仅依赖于震动波前能量的几何扩散及传播岩体介质的吸收和散射衰减，还会受震源特定的震动位移场和能量辐射特征的影响。上述主要因素共同决定了矿震动载对煤层采场或巷道的震动效应大小。

(2) 传播至采场或巷道的矿震动载，可分别以动态能 $E_z^{(d)}$ 和动载荷 P_d^z 的方式与煤岩系统进行能量标量和应力矢量叠加。矿震动载的能量叠加可使煤岩系统聚集的能量增加，而应力叠加使系统内煤体变形破坏做功所消耗的能量减小，从而使系统聚集和消耗的能量差(即“差能”)增加。显然，动态能 $E_z^{(d)}$(或动载荷 p_d^z)越大，系统可释放的差能越多，冲击失稳的可能性越大；且当系统内顶板卸载刚度

k'(受动载影响刚度值会降低)和煤层刚度 $f'(z)$满足 $k'+f'(z)<0$ 时,煤层发生动态冲击破坏。

(3) 以鲍店矿 $103_{上}$ 02 面轨道巷为研究对象,数值模拟了高位顶板岩层同一位置处、相同能量大小、不同震源破裂方式的强矿震扰动与巷道冲击破坏效应的相关性。结果表明,不同破裂方式动载作用下,巷道围岩的变形破坏程度明显不同,其影响大小决定于矿震震源能量(位移场)辐射方式及煤层巷道与震源之间的空间方位。对于文中例举的 60°倾角顶板剪切破裂、90°倾角垂直剪切破裂和水平拉伸断裂,其对巷道围岩的受力状态和变形破坏影响是逐步降低的。

(4) 模拟了在震源能量、破裂方式、传播距离和辐射角度相同前提下,煤层上覆岩层特性与巷道冲击破坏效应的相关性。结果表明,当震源由实体煤上方调至采空区上方时,采空区覆岩的强度弱化和完整性降低使矿震动载对煤层巷道的冲击破坏效应大幅降低。模拟结果与第 5 章采场爆破震动波微震效应的现场试验结果极其吻合。

(5) 模拟了震源能量、破裂方式和辐射角度相同前提下,震动波传播距离与巷道冲击破坏效应的相关性。显然,巷道围岩的应力场、位移量、变形速度及加速度与震动波传播距离成反相关关系,即震动波传播距离越小,矿震动载对煤层巷道的震动效应越强烈。

(6) 模拟了同一位置处、相同震源破裂方式、不同震源能量的强矿震扰动与巷道冲击破坏效应的相关性。结果表明,巷道围岩的应力场、位移量、变形速度及加速度与震源能量成正相关关系,即矿震震源能量越大,巷道冲击危险性越强,甚至在低位顶板岩层发生的强矿震能量增加至一定程度后,冲击灾害难以避免。

(7) 巷道冲击变形破坏过程的模拟再现表明,矿震震源能量、破裂方式、震动波传播距离及传播煤岩属性等对矿震动载的震动效应都具有重要的影响;同时,巷道围岩本身的静态应力场大小也是煤层在矿震动态能量或应力叠加后发生冲击与否的重要因素。

(8) 基于上述采动煤岩破裂的震动效应分析,探讨了矿震动载扰动下煤岩冲击危险的预测技术及防治对策,提出了“时-空-强-破裂模式”的多参量“四位一体”冲击危险预测预报体系,及以震动波波速和震动主频等微震参数为冲击前兆信息的预测指标,并提出有针对性地采取煤岩体卸压、弱化措施,同时降低矿震动载的扰动效应及围岩静态应力场集中程度,以降低或消除采场或巷道围岩的冲击危险性。

7 采动诱发冲击与强矿震现象的实证研究

7.1 实例 1——鲍店煤矿

鲍店煤矿位于山东省济宁市辖区内，是兖州煤业股份有限公司 8 对支柱矿井之一。于 1986 年 6 月 10 日正式投产，设计年产量 300 万 t，矿井服务年限为 80 年。经过多年的技术改造，2004 年核定生产能力为 640 万 t，配有同等产能的现代化洗煤厂一座。

经过 30 多年的开采，鲍店矿的平均开采深度已近 500 m，逐渐形成了以大马厂断层为轴心的南、北两个大面积采空区。煤层上覆 130 m 以上具有一层巨厚坚硬细砂岩层（"红岩"），在二采区该岩层厚度平均为 105.33 m，十采区厚度平均为 106.72 m，该矿自 1997 年以来，矿区内矿震活动频繁，出现多次因采空区上覆坚厚岩层剧烈的大面积破坏产生的矿震，比如，在二采区 2309、2310 等工作面发生多次强矿震动力扰动诱发的密闭冲垮次生灾害，最大震级 2.9 级，十采区 $103_上$ 03、$103_上$ 04 工作面开采时也发生多次强矿震，最大震级 3.7 级，造成工作面强烈矿压显现。矿震灾害虽尚未诱发冲击矿压事故，但已给矿井的安全生产造成严重威胁。目前主采的 $103_上$ 02 工作面南北分别与 $103_上$ 03、10301 等采空区相邻，工作面回采后形成了三面采空的孤岛状态，应力集中程度高。为保证矿井的安全生产和保护生命财产不受损失，鲍店煤矿引进了波兰 SOS 微震监测系统，对 $103_上$ 02 工作面及全矿主要开采范围内的煤岩破裂和矿震现象进行实时监控，以研究该工作面开采过程中煤岩破裂（矿震）的震动效应，主要包括对 $103_上$ 02 面特定覆岩结构和开采条件下微震序列的时空演化分布规律、煤岩震动的波谱特征、典型强矿震灾害的震源破裂特性及冲击破坏效应等进行分析，为强矿震或冲击矿压的有效防治提供基础数据，确保工作面的高效安全开采。

7.1.1 $103_上$ 02 工作面生产地质条件及 SOS 微震系统布置

7.1.1.1 $103_上$ 02 工作面生产地质条件概述

鲍店煤矿主采煤层为 3 层煤（$3_上$、$3_下$），目前主采的 $103_上$ 02 工作面位于十采区北部，是十采区 $3_上$ 煤层第二个区段，南北分别与 $103_上$ 03、10301 工作面相邻,南侧的 $103_上$ 03、$103_上$ 04、$103_上$ 05 工作面东部区段 $3_上$ 煤层已经回采,北侧的 10301 工作面 $3_上$、$3_下$ 两层煤均已回采完毕。$103_上$ 02 工作面开始回采后形成了三面采空的孤岛状态,具有发生冲击矿压或强矿震隐患。

工作面 $3_上$ 煤层标高 −396～−445 m,地面平均标高 43.5 m。工作面面长 201～217.5 m,走向长度 1 300～1 322 m,主采 $3_上$ 煤层平均厚度 5.84 m,煤层结构简单,煤体硬度 $f=3.1$。直接顶为粉砂岩,平均厚度约 2.68 m,硬度 $f=4\sim6$。基本顶为中砂岩,平均厚度 15.85 m,硬度 $f=6\sim8$。直接底为粉砂岩,平均厚 1.18 m,硬度 $f=4$。基本底为细砂岩,平均厚 9.22 m,硬度 $f=6\sim8$。工作面位于兖州向斜核部北侧,受兖州向斜影响,工作面中西部发育一个小型隆起;中部运顺发育一次级宽缓的向斜构造;东部工作面内发育一次级宽缓的背斜构造,轴向近东西。工作面运顺揭露有 X-F20、X-F28 两条小断层,切眼后方有 X-F7、X-F10 两条断层。同时,该工作面上覆 130 m 处巨厚坚硬"红岩"厚达近 200 m,该巨厚岩层的破断和运动是工作面开采过程中出现强矿震的主要动力来源。

7.1.1.2　SOS 微震系统布置

鲍店矿引进的 SOS 高精度微震监测系统主要由井下安装的 DLM2001 检波测量探头(由拾震、磁变电信号转换处理、信号放大增益、发射等部分组成)、地面安装的 DLM-SO 信号采集站(由向 DLM2001 检波测量探头供电部分和信号接收、整流、滤波、光电转换、信号放大增益、A/D 转化等部分组成)和 AS-1 信号记录器(包括信号接收、A/D 转化、控制部分等)等组成,见图 7-1。

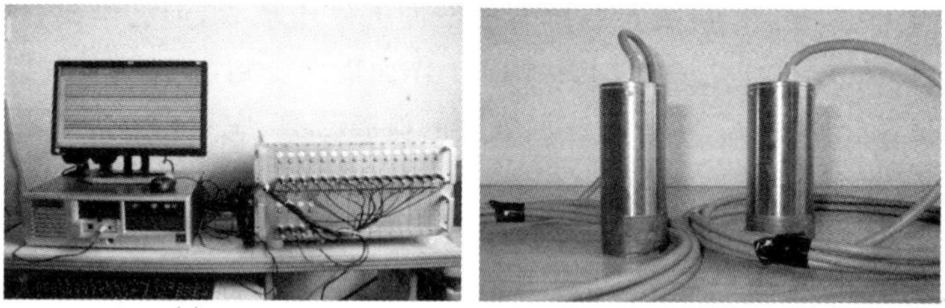

(a)　　　　(b)

图 7-1　SOS 微震监测系统

(a) DLM-SO 信号采集站+AS-1 信号记录器;(b) DLM2001 微震探头

微震系统重点监测区域为开采的十采区工作面,特别是 $103_上$ 02 工作面,同时兼顾监测整个矿井范围内的矿震信号,共计在井下布置了 15 个单分量检波探头,在地面布置了 5 个单分量探头。$103_上$ 02 工作面及 SOS 微震系统布置示意图分别见图 7-2 和图 7-3。

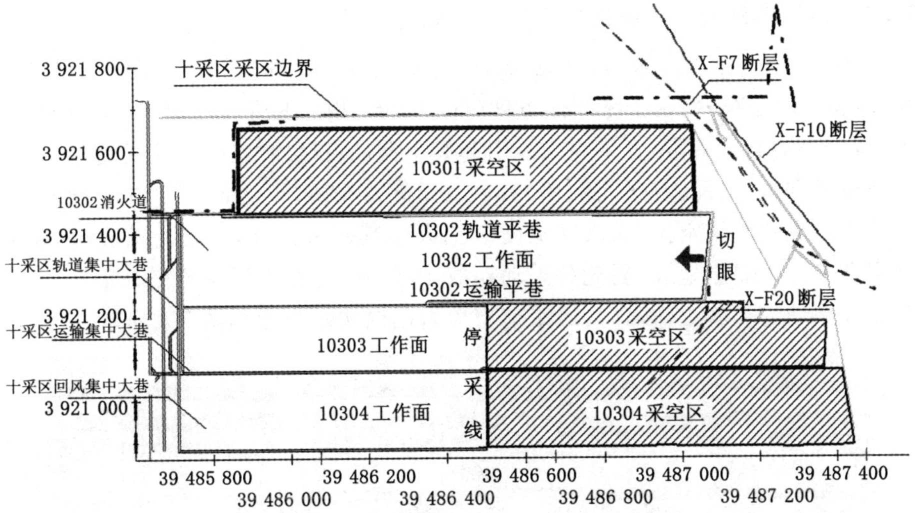

图 7-2 $103_{上}02$ 工作面布置图

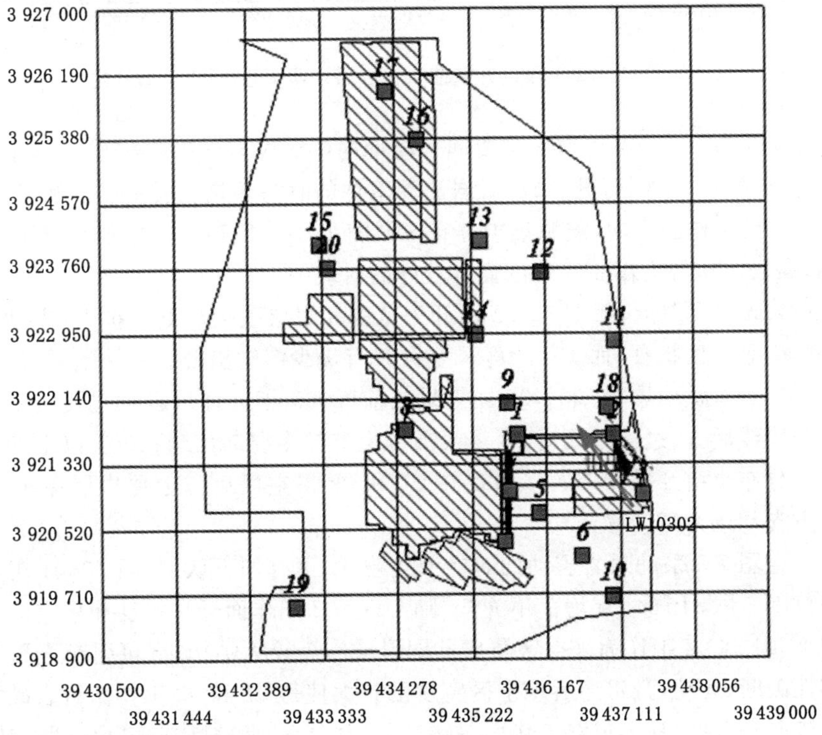

图 7-3 SOS 微震监测系统测站布置

7.1.2 微震序列的时空演化与覆岩运动特征

$103_{上}$ 02 工作面开采前，北侧（轨顺侧）只有 10301 采空区，该工作面虽已回采 $3_{上}$、$3_{下}$ 两层煤，但由于采空区宽度（约 200 m）相比其开采深度（约 450 m）较小，覆岩破裂高度有限，开采尚未能引起其上覆高位巨厚“红岩”（主关键层）的大范围破断和运动；而南侧（运顺侧）存在 $103_{上}$ 03、$103_{上}$ 04 和 $103_{上}$ 05 三个工作面贯通形成的大采空区，采空区宽度范围大于其开采深度，顶板垮落充分，覆岩破裂高度已扩展至地表，属充分采动。故 $103_{上}$ 02 工作面属一侧充分采动、一侧非充分采动的孤岛工作面，其回采前上覆岩层结构示意图如图 7-4 所示。

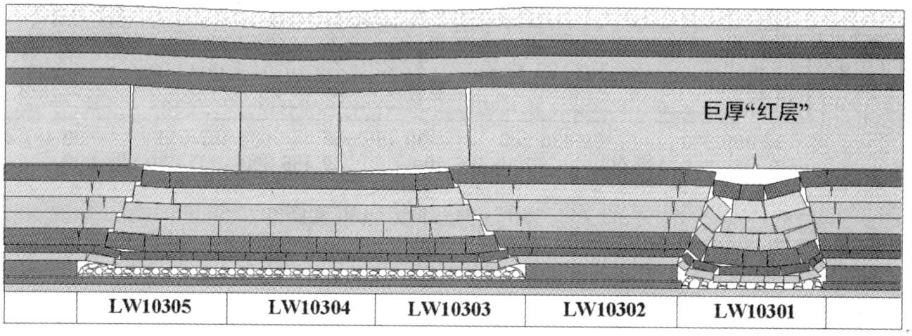

图 7-4 $103_{上}$ 02 工作面开采前上覆岩层结构示意（沿工作面倾向）

图 7-5 为 $103_{上}$ 02 工作面主要回采时期内（08-07-15～09-04-30）矿震事件平面月分布情况。由图可见，采动煤岩震动事件的时空演化主要呈以下规律：

（1）沿工作面走向，震源集中分布区域随 $103_{上}$ 02 工作面的推进，不断往前移动，煤岩震动与工作面回采位置有较好的对应关系。

（2）倾斜方向上，随 $103_{上}$ 02 面开采范围和岩层破裂高度的扩大，震动逐步向 10301 采空区扩展，而 $103_{上}$ 03 采空区只有极少震动出现。

（3）工作面开采过 $103_{上}$ 03 面停采线前（2009 年 1 月），震源主要集中于工作面开采线后方，过停采线后，开采线前方也有较多震动出现；10^5 J 以上的强矿震事件分布也由开采初期的多出现在 01 和 02 采空区后方上覆岩层逐步向 02 面前方支承压力区转移。

结合图 7-5 采动煤岩震动的时空演化规律，可有如下认识：因 10301 工作面开采范围有限，上覆岩层垮落不充分，随 $103_{上}$ 02 工作面开采扰动和采空区面积的增加，01 和 02 工作面采空区覆岩共同形成一个较大结构拱，可引起上覆岩层整体性破断、运动，且贯通后采空区宽度的扩大使得 01 和 02 工作面覆岩破裂高度逐步向上扩展，易形成双工作面关键层的亚“O-X”型破断或主“O-X”型破断；而运顺一侧 $103_{上}$ 03 等大采空区上覆岩层在 $103_{上}$ 02 工作面回采前已垮落、破

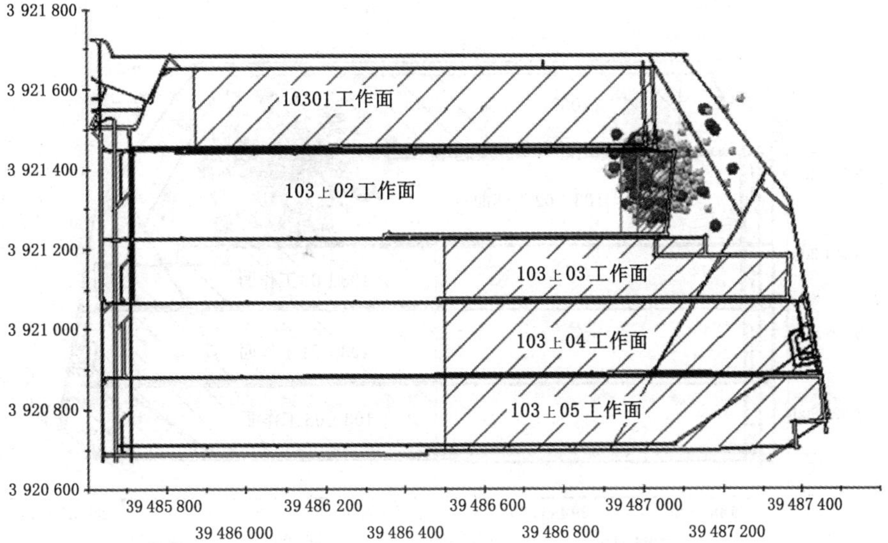

(a)

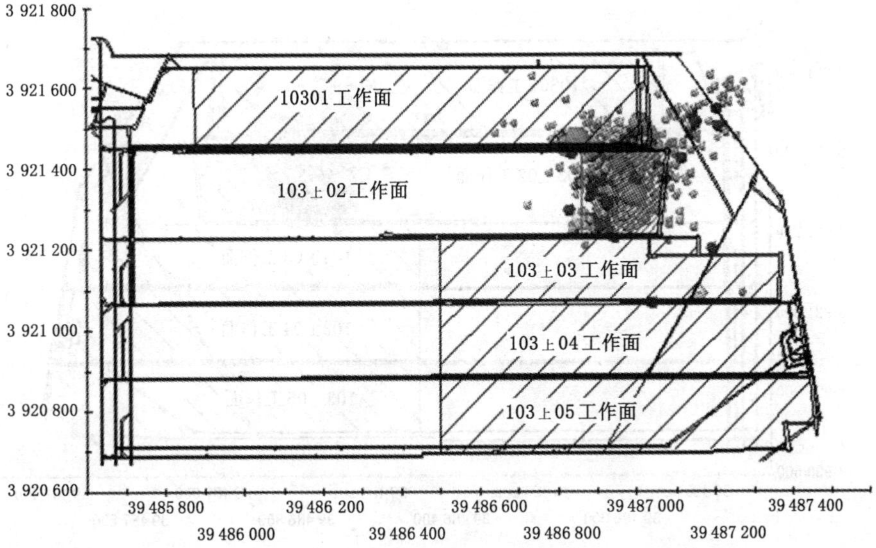

(b)

图 7-5 103上 02 工作面开采过程中煤岩诱发微震事件平面演化(08-07-15～09-04-30)

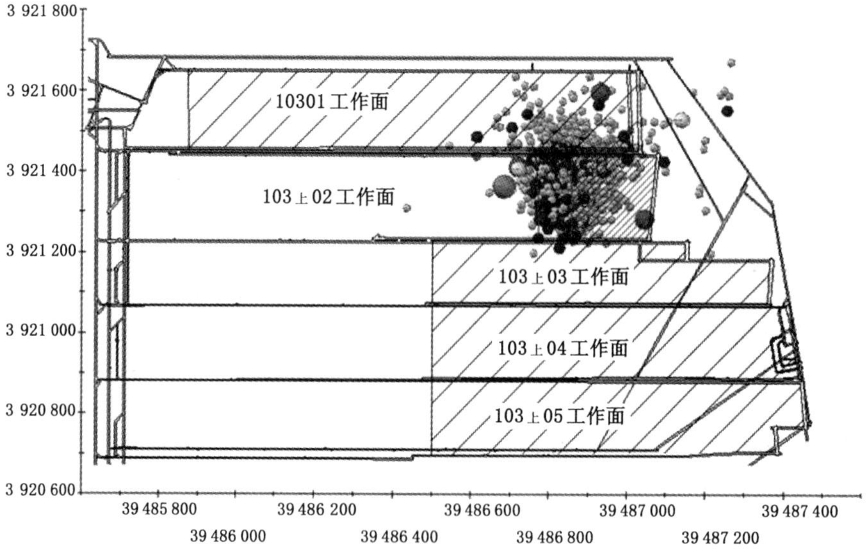

(c)

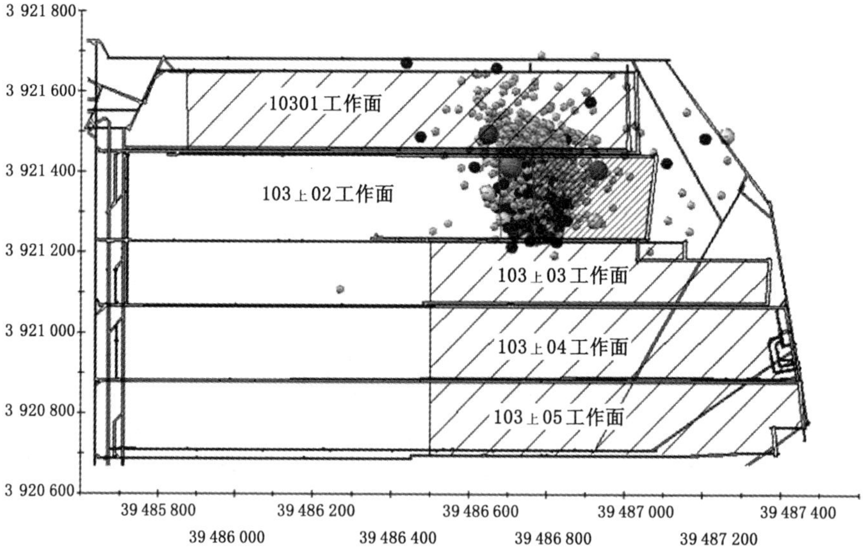

(d)

续图 7-5　$103_{上}$ 02 工作面开采过程中煤岩诱发微震事件平面演化(08-07-15～09-04-30)

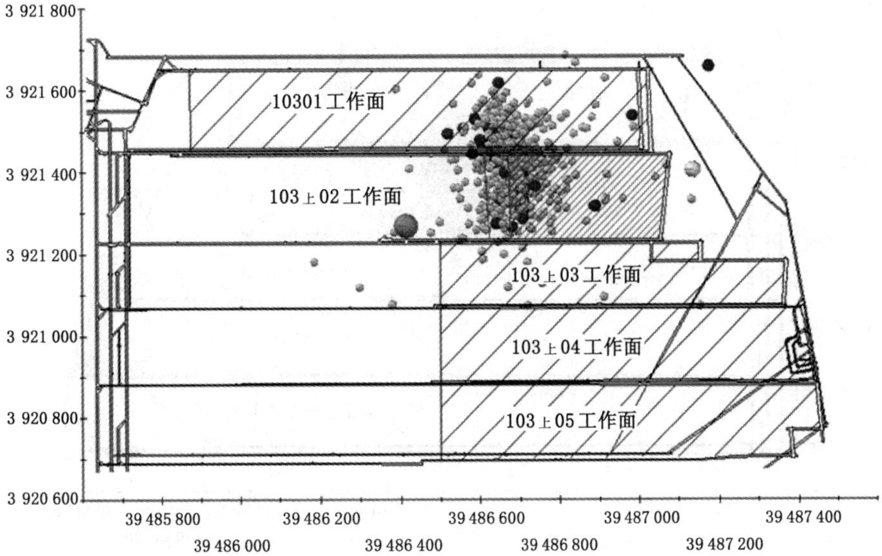

(e)

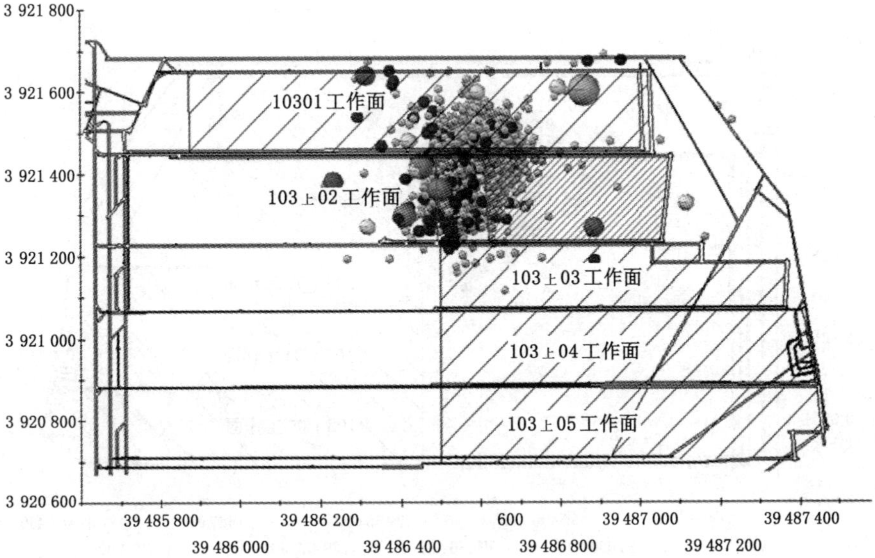

(f)

续图 7-5　103上 02 工作面开采过程中煤岩诱发微震事件平面演化(08-07-15～09-04-30)

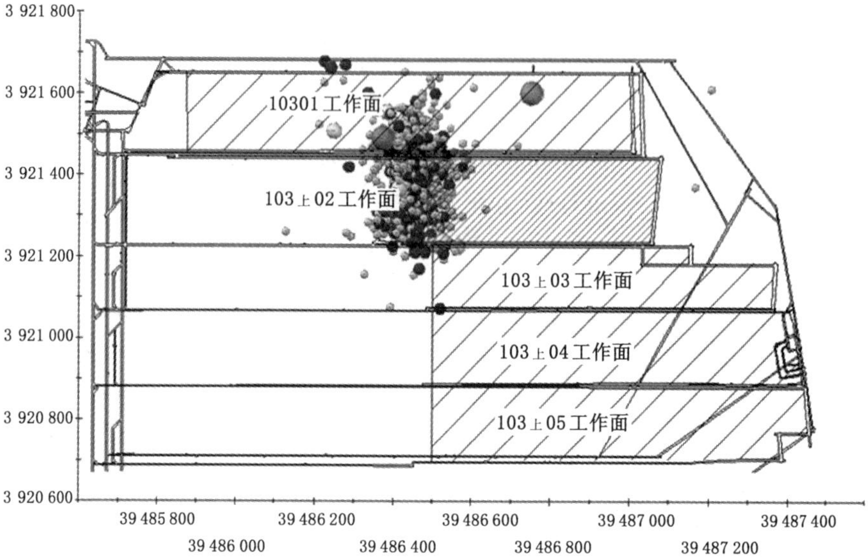

(g)

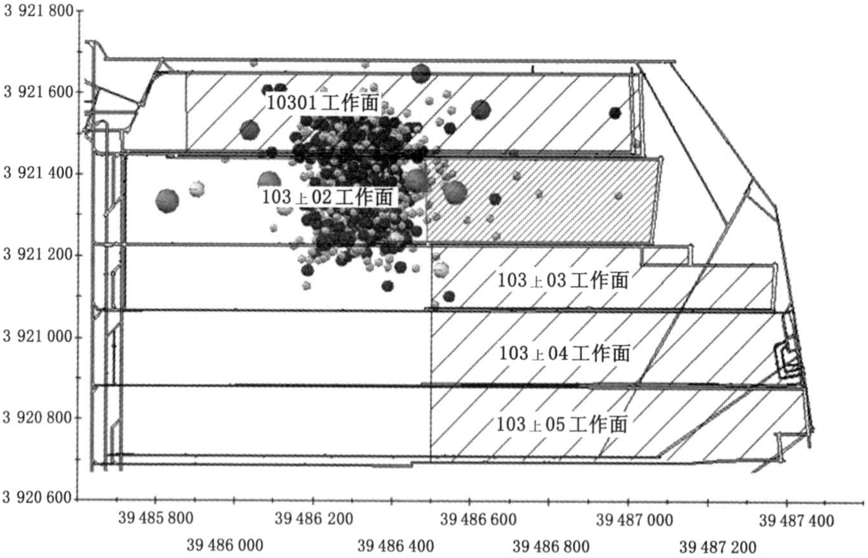

(h)

续图 7-5　$103_{上}$ 02 工作面开采过程中煤岩诱发微震事件平面演化(08-07-15～09-04-30)

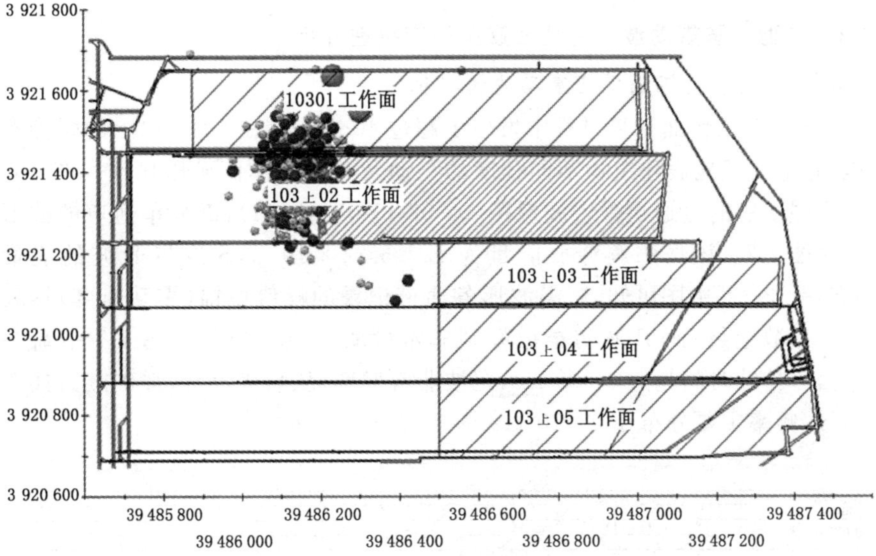

(i)

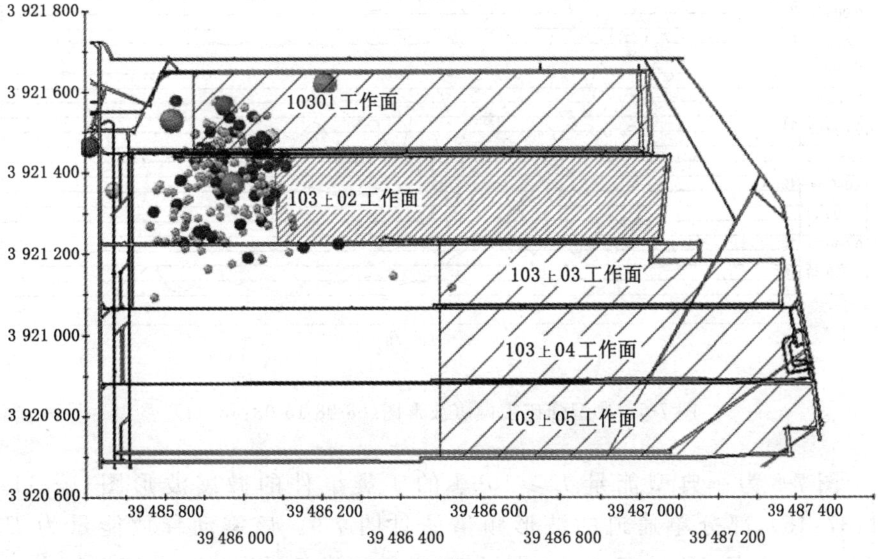

(j)

续图 7-5 $103_{上}$ 02 工作面开采过程中煤岩诱发微震事件平面演化(08-07-15～09-04-30)

(a) 08-07-15～08-07-31；(b) 08-08-01～08-08-31；(c) 08-09-01～08-09-30；(d) 08-10-01～08-10-31；(e) 08-11-01～08-11-30；(f) 08-12-01～08-12-31；(g) 09-01-01～09-01-31；(h) 09-02-01～09-02-28；(i) 09-03-01～09-03-31；(j) 09-04-01～09-04-30

断充分，基本不受 $103_{上}$ 02 工作面开采影响。

7.1.3 典型矿震震动波形特征及震源孕育机理分析

7.1.3.1 不同能量级别煤岩震动波谱特征

$103_{上}$ 02 工作面开采过程中发生了超过 40 次能量在 10^5 J 以上的强烈有感矿震，并造成了地表建筑物不同程度的晃动及井下工作面矿压显现。图 7-6 为一典型强矿震的全通道微震波形图(08-08-15 03:48:44)，部分单通道的波形频谱图见图 7-7。该强矿震释放能量为 $E=5.32\times10^6$ J，S 波与 P 波的能量比 $E_S/E_P=43.3$。由图可知，微震波形各通道记录的峰值振幅(震动速度)均处于 10^{-4} m/s数量级，而 P 波初至振幅则非常微弱，不易识别(见图 7-7 中箭头所示)；信号持续时间超过 4 000 ms，尾波非常发育；从频谱上看，强矿震为典型低频信号，频率主要分布在 0～10 Hz。

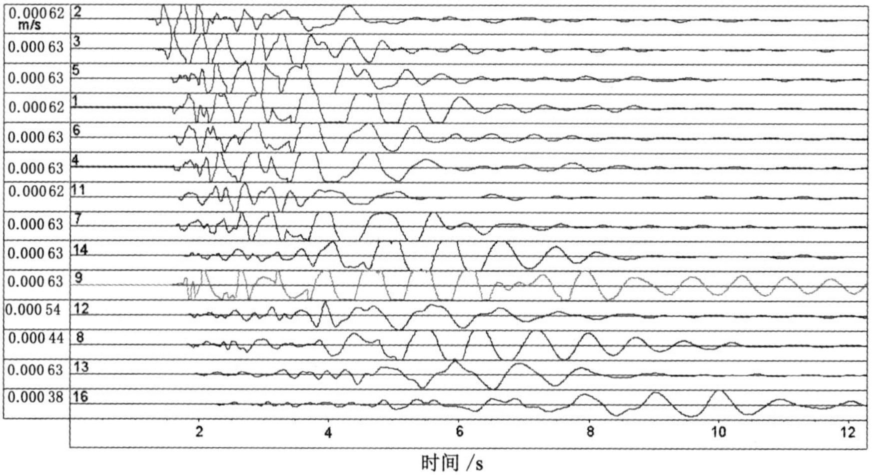

图 7-6 典型强矿震微震波形图(08-08-15 03:48:44)

图 7-8 为一典型能量 $E\geqslant10^4$ J 的矿震事件的微震波形图(08-11-15 01:37:45)，部分单通道的波形频谱图见图 7-9。该震动释放能量为 $E=3.78\times10^4$ J，$E_S/E_P=55.3$。由图可知，微震波形各通道峰值速度振幅主要介于 $10^{-5}\sim10^{-4}$ m/s之间，P 波初至振幅同样非常微弱，不易识别；信号持续时间2 000～4 000 ms，尾波发育；震动频率主要分布在 0～15 Hz。该震动定位于工作面切眼后方 XF-7、XF-10断层之间，结合微震波形特征和 S、P 波能量比，该矿震应是和断层活动有关的剪切破裂为主的震动事件。

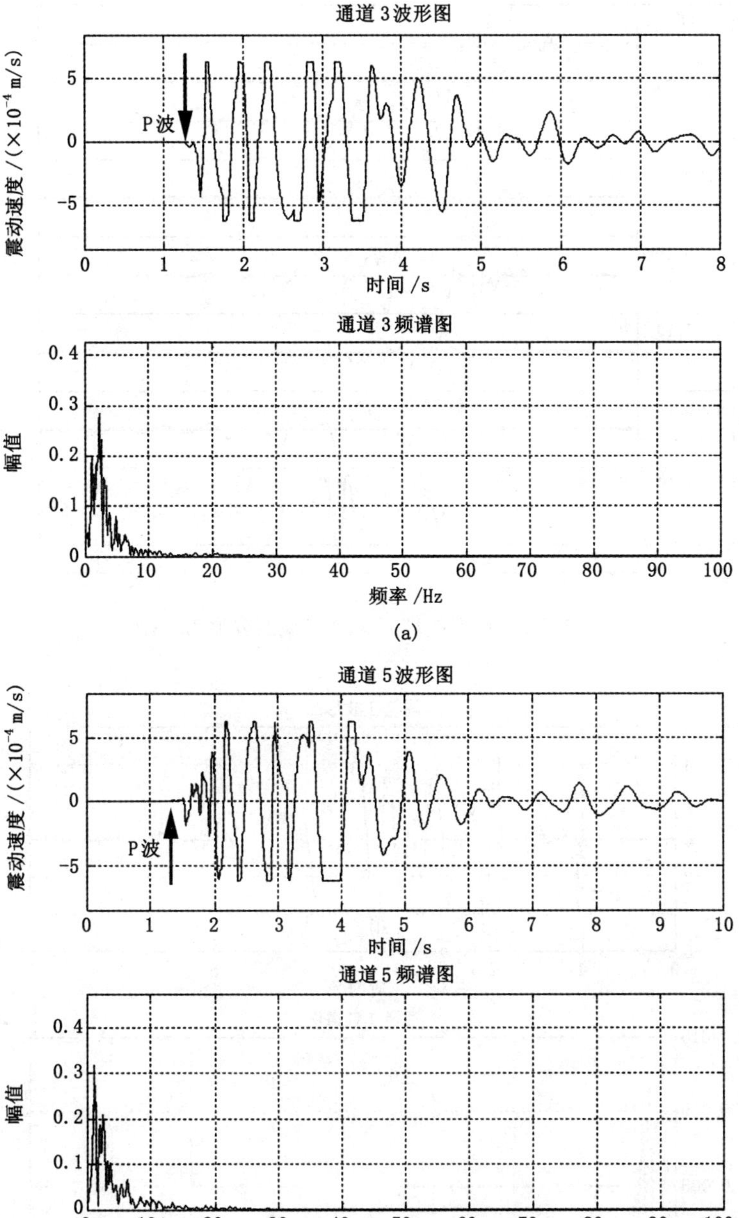

图 7-7 部分通道震动波形频谱特征图

(a) 3# 通道;(b) 5# 通道

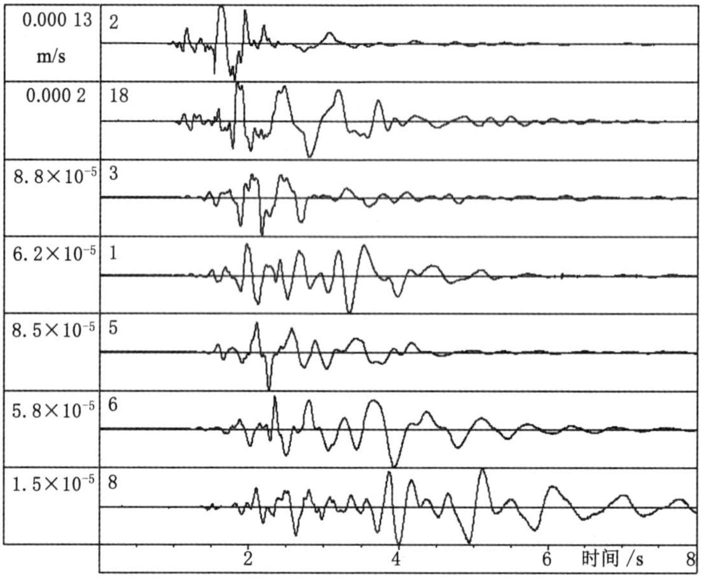

图 7-8　典型能量 $E \geqslant 10^4$ J 微震波形图

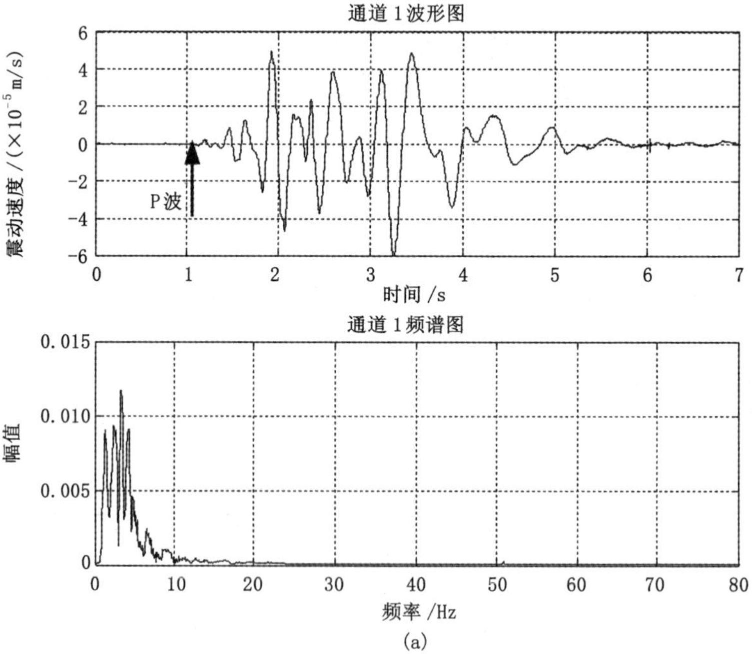

(a)

图 7-9　部分通道震动波形频谱特征图

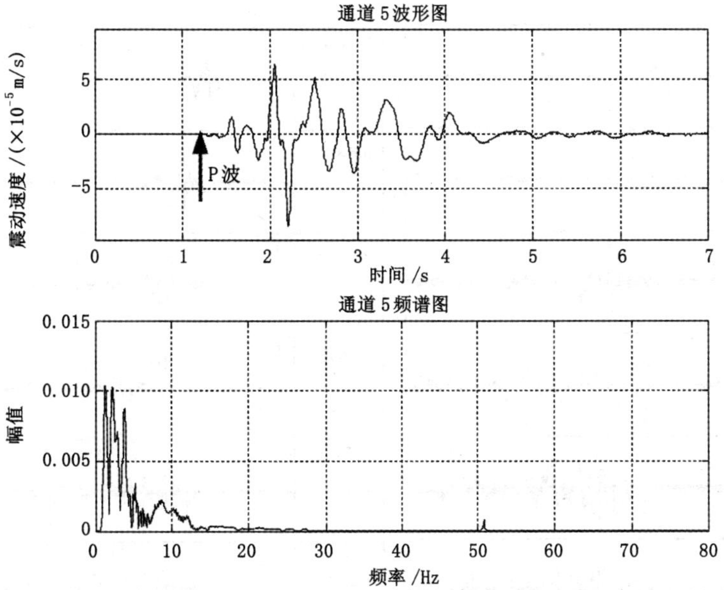

(b)

续图 7-9 部分通道震动波形频谱特征图

(a) 1# 通道;(b) 5# 通道

图 7-10(a)为典型 10^2 J 能量级震动事件的微震波形图(08-08-11 23:03:43),震动能量 $E=1.54\times10^2$ J,$E_S/E_P=2.2$,部分单通道的波形频谱图见图7-11。由图可知,微震波形各通道峰值速度振幅主要介于 $10^{-6}\sim10^{-5}$ m/s 之间,P 波初至清晰,易于识别;信号持续时间500～1 500 ms;频率主要分布在 0～50 Hz,高频成分明显增多。图 7-10(b)为典型 10^3 J 能量级震动事件的微震波形图(08-08-15 03:45:12)。震动能量 $E=1.14\times10^3$ J,$E_S/E_P=2.3$,部分单通道的波形频谱图见图7-12。该震动波形及频谱特征与图 7-10(a)震动类似,微震波形各通道峰值速度振幅主要介于 $10^{-6}\sim10^{-4}$ m/s 之间,P 波初至清晰,易于识别;信号持续时间500～2 000 ms;震动频率主要分布在 0～40 Hz。

根据上述对 $103_{上}02$ 工作面不同能量级别的微震信号波谱分析,微震波谱特征随震动能量增加表现出明显差异,即震动波能量越大,波形振幅水平越高,持续时间越长,P 波初动越难以识别,E_S/E_P 较大,而主频则逐渐降低。同时,因矿井实际煤岩震动尺度较大,其主频区间普遍要小于实验室煤岩试样受载破裂时的震动波主频。

7.1.3.2 典型矿震事件震源孕育机理分析

(1) S、P 波能量比特征分析

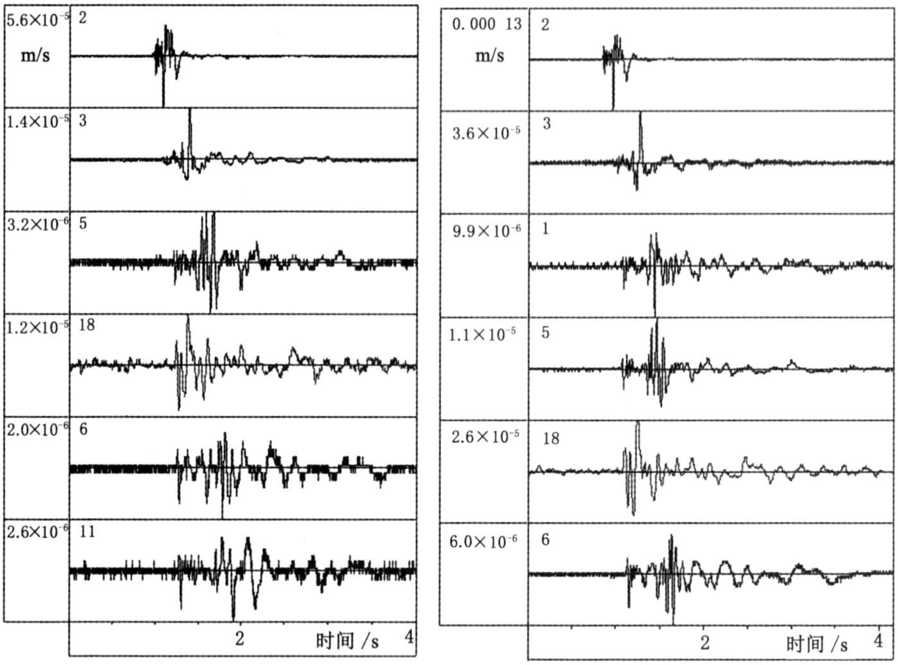

(a) (b)

图 7-10　2 个典型小能量震动事件

(a) 2008 年 8 月 11 日震动事件($E=1.54\times10^{2}$ J);(b) 2008 年 8 月 15 日震动事件($E=1.14\times10^{3}$ J)

S 波与 P 波的能量比,是快速判别矿区采动煤岩冲击矿震震源破裂类型的一个重要标志。采动煤岩剪切破裂有一个明显的证据,即 P 波辐射能量为 S 波的一小部分;而对于部分煤岩破裂,所观测到的 S 波能量损耗或 P 波辐射能量增强,则可解释为非双力偶震源机理,以及表现出的拉张(内爆)破裂或至少在拉张(内爆)方向上的剪切破坏。

表 7-1、表 7-2 分别例举了 $103_{上}$ 02 工作面采动诱发的典型强矿震和中、小能量煤岩破裂的震源位置、能量大小及其 S、P 波能量比。结合表 7-1、表 7-2 及图 7-6～图 7-12 中波形特征描述,可认为:在鲍店矿 $103_{上}$ 02 工作面特定地质技术条件下,高能量强矿震主要与厚层坚硬顶板剪切破断、滑移或切眼后方 XF-7、XF-10 断层活动有关,表现出很高的 S、P 波能量比($E_S/E_P>40$),甚至可达 10^3 数量级;而中、小能量震动 E_S/E_P 比值则普遍较小,其数值一般在 10 以下,结合震源定位结果,这些震动主要与采空区顶板的拉张断裂、冒落等破裂活动有关,Gibowicz 等在德国 Ruhr 矿区的震源机理研究中也有类似发现。

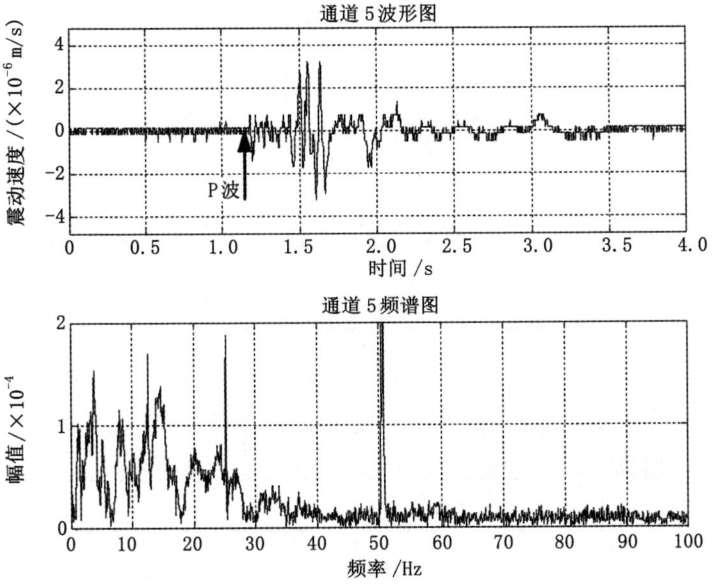

(a)

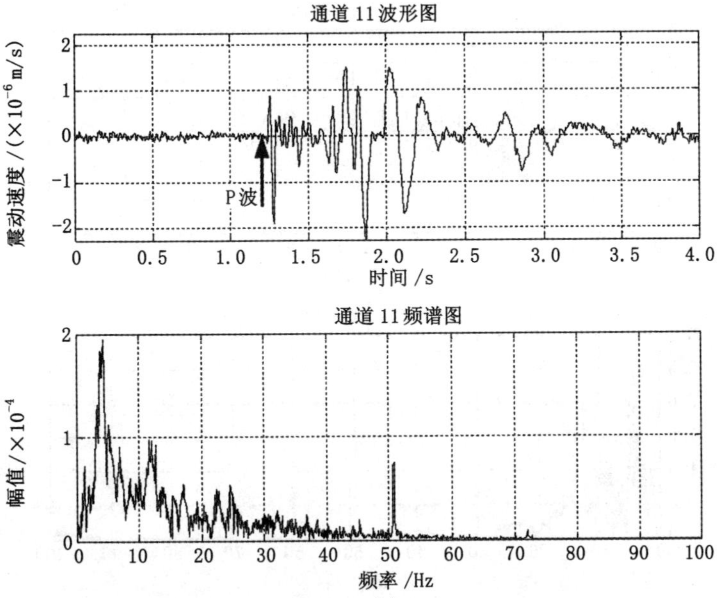

(b)

图 7-11 8 月 11 日震动部分通道震动波形频谱特征图

(a) 5# 通道;(b) 11# 通道

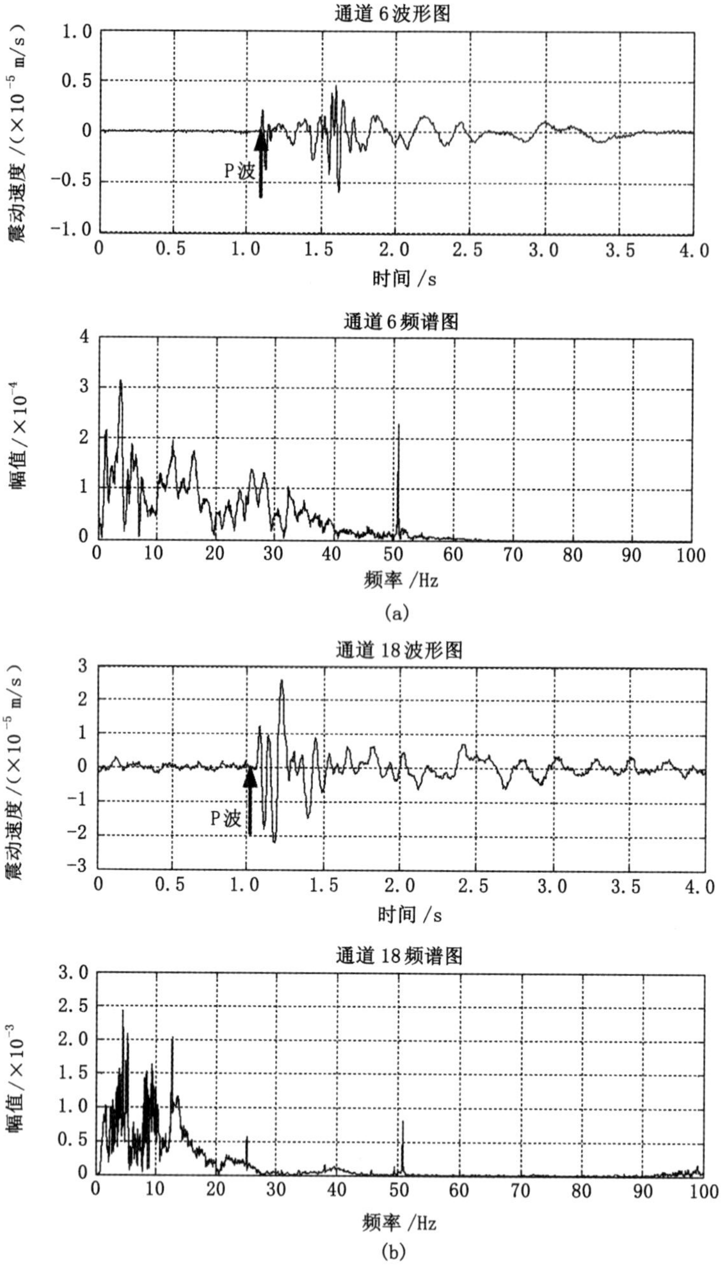

图 7-12　8 月 15 日震动部分通道震动波形频谱特征图

(a) 6# 通道;(b) 18# 通道

E_S/E_P 比值的这种特性，反映在微震波形上，主要基于以下两点判别标准：

① 剪切破裂主要反映煤岩单元体的切向形变，剪切波（S 波）比较发育，因此微震波形具有非常明显的 S 波初动振幅，而 P 波初动振幅非常微弱，甚至难以识别。

表 7-1　　鲍店矿典型强矿震震动能量及 S、P 波能量比特征

震动时间	震源位置	标高/m	震源能量/J	E_S/E_P
08-08-01 22:40:38	10301 采空区	−274.7	2.27×10^6	485.1
08-08-15 03:48:44	10301 采空区	−267.0	5.32×10^6	41.2
08-08-21 23:33:10	$103_上$ 02 采空区	−250.8	1.88×10^6	412.8
08-09-26 13:24:02	10301 采空区	−319.5	1.38×10^5	64.8
08-09-30 06:06:29	$103_上$ 02 面前方 80 m	−216.0	6.83×10^6	100.0
08-10-20 05:14:46	10302 采空区	−193.6	1.78×10^6	254.7
08-11-28 03:12:37	$103_上$ 02 面前方 230 m	−149.0	5.03×10^6	120.1
08-12-05 06:00:36	$103_上$ 02 面前方 110 m	−148.5	3.10×10^6	69.6
08-12-17 21:27:46	$103_上$ 02 采空区	−160.3	1.28×10^6	68.9
09-01-13 23:19:13	10301 采空区	−154.0	1.45×10^6	95.4

表 7-2　　鲍店矿典型中、小煤岩震动 S、P 波能量比及震源破裂特征

震动时间	震源位置	标高/m	震源能量/J	E_S/E_P	震源孕育机理		
					Iso/%	CLVD/%	DC/%
08-07-01 02:49:25	$103_上$ 02 采空区	−329.3	6.34×10^2	4.47	49	12	39
08-07-02 22:27:01	$103_上$ 02 切眼后煤柱	−338.8	3.09×10^3	6.36	24	45	31
08-07-02 23:01:07	$103_上$ 02 切眼后煤柱	−414.9	2.47×10^3	5.43	26	69	5
08-07-05 01:03:07	10301 采空区	−383.0	2.83×10^3	6.85	19	47	34
08-07-16 23:17:42	$103_上$ 02 面前方	−225.8	1.09×10^4	2.91	25	49	26
08-07-28 22:08:04	$103_上$ 02 采空区	−507.9	7.45×10^3	5.96	42	42	16
08-07-31 22:20:03	10301 采空区	−283.4	2.33×10^3	7.38	18	66	16
08-08-02 07:08:27	10301 采空区	−330.7	6.32×10^3	2.64	17	59	24
08-08-25 00:04:38	$103_上$ 02 采空区	−354.7	1.06×10^4	3.05	29	52	19
08-12-17 15:22:20	10301 采空区	−122.7	9.76×10^3	6.02	27	43	30

② 拉伸、内爆破裂等非双力偶震源主要反映煤岩单元体的体积形变，压缩波（P 波）比较发育，微震波形 P 波初动非常清晰，初动幅值也相比较大，而 S 波初动往往不易识别。

(2) 典型矿震震源孕育机理的矩张量反演分析

选用多通道清晰高质量P波垂直初动位移振幅联合部分通道S波垂直初动振幅，对表7-1、表7-2中各采动煤岩震动进一步进行震源孕育机理的矩张量最小二乘线性反演，可得各震动震源破裂成分及剪切破裂的破裂方位等震源信息，见表7-2、表7-3。参数设定为：$v_P=4\ 100$ m/s，$v_S=v_P/\sqrt{3}$，$\rho=2650$ kg/m^3，$Q_P=58$，$Q_S=30$。

表7-3　　典型强矿震震源破裂特征反演结果

震动时间	震源孕育机理			剪切破裂方位		
	Iso/%	CLVD/%	DC/%	倾角/(°)	走向角/(°)	滑动角/(°)
08-08-01 22:40:38	9	7	84	19	34	40
08-08-15 03:48:44	20	13	67	40	37	−84
08-08-21 23:33:10	4	14	82	62	120	58
08-09-26 13:24:02	28	20	52	42	352	18
08-09-30 06:06:29	7	6	87	48	88	−72
08-10-20 05:14:46	30	6	64	32	103	−86
08-11-28 03:12:37	26	12	62	39	218	5
08-12-05 06:00:36	34	18	48	57	279	87
08-12-17 21:27:46	2	23	75	19	250	66
09-01-13 23:19:13	3	43	54	24	278	−79

根据表7-2、表7-3中震源破裂特征的量化反演结果，具有高E_S/E_P比值的典型强矿震的剪切破裂成分均为各震动主要破裂类型，矩张量反演结果与E_S/E_P比值分析较为吻合；各强矿震事件中剪切破裂成分(DC)最低占48%，最高达87%，明显高于震源体积变形(Iso)和轴向拉伸破裂(CLVD)；而剪切破裂成分越高，根据该分量求得的破裂方位角可信度越高。而表7-2中的中、小能量煤岩震动反演结果则主要体现为震源体积膨胀(压缩)或轴向拉伸破裂，剪切破裂成分最大为39%，最小仅为5%，震源表现出明显的拉伸或内爆破裂特征，符合E_S/E_P定性分析结果。

举例说明：式(7-1)为能量$E=6.83\times10^6$ J强矿震(08-09-30 06:06:29)的矩张量反演结果，根据矩张量元素分解，见式(7-2)～式(7-4)，其剪切破裂成分(DC)高达87%，该矿震震源破裂过程主要由M_{11}和M_{33}组成的双力偶源决定；结合震源定位结果(见表7-1)，该强矿震应为工作面前方高位巨厚“红层”顶板剪切破断所致。图7-13(a)描述了矩张量各元素及其误差大小，显然，相比于各

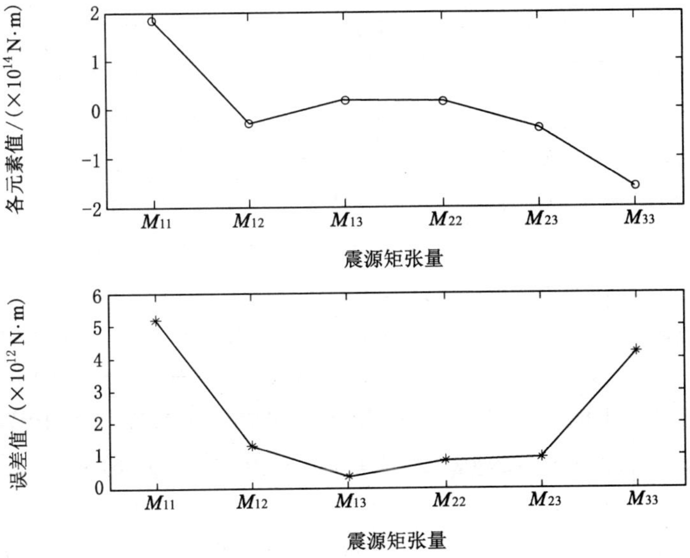

(a)

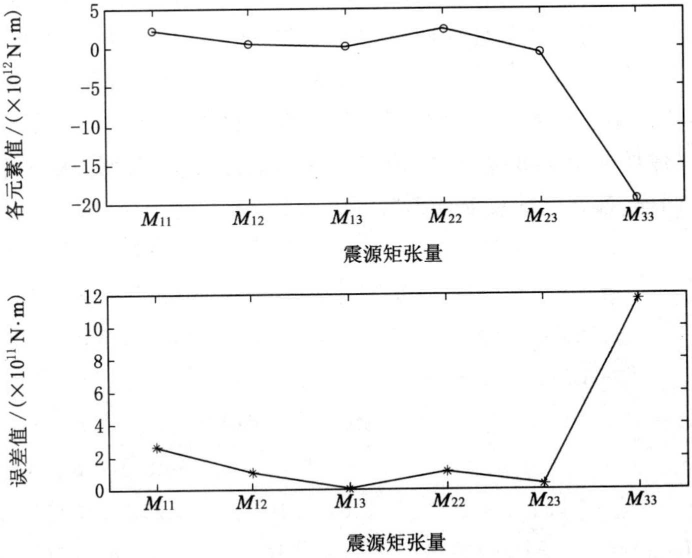

(b)

图 7-13　鲍店矿典型煤岩震动矩张量反演结果及其误差

(a) 强矿震(08-09-30 06:06:29);(b) 小能量震动(08-07-02 23:01:07)

元素值，其反演误差较小。

$$M=\begin{bmatrix}1.8397\times10^{14} & -2.7895\times10^{13} & 1.7735\times10^{13}\\ -2.7895\times10^{13} & 1.6467\times10^{13} & -3.9359\times10^{13}\\ 1.7735\times10^{13} & -3.9359\times10^{13} & -1.6139\times10^{14}\end{bmatrix} \tag{7-1}$$

$$M_{\mathrm{Iso}}=\begin{bmatrix}1.3013\times10^{13} & 0 & 0\\ 0 & 1.3013\times10^{13} & 0\\ 0 & 0 & 1.3013\times10^{13}\end{bmatrix} \tag{7-2}$$

$$M_{\mathrm{CLVD}}=\begin{bmatrix}5.9687\times10^{12} & 1.2006\times10^{11} & 5.8307\times10^{11}\\ 1.2006\times10^{11} & 5.2586\times10^{12} & -3.5448\times10^{12}\\ 5.8307\times10^{11} & -3.5448\times10^{12} & -1.1227\times10^{13}\end{bmatrix} \tag{7-3}$$

$$M_{\mathrm{DC}}=\begin{bmatrix}1.6498\times10^{14} & -2.8015\times10^{13} & 1.7152\times10^{13}\\ -2.8015\times10^{13} & -1.805\times10^{12} & -3.5814\times10^{13}\\ 1.7152\times10^{13} & -3.5814\times10^{13} & -1.6318\times10^{14}\end{bmatrix} \tag{7-4}$$

式(7-5)为能量 $E=2.47\times10^{3}$ J 小能量震动(08-07-02 23:01:07)的矩张量反演结果，根据矩张量元素分解，见式(7-6)～式(7-8)，其轴向拉伸破裂成分(CLVD)达 69%，且该轴向拉伸破裂过程主要由垂直向无矩力偶 M_{33} 决定，数值为负值，表明震源主要受垂直轴向对称压力作用，且震源各向同性部分(Iso)也为体积压缩。综上，该小能量震动为典型的内爆式破裂。结合震源平面及高程定位结果，该震动发生于 $103_{上}$ 02 切眼后方煤柱区内，显然，该内爆式震动主要为煤柱区煤体局部受压破裂所致。图 7-13(b)描述了该震动矩张量各元素及其误差大小，同样，各元素的反演误差较小。

$$M=\begin{bmatrix}2.1402\times10^{12} & 4.5669\times10^{11} & 1.1494\times10^{11}\\ 4.5669\times10^{11} & 2.2334\times10^{12} & -6.7764\times10^{11}\\ 1.1494\times10^{11} & -6.7764\times10^{11} & -1.9405\times10^{13}\end{bmatrix} \tag{7-5}$$

$$M_{\mathrm{Iso}}=\begin{bmatrix}-5.0106\times10^{12} & 0 & 0\\ 0 & -5.0106\times10^{12} & 0\\ 0 & 0 & -5.0106\times10^{12}\end{bmatrix} \tag{7-6}$$

$$M_{\mathrm{CLVD}}=\begin{bmatrix}6.7512\times10^{12} & 3.81\times10^{9} & 1.2129\times10^{11}\\ 3.81\times10^{9} & 6.732\times10^{12} & -6.356\times10^{11}\\ 1.2129\times10^{11} & -6.356\times10^{11} & -1.3483\times10^{13}\end{bmatrix} \tag{7-7}$$

$$M_{\mathrm{DC}}=\begin{bmatrix}3.9956\times10^{11} & 4.5288\times10^{11} & -6.3586\times10^{9}\\ 4.5288\times10^{11} & 5.1198\times10^{11} & -4.204\times10^{10}\\ -6.3586\times10^{9} & -4.204\times10^{10} & -9.1154\times10^{11}\end{bmatrix} \tag{7-8}$$

7.1.4 强矿震动载对巷道或采场围岩的震动效应分析

$103_{上}$ 02 工作面开采过程出现的多次 10^5 J 以上强矿震虽造成地表一定程度的晃动及井下工作面的矿压显现，却没有造成工作面较强的破坏性冲击。经震源定位，这些强矿震动载几乎都发生在上覆巨厚“红层”顶板中，见图 7-14，故可认为高位主关键层的破断、运动是强矿震的主要根源。强矿震未造成工作面强冲击破坏效应的主要原因有：

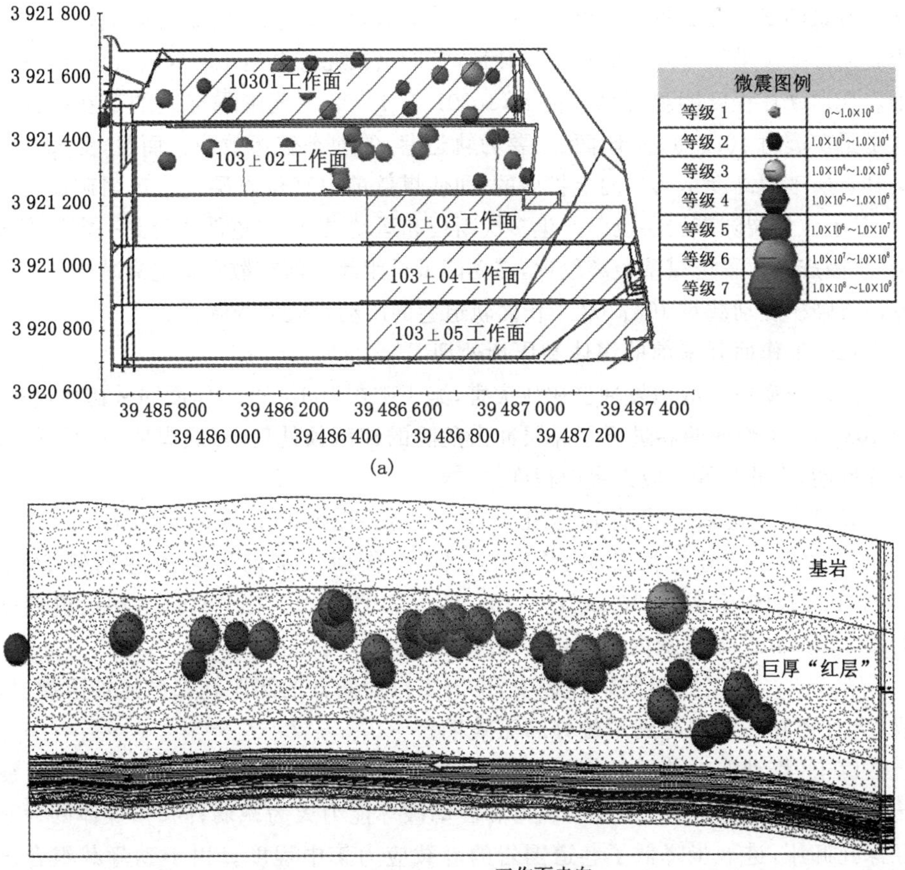

图 7-14 鲍店矿典型强矿震空间分布

(a) 强矿震平面分布(08-07-15～09-04-30)；(b) 强矿震沿工作面走向投影(08-07-15～09-04-30)

(1) 震动波传播距离及采空区覆岩属性影响

震源定位结果显示(部分统计可见表 7-1)，开采初期出现的大部分强矿震主要出现在10301、$103_上$02采空区上方，随着开采进行少部分强矿震开始出现在工作面前方高位岩层中，但至工作面煤壁距离一般较远。10301、$103_上$02工作面覆岩的非充分采动状态容易使上覆主关键层形成大面积悬空条件，随着悬空面积的扩大，大范围主关键层破断、运动易诱发强矿震。同时，根据关键层理论计算，巨厚“红层”初次整层垮落步距约在300～450 m之间，导致该高位岩层在工作面前方断裂时往往至煤壁距离较远，由此引起支承压力峰值距煤壁也较远。

结合本书第5章爆破震动波微震效应的现场试验，及第6章以$103_上$02面为研究背景的FLAC数值分析结果，采空区覆岩强度的弱化及完整性降低使高位顶板震动传播至采掘空间的能量大量耗散，其能量损耗甚至达10^2数量级以上，巷道围岩变形破坏程度明显降低。因此，10301、$103_上$02大范围采空区的存在极大降低了强矿震对$103_上$02工作面(主要为轨道巷)的动态破坏效应。而且，受采动影响其岩层破裂高度是逐步向上扩展的，即使煤壁前方高位岩层中出现强矿震扰动时，其下位各裂隙带岩层也已产生多次断裂和运动，岩体完整性亦受到一定程度破坏，且因震源位置至煤壁距离较远，震动能量长距离几何扩散和阻尼衰减同样使煤壁前方强矿震动载对$103_上$02工作面轨道巷的震动效应大为降低。

(2) 工作面开采前的煤体卸压预处理

为防止矿震动载诱发冲击矿压灾害，鲍店矿在$103_上$02工作面回采初期，超前对$103_上$02工作面两巷进行了煤层冲击危险的卸压预处理，释放煤体中积聚的静态弹性能，降低其静载应力集中程度。

预解危措施采用大直径深孔卸压。钻孔直径：110 mm；钻孔深度：17～20 m。卸压区域分为两部分：① $103_上$02工作面切眼前方轨道巷内侧20 m(10301切眼侧)和外侧30 m($103_上$02侧)；② $103_上$02工作面轨道和运输巷距切眼150～400 m范围内。如图7-15所示。

在$103_上$02工作面回采过程中，位于工作面前方的卸压孔都已经被压裂、堵满，大直径卸压钻孔起到了较好卸压效果。

综上，震动波大范围几何扩散、采场覆岩强度和完整性的降低，使得强矿震传递至工作面轨道巷的残余动载荷和震动破坏能力大为减弱；同时，煤体的大直径深孔卸压，进一步降低了巷道围岩的静载应力集中程度。由于动静载组合破坏效应的降低，工作面采深相对较浅，及$3_上$煤层的弱冲击倾向性，强矿震扰动虽时常造成井下支架安全阀开启、支柱卸液、顶板掉渣等矿压显现，但未能造成工作面或巷道动态冲击破坏。

与此同时，$103_上$02工作面回采过程中出现的强矿震扰动亦经常引起地表建筑物的晃动。分析其原因，主要有：① 由图7-14及表7-1可见，三维空间内，大部分强矿震传播至地表的最近直线距离往往小于其至工作面开采位置及两巷

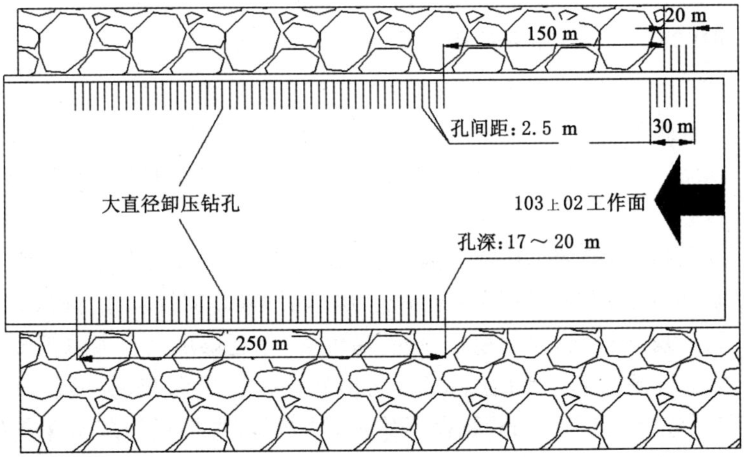

图 7-15 103上02 工作面大直径钻孔卸压示意图

距离。② 主关键层以上基岩（弯曲下沉带）对震动波的阻尼影响虽相比于完整坚硬岩层较大，但因其完整性较好，其引起的能量衰减应小于主关键层下方大范围破碎岩层的阻尼吸收和散射效应。③ 最为主要的是，震动体波能量，尤其 SH 波能量辐射至地表自由表面时存在约 2 倍的“放大”效应。同时，P、S 波传播至地表更易激发沿地面传播的面波，其振幅较大，也最具破坏性。

基于上述因素影响，多数强矿震在造成井下矿压显现的同时，也造成地面一定震感，但建筑物并无破坏。

7.2 实例 2——华亭煤矿

华亭煤矿 1962 年建矿，经过几次矿井改扩建后，目前矿井采用立井斜井混合开拓，抽出式通风，矿井采掘机械化程度 100%。华亭煤矿煤层地质构造简单，区域内无明显断层，由东向西为大型向斜构造，局部地区呈现小断层和背斜构造，矿区内平均可采煤厚达 36 m，为特厚煤层。250102 工作面是华亭煤矿二水平 2501 采区的第二个工作面。据不完全统计，2007 年 4 月至 2008 年 7 月，250102 工作面平巷掘进和回采过程中，发生了几十次冲击矿压现象，主要表现为运输平巷转载机巷道部分地段帮部移近，巷道底鼓 100～1 800 mm 不等，损坏部分机电设备，造成支护设施损坏和人员伤亡，并主要集中在与 250101 采空区和 250102 工作面之间 20 m 煤柱相邻的运输平巷内。鉴于该工作面巨厚煤层覆岩褶曲构造区域和大煤柱留设的复杂开采地质条件及高冲击危险性，华亭煤矿安装了 SOS 微震系统以进行采动煤岩冲击破裂的实时监控与预测预报。

7.2.1 250102 工作面地质开采条件及 SOS 微震系统布置

250102 综放工作面为 2501 采区的第二个开采面，工作面标高 +860.7～+1 023.9 m，地表标高 +1 557～+1 580 m，平均开采深度 719.3 m。北部至砚北煤矿 2502 采区大巷保护煤柱，东至 250101 工作面回风平巷，两工作面间净煤柱尺寸 20 m。

工作面条带布置，俯斜综放开采，走向长度 2 458 m，工作面长 201 m，顶煤平均厚度 18.5 m。所开采煤层为 5 煤层，层理明显，裂隙较发育，倾角 5°～8°。5 煤层顶板附近煤质较软，煤层稳定性差，易冒落，靠近煤层底板煤质较硬，稳定性较好。5 煤层与顶板呈过渡接触关系，伪顶岩性是一层深灰、灰黑色，松软易碎泥岩，厚度一般为 0.3～1.4 m，赋存不稳定，易垮落；直接顶为灰至深灰色、层理明显的砂质泥岩，厚度 2.5 m，稳定性差，易冒落；基本顶为胶结致密、层理发育的细砂岩，厚度 5～10 m。煤层直接底为灰黑色、松软、富含炭质的泥岩，厚度 0.5～2.1 m；基本底为灰、灰白色粗砂岩，厚度 6.5～19 m。

工作面北部为向斜轴部，东低西高，煤层走向转向 180°，倾角 5°～8°；工作面南部位于背斜东翼，基本沿走向布置，较平缓。煤层底板沿走向次级褶曲发育，底板起伏不平。工作面内无断层、无岩浆侵入体等其他构造。

华亭煤矿引进的 16 通道 SOS 微震监测系统基本覆盖了矿井深部主要开采区域，重点监测 2501 采区，并且测站随着开采的进行应作相应调整，确保采动影响区域能在微震监测范围之内。共计在井下布置了 15 个单分量检波探头，在地面布置了 1 个单分量探头。图 7-16、图 7-17 分别为 250102 工作面和 SOS 微震系统布置示意图。

7.2.2 典型煤岩破裂和冲击矿压震源孕育机理分析

250102 工作面采掘过程中采集的不同能量级别的煤岩震动信号，同样表现出震动能量越大，波形振幅越高，持续时间越长，震动主频则逐渐降低的波谱特征(不做详细描述)。但与鲍店矿 $103_{上}$ 02 工作面截然不同的是，无论是小能量的煤岩微破裂，还是造成巷道严重破坏的高能量冲击矿压事故，其震动信号均表现出较低的 E_S/E_P 比值，其数值一般都在 10 以下，且高能量冲击矿压信号的 P 波初至非常清晰。

表 7-4、表 7-5 分别例举了 250102 工作面采动诱发的典型中、小能量煤岩破裂和能量在 10^5 J 以上强矿震(包括冲击矿压)的震源位置、能量大小及其 S、P 波能量比。由表中 E_S/E_P 比值可见，在华亭矿特定开采地质条件下，诱发冲击矿压的强矿震表现出明显的拉伸或内爆震源破裂特征。

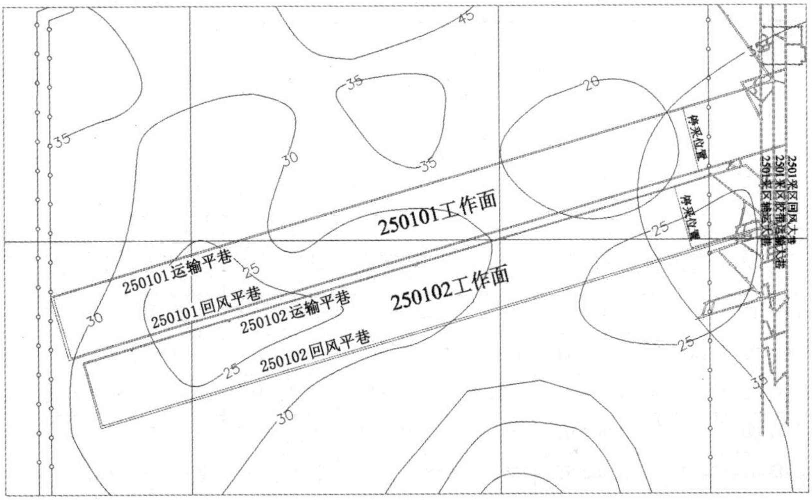

图 7-16 250102 工作面布置图

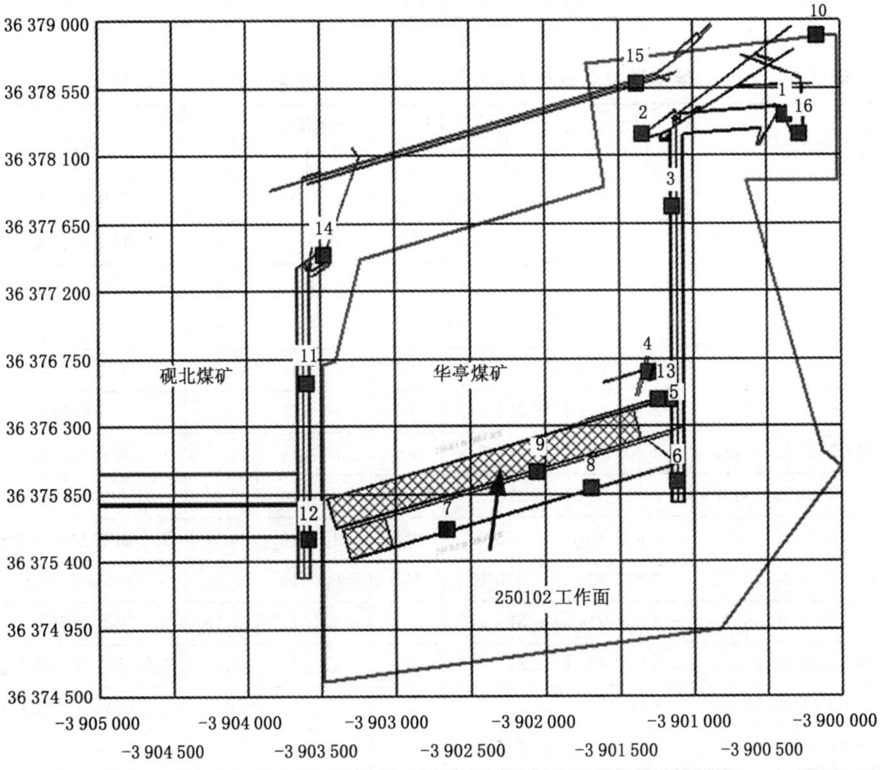

图 7-17 华亭矿 SOS 微震监测系统布置图

表 7-4　　华亭矿典型中、小煤岩破裂震动能量及 S、P 波能量比特征

震动时间	X	Y	Z	震源能量/J	E_S/E_P	备注
08-05-06 21:12:18	−3 902 976	36 375 691	862	1.43×10^3	4.90	工作面前方运输巷侧
08-05-09 10:32:25	−3 901 706	36 376 304	1 073	8.01×10^3	1.71	250101 采空区
08-05-14 05:36:25	−3 902 957	36 375 971	1 011	3.71×10^3	5.25	工作面前方回风巷侧
08-05-14 23:55:01	−3 902 933	36 375 706	1 086	7.16×10^3	8.57	工作面前方运输巷侧
08-05-18 00:39:44	−3 901 864	36 376 298	1 156	1.61×10^3	2.29	250101 采空区
08-04-30 10:57:59	−3 903 031	36 375 540	1 267	4.86×10^4	5.87	工作面前方中部
08-05-01 02:21:31	−3 903 119	36 375 681	692	2.96×10^4	7.31	工作面后方运输巷侧
08-05-02 03:42:05	−3 903 056	36 375 362	811	1.47×10^4	11.25	工作面后方回风巷侧
08-05-04 00:24:18	−3 903 010	36 375 836	1 128	3.47×10^4	9.54	250101 采空区
08-05-05 01:31:36	−3 902 984	36 375 643	1 141	2.40×10^4	7.89	工作面前方中部
08-05-05 09:25:27	−3 903 230	36 375 433	417	3.16×10^4	5.54	工作面后方
08-05-07 04:02:33	−3 903 071	36 375 643	1 019	1.18×10^4	8.60	工作面后方
08-05-08 04:30:45	−3 903 003	36 375 343	1 032	1.17×10^4	2.07	工作面前方回风巷侧

表 7-5　　华亭矿典型强矿震(冲击矿压)震动能量及 S、P 波能量比特征

震动时间	X	Y	Z	震源能量/J	E_S/E_P	备注
08-05-09 08:45:08	−3 903 034	36 375 581	994	1.43×10^5	5.94	工作面前方
08-05-28 22:04:53	−3 902 967	36 375 694	739	9.06×10^5	2.36	工作面前方运输巷侧
08-07-04 04:40:29	−3 902 977	36 375 699	957	2.74×10^5	9.92	工作面后方运输巷侧
08-07-06 12:34:47	−3 903 016	36 375 768	1 024	1.48×10^5	4.60	250101 采空区
08-07-06 21:06:14	−3 902 996	36 375 641	939	1.23×10^5	5.20	工作面后方
08-07-10 18:33:32	−3 902 865	36 375 652	1 021	2.90×10^5	3.22	工作面前方
08-07-25 12:37:32	−3 902 822	36 375 716	990	1.83×10^5	4.53	工作面前方运输巷侧
08-08-06 13:55:57	−3 902 881	36 375 749	1 074	4.89×10^5	6.04	250101 采空区
08-08-10 19:36:59	−3 902 857	36 375 712	968	7.46×10^5	4.97	工作面前方运输巷侧
09-01-21 20:12:08	−3 902 392	36 376 103	867	6.62×10^5	2.48	250101 采空区
08-05-12 07:06:47	−3 902 946	36 375 517	917	1.82×10^6	1.78	工作面前方
08-05-18 09:24:14	−3 903 090	36 375 660	820	1.41×10^6	9.62	工作面后方运输巷侧
08-06-14 10:26:56	−3 903 041	36 375 711	629	2.72×10^6	6.56	工作面后方运输巷侧
09-01-05 08:50:56	−3 902 477	36 375 969	844	2.58×10^6	2.65	250101 采空区

同样，采用震源矩张量反演方法，进一步对表7-4、表7-5中有足够清晰高质量P、S波通道的煤岩震动进行震源破裂特征的最小二乘线性反演，见表7-6。与统计结果类似，各能量级别，尤其是10^5 J以上强矿震和冲击矿压的反演结果普遍体现为震源体积膨胀(压缩)或轴向拉伸破裂特征，而剪切破裂成分在各震动中所占比例最小。在工作面围岩，尤其是底板岩层中出现如此之多可诱发煤层冲击的拉伸或内爆破裂方式的强矿震，是极为罕见的，可以认定，华亭矿区的高褶曲构造应力场在该矿冲击矿压的孕育和发生过程中起了决定性作用。典型强矿震与冲击矿压事件的震源机制球如图7-18所示。

表7-6　典型煤岩震动震源孕育机理反演结果

震动时间	能量/J	震源破裂成分			主要破裂类型	备注
		Iso /%	CLVD /%	DC /%		
08-05-09 10:32:25	8.01×10^3	33	55	12	拉伸	
08-05-18 00:39:44	1.61×10^3	4	61	35	内爆	
08-05-04 00:24:18	3.47×10^4	29	54	17	拉伸	
08-05-05 01:31:36	2.40×10^4	46	35	19	拉伸	
08-05-08 04:30:45	1.17×10^4	30	59	11	内爆	
08-07-04 04:40:29	2.74×10^5	52	29	19	拉伸	诱发冲击
08-07-06 12:34:47	1.48×10^5	55	24	21	拉伸	诱发冲击
08-07-06 21:06:14	1.23×10^5	65	31	4	拉伸	诱发冲击
08-07-10 18:33:32	2.90×10^5	30	62	8	内爆	诱发冲击
08-07-25 12:37:32	1.83×10^5	44	48	8	拉伸	诱发冲击
08-08-06 13:55:57	4.89×10^5	40	54	6	拉伸	诱发冲击
08-08-10 19:36:59	7.46×10^5	40	39	21	拉伸	诱发冲击
09-01-21 20:12:08	6.62×10^5	60	27	13	内爆	诱发冲击
08-05-12 07:06:47	1.82×10^6	23	67	10	内爆	诱发冲击
08-05-18 09:24:14	1.41×10^6	50	40	10	拉伸	诱发冲击
08-06-14 10:26:56	2.72×10^6	31	39	30	内爆	
09-01-05 08:50:56	2.58×10^6	24	51	25	拉伸	诱发冲击

举例说明：式(7-9)为能量$E=1.82\times10^6$ J诱发冲击的强矿震(08-05-12 07:06:47)的矩张量反演结果，根据矩张量元素分解，其轴向拉伸破裂成分(CLVD)高达67%，该矿震震源破裂过程主要由垂直向无矩力偶M_{33}决定，数值

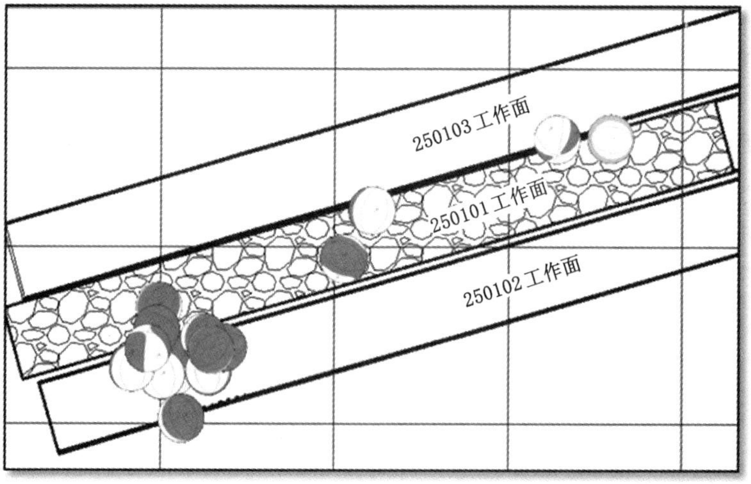

图 7-18　典型强矿震与冲击矿压事件的震源机制解

为负值，且震源各向同性部分(Iso)也为体积压缩，故震动为工作面前方底板岩层因挤压作用诱发的内爆式破裂。图 7-19(a)描述了矩张量各元素及其误差大小。其震动位移场辐射花样及震源机制“沙滩球”见图 7-19(b)、(c)。由图可见，强矿震动载辐射较多震动波能量至震源上方的工作面及两巷位置。

$$M=\begin{bmatrix}3.292\,1\times10^{12} & 9.671\,1\times10^{11} & 3.022\times10^{12}\\ 9.671\,1\times10^{11} & 3.152\,6\times10^{12} & 4.187\times10^{11}\\ 3.022\times10^{12} & 4.187\times10^{11} & -2.071\,1\times10^{13}\end{bmatrix}\tag{7-9}$$

式(7-10)为能量 $E=1.23\times10^5$ J 诱发冲击的强矿震(08-07-06 21:06:14)的矩张量反演结果，根据矩张量元素分解，其震源破裂过程中体积膨胀成分(Iso)高达 65%，而剪切成分只占 4%，为典型的拉伸破裂方式。该震动系工作面后方近煤层底板岩层的拉伸破裂诱发。图 7-20(a)描述了矩张量各元素及其误差大小。其震动位移场辐射花样及震源机制“沙滩球”见图 7-20(b)、(c)。由图可见，强矿震震动能量主要以一定倾斜角度辐射至工作面两巷方向。

$$M=\begin{bmatrix}5.053\,4\times10^{12} & 1.426\,4\times10^{12} & -1.071\,5\times10^{11}\\ 1.426\,4\times10^{12} & 9.814\,7\times10^{12} & -2.846\,6\times10^{11}\\ -1.071\,5\times10^{11} & -2.846\,6\times10^{11} & 5.109\,4\times10^{12}\end{bmatrix}\tag{7-10}$$

7.2.3　褶曲构造区应力场对冲击矿压(强矿震)产生的影响

构造应力场不仅是决定区域稳定性和岩体稳定性的重要因素，往往对矿井安全开采也造成直接影响，我国褶皱构造附近典型冲击矿压矿井均处于构造应力场之中。在甘肃地区大尺度的区域构造应力作用下，华亭矿区长期受来自西

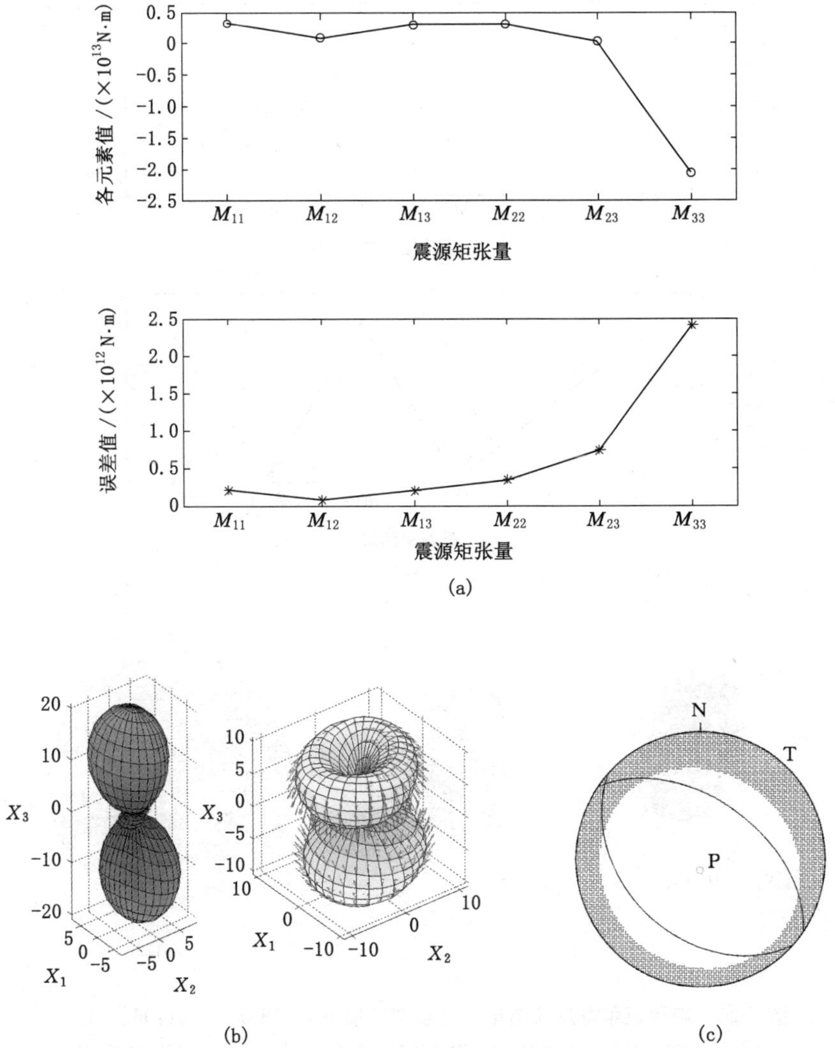

图 7-19　震源矩张量反演结果及其震源辐射方式(08-05-12 07:06:47)

(a) 矩张量反演结果及其误差图;(b) 震动位移场辐射花样;(c) 震源机制"沙滩球"

南方向的主动挤压应力的作用,在其影响下,区内发育有背斜、向斜和单斜基本褶曲构造形态。矿区地应力的实测结果表明,地应力以水平应力为主,构造应力占主导地位。σ_H 最大为 24.28 MPa,最小为 22.60 MPa,相比同等深度其他矿区的地应力水平较大,σ_H/σ_V 最小为1.62,最大为 1.77。最大水平主应力方向主要集中在 N19.6°E～N51°E 之间,这和本区域受到的构造应力方向是一致的。因

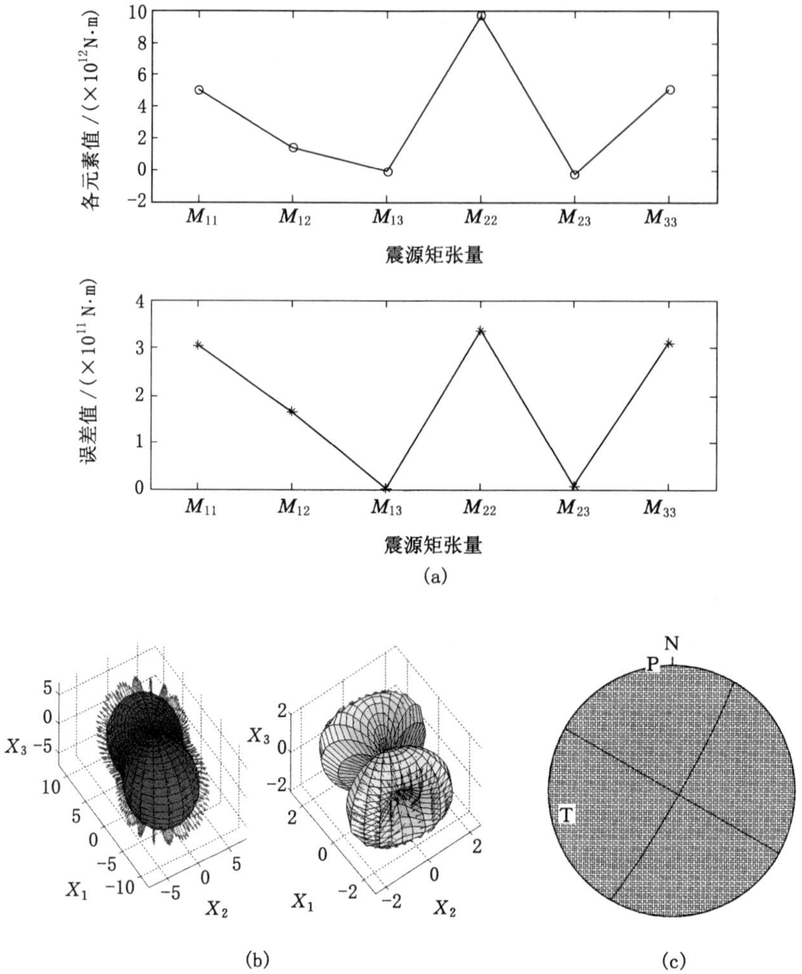

图 7-20 震源矩张量反演结果及其震源辐射方式(08-07-06 21:06:14)

(a) 矩张量反演结果及其误差图;(b) 震动位移场辐射花样;(c) 震源机制“沙滩球”

此,华亭矿区的应力场为构造应力场类型。

如图 7-16 所示,250102 工作面布置于向斜和背斜轴部交汇处,地应力分布较为复杂,工作面以东为向斜构造,以西为背斜构造。研究表明,向斜是受压缩,构造水平应力较大,易发生冲击矿压;背斜是受拉伸,构造水平应力较小,冲击危险性相对较小;而向斜与背斜交叉的轴部受较大构造水平应力和岩体自重应力影响,冲击危险性最大,见图 7-21。同时,工作面开采使煤岩层结构存在不同的临界最大水平应力值。其中,底板岩层发生整体破坏的临界最大主应力较小,而底板因开采实际承受的最大主应力却增加最快,弹性能积聚也较多。因此,褶曲高构造应力作用下,巷道底板更易诱发强矿震或冲击动力灾害。

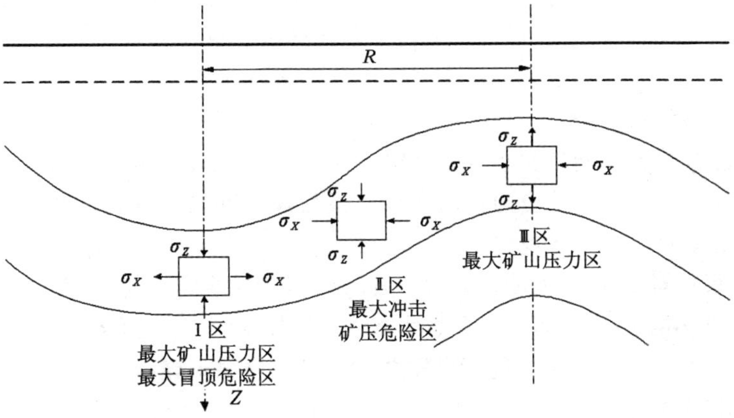

图 7-21 褶曲区域的冲击矿压危险性

由表 7-5 可见,250102 工作面发生的诱发煤体动态冲击破坏的强矿震,大多出现在近煤层距离的底板岩层中。而且,正是褶曲区域的压(拉)应力作用,导致该区域内采动诱发的矿震或冲击往往具有拉伸或内爆震源破裂特征,这与断层构造应力场区域煤岩冲击震动的震源破裂特征截然不同。

7.2.4 强矿震动载扰动的冲击破坏效应分析

在无强矿震动力扰动下,250102 工作面就存在诸多可诱发冲击动力灾害的重要因素,主要体现在:

(1) 华亭矿区褶曲区域的构造应力场作用,不仅影响采动煤岩冲击矿震的震源破裂特征,更是影响工作面冲击危险性的最主要因素之一,即相对于同等开采条件下的工作面或巷道,在水平应力为主的构造应力场作用下,冲击矿压发生的概率很大。且 250102 工作面两巷方向与最大水平主应力方向斜交,在有的地段近乎垂直方位,工作面采掘时容易造成径向卸荷、切向加荷,对巷道围岩稳定性极为不利。

(2) 250102 工作面平均开采深度已达约 720 m,超过上述鲍店矿 103$_上$02 工作面采深 200 m 以上,处于冲击危险急剧增加的开采深度阶段。

(3) 250102 工作面与 250101 采空区间的区段煤柱为 20 m,应力集中程度很高,煤柱区内易形成诱发冲击矿压的冲击核。事实上,大部分冲击显现也主要发生在高煤柱应力影响下的250102面运输平巷侧。

(4) 根据冲击倾向性鉴定结果,5煤层为强冲击倾向性煤层。

(5) 该工作面为特厚煤层的综放开采,开采后所形成的采空空间较一般开采条件下大得多,岩层可运动的幅度大;且基本顶上方存在厚40 m左右的砂岩顶板,该主关键层的破断、运动对冲击发生同样具有重要影响。

因上述构造应力场、覆岩、煤柱等综合影响,在静载条件下,250102工作面及其两巷就存在高冲击危险性。当强矿震产生的应力扰动和能量叠加超过煤岩体强度极限,并满足能量和刚度条件时,易导致煤岩体突然动态冲击破坏。

故,强矿震产生的动应力扰动在该工作面煤岩冲击破坏过程中主要起诱发作用,其震动效应主要体现在:

(1) 根据对250102面冲击显现位置与矿震定位结果统计(见表7-5),可诱发巷道冲击破坏的强矿震,其震源位置大多位于至煤层距离很近的顶底板岩层中;而远距离强矿震诱发冲击破坏的概率较小,如表7-6中强矿震08-06-14 10:26:56。

(2) 根据本书2.2.2节研究结果,相同或类似震动能量前提下,煤岩拉伸(内爆)破裂的震源破裂尺度较剪切破裂时要大很多;同时,根据本书6.2.1节,震源破裂尺度增大,可降低矿震激发震动波能量的衰减幅度。通过7.2.2节对250102面冲击和强矿震破裂特征的P、S波能量比及矩张量量化反演分析,在褶曲构造应力场作用下,采动煤岩震动具有明显的拉伸或内爆震源破裂特征。因此,在震动波近距离传播前提下,250102面发生的矿震动载传播至巷道围岩的剩余震动能量衰减较小,更易满足动静载组合作用下煤岩体的冲击破坏条件。

7.3 实例3——砚北煤矿

7.3.1 250204工作面地质开采条件

砚北煤矿为华亭煤矿的相邻矿井,居华砚煤田中部,目前主采2502采区,位于+1 171～+860 m水平之间,采区走向南北位于9#～16#勘探线之间,长约2 600 m。北部接1504采区及山寨煤矿;南部为100 m煤柱、二水平辅运、胶带及回风大巷,并以煤柱与华亭煤矿2501采区为界;东临1503采区;西接2503采区。采区范围内褶皱构造发育,东侧背斜轴部,西侧向斜轴部,采掘工作面横跨一向斜构造,对回采导致冲击矿压影响,无断层与其他地质构造。

2502采区5#煤层厚度18.2～54.5 m,平均31.0 m,采用分层综放采煤工艺,首先回采上分层,采高3.0 m,放煤高度9.0 m,采放比1∶3。250204综放工作面自2011年4月开始回采,至2013年5月回采结束,工作面回采期间共发生

50 起强矿震诱发冲击事件。图 7-22 为 250204 工作面布置及其覆岩情况。

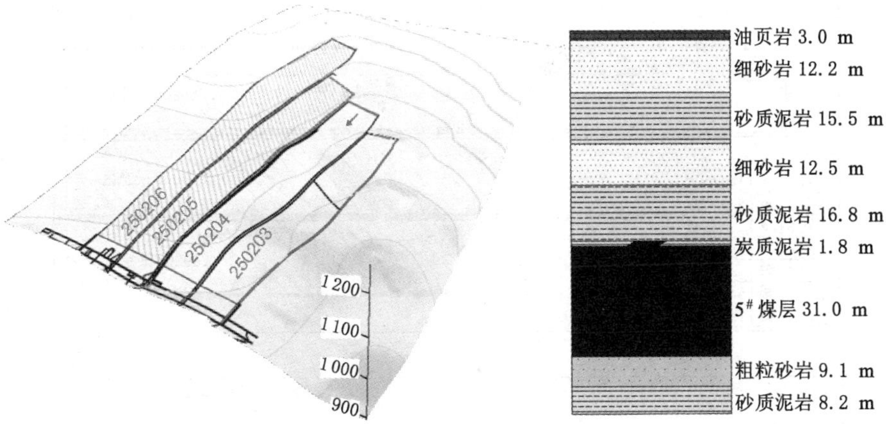

图 7-22　砚北煤矿 2502 采区工作面及其覆岩情况

7.3.2　冲击矿压震源时空演化规律

如图 7-23、图 7-24 所示为 250204 工作面回采期间冲击矿压震源空间分布，可见冲击震源主要分布在向斜轴部附近，且多定位于煤层中，高位覆岩及底板分布较少，工作面推进至背斜轴部后，冲击震源数量锐减甚至消失。同时，冲击事件主要分布于工作面前方 250 m 范围内，在工作面前方 50 m 范围内发生频率较大，占总事件的 27%。冲击矿压释放能量在工作面前方 50～100 m、200～250 m 相对较大，分别达到 5.7×10^5 J 和 1.65×10^6 J。在垂直方向上（$Z=0$ 为巷道顶板位置），震源主要分布在－75～＋50 m 范围内，60.0%冲击震源发生在煤层中（近 90%定位于巷道底板煤层中），另有 22.2%分布于煤层底板岩层中。类似于华亭煤矿 250102 工作面开采，砚北煤矿 250204 工作面冲击矿压震源也多出现在煤层底板，冲击矿压显现主要表现为底板冲击，砚北煤矿的高褶皱构造应力场在冲击矿压的孕育和发生过程中起了决定性作用。

7.3.3　典型冲击矿压事件震源孕育机理分析

表 7-7、图 7-25 为筛选的 45 起冲击矿压震动能量及 E_S/E_P 值频率分布情况（共发生 50 起冲击矿压，45 起冲击波形较清晰易于进行矩张量反演），可以看出，砚北煤矿 250204 工作面回采期间发生的 45 起冲击矿压震源事件的横纵波能量比值均在 5 以下，且超过 50%冲击震源 E_S/E_P 介于 1～2 之间，加之其 P 波初振较明显，信号持续时间基本在 3 000 ms 之内，尾波较弱（见图 7-26），表现出明显的非双力偶特性。

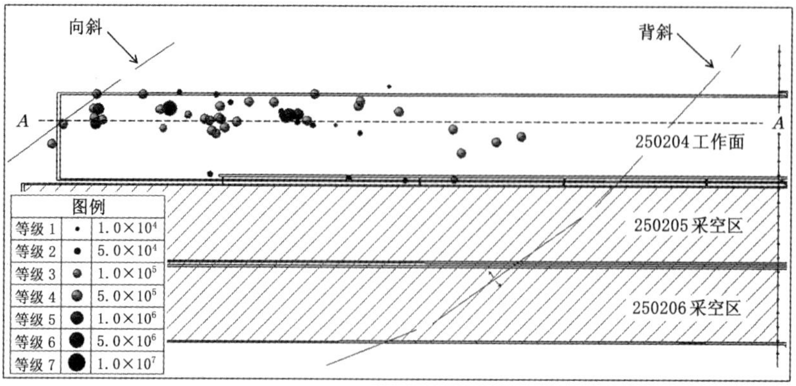

(a)

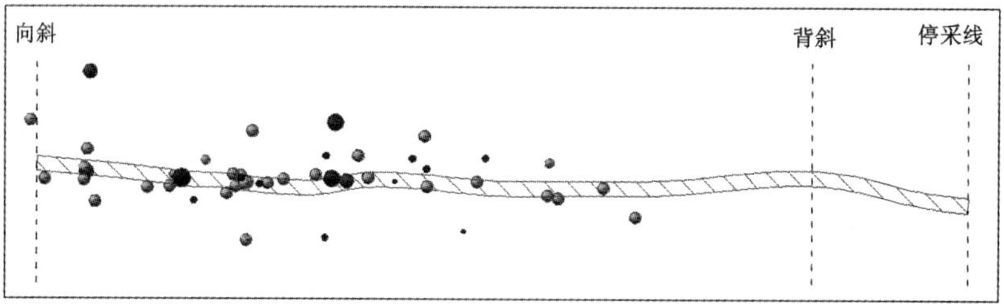

(b)

图 7-23　冲击矿压事件的震源空间分布

(a) 冲击震源水平面投影；(b) 冲击震源 A-A 剖面投影

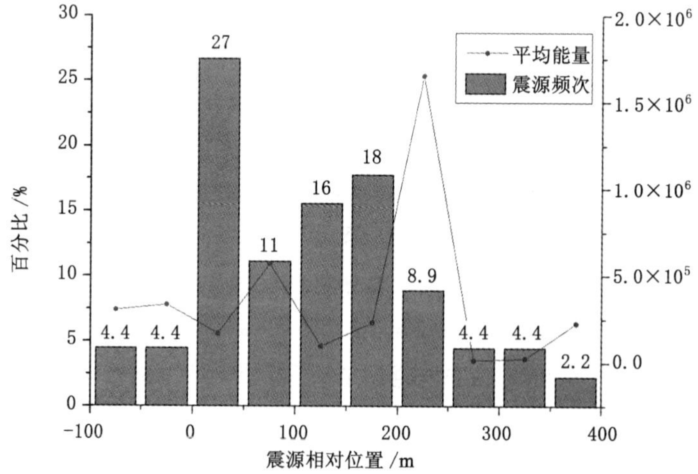

(a)

图 7-24　冲击矿压事件震源位置统计

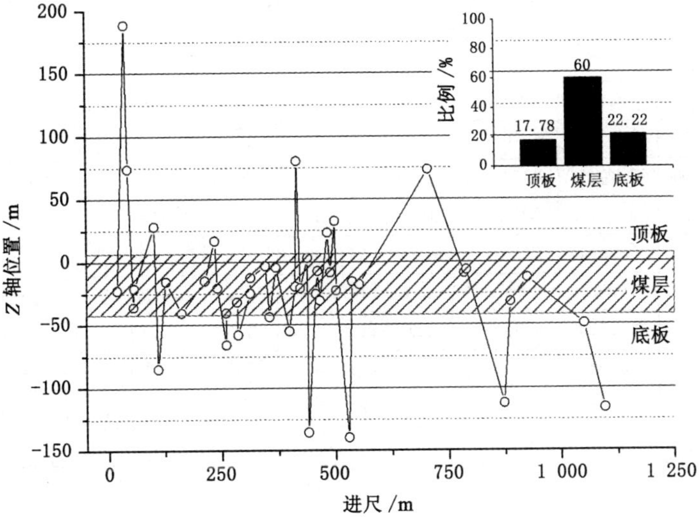

(b)

续图 7-24 冲击矿压事件震源位置统计

(a) 工作面推进方向震源定位;(b) 震源垂直方向定位

表 7-7　　典型冲击矿压震动能量及 E_S/E_P 特征

序号	日期	X/m	Y/m	Z/m	能量/J	E_S/E_P	DC /%	Iso /%	CLVD /%	破裂类型
1	2011-05-01	5 652.41	6 154.6	1 074.59	5.77×10^5	4.35	9.30	30.66	60.04	拉张破裂
2	2011-05-11	5 645	6 194	1 282	8.19×10^5	1.68	0.64	33.14	66.22	拉张破裂
3	2011-05-13	5 774.15	6 099.98	1 181.83	3.66×10^5	1.15	0.01	33.33	66.66	拉张破裂
4	2011-05-17	5 657.92	6 194.85	1 057.39	1.27×10^5	1.76	8.18	30.97	60.85	拉张破裂
5	2011-05-18	5 447.72	6 196.25	1 060.88	5.30×10^6	1.21	3.39	31.65	64.96	内爆破裂
6	2011-06-07	5 650.26	6 233.35	1 121.04	3.16×10^5	1.20	3.08	32.46	64.46	拉张破裂
7	2011-06-10	5 634.06	6 164.78	1 012.27	3.95×10^5	1.77	7.72	32.74	59.54	拉张破裂
8	2011-06-15	5 656.27	6 169.91	1 081.45	3.54×10^5	1.27	0.59	32.7	66.71	内爆破裂
9	2011-06-25	5 522.15	6 233.61	1 041.91	2.13×10^5	1.02	3.64	31.77	64.59	拉张破裂
10	2011-07-13	5 279.55	6 212.55	1 049.33	1.73×10^4	1.05	1.13	32.79	66.08	内爆破裂
11	2011-07-19	5 395.56	6 179.57	1 098.23	5.70×10^4	2.97	0.42	33.27	66.31	拉张破裂
12	2011-07-21	5 305	6 167	−1 052	4.53×10^5	1.03	14.36	27.21	58.43	内爆破裂
13	2011-07-28	5 334.44	6 020.76	1 044.38	2.97×10^4	3.18	27.21	22.43	50.36	内爆破裂

续表 7-7

序号	日期	X/m	Y/m	Z/m	能量/J	E_S/E_P	DC /%	Iso /%	CLVD /%	破裂类型
14	2011-07-28	5 473.86	6 192.99	1 044.13	1.73×10^5	1.71	3.99	31.48	64.53	内爆破裂
15	2011-08-04	5 311.75	6 170.96	1 049.73	1.77×10^5	1.59	27.64	24.5	47.86	拉张破裂
16	2011-08-06	5 420.97	6 238.96	1 014.76	2.89×10^4	2.13	11.91	28.82	59.27	拉张破裂
17	2011-08-18	5 336.35	6 163.87	1 069.29	1.15×10^5	1.76	0.44	33.15	66.41	拉张破裂
18	2011-08-18	5 318.34	6 232.86	1 061.07	3.74×10^4	3.80	0.45	33.15	66.40	内爆破裂
19	2011-08-29	5 330	6 136.89	1 043.96	1.22×10^5	4.78	3.81	31.76	64.43	拉张破裂
20	2011-08-31	5 228.23	6 213.85	1 059	1.30×10^5	3.75	1.86	32.74	65.40	内爆破裂
21	2011-09-07	5 350	6 168	1 029	2.64×10^5	2.11	5.41	30.89	63.70	内爆破裂
22	2011-09-18	5 052	6 152	1 065	2.30×10^4	1.03	0.59	33.09	66.32	拉张破裂
23	2011-09-22	5 295	6 145	1 159	1.10×10^5	2.46	1.13	32.95	65.92	拉张破裂
24	2011-09-25	5 319	6 129	1 067	3.32×10^5	3.00	1.70	32.97	65.33	拉张破裂
25	2011-09-28	5 159	6 213	1 068	1.11×10^5	1.73	2.32	32.45	65.23	内爆破裂
26	2011-10-07	5 308	6 202	931	2.14×10^5	4.18	12.66	27.94	59.40	内爆破裂
27	2011-10-07	5 262	6 161	1 051	1.05×10^5	1.84	4.35	33.7	61.95	拉张破裂
28	2011-10-15	4 953	6 012	1 102	2.53×10^4	2.09	3.81	32.38	63.81	拉张破裂
29	2011-10-15	4 990	6 153	1 055	9.62×10^3	2.74	7.51	30.86	61.63	内爆破裂
30	2011-10-16	5 068	6 164	1 108	3.60×10^5	1.86	0.44	33.16	66.40	拉张破裂
31	2011-10-24	5 047	6 235	1 062	4.88×10^5	1.68	3.34	33.84	62.82	拉张破裂
32	2011-10-26	5 137	6 178	1 108	3.80×10^4	1.48	0.47	33.34	66.19	拉张破裂
33	2011-10-31	5 093	6 181	1 055	9.40×10^5	2.28	6.61	31.16	62.23	拉张破裂
34	2011-11-02	5 139	6 189	936	4.57×10^4	1.87	20.80	34.74	44.46	内爆破裂
35	2011-11-06	5 095	6 159	1 059	4.91×10^4	3.37	1.71	33.15	65.14	拉张破裂
36	2011-11-19	5 125	6 176	1 060	1.12×10^6	2.85	22.32	25.34	52.34	内爆破裂
37	2011-11-24	4 815	6 189	1 054	2.25×10^5	4.28	2.76	32.76	64.48	拉张破裂
38	2012-02-15	4 927	6 204	1 149	3.15×10^5	2.23	6.04	31.16	62.80	内爆破裂
39	2012-03-13	4 923	6 131	1 081	4.83×10^4	2.65	2.46	32.16	65.38	拉张破裂
40	2012-03-14	4 796	6 005	1 103	1.57×10^4	4.44	0.29	33.45	66.26	拉张破裂
41	2012-04-13	4 843	6 257	951	6.67×10^3	1.42	9.93	27.77	62.30	内爆破裂
42	2012-04-20	4 922	6 216	1 044	2.45×10^5	1.82	2.01	32.56	65.43	内爆破裂
43	2012-05-11	4 659	6 008	1 094	8.10×10^4	3.19	0.53	33.08	66.39	内爆破裂
44	2012-06-13	4 663	6 142	1 026	2.18×10^5	1.66	3.05	31.46	65.49	拉张破裂
45	2012-10-23	4 472	6 123	981	3.70×10^5	3.21	9.39	30.25	60.36	内爆破裂

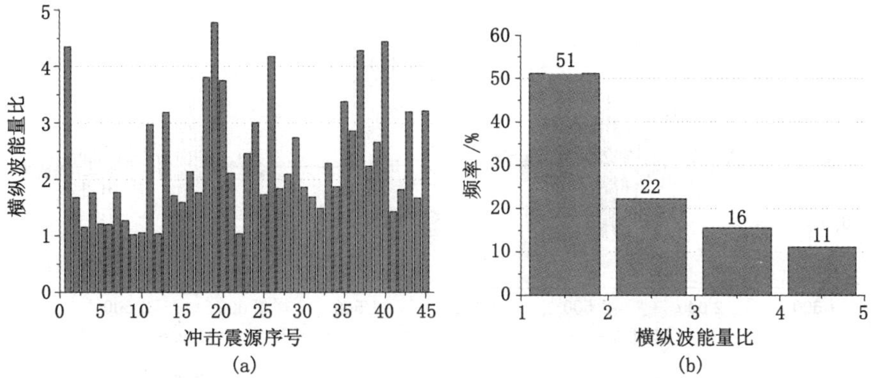

图 7-25　冲击矿压事件的 E_S/E_P 分布直方图

(a) P、S 波能量比演化;(b) P、S 波能量比频率分布

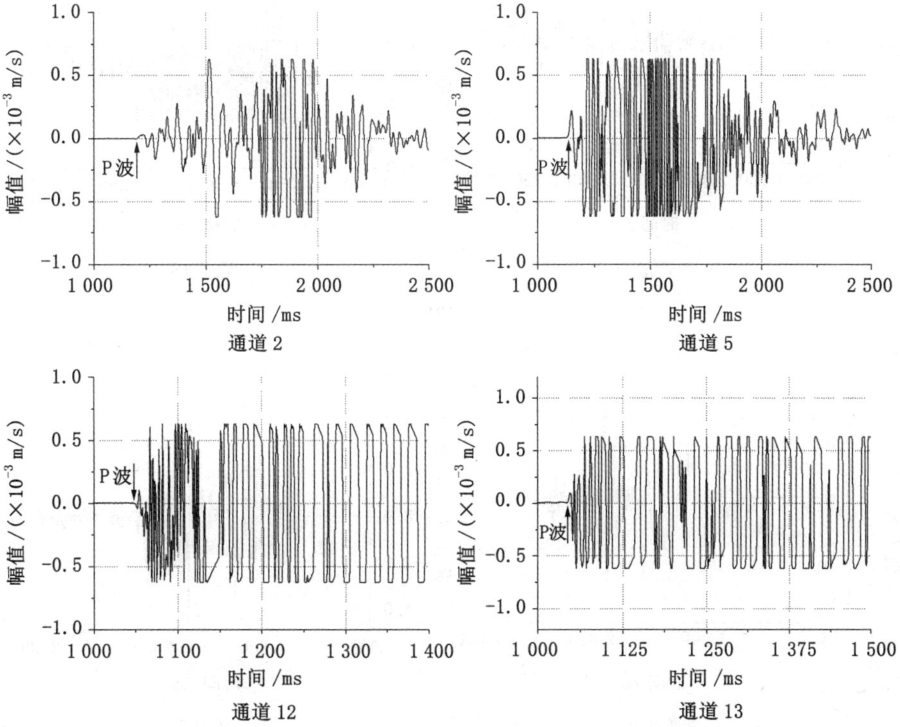

(a)

图 7-26　250204 工作面采动过程中的典型冲击矿压信号

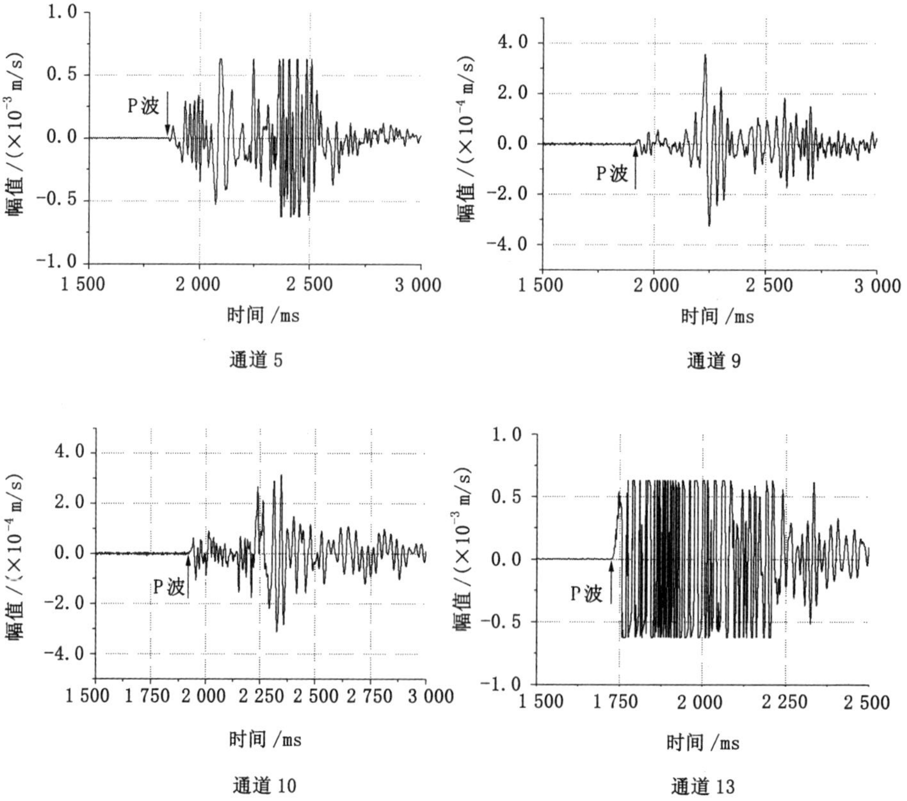

(b)

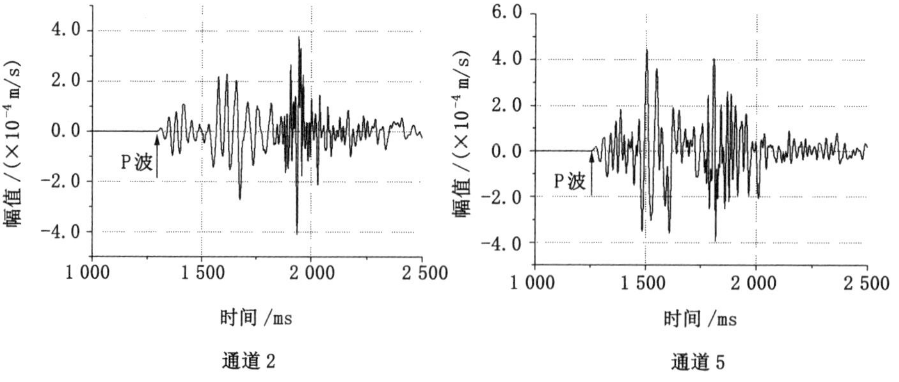

续图 7-26　250204 工作面采动过程中的典型冲击矿压信号

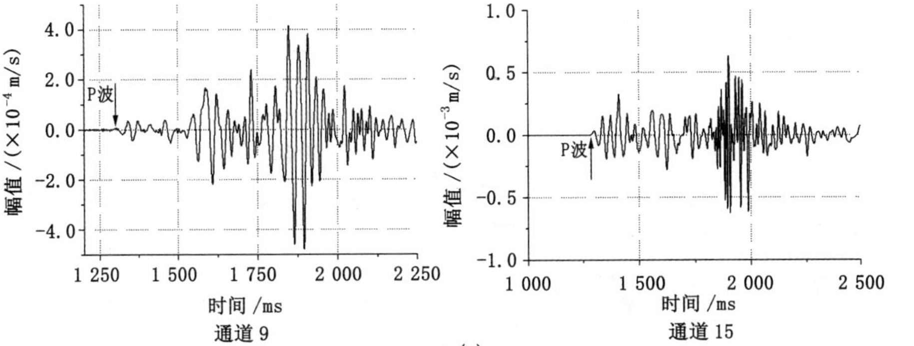

(c)

续图 7-26 250204 工作面采动过程中的典型冲击矿压信号

(a) 2011 年 5 月 18 日冲击矿压波形；(b) 2011 年 10 月 16 日冲击矿压波形；(c) 2012 年 4 月 20 日冲击矿压波形

为分析褶皱构造区冲击矿压震源机制，进一步采用矩张量反演方法对冲击矿压事件的震源孕育机理进行分析。如图 7-27 所示为 2011 年 11 月 24 日 22:16 监测到的冲击矿压波形，震源定位结果见图 7-28，选择 2,5,9,10,11,12,13,14,15 九个通道波形数据进行矩张量反演，各通道波形低频段位移见表 7-8。

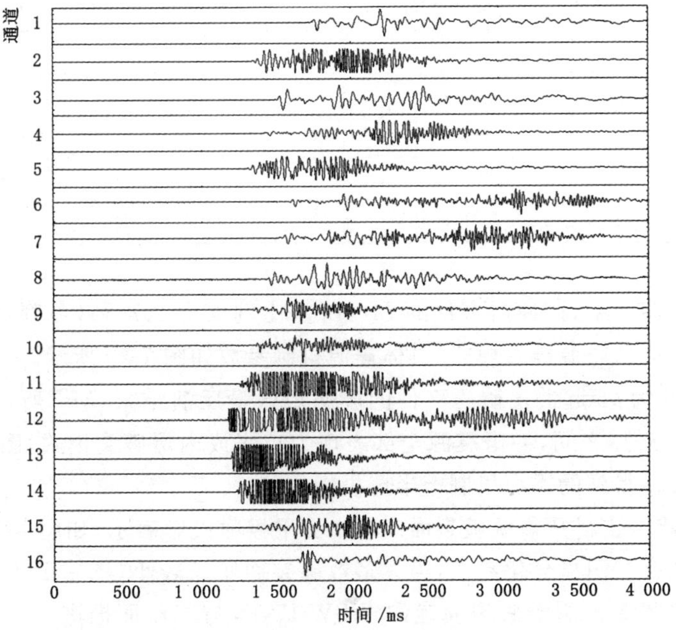

图 7-27 典型冲击矿压震源波形

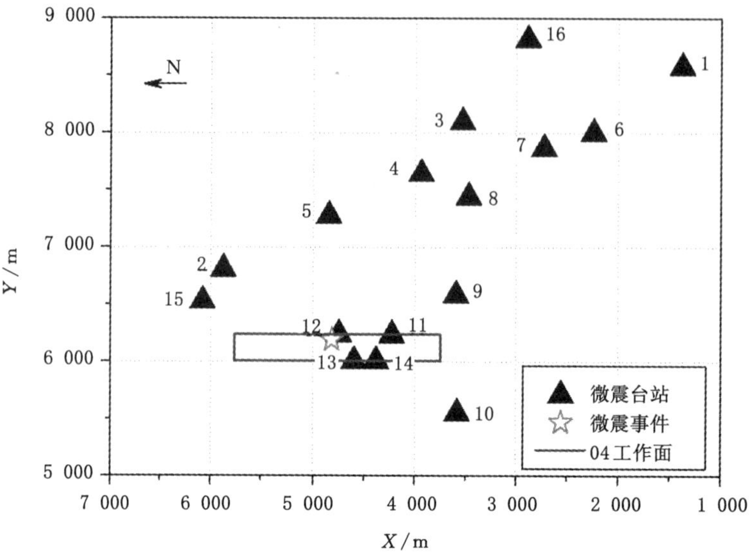

图 7-28 震源事件相对位置示意

表 7-8 **各通道波形远场位移**

通道	低频位移/m	通道	低频位移/m
2	-3.31×10^{-5}	12	4.89×10^{-5}
5	4.56×10^{-5}	13	-4.95×10^{-5}
9	3.50×10^{-5}	14	-2.77×10^{-5}
10	5.036×10^{-5}	15	-4.1×10^{-5}
11	-2.81×10^{-5}		

根据反演结果，该冲击事件的 M^{DC} 所占比例仅为 2.76%，可判定该事件为典型的非双力偶震源破裂模式，具体震源机制参数如图 7-29 所示。

图 7-30 为 45 起冲击矿压事件的震源矩张量反演结果，M^{DC} 所占比例介于 0.01%～27.64%之间，冲击震源全部表现为拉张或内爆破裂模式，图 7-31 为基于矩张量反演得到的震源机制上半球投影。

同时，将冲击矿压震源破裂面产状由赤平极射投影表示，如图 7-32 所示，其破裂面产状存在明显分化趋势，绝大多数破裂面倾角较小(图中 Poles-2 倾角均小于 35°，平均 8°)，震源破裂面走向 WSW-ENE，与工作面推进方向大致垂直；同时，也存在部分大倾角冲击震源(图中 Poles-1 倾角超过 35°，平均 52°)，其破

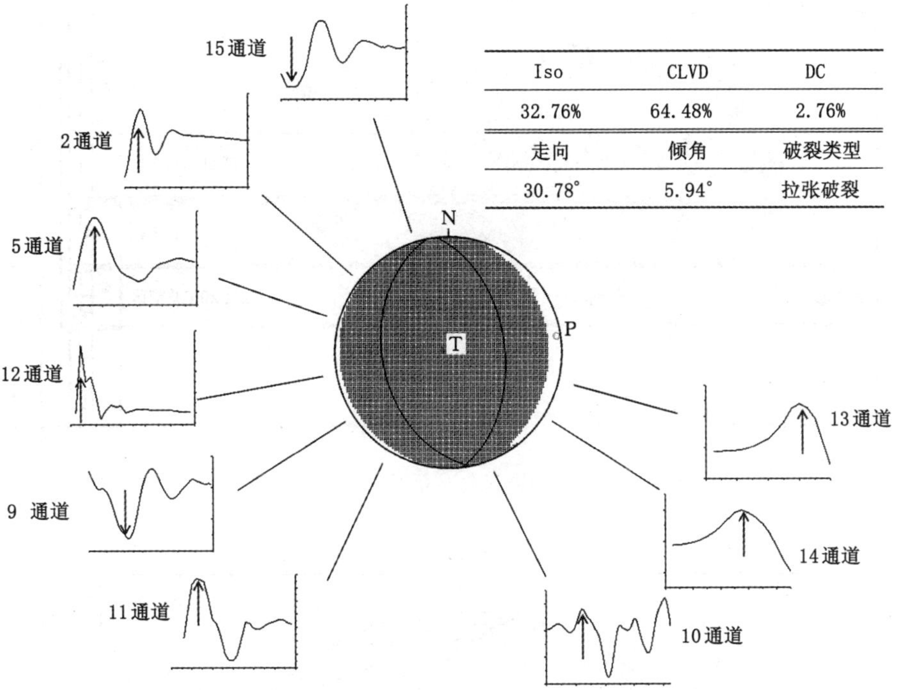

Iso	CLVD	DC
32.76%	64.48%	2.76%
走向	倾角	破裂类型
30.78°	5.94°	拉张破裂

图 7-29　典型冲击事件震源机制“沙滩球”及通道波形示意

（箭头表示 P 波初振方向）

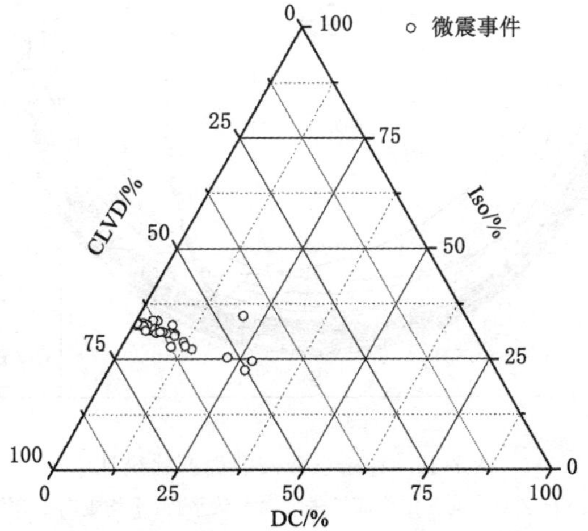

图 7-30　冲击矿压事件的震源破裂参数统计

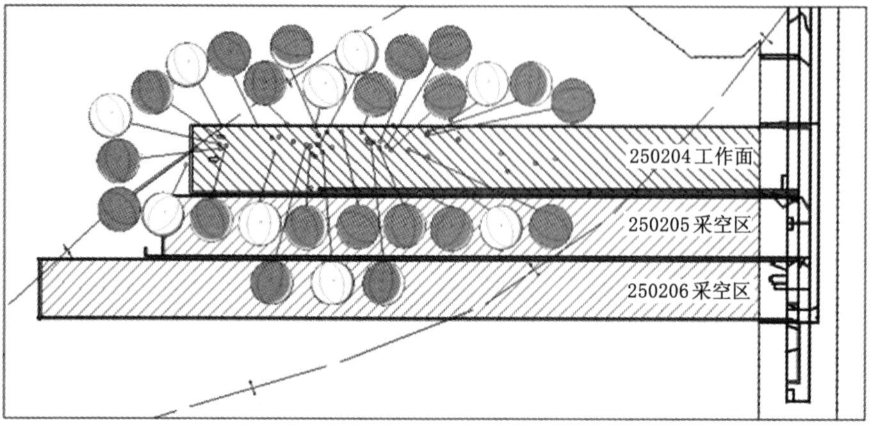

图 7-31　冲击矿压震源机制球“沙滩球”统计

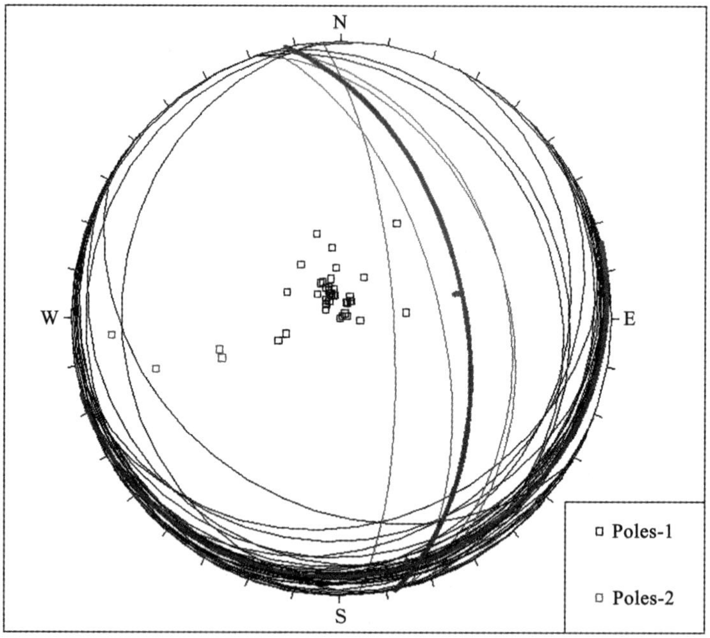

图 7-32　冲击震源破裂面产状统计

Poles-1——破裂面走向与工作面推进方向大致平行，平均走向 348°倾角 52°；

Poles-2——破裂面走向与工作面推进方向大致垂直，平均走向 74°倾角 8°

裂面走向介于 340°～350°，基本与工作面推进方向平行，大倾角冲击震源全部分布在煤层内，位于工作面前方 30～100 m 范围内，加之震源靠近且破裂面倾向实体煤侧，可以推断这与高应力环境下受载煤体向巷道自由面扩容有关。

7.4　本章小结

本章以分别具有强矿震危险（鲍店 $103_上$ 02 工作面）和高冲击危险（华亭 250102 工作面、砚北 250204 工作面）矿井为现场实践点，对比分析各自开采地质条件下采动诱发矿震的震源孕育机理及强矿震对巷道围岩的不同震动效应，主要研究结论如下：

（1）鲍店矿 $103_上$ 02 孤岛工作面上覆 130 m 处赋存有厚达近 200 m 的砂岩顶板，该巨厚坚硬岩层的破断、运动是工作面开采过程中出现强矿震的主要动力来源。该面开采前非充分采动侧的 10301 面覆岩破裂高度尚未发展至巨厚顶板。$103_上$ 02 面开采后，01 和 02 工作面上覆岩层结构易形成一个较大结构拱，且采空区逐渐贯通使得覆岩破裂高度逐步向上扩展，可形成双工作面关键层的亚"O-X"型破断或主"O-X"型破断。工作面采动诱发煤岩震动事件的时空演化规律充分揭示了该覆岩破裂和运动特征。

（2）$103_上$ 02 工作面不同能量级别煤岩震动信号的波谱特征分析表明，微震波形特征随震动能量增加表现出明显差异，即震动能量越大，波形振幅水平越高，持续时间越长，而主频则逐渐降低。同时，因矿井实际煤岩震动尺度较大，其主频区间普遍要低于实验室煤岩试样受载破裂时的震动波主频。

（3）在 $103_上$ 02 工作面特定地质技术条件下，强矿震主要与厚层坚硬顶板剪切破断、滑移或切眼后方 XF-7、XF-10 断层活动有关，表现出很高的 S、P 波能量比；而中、小能量震动 E_S/E_P 比值则普遍较小，主要与采空区顶板的拉张断裂、冒落等活动有关。典型煤岩震动的震源矩张量反演结果也表明，具有高 E_S/E_P 比值的强矿震的剪切破裂成分（DC）均为各震动主要破裂类型，而中、小能量煤岩震动则主要体现为震源体积变形（Iso）或轴向拉伸破裂（CLVD），与 E_S/E_P 定性分析结果吻合。

（4）$103_上$ 02 工作面强矿震主要出现在上覆高位巨厚顶板中，震动波大范围传播扩散及采场覆岩强度和完整性的降低，使得强矿震对巷道围岩的震动效应大为减弱，而大直径深孔卸压预措施的实施，降低了巷道围岩的静态应力集中程度。动静载组合破坏效应的降低、工作面采深较浅及煤层的弱冲击倾向性，使多次强矿震扰动均未造成工作面明显冲击破坏。同时，因强矿震距地表垂直距离较近、地表自由表面的"放大"效应及面波能量发育等影响，强矿震经常造成地表建筑物一定程度的晃动。

(5) 华亭矿区内发育有背斜、向斜和单斜等基本褶曲构造形态，处于高区域构造应力场影响之中。华亭煤矿 250102 工作面开采过程中，无论是小能量的煤岩微破裂，还是造成巷道严重破坏的高能量冲击矿压事故，其震动信号均表现出较低的 E_S/E_P 比值，且高能量微震信号的 P 波初至非常清晰，这与鲍店矿 $103_上$ 02工作面矿震事件的 P 波初动和 S、P 波能量比特征截然不同。震源矩张量反演结果也表明，采动煤岩破裂，尤其是诱发冲击破坏的强矿震主要体现为震源体积膨胀(压缩)或轴向拉伸(压缩)破裂特征，而剪切破裂成分在各震动中所占比例最小。显然，在华亭矿褶曲区域的压(拉)应力作用下，冲击、强矿震表现出明显的拉伸或内爆震源破裂特征。

(6) 与华亭煤矿 250102 工作面褶皱构造区开采类似，通过对砚北煤矿 250204 工作面开采期间冲击矿压震源机制研究，得到 250204 工作面回采扰动下冲击矿压震源破裂类型全部表现为拉张或内爆破裂，冲击事件均表现出较低的 E_S/E_P 比值，主要为褶皱构造水平挤压应力与强矿震动载等作用下，高静载区域煤岩体的能量突然释放，该破裂类型明显区别于断层活化引起的煤岩体破裂，震源矩张量以非双力偶部分占主导。同时，受褶皱构造及工作面采动影响，冲击矿压震源破裂面产状有明显分化趋势，小倾角震源破裂面走向多垂直工作面推进方向，而大倾角震源破裂面多倾向实体煤侧，且其走向多平行于工作面推进方向。

(7) 华亭 250102 工作面、砚北 250204 工作面在褶曲构造高水平应力场作用下，又受到大区段煤柱、大采深、厚硬顶板及煤层强冲击倾向性等多种冲击隐患的综合影响，工作面在静载条件下就存在高应力集中和强冲击危险性；加之矿震动载，尤其是拉伸(内爆)型强矿震的近距离动态扰动，极易满足动静载组合作用下煤岩体的冲击破坏条件，而发生强烈动态冲击。

8 主要结论

针对矿井采动诱发煤岩体震动及冲击监测与防治需要解决的问题，本书分别从实验室、工作面及矿井多种不同微震（声发射）监测尺度的研究视角出发，采用理论分析、实验室物理模拟、数值模拟计算、现场试验和工程实践分析等研究方法，主要围绕3个科学问题展开研究：① 矿井采动诱发不同煤岩破裂类型的震动位移场和能量辐射特征差异，包括实验室尺度的近、中场位移波场和矿井范围内的远场位移波场特征；② 未知煤岩破裂类型时，进行煤岩冲击破裂机理分析和震源孕育特征判别的方法选择及其可靠性评价；③ 在揭示采动煤岩震源孕育机理基础上，具有特定能量辐射特征矿震动载的诱冲机理，对采场或巷道围岩冲击破坏效应的影响因素，及相应煤岩冲击的预测和防治对策等。围绕上述问题的研究过程中，所取得的结论可归纳为如下几点：

(1) 理论分析采动煤岩破裂的位移波场和能量辐射特征，进行了煤岩震动特征分类

矿井监测尺度内，采动诱发不同矿震类型的远场位移波场及能量辐射特征研究表明，顶板水平拉张断裂等价于在水平方向上的对称张力，震动产生由震源向外传播的压缩P波，并在水平方向上达到最大压缩位移，S波在与应力轴成±45°方向上达到最大剪切幅值；顶板冒落、离层过程近似等价于竖直方向上的对称张力，P、S波位移场辐射方式刚好与顶板水平拉张断裂旋转了90°方向；顶板回转失稳过程则近似等价于水平方向上的对称压力，震动产生由震源向外的膨胀P波，位移场和能量辐射方式与水平拉张断裂类似，方向则刚好相反；顶板剪切破裂、岩块滑移失稳等可等价于双力偶剪切震源，在与剪切（滑移）面成±45°平面上分别产生由震源向外传播的最大压缩和膨胀P波，S波最大位移振幅则在剪切（滑移）面及其法向面上达到最大值。

煤（矿）柱受压内爆破裂可近似等价于竖直方向上的对称压力，震动位移场辐射方式与顶板冒落、离层类似，位移场方向则刚好相反；若顶底板岩层的摩擦力参与煤（矿）柱破裂过程，则震源力可近似等价于煤（矿）柱上下顶底板的压力和水平方向的张力构成的正交力系，此时煤（矿）柱动态冲击过程为典型剪切破坏。采动诱发断层“活化”则是典型的双力偶震源，其震动位移波场的空间分布随断层面方位的改变而改变。

显然，顶板拉张、冒落、离层等破裂方式为典型的拉伸型矿震；顶板回转失稳、煤柱压缩破裂等震动方式为典型的内爆型矿震；而顶板剪切破裂、岩块滑移失稳、煤柱动态冲击、断层“活化”等煤岩震动为典型的剪切型矿震。

(2) 采用矩张量反演方法研究了采动煤岩震源孕育机理

引入矩张量反演方法用于采动煤岩震源孕育机理的量化研究。实际微震监测的震动位移场因背景噪声和后续衍生波叠加干扰，观测位移振幅与理论反演波形振幅间总会存在一定误差，基于 L_2 标准，提出矩张量线性反演的最小二乘方法，即 $\boldsymbol{M}=[\boldsymbol{G}^{\mathrm{T}}\boldsymbol{C}_{\mathrm{D}}^{-1}\boldsymbol{G}]^{-1}\boldsymbol{G}^{\mathrm{T}}\boldsymbol{C}_{\mathrm{D}}^{-1}\boldsymbol{u}^{\mathrm{obs}}$，各矩张量元素的计算误差由 $\boldsymbol{C}_{\mathrm{M}}=[\boldsymbol{G}^{\mathrm{T}}\boldsymbol{C}_{\mathrm{D}}^{-1}\boldsymbol{G}]^{-1}$ 确定。

通过理论煤岩破裂模型的正反演对比分析，在震动位移场无噪声干扰下，得出可进行有效矩张量反演分析的位移场组合，即：6 个及以上不同微震台站组成的 P 波位移场矩阵，或 3 个及以上不同微震台站的各种 P、S 波分量组合的位移场矩阵。S 波位移场不能单独用以震源矩张量的反演分析。在位移场噪声干扰下，根据不同位移场组合的反演对比分析，可得：采用 P、SH 波或 P、SV、SH 波的位移场组合进行震源矩张量联合反演，其反演误差最小。同时，在 S 波初次到时难以清晰识别和标定时，应选择尽可能多的高质量、高信噪比 P 波位移振幅进行矩张量反演分析，亦能确保反演结果较好地反映煤岩冲击破裂的震源机理和破裂特征。

通过例举一特殊顶板震动事件，分别根据各台站 P 波初动方向的定性判定，及基于 P、SH 波组合位移场的矩张量反演的定量分析，共同揭示了该震动的内爆式震源破裂特性，实例验证了矩张量反演方法在采动煤岩震源孕育机理研究中的优越性。

(3) 实验室试验揭示了煤岩冲击破裂的微震波谱和波场特征

试验结果表明，大尺度坚硬岩板主断裂时，岩板越厚，主震动振幅越高，持续时间越长，震动主频越低，且岩板主震动 P 波垂直初动特征符合实验室小尺度下顶板水平拉伸断裂的震动波场，尤其是近、中位移场辐射特征。主震动之后的两次次断裂信号能量较弱，主频范围明显向高频转移，根据 P 波初动振幅发育程度及初动方向，判别次断裂信号分别由岩板主断裂后岩块间的滑移、回转失稳所诱发。

标准煤岩样主震前兆信号往往因破裂半径小，振幅较低，高频成分较发育，随破裂尺寸迅速扩展直至形成主破裂面，主震动振幅增大，主频向低频段转移；同时，因尺寸效应影响，相比于大尺度岩板断裂，煤岩试样单轴受载下主震动振幅相对较小，主频范围则较广。弱冲击倾向性煤岩样主要表现为多次劈裂式的受压稳态破坏，TDS-6 各台站采集的主震动 P 波垂直初动方向也与煤(矿)柱受压内爆破裂的震动波场（以近、中位移场项为主）特征较为吻合；而强冲击倾向性试样往往表现出强烈的动态冲击破坏，其破坏形态主要为多重剪切破裂或劈裂、剪切混合破裂，甚至出现“爆炸”式弹射，各台站的 P 波垂直初动也具有类似于煤（矿）柱剪切冲击破坏的四象限分布特征。

采动诱发断层滑移物理试验过程中，断层滑移信号属稳态滑移，震动能量较小，波谱较复杂，但以低频能量为主；而多层顶板岩层的整体断裂产生的振幅最大，持时最长，主频最低，且波谱成分单一；而顶板垮落信号较为特殊，振幅较大，但持时较短，波谱成分复杂，出现低、高频两个频率区间，以低频能量为主导，应为不同硬度、厚度的两层岩块的同时垮（冒）落引起。

(4) 实验室研究了动、静及动静组合加载下岩体“裂隙场”扩展与震源孕育过程

通过单轴静、动及动静组合加载下岩体“裂隙场”扩展与震源孕育特征试验研究，得出随加载应变率提高，岩样宏观破裂形态由剪切破坏转变为竖向劈裂破坏，乃至爆裂破坏。单轴加载状态下，拉伸、剪切与混合 3 种微破裂模式均快速增加，且拉张和剪切破裂增幅更大，拉张破裂占大多数；随加载应变率提高，岩样在进入塑性变形前不同微破裂模式同步增加，相比于混合和剪切破裂，拉张微破裂模式增幅更大，尤其在即将进入塑性变形阶段后。

动静组合加载过程中，随着初始静载增加，拉伸、剪切与混合 3 种破裂模式快速增加，在动载循环加载阶段，低动载状态下 3 种微破裂模式增长较缓，随着动载幅值增加，各破裂模式微破裂增幅显著。高静载状态下岩体破裂强度明显强于低静载状态，相同静载时随着动载幅值增加，岩体微破裂强度显著增加，剪切微破裂比例提升。

(5) 现场试验研究了采场采动影响下冲击震动波传播的微震效应

结合作者在澳洲 CSIRO 学习期间参与的研究工作，通过澳洲 Southern 矿 LW704 工作面进行的现场震动试验及微震实测，以不受震源孕育机理影响的爆破震动为研究对象，揭示矿井采动影响下煤岩介质特性改变对冲击震动波传播和能量耗散的影响规律。研究表明，随煤层开采进行采空区垮落、破裂范围扩大及覆岩性质的强度弱化，各爆破震动 P 波平均波速、峰值振幅平均值、P 波初至平均频率等微震参量均有较大程度降低。其中，波速平均值下降率最大达 69.8％，振幅平均值最大降幅高达 92.19％，P 波初至平均频率最大降幅达 60％以上。震动波幅值的降低意味着爆破震动能量的大量耗散，降低了震动对采掘空间的破坏作用；同样道理，震动波波速和振幅的同时降低，造成爆破震动产生的瞬间动载荷扰动比完整岩体中大幅降低。

(6) 提出了矿震动载的能量传播模式、衰减特征及其诱冲机理

综合矿震震源破裂模式、震动波扩散及传播介质响应等方面对震动波能量传播模式和衰减特征进行分析;基于能量和刚度理论,分析了动静载组合作用下煤体冲击破坏机理。研究表明,矿震震动能量传播模式和衰减特征依赖于能量几何扩散、传播岩体介质的吸收和散射衰减,及矿震震源特定的震动位移场和能量辐射特征的综合影响,即有:

$$E_i = E_{0P} r_0^2 r_i^{-2} e^{-\frac{2\pi f}{v_P Q_P}(r_i - r_0)} (R^P)^2 (M_{ij}) + E_{0S} r_0^2 r_i^{-2} e^{-\frac{2\pi f}{v_S Q_S}(r_i - r_0)} [(R^{SV})^2 + (R^{SH})^2](M_{ij}) \tag{8-1}$$

传播至采场或巷道围岩处残余矿震动载与煤岩系统静态应力(能量)场分别进行能量标量叠加和应力矢量叠加。当动静载组合作用下煤岩系统同时满足能量和刚度条件,煤层发生动态冲击破坏,其判别标准为 $E_z^{(s)} + E_z^{(d)} > \int_{z_1}^{z_3} [f(z) - (p_z + p_d^z)] dz$ 及 $k' + f'(z) < 0$。

(7) 数值模拟研究了矿震动载对巷道冲击效应的影响规律,提出了相应预测及防治对策

综合 FLAC^{2D}中 Dynamic 模块及顶板破断震源时间函数模拟,数值模拟研究了矿震震源孕育机理、震动能量、传播介质属性和传播距离改变等对矿震震动效应的影响规律。

数值模拟结果表明,不同震源破裂模式矿震动载作用下,巷道围岩的变形破坏程度明显不同,其影响大小决定于矿震震源能量辐射特征及煤层巷道与震源之间的空间方位;震动波传播覆岩介质的强度弱化和完整性降低使矿震动载对煤层巷道的冲击破坏效应大幅降低,模拟结果与爆破震动微震效应的现场试验结果吻合;巷道围岩的应力场、位移量、变形速度及加速度变化与震动波传播距离成反相关关系,即震动波传播距离越小,矿震动载对煤层巷道的震动效应越明显;而巷道围岩的变形破坏程度与震源能量成正相关关系,甚至在低位顶板岩层发生的强矿震能量增加至一定程度后,巷道冲击破坏难以避免。

基于上述矿震动载的震动效应及影响规律分析,提出冲击矿压危险的"时-空-强-破裂模式"的微震多元判识体系,及以震动波波速和主频等微震参数为冲击前兆信息的预测指标,并提出有针对性地采取相应煤岩体卸压、弱化措施,同时降低矿震动载的动态扰动效应及围岩静态应力场梯度,以降低或消除采场或巷道围岩的冲击危险性。

(8) 工程实证分析了典型冲击、强矿震震源孕育特征及冲击破坏效应

结合作者近年来负责参加的横向课题研究,以分别具有强矿震危险的鲍店 $103_{上}$02 工作面和高冲击危险的华亭 250102 工作面、砚北 250204 工作面为现场实践点,对比分析各自开采地质条件下,采动诱发不同能量级别矿震的震源孕

育机理及强矿震动载对巷道围岩的不同冲击破坏效应。研究表明，鲍店煤矿典型强矿震主要体现为较高S、P波能量比和剪切震源孕育特征，华亭与砚北煤矿因褶曲构造应力场作用，诱发冲击的强矿震表现出明显的低S、P波能量比和拉伸(内爆)震源孕育特征。同时，不同工作面因强矿震动态扰动的影响因素和静载应力集中程度的不同，巷道围岩在各自动静载组合作用下，表现出截然不同的冲击破坏效应。

总之，采动诱发煤岩冲击破裂震动效应这一课题的研究，无论对于冲击矿压的诱发机理，还是其有效预测预报研究都是极具价值意义的。目前本书的研究只是阶段性的成果，还有很多内容需要深入研究，冲击矿压的频繁发生时刻提醒着我们需要继续深入挖掘冲击矿压孕育的异常前兆信息与诱发机理，有效、动态乃至智能地判识煤岩震动的冲击破坏效应，为有效降低或抑制冲击矿压灾害、实现井下安全生产而奋斗。

参考文献

[1] 澳大利亚联邦科学工业研究院(CSIRO),中国矿业大学.中梁山煤矿地下煤气化燃烧区动态特征的微地震监测试验研究[R].布里斯班:澳大利亚联邦科学工业研究院,2007.

[2] 布霍依诺.矿山压力和冲击地压[M].李玉生,译.北京:煤炭工业出版社,1985.

[3] 蔡美峰,何满潮,刘东燕.岩石力学与工程[M].北京:科学出版社,2005.

[4] 蔡美峰,李治平,纪洪广,等.神经网络在开采与矿山地震活动性关系研究中的应用[J].中国矿业,2002,11(2):6-9.

[5] 蔡美峰,王金安,王双红.玲珑金矿深部开采岩体能量分析与岩爆综合预测[J].岩石力学与工程学报,2001,20(1):38-42.

[6] 曹安业,窦林名,秦玉红,等.高应力区微震监测信号特征分析[J].采矿与安全工程学报,2007,24(2):146-149.

[7] 曹安业,窦林名,秦玉红,等.微震监测冲击矿压技术成果及其展望[J].煤矿开采,2007(1):20-23.

[8] 曹安业,窦林名.采场顶板破断型震源机制及其分析[J].岩石力学与工程学报,2008,27(z2):3833-3839.

[9] 曹胜根,田京城,蒲海. 巷道围岩卸压预防冲击矿压的数值模拟研究[J].矿山压力与顶板管理,2005(3):86-88.

[10] 陈国祥.最大水平应力对冲击矿压的作用机制及其应用研究[D].徐州:中国矿业大学,2009.

[11] 陈陪善.地震矩张量及其反演[J].地震地磁观测与研究,1995,16(5):19-53.

[12] 陈占军,朱传云,周小恒.爆破荷载作用下岩石边坡动态响应的 $FLAC^{3D}$ 模拟研究[J].爆破,2005,22(4):8-13.

[13] 成云海,姜福兴,程久龙,等.关键层运动诱发矿震的微震探测初步研究[J].煤炭学报,2006,31(3):273-277.

[14] 成云海.地震定位监测在采场冲击地压防治中的应用[D].青岛:山东科技大学,2006.

[15] 董积平,张少泉,张诚,等.用混合源模型研究矿山地震震源机制[J].西北地

震学报,1994,16(2):12-22.
[16] 窦林名,曹其伟,何学秋,等.冲击矿压危险的电磁辐射监测技术[J].矿山压力与顶板管理,2002(4):89-92.
[17] 窦林名,何学秋,王恩元,等.冲击矿压与震动的机理及预报研究[J].矿山压力与顶板管理,1999(3-4):199-203.
[18] 窦林名,何学秋,王恩元.冲击矿压预测的电磁辐射技术及应用[J].煤炭学报,2004,29(4):396-399.
[19] 窦林名,何学秋.冲击矿压防治理论与技术[M].徐州:中国矿业大学出版社,2001.
[20] 窦林名,何学秋.煤岩冲击矿压的分级预测研究[J].中国矿业大学学报,2007,36(6):717-722.
[21] 窦林名,何学秋.煤岩混凝土冲击破坏的弹塑脆性模型[C]//岩石力学新进展与西部开发中的岩土工程问题——中国岩石力学与工程学会第七次学术大会论文集.北京:中国科学技术出版社,2002:158-160.
[22] 窦林名,何学秋.声发射监测隧道围岩活动性[J].应用声学,2002,21(5):25-29.
[23] 窦林名,陆菜平,牟宗龙,等.冲击矿压的强度弱化减冲理论及其应用[J].煤炭学报,2005,30(5):690-694.
[24] 窦林名,陆菜平,牟宗龙,等.煤岩体的强度弱化减冲理论[J].河南理工大学学报,2005,24(3):169-175.
[25] 窦林名,陆菜平,牟宗龙,等.组合煤岩冲击倾向性特性试验研究[J].采矿与安全工程学报,2006,23(1):43-46.
[26] 窦林名,牟宗龙,陆菜平,等.采矿地球物理理论与技术[M].北京:科学出版社,2014.
[27] 窦林名,田京城,陆菜平.组合煤岩冲击破坏电磁辐射规律研究[J].岩石力学与工程学报,2005,24(19):3541-3544.
[28] 窦林名,王云海,何学秋,等.煤样变形破坏峰值前后电磁辐射特征研究[J].岩石力学与工程学报,2007,26(5):908-914.
[29] 窦林名,赵从国,杨思光,等.煤矿开采冲击矿压灾害防治[M].徐州:中国矿业大学出版社,2006.
[30] 杜世通.地震波动力学[M].东营:石油大学出版社,1996.
[31] 费鸿禄,徐曾和,唐春安.突变理论研究单轴加载失稳与实验验证[J].中国矿业,1995,14(3):53-57.
[32] 冯夏庭,陈炳瑞,张传庆,等.岩爆孕育过程的机制、预警与动态调控[M].北

京:科学出版社,2012.
[33] 高明仕.冲击矿压巷道围岩的强弱强结构控制机理研究[D].徐州:中国矿业大学,2006.
[34] 郭然,潘长良.有岩爆倾向硬岩矿床采矿理论与技术[M].北京:冶金工业出版社,2003.
[35] 郭然.深埋矿床开采中的岩爆问题[J].有色矿山,1998(1):10-13.
[36] 何满潮,谢和平,彭苏萍,等.深部开采岩体力学[J].岩石力学与工程学报,2005,24(16):2803-2813.
[37] 何满潮.深部的概念体系及工程评价指标[J].岩石力学与工程学报,2005,24(16):2854-2858.
[38] 黄福昌.兖州矿区矿震防治技术研究与探讨[J].煤炭科学技术,2006,31(1):69-72.
[39] 黄庆享,高召宁.巷道冲击地压的损伤断裂力学模型[J].煤炭学报,2001,26(2):156-159.
[40] 惠乃玲,刘耀权,杨明皓,等.抚顺老虎台煤矿矿震震源机制的研究[J].地震地磁观测与研究,1998,19(1):39-45.
[41] 纪洪光,史明霞.频繁矿震作用下断层活化机理及其危害评价[J].中国矿业,2005,14(3):37-41.
[42] 姜福兴,XUN LUO,杨淑华.采场覆岩空间破裂与采动应力场的微震探测研究[J].岩土工程学报,2003,25(1):23-25.
[43] 姜福兴,XUN LUO.微震监测技术在矿井岩层破裂监测中的应用[J].岩土工程学报,2002,24(2):147-149.
[44] 姜福兴,杨淑华,XUN LUO.微地震监测揭示的采场围岩空间破裂形态[J].煤炭学报,2003,28(4):357-360.
[45] 姜福兴,杨淑华,成云海,等.煤矿冲击地压的微地震监测研究[J].地球物理学报,2006,49(5):1511-1516.
[46] 姜耀东,赵毅鑫,宋彦琦,等. 放炮震动诱发煤矿巷道动力失稳机理分析[J]. 岩石力学与工程学报,2005,24(17):3131-3136.
[47] 蒋金泉,李洪.基于混沌时序预测方法的冲击地压预测研究[J].岩石力学与工程学报,2006,25(5):889-895.
[48] 寇绍金,虞吉林,杨根宏.石灰岩中应力衰减机制的试验研究[J].力学学报,1982,14(6):583-588.
[49] 雷光宇,卢爱红,茅献彪.应力波作用下巷道层裂破坏的数值模拟研究[J].岩土力学,2005,26(5):1477-1480.

[50] 李洪,戴仁竹,蒋金泉,等.基于最大 Lyapunov 指数的冲击地压预测模型[J].采矿与安全工程学报,2006,23(2):215-219.

[51] 李俊平.声发射技术在采矿工程中的应用[J].工业安全与防尘,2000(1):32-34.

[52] 李庶林,尹贤刚.矿山微震震源机制的初步研究[J].矿业研究与开发,2006:141-146.

[53] 李铁,蔡美峰,蔡明.采矿诱发地震分类的探讨[J].岩石力学与工程学报,2006,25(z2):3679-3686.

[54] 李铁,蔡美峰,纪洪光,等.强矿震预测的研究[J].北京科技大学学报,2005,27(3):260-263.

[55] 李铁,蔡美峰,孙丽,等.强矿震地球物理过程及短临阶段预测的研究[J].地球物理学进展,2004,19(4):961-967.

[56] 李铁,蔡美峰,张少泉,等.我国的采矿诱发地震[J].东北地震研究,2005,21(34):1-26.

[57] 李铁,蔡美峰,左艳,等.采矿诱发地震的震源机制特征——以辽宁省抚顺市老虎台煤矿为例[J].地质通报,2005,24(2):136-144.

[58] 李铁,冀林旺,左艳,等.预测较强矿震的地震学方法探讨[J].东北地震研究,2003,19(1):53-59.

[59] 李伟.鲍店煤矿矿震规律初探[J].山东煤炭科技,2006(3):41-43.

[60] 李夕兵,陈寿如,古德生.岩石在不同加载波下的动载强度[J].中南矿冶学院学报,1994,25(3):301-304.

[61] 李夕兵,李地元,郭雷.动力扰动下深部高应力矿柱力学响应研究[J].岩石力学与工程学报,2007,26(5):922-928.

[62] 李希勇,张修峰.典型深部重大冲击地压事故原因分析及防治对策[J].煤炭科学技术,2003,31(2):15-17.

[63] 李新元."围岩—煤体"系统失稳及冲击地压预测的探讨[J].中国矿业大学学报,2000,29(6):633-636.

[64] 李永靖,张向东,蒋建中,等.频繁矿震作用下地裂缝扩展机理及数值模拟研究[J].中国地质灾害与防治学报,2008,19(3):73-76.

[65] 李玉,黄梅,廖国华,等.冲击地压发生前微震活动时空变化的分析特征[J].北京科技大学学报,1995,17(1):10-13.

[66] 李志华,窦林名,管向清.矿震前兆分区监测方法及应用[J].煤炭学报,2009,34(5):614-618.

[67] 李志华.采动影响下断层滑移诱发煤岩冲击机理研究[D].徐州:中国矿业

大学,2009.
[68] 梁冰,章梦涛,李国臻. 坚硬顶板断裂过程的数值模拟[J].矿山压力与顶板管理,1996(1):60-62.
[69] 梁冰,章梦涛.矿震发生的粘滑失稳机理及其数值模拟[J].辽宁工程技术大学学报,1997(5):521-524.
[70] 刘大勇,宋建潮,王恩德.基于双岩模式的抚顺煤田矿震成因机理探讨[J].地质灾害与环境保护,2007,18(2):9-14.
[71] 刘德军,王恩德,蒋永臻,等.煤田矿震地质灾害调查及预防措施研究[J].中国矿业,2008,17(10):49-51.
[72] 刘天放,潘东明,李德春,等.槽波地震勘探[M].徐州:中国矿业大学出版社,1994.
[73] 刘万琴,李世愚,郑治真,等.破坏性矿震震前短临阶段震源过程研究[J].地震学报,1999,21(1):57-64.
[74] 刘小明.脆性岩石破坏机理试验研究及拉西瓦水电站地下洞室岩爆分析[D]. 武汉:武汉水利电力大学,1995.
[75] 刘正雄,李齐仁.对秦岭隧道进口端Ⅱ线平导岩爆现象浅析[C]//铁路工程建设科技动态报告文集——铁路隧道及地下工程.成都:西南交通大学出版社,1995:166-171.
[76] 卢爱红.应力波诱发冲击矿压的动力学机理研究[D].徐州:中国矿业大学,2005.
[77] 陆菜平,窦林名,吴兴荣,等.岩体微震监测的频谱分析与信号识别[J].岩土工程学报,2005,27(7):772-775.
[78] 陆菜平,窦林名,吴兴荣.煤岩动力灾害的弱化控制机理及其实践[J].中国矿业大学学报,2006,35(3):301-305.
[79] 陆菜平.组合煤岩的强度弱化减冲原理及其应用[D].徐州:中国矿业大学,2008.
[80] 马其华.长壁采场覆岩“O”型空间结构及相关矿山压力研究[D].青岛:山东科技大学,2005.
[81] 马晓青.冲击动力学[M].北京:北京理工大学出版社,1992.
[82] 缪协兴,安里千,翟明华,等.岩(煤)壁中滑移裂纹扩展的冲击矿压模型[J].中国矿业大学学报,1999,28(2):113-117.
[83] 牟宗龙.顶板岩层诱发冲击的冲能原理及其应用研究[D].徐州:中国矿业大学,2007.
[84] 聂百胜,何学秋,王恩元,等.电磁辐射法预测煤矿冲击矿压[J].太原理工大

学学报,2000,31(6):609-611.
[85] 潘长良,冯涛,等.岩爆机理研究的综合评述[J].中南工业大学学报,1998,29(2):25-28.
[86] 潘一山,李忠华,章梦涛.我国冲击地压分布、类型、机理及防治研究[J].岩石力学与工程学报,2003,22(11):1844-1851.
[87] 潘一山,赵扬锋,官福海,等.矿震监测定位系统的研究及应力[J].岩石力学与工程学报,2007,26(5):1002-1011.
[88] 潘一山,赵扬锋,马瑾.中国矿震受区域应力场影响的探讨[J].岩石力学与工程学报,2005,24(16):2847-2853.
[89] 逄焕东,姜福兴,张兴民.剪应力在缺陷体声发射过程中的作用[J].岩土工程学,2004,26(6):824-827.
[90] 逄焕东.岩体微地震的模式、定位及其失稳预报研究[D].青岛:山东科技大学,2004.
[91] 佩图霍夫.煤矿冲击地压[M].王右安,译.北京:煤炭工业出版社,1980.
[92] 齐庆新,陈尚本,王怀新,等.冲击地压、岩爆、矿震的关系及其数值模拟研究[J].岩石力学与工程学报,2003(11):1852-1858.
[93] 齐庆新,窦林名.冲击地压理论与技术[M].徐州:中国矿业大学出版社,2008.
[94] 齐庆新,高作志,王升.层状煤岩体结构破坏的冲击矿压理论[J].煤矿开采,1998(2):14-17.
[95] 齐庆新,刘天泉,史元伟.冲击地压摩擦滑动失稳机理[J].矿山压力与顶板管理,1995(4):174-177.
[96] 钱鸣高,石平五.矿山压力与岩层控制[M].徐州:中国矿业大学出版社,2003.
[97] 钱鸣高,许家林.煤炭工业发展面临几个问题的讨论[J].采矿与安全工程学报,2006,23(2):127-132.
[98] 钱鸣高.20年来采场围岩控制理论和实践的回顾[J].中国矿业大学学报,2000,19(1):1-4.
[99] 秦玉红.矿井开采引发矿震规律及其应用研究[D].徐州:中国矿业大学,2005.
[100] 任振起.北京门头沟矿震与大同—阳高地震的关系[J].山西地震,1999(3-4):35-38.
[101] 宋建潮,刘大勇,王恩德,等.断层型矿震成因机理及预测方法研究[J].矿业工程,2007,5(3):16-18.

[102] 孙文福，周元夫，焦明若，等.关于抚顺矿震活动趋势分析[J].高原地震，2002，14(2)：45-51.

[103] 汪华君，姜福兴，成云海，等.覆岩导水裂隙带高度的微地震(MS)监测研究[J].煤炭工程，2006(3)：74-75.

[104] 汪华君.覆岩导水裂隙带井下微地震监测研究[J].矿业快报，2006(3)：27-29.

[105] 王焕义，赵刚，张银平.区域性岩体微震活动的监测[J].矿冶，1995，4(1)：12-16.

[106] 王慧明.三河尖煤矿冲击矿压的特点及治理[J].矿山压力与顶板管理，2004(1)：115-117.

[107] 王淑坤.冲击矿压机理[J].岩石力学与工程学报，1996，15(增刊)：500-503.

[108] 文光才.煤与瓦斯突出能量的研究[J].矿业安全与环保，2003，30(6)：1-4.

[109] 吴文，徐松林，杨春和，等.盐岩冲击特性试验研究[J].岩石力学与工程学报，2004，23(21)：3613-3620.

[110] 夏致晰，缪协兴，茅献彪.爆炸应力波对深埋巷道的作用效应分析[J].河南科学，2004，22(1)：88-91.

[111] 肖和平.煤矿构造矿震机理[J].湖南地质，1999，18(2-3)：141-146.

[112] 肖和平.煤矿矿震应力窗口效应[J].华南地震，1999，19(1)：85-90.

[113] 谢洪学.混凝土强度等级配合比手册[M].成都：四川科学技术出版社，1992.

[114] 新汶矿业集团公司，北京科技大学，山东科技大学.冲击地压前兆信息及空间应力场微震监测研究，2005.

[115] 徐州矿务集团有限公司三河尖煤矿，中国矿业大学.三河尖煤矿矿震规律分析研究[R].徐州：徐州矿务集团有限公司，2007.

[116] 许强，黄润秋，王来贵.外界扰动诱发地质灾害的机理分析[J].岩石力学与工程学报，2002，21(2)：280-284.

[117] 闫长斌，徐国元，李夕兵.爆破震动对采空区稳定性影响的 $FLAC^{3D}$ 分析[J].岩石力学与工程学报，2005，24(16)：2894-2899.

[118] 阳生权.爆破地震累积效应理论和应用初步研究[D].长沙：中南大学，2002.

[119] 叶根喜，姜福兴，郭延华，等.煤矿深部采场爆破地震波传播规律的微震原位试验研究[J].岩石力学与工程学报，2008，27(5)：1053-1058.

[120] 尹光志，鲜学福，代高飞.岩石非线性动力学理论及其应用[M].重庆：重庆大学出版社，2004.

[121] 尹涛,曹凤娟,张春宇,等.关于阜新矿震活动的初步研究[J].东北地震研究,2005,21(2):41-46.
[122] 于克君,骆循,张兴民.煤层顶板“两带”高度的微地震监测技术[J].煤田地质与勘探,2002,30(1):47-51.
[123] 余克圣,唐绍辉.岩体工程灾害微震监测系统的新进展[J].矿业研究与开发,1999,19(2):40-42.
[124] 张凤鸣,于中元,许晓艳,等.鹤岗煤矿矿震与区域天然地震活动相关性分析[J].东北地震研究,2005,21(1):9-13.
[125] 张凤鸣,余中元,许晓艳,等.鹤岗煤矿开采诱发地震研究[J].自然灾害学报,2005,14(1):139-143.
[126] 张萍,蒋秀琴,苗春兰,等.爆破、矿震与地震的波谱差异[J].地震地磁观测与研究,2005,26(3):24-34.
[127] 张少泉,关杰,刘力强,等.矿山地震研究进展[J].国际地震动态,1994(2):1-5.
[128] 张少泉,张兆平,杨懋源,等.矿山冲击的地震学研究与开发[J].中国地震,1993,9(1):1-8.
[129] 张万斌,王淑坤,滕学军.我国冲击地压研究与防治的进展[J].煤炭学报,1992,17(3):27-35.
[130] 张晓春,缪协兴,翟明华,等. 三河尖煤矿冲击矿压发生机制分析[J]. 岩石力学与工程学报,1998,17(5):508-513.
[131] 张兴民,于克君,席京德.微地震技术在煤矿“两带”监测领域的研究与应用[J].煤炭学报,2000,25(6):566-570.
[132] 张永利,王艳,郃英楼,等. 房山矿区四槽煤冲击矿压模型试验及数值模拟研究[J]. 煤矿开采,1998(2):25-27.
[133] 章梦涛,徐曾和,潘一山,等.冲击地压、煤和瓦斯突出的统一失稳理论探讨[C]//第二届全国岩石动力学学术会议论文选集.宜昌,1990.
[134] 章梦涛,徐曾和,潘一山,等.冲击地压和突出的统一失稳理论[J].煤炭学报,1991,16(4):48-52.
[135] 赵本均.冲击矿压及防治[M].北京:煤炭工业出版社,1995.
[136] 赵刚,王焕义,张银平.寿王坟铜矿采空区管理与监测[J].有色金属,1998,50(4):1-3.
[137] 赵广信,常耀广,李兰.抚顺煤田极值矿震影响范围预测[J].中国地质灾害与防治学报,2006,17(3):80-83.
[138] 赵生才.深部高应力下的资源开采与地下工程——香山会议第 175 次综

述[J].地球科学进展,2002,17(2):295-298.
[139] 钟以章,崔汝森.辽宁省北票煤田台吉井区采矿诱发的地震活动[C]//中国诱发地震.北京:地震出版社,1984.
[140] 周晓军,鲜学福.煤矿冲击矿压理论与工程应用研究的进展[J].重庆大学学报(自然科学版),1988,21(1):126-132.
[141] 朱万成,唐春安,黄志平.静态和动态载荷作用下岩石劈裂破坏模式的数值模拟[J].岩石力学与工程学报,2006,24(1):1-7.
[142] 朱万成,左宇军,尚世明.动态扰动触发深部巷道发生失稳破裂的数值模拟[J].岩石力学与工程学报,2007,26(5):915-921.
[143] 左宇军,李夕兵,马春德.动静组合载荷作用下岩石失稳破坏的突变理论模型与试验研究[J].岩石力学与工程学报,2005,24(5):741-746.
[144] AKI K,RICHARDS P G.Quantitative Seismology:Theory and Methods [J].Earth-Science Reviews,1981,17(3):296-297.
[145] BAUMGARDT D R,LEITH W.The Kirovskiy Explosion of September 29,1996: Example of a CTB Event Notification for a Routine Mining Blast[J].Pure and Applied Geophysics,2001,158(11):2041-2058.
[146] BOLT P B. Acquisition and interpretation of underground microseismic data in an outburst prone coal mine[D]. South Wails: University of Wails,1989.
[147] BOWERS D, DOUGLAS A. Characterization of large mine tremors using P observed at teleseismic distances [C]//Rockbursts and seismicity in mines.Rotterdam:Balkema,1997:55-60.
[148] BRADY B H G, BROWN E T. Energy changes and stability in underground mining: design application of boundary element methods [J]. Transactions of the Institution of Mining & Metallurgy,1981:A61-A67.
[149] BRADY B H G, BROWN E T. 地下采矿岩石力学[M]. 冯树仁,等,译.北京:煤炭工业出版社,1990.
[150] BRINK A V Z. Application of a microseismic system at Western Deep Levels[C]// Rockbursts and seismicity in mines. Rotterdam: Balkema, 1990:355-361.
[151] CAO ANYE,DOU LINMING,CHEN GUO-XIANG,et al.Analysis on the focal mechanism caused by fracture or burst of a coal pillar[J].Journal of China University of Mining & Technology,2008,18(2):153-158.
[152] CEZAR I T,SHUMILA V.The use of uniaxial recordings in moment

tensor inversions for induced seismic sources[J]. Tectonophysics, 2002, 356:171-180.

[153] CHANDLER N. Developing tools for excavation design at Canada's Underground Research Laboratory[J]. International Journal of Rock Mechanics & Mining Sciences, 2004, 41:1229-1249.

[154] COOK N G W. A note on rockbursts considered as a problem of stability [J]. Journal of the Southern African Institute of Mining and Metallurgy, 1965:437-446.

[155] COOK N G W. The application of seismic techniques to problems in rock mechanics [J]. International Journal of Rock Mechanics and Mining Sciences & Geomechanics Abstracts, 1964, 1(2):169-179.

[156] DAHM T, MANTHEI G, EISENBLÄTTER J. Automated moment tensor inversion to estimate source mechanisms of hydraulically induced micro-seismicity in salt rock[J]. Tectonophysics, 1999, 306:1-17.

[157] DAS S, KOSTROW B V. Breaking of a single asperity: Rupture propagation and seismic radiation[J]. Journal of Geophysical Research, 1983 (88):4177-4188.

[158] DESSOKEY M M. Statistical models of the seismic hazard analysis for mining tremors and natural earthquakes[J]. Publ. Inst. Geophys., Pol. Acad. Sci., 1984, A-15(174):1-82.

[159] DYSKIN A V. Model of rockburst caused by crack growing near free surface [C]//Rockbursts and seismicity in mines. Rotterdam: Balkema, 1993:169-174.

[160] FUJII Y, SATO K. Difference in seismic moment tensors between microseismic events associated with a gas outburst and those induced by longwall mining activity[C]//Rockbursts and seismicity in mines. Rotterdam: Balkema, 1990:414-420.

[161] FUJII Y, SATO K. Difference in seismic moment tensors between microseismic events associated with a gas outburst and those induced by longwall mining activity[C]//Rockbursts and seismicity in mines. Rotterdam: Balkema, 1990:71-75.

[162] FUJII Y, ISHIJIMA Y, DEGUCHI G. Prediction of coal face rockbursts and microseismicity in deep longwall coal mining [J]. International Journal of Rock Mechanics and Mining Sciences & Geomechanics Ab-

stracts,1997,34(1):85-96.

[163] GANE P G, HALES A L, OLIVER H A.A seismic investigation of the Witwatersrand earth tremors[J].Bulletin of the Seismological Society of America,1946,36(2):49-80.

[164] GAY N C, SPENCER D, VANWYK J J, et al.The control of geological and mining parameters on seismicity in the Klerksdorp gold mining district[C]// Rockbursts and Seismicity in Mines.Johannesburg: Balkema, 1984:107-120.

[165] GAY N C. Rock-engineering strategies to meet the safety and production needs of the South African mining industry in the 21st century[J]. The Journal of the South African Institute of Mining and Metallurgy, 1995 (2):115-135.

[166] GIBOWICZ S J, KIJKO A. An introduction to mining seismology[M]. San Diego:Academic Press,1994.

[167] GIBOWICZ S J,HARJES H P,SCHÄFER M.Source parameters of seismic events at Heinrich Robert Mine, Ruhr Basin, Federal Republic of Germany:Evidence for non double-couple events[J].Bulletin of Seismological Society of America,1990,80(1):88-109.

[168] GIBOWICZ S J, YOUNG R P, TALEBI S, et al. Source parameters of seismic events at the underground research laboratory in Manitoba, Canada: Scaling relations for the events with moment magnitude smaller than -2 [J].Bulletin of the Seismological Society of America,1991,81: 1157-1182.

[169] GIBOWICZ S J. Space and time variations of the frequency-magnitude relation for mining tremors in the Szombierki coal mine in Upper Silesia, Poland[J]. Acta Geophysica Polonica,1979,27(1):39-49.

[170] GIBOWICZ S J. The mechanism of large mining tremors in Poland [C]//Rockbursts and seismicity in mines.Johannesburg:Balkema,1984: 17-28.

[171] GIBOWICZ S J. The mechanism of seismic events induced by mining- a review[C]//Rockbursts and seismicity in mines. Rotterdam: Balkema, 1990:3-27.

[172] GIBOWICZ S J.An Anatomy of a Seismic Sequence in a Deep Gold Mine [J].Pure and Applied Geophysics,1997,150(3-4):393-414.

[173] GIBOWICZ S.Magnitude and energy of subterrane shocks in Upper Silesia[J]. Studia Geophysica et Geodaetica,1963,7(1):1-37.

[174] HASEGAWA H S,WETMILLER R J,GENDZWILL D J. Induced seismicity in mines in Canada-an overview[J].Pure and Applied Geophysics, 1989(129):423-453.

[175] HATHERLY P,GALEL M,MEDHURST T,et al.3D stress effects, rock damage and longwall caving as revealed by microseismic monitoring [R].ACARP PROJECT C9021,Australia,2003.

[176] HAZZARD J F,YOUNG R P.Dynamic modeling of induced seismicity [J]. International Journal of Rock Mechanics & Mining Sciences,2004, 41:1365-1376.

[177] HAZZARD J F, YOUNG R P. Moment tensors and micromechanical models[J]. Tectonophysics,2002,356:181-197.

[178] HOMAND F.Dynamic phenomena in mines and characteristics of rocks [C]//Rockbursts and seismicity in mines. Rotterdam: Balkema, 1990: 139-142.

[179] HORNER R B, HASEGAWA H S. The seismotectonics of southern Saskatchewan[J]. Canadian Journal of Earth Sciences, 1978, 15(8): 1341-1355.

[180] HUANG R Q, WANG X N. Analysis of dynamic disturbance on rock burst[J].Bulletin of Engineering Geology and the Environment,1999, 57:281-284.

[181] IDZIAK A, SAGAN G, ZUBEREK W M. An analysis of frequency distributions of shocks form the Upper Silesian Coal Basin[J]. Publ. Inst. Geophys., Pol. Acad. Sci.,1984,M-15(235):163-182.

[182] JOST M L,HERRMANN R B.A student's guide to and review of moment tensors[J]. Seismological Research Letters,1989(60):37-57.

[183] JOUGHIN N C,JAGER A J.Fracture of rock at stope faces in South African gold mines[C]//Proc. Symp. Rockbursts: Prediction and Control. Inst. Min. Metal., London,1984:53-66.

[184] KAISER P K, MALONEY S M. Ground motion parameters for design of support in burst-prone ground[C]//Rockbursts and Seismicity in Mines.Rotterdam: Balkema, 1997:337-342.

[185] KANAMORI H, STEWART G S. Seismological aspects of the

Guatemala Earthquake of February 4,1976[J].Journal of Geophysical Research,Solid Earth,1978,83(B7):3427-3434.

[186] KARCINOVIC D.Statistical aspects of the continuous damage theory [J]. International Journal of Solids & Structure,1982,18(7):551-562.

[187] KELLY M S, LUO X, HATHERLY P, et al.Ground behavior about longwall faces and its effect on mining[R].ACARP Project C5017,Australia,1999.

[188] KELLY M,LUO X,CRAIG S.Integrating tools for longwall geomechanics assessment[J].International Journal of Rock Mechanics and Mining Sciences, 2002,39(5):661-676.

[189] KIDYBINSKI A. Bursting liability indices of coal [J]. International Journal of Rock Mechanics and Mining Sciences & Geomechanics Abstracts,1981,18(4):295-304.

[190] KIJKO A,DRZEZLA B,STANKIEWICZ T.Bimodal character of the distribution of extreme seismic events in Polish mines[J].Acta Geophysical Polonica,1987(35):157-166.

[191] KLECZEK Z,ZORYCHTA A.Coal bumps induced by mining tremors [C]//Rockbursts and seismicity in mines. Rotterdam: Balkema, 1993: 87-89.

[192] KRAY L, ERIK W, PETER S, et al. Three-dimensional time-lapse velocity tomography of an underground panel[J].International Journal of Rock Mechanics and Mining Sciences,2008,45(4):478-485.

[193] KRISHNAMURTHY R, SHRINGARPUTALE S B. Rockburst hazard in Kolar Gold Fields[C]// Rockbursts and seismicity in mines.Rotterdam:Balkema,1990:249-254.

[194] KUHNT W,KNOLL P,GROSSER H,et al.Seismological models for mining-induced seismic event[J].Pure and Applied Geophysics,1989, 129(3-4):513-521.

[195] KUSZNIR N J,AL-SAIGH N H,ASHWIN D P. Induced seismicity generated by longwall coal mining in the North Staffordshire coal-field, UK[C]//Rockbursts and seismicity in mines.Johannesburg: Balkema, 1984:153-160.

[196] LASOCKI S. Statistical prediction of strong mining tremors[J]. Zesz. Naukowe Akad. Gorn. Hutn. Geofiz. Stosowana,1990(7):1-110.

[197] LINZER L M. A Relative Moment Tensor Inversion Technique Applied to Seismicity Induced by Mining[J]. Rock Mechanics and Rock Engineering, 2005, 38(2): 81-104.

[198] LUO X, HATHERLY P, GLADWIN M. Application of microseismic monitoring to longwall geomechanics and safety [C]// Proc. 17th Conf. Ground Control in Mining. Morgantown, 1998: 72-78.

[199] LUO X, HATHERLY P, MCKAVANAGH B. Microseismic monitoring of longwall caving processes at Gordonstone Mine, Australia [J]. Advances in Rock Mechanics, 1998: 67-79.

[200] LUO X, HATHERLY P, WANG S. Mapping of tensile failures in longwall mining through new microseismic procedures[R]. ACARP Project 8013, Australia, 2001.

[201] LUO X, HATHERLY P. Application of microseismic monitoring to characterize geomechanics conditions in longwall mining[J]. Exploration Geophysics, 1998(29): 489-493.

[202] LUO X, HATHERLY P. Precursors and new understanding of high gas emissions at Appin Colliery through microseismic monitoring [R]. ACARP Project C6025, Australia, 1998.

[203] LUO X, HATHERLY P. Understanding of high gas emissions at Appin Colliery through microseismic monitoring[C]//Proc. Int. Mining Tech. '98 Symp. Chongqing, 1998: 74-79.

[204] LUO X, TAN Q, LUO C, et al. Microseismic monitoring of burnt front in a underground coal gasification experiment[C]//42nd US Rock Mechanics Symposium. San Francisco, 2008: 281-285.

[205] LURKA A. Location of high seismic activity zones and seismic hazard assessment in Zabrze Bielszowice coal mine using passive tomography [J]. Journal of China University of Mining and Technology, 2008, 18 (2): 177-181.

[206] MCGARR A. An implosive component in the seismic moment tensor of a mining induced tremor [J]. Geophysical Research Letters, 1993, 19 (15): 1579-1582.

[207] MCGARR A. Energy budgets of mining-induced earthquakes and their interactions with nearby stopes [J]. International Journal of Rock Mechanics and Mining Sciences, 2000, 37(1-2): 437-443.

[208] MCGARR A. Some applications of seismic source mechanism studies to assessing underground hazard[C]//Rockbursts and seismicity in mines. Johannesburg: Balkema,1984:199-208.

[209] MINTROPL. Die Erdbebenstation der Westfalischen Berggewerkschaftskasse in Bochum[J].Ghieckauf,1909(45):357-365.

[210] NEMAT-NASSER S, HORII H.Compression-induced nonplanar crack extension with application to splitting, exfoliation, and rockburst[J]. Journal of Geophysical Research,Solid Earth,1982,87(B8):6805-6821.

[211] NUR A.Dilatancy, pore fluids, and premonitory variations in t_S/t_P travel times[J]. Bulletin of the Seismological Society of America,1972, 62(5):1-20.

[212] OBERT L,DUVALL W I.Rock Mechanics and the Design of Structures in Rock[M]. [S.I.]:John Wiley & Sons,1967:650.

[213] ORTLEPP W D. High ground displacement velocities associated with rockburst damage[C]//Rockbursts and seismicity in mines.Rotterdam: Balkema,1993:101-106.

[214] ORTLEPP W D. Rock fracture and rockbursts [M]. Johannesburg: SAIMM,1997.

[215] PHILLIPS W S, RUTLEDGE J T, HOUSE L S, et al. Induced microearthquake patterns in hydrocarbon and geothermal reservoirs: six case studies[J]. Pure and Applied Geophysics,2002(159):345-369.

[216] PHILLIPS W S. Precise microearthquake locations and fluid flow in the geothermal reservoir at Soultz-Sous-Forêts, France[J].Bulletin of the Seismological Society of America,2000(90):212-228.

[217] POTGIETER G J,ROERING C.Influence of geology on the mechanisms of mining-associated seismicity in the Klerksdorp gold-field[C]//Rockbursts and seismicity in mines.Johannesburg: Balkema,1984:45-50.

[218] PRUGGER A F, GENDZWILL D J. Fracture mechanism of microseisms in Sakatchewan potash mines [C]//Rockbursts and seismicity in mines. Rotterdam: Balkema,1993:169-174.

[219] RUDAJEV V,ŠÍLENÝ J.Seismic Events with Non-shear Component: Ⅱ.Rock Bursts with Implosive Source Component[J].Pure and Applied Geophysics,1985,123(1):17-25.

[220] RUDAJEV V,TEISSEYRE R,KOZÁK J,et al.Possible mechanism of

rockburst in coal mines[J]. Pure and Applied Geophysics,1986,124(4-5):841-855.

[221] RUDNICKI J,KANAMORI H.Effects of fault interaction on moment, stress drop and strain energy release [J]. Journal of Geophysical Research,1981(86):1785-1793.

[222] RYDER J A. Excess shear stress in the assessment of geologically hazardous situations[J].Journal of the Southern African Institute of Mining and Metallurgy,1988,88(1):27-39.

[223] SALAMON M D G, WIEBOLS G A. Digital location of seismic events by an underground network of seismometers using arrival times of compressional waves[J].Rock Mechanics,1974,6(3):141-166.

[224] SATO K, FUJII Y. Source mechanism of a large scale gas outburst at Sunagawa Coal Mine in Japan[J]. Pure and Applied Geophysics,1989, 129(3-4):325-343.

[225] SCHOLZ C H. The Mechanics of Earthquakes and Faulting[M].Cambridge: Cambridge University Press,1990.

[226] SCHOLZ C. The frequency-magnitude relation of microfracturing in rock and its relation to earthquakes[J].Bulletin of the Seismological Society of America,1968(58):399-415.

[227] SELENY J.The mechanism of small mining tremors from amplitude inversion[J].Pure and Applied Geophysics,1989,129(3-4):309-324.

[228] ŠÍLENÝ J,BAKER C.Fast estimate of the focal mechanism of mining tremors from P and S amplitudes[C]//Rockbursts and Seismicity in Mines. Rotterdam:Balkema,1997:39-44.

[229] ŠÍLENÝ J,MILEV A.Seismic Moment Tensor Resolution on a Local Scale: Simulated Rockburst and Mine-induced Seismic Events in the Kopanang Gold Mine, South Africa[J]. Pure and Applied Geophysics, 2006,163(8):1495-1513.

[230] ŠÍLENÝ J,MILEV A.Source mechanism of mining induced seismic events—Resolution of double couple and non double couple models[J]. Tectonophysics,2008,456(1-2):3-15.

[231] SILVER P G,JORDAN T H.Optimal estimation and scalar seismic moment[J]. Geophysical Journal International,1982,70(3):755-787.

[232] SINGH S P.Classification of mine workings according to their rockburst proneness[J].Mining Science and Technology,1989,8(3):253-262.

[233] SINGH S P.Technical note: bursting energy release index[J].Rock Mechanics and Rock Engineering,1988(21):149-155.

[234] SPOTTISWOODE S M,MILEV A M.The use of waveform similarity to define planes of mining-induced seismic events[J].Tectonophysics,1998,289(1-3):51-60.

[235] STUMP B W,JOHNSON L R.The determination of source properties by the linear inversion of seismograms[J].Bulletin of the Seismological Society of America,1977,67(6):1489-1502.

[236] TARANTOLA A.Inverse Problem Theory and Methods for Model Parameter Estimation[M].Paris: Society for Industrial and Applied Mathematics,2005.

[237] TEISSEYRE R.Some remarks on the source mechanism of rock bursts in mines and on the possible source extension[J].Acta Montanistica Slovaca,1980(55):7-13.

[238] TEYSSONEYRE V,FEIGNIER B, ŠÍLENÝ J, et al.Moment Tensor Inversion of Regional Phases: Application to a Mine Collapse[J]. Pure and Applied Geophysics,2002,159(1-3):111-130.

[239] TRIFU C I,SHUMILA V.Reliability of Seismic Moment Tensor Inversions for Induced Microseismicity at Kidd Mine, Ontario[J]. Pure and Applied Geophysics,2002,159(1-3):145-164.

[240] VARDOULAKIS I. Rock bursting as a surface instability phenomenon [J]. International Journal of Rock Mechanics and Mining Sciences & Geomechanics Abstracts,1984,21(3):137-144.

[241] WEICHERT D H. Estimation of the earthquake recurrence parameters for unequal observation periods for different magnitudes[J]. Bulletin of the Seismological Society of America,1980(70):1337-1346.

[242] WHITCOMB J H,GARMONY J D,ANDERSON D L.Earthquakes prediction:Variation of seismic velocities before the San Fernando earthquake[J].Science,1973(180):632-641.

[243] WU Y, ZHANG W. Evaluation of the bursting proneness of coal by means of its failure duration[C]//Rockbursts and Seismicity in Mines. Rotterdam: Balkema,1997:285-288.

[244] YI XIAOPING, KAISER P K. Mechanism of rockmass failure and prevention strategies in rockburst condition[C]//Rockbursts and seismicity in mines. Rotterdam: Balkema, 1993: 141-145.

[245] ZOBACK M D, ZINKE J C. Production-induced normal faulting in the Valhall and Ekofisk oil fields[J]. Pure and Applied Geophysics, 2002, 159 (1-3): 403-420.